丛书总主编　陈宜瑜
丛书副总主编　于贵瑞　何洪林

中国生态系统定位观测与研究数据集

农田生态系统卷

河南商丘站
（2008—2015）

李中阳　陈金平　刘安能　主编

中国农业出版社
北　京

中国生态系统定位观测与研究数据集

编委会

主　编　李中阳　陈金平　刘安能
副主编　王和洲　丁大伟　谢　坤　雍蓓蓓
编　委　武鹏举　王思泉　石廷祥　郭成士
　　　　任　文

PREFACE 1
序 一

进入20世纪80年代以来，生态系统对全球变化的反馈与响应、可持续发展成为生态系统生态学研究的热点，通过观测、分析、模拟生态系统的生态学过程，可为实现生态系统可持续发展提供管理与决策依据。长期监测数据的获取与开放共享已成为生态系统研究网络的长期性、基础性工作。

国际上，美国长期生态系统研究网络（US LTER）于2004年启动了Eco Trends项目，依托US LTER站点积累的观测数据，发表了生态系统（跨站点）长期变化趋势及其对全球变化响应的科学研究报告。英国环境变化网络（UK ECN）于2016年在*Ecological Indicators*发表专辑，系统报道了UK ECN的20年长期联网监测数据推动了生态系统稳定性和恢复力研究，并发表和出版了系列的数据集和数据论文。长期生态监测数据的开放共享、出版和挖掘越来越重要。

在国内，国家生态系统观测研究网络（National Ecosystem Research Network of China，简称CNERN）及中国生态系统研究网络（Chinese Ecosystem Research Network，简称CERN）的各野外站在长期的科学观测研究中积累了丰富的科学数据，这些数据是生态系统生态学研究领域的重要资产，特别是CNERN/CERN长达20年的生态系统长期联网监测数据不仅反映了中国各类生态站水分、土壤、大气、生物要素的长期变化趋势，同时也能为生态系统过程和功能动态研究提供数据支撑，为生态学模型的验证和发展、遥感产品地面真实性检验提供数据支撑。通过集成分析这些数据，CNERN/CERN 内外的科研人员发表了很多重要科研成果，支撑了国家生态文明建设的重大需求。

近年来，数据出版已成为国内外数据发布和共享，实现“可发现、可访问、可理解、可重用”（即 FAIR）目标的重要手段和渠道。CNERN/CERN 继 2011 年出版“中国生态系统定位观测与研究数据集”丛书后再次出版新一期数据集丛书，旨在以出版方式提升数据质量、明确数据知识产权，推动融合专业理论或知识的更高层级的数据产品的开发挖掘，促进 CNERN/CERN 开放共享由数据服务向知识服务转变。

该丛书包括农田生态系统、草地与荒漠生态系统、森林生态系统以及湖泊湿地海湾生态系统共 4 卷（51 册）以及森林生态系统图集 1 册，各册收集了野外台站的观测样地与观测设施信息，水分、土壤、大气和生物联网观测数据以及特色研究数据。本次数据出版工作必将促进 CNERN/CERN 数据的长期保存、开放共享，充分发挥生态长期监测数据的价值，支撑长期生态学以及生态系统生态学的科学研究工作，为国家生态文明建设提供支撑。

2021 年 7 月

PREFACE 2

序 二

科学数据是科学发现和知识创新的重要依据与基石。大数据时代，科技创新越来越依赖于科学数据综合分析。2018 年 3 月，国家颁布了《科学数据管理办法》，提出要进一步加强和规范科学数据管理，保障科学数据安全，提高开放共享水平，更好地为国家科技创新、经济社会发展提供支撑，标志着我国正式在国家层面加强和规范科学数据管理工作。

随着全球变化、区域可持续发展等生态问题的日趋严重以及物联网、大数据和云计算技术的发展，生态学进入“大科学、大数据”时代，生态数据开放共享已经成为推动生态学科发展创新的重要动力。

国家生态系统观测研究网络（National Ecosystem Research Network of China，简称 CNERN）是一个数据密集型的野外科技平台，各野外台站在长期的科学研究中，积累了丰富的科学数据。2011 年，CNERN 组织出版了“中国生态系统定位观测与研究数据集”丛书。该丛书共 4 卷、51 册，系统收集整理了 2008 年以前的各野外台站元数据，观测样地信息与水分、土壤、大气和生物监测以及相关研究成果的数据。该丛书的出版，拓展了 CNERN 生态数据资源共享模式，为我国生态系统研究、资源环境的保护利用与治理以及农、林、牧、渔业相关生产活动提供了重要的数据支撑。

2009 年以来，CNERN 又积累了 10 年的观测与研究数据，同时国家生态科学数据中心于 2019 年正式成立。中心以 CNERN 野外台站为基础，生态系统观测研究数据为核心，拓展部门台站、专项观测网络、科技计划项目、科研团队等数据来源渠道，推进生态科学数据开放共享、产品加工和分析应用。为了开发特色数据资源产品、整合与挖掘生态数据，国家生态科学数据中心立足国家野外生态观测台站长期监测数据，组织开展了新一版的观测与研究数据集的出版工作。

本次出版的数据集主要围绕“生态系统服务功能评估”“生态系统过程与变化”等主题进行了指标筛选，规范了数据的质控、处理方法，并参考数据论文的体例进行编写，以翔实地展现数据产生过程，拓展数据的应用范围。

该丛书包括农田生态系统、草地与荒漠生态系统、森林生态系统以及湖泊湿地海湾生态系统共4卷（51册）以及图集1本，各册收集了野外台站的观测样地与观测设施信息，水分、土壤、大气和生物联网观测数据以及特色研究数据。该套丛书的再一次出版，必将更好地发挥野外台站长期观测数据的价值，推动我国生态科学数据的开放共享和科研范式的转变，为国家生态文明建设提供支撑。

2021年8月

FOREWORD

前言

河南商丘农田生态系统国家野外科学观测研究站（简称商丘站）位于河南省商丘市，黄淮平原核心区域，为黄河冲积平原地貌类型，小麦和玉米等粮食主产区，其引黄补源、井水提灌的农业灌溉生产模式在我国灌溉农业的发展中具有一定的典型性。历史上，该地区也是豫、鲁、苏、皖四省结合部超过8 000万亩盐碱土耕地的代表。

近年来，商丘站的研究方向聚焦于农业用水，对节水灌溉和作物生产高效用水、可用灌溉水资源承载潜力、农田水氮碳循环与利用、农田生态系统结构与功能、农田生态环境优化、区域农业综合资源可持续利用以及生态友好的绿色生产技术等进行统筹考虑，在农田生态系统重要功能、机理机制和技术研究与示范推广方面取得重要成果，为区域农业发展和科技进步作出了贡献。

商丘站在发展过程中围绕盐碱地改良、中低产田综合治理、节水农业可持续生产等研究获得了大量而宝贵的一手资料，并随着研究进展设置了多个长期定位科学观测点，在这些科研和观测活动中，获得了大量的原始观测数据。为使观测数据资源科学、规范化保存并得以充分利用，更好地服务于国家和区域农业发展，在中国生态系统研究网络（CERN）经费支助和数据中心技术指导下编制了本数据集。

数据集涵盖商丘站简介，观测场地与样地信息，2009—2015年的农田水、土、气、生观测数据及部分专题研究数据。在本数据集的整理、编写过程中得到了全站职工的鼎力支持和各课题主持人的无私协助，白芳芳、高阳、吴寅等为本书提供了专题研究数据。本书第一章由李中阳撰写，第二章由王和洲、刘安能、陈金平撰写，第三章生物监测数据由刘安能、丁大伟、任文整编，土壤监测数据由陈金平、雍蓓蓓、郭成士整编，水分监测数据由谢坤、石廷祥整编，气象监测数据由武鹏举、王思泉整编，专题研究数据由刘安能、陈金平汇编。全书由李中阳指导、审核并统稿。我们在数据的整编过程中已经进行了详尽的分析、校验，力求数据翔实、准确，但限于多种主客观因素，书中疏漏之处在所难免，敬请批评指正。

本数据集可供大专院校、科研院所、对生态学及其相关研究领域感兴趣的广大科技工作者使用或参考，使用过程中如有额外需求，可直接与河南商丘农田生态系统国家野外科学观测站联系，或登录我们的数据共享网站（http://spa.cern.ac.cn）进行数据申请下载，我们将竭诚为您服务。

最后，感谢长期工作在一线的观测研究人员！感谢多年以来进站指导和开展工作的专家学者！感谢国家生态系统观测研究网络数据中心在本书编写过程中给予的指导和支持！

编　者

2021年6月

CONTENTS

目录

第1章 台站简介

1.1 概述

河南商丘农田生态系统国家野外科学观测研究站（Shangqiu Station of National Field Agro-ecosystem Experimental Network，以下简称商丘站）是2005年科技部第一批遴选的国家生态系统领域的53个野外观测站之一，其前身为中国农业科学院农田灌溉研究所商丘综合实验站，1983年5月经原农牧渔业部批准成立，旨在建立中国农业科学院在黄淮海平原的科学研究基地和技术示范窗口。其依托单位是中国农业科学院农田灌溉研究所，主管部门为农业农村部。

商丘站试验观测研究基地位于河南省商丘市西北方向12 km处，34°31′13″N，115°35′30″E（图1-1），海拔52 m，属半干旱、亚湿润暖温带季风气候，土壤类型主要为潮土，作物种植模式主要是冬小麦-夏玉米连作，为一年两熟农业种植区。历史上，商丘站农田生态类型是黄淮平原花碱盐土区农田生态系统类型的典型代表。

图1-1 商丘站大门

商丘站现有工作人员29名，其中高级研究人员22名。为增强商丘站整体科研水平及学科覆盖范围，另外聘请了8位客座研究人员，共同组建了一支学科齐全、专业素养高、年龄结构合理的观测研究队伍。

商丘站目前具有自有土地3.6 hm^2，租用土地15.5 hm^2（图1-2），分析及观测仪器设备20余台（套），农田大、中型观测研究设施4座，建筑物总面积大于2 000 m^2，可提供较好的观测研究条件和生活保障条件。

图 1-2 商丘站场景

商丘站是农田生态数据监测、农业发展新理论科学研究和农业生产新技术示范推广的国家级开放科研平台，目前已有十余家科研院所、大专院校的专家学者长期进站工作，是南京大学、河南大学、河南农业大学的科研教学实习基地（图 1-3）。

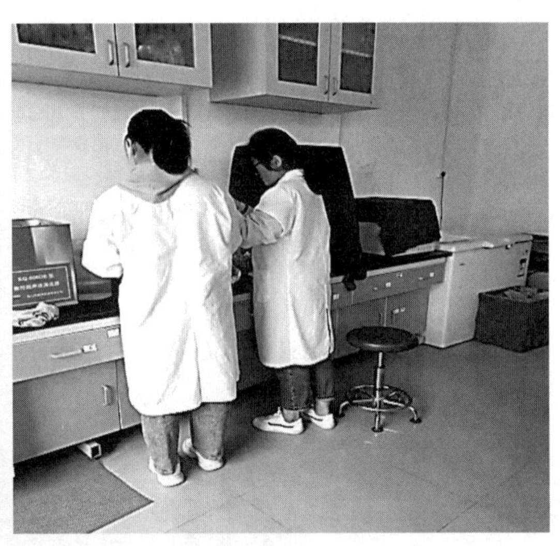

图 1-3 基础工作（土壤取样与化验）

建站至今，商丘站已经完成国家“六五”至“十五”科技攻关、国家自然科学基金、“863”计划、“973”项目、科技部科研院所社会公益研究专项、河南省科技攻关项目、国际合作项目等重大科研任务 50 余项，其中主持的黄淮海平原中低产地区综合治理的研究与开发项目获 1993 年度国家科技进步特等奖。目前在研任务包括科技支撑计划课题、国家自然科学基金项目、农业农村部公益行业科技专项、农业农村部国家现代农业产业技术体系、国家林业和草原局公益行业科技专项、河南省 GEF 项目等 10 余项，并已获得 12 项科技成果奖励。

1.1.1 地理位置与自然条件

商丘站位于豫、鲁、苏、皖四省结合部的商丘市梁园区李庄乡，距商丘市区主城 12 km，距徐州市、菏泽市分别为 140 km 和 85 km。站区所在地属半干旱、亚湿润暖温带季风气候，夏季炎热、冬季寒冷、春季温暖、秋季凉爽，四季分明。多年平均年降水量为 708 mm，年蒸发量为 1 735 mm，年平均气温13.9 ℃，≥0 ℃积温在4 723 ℃以上，无霜期206 d左右。全年可照时数4 430.8 h，实照时数2 508.8 h，日照率为55%。年太阳总辐射量达4 823 MJ/m^2。站区海拔52 m，地貌类型为古黄河背河洼地、决口扇形地和河间微倾斜平地，具有典型的黄河泛滥区特征，微地形略有起伏，大地貌相对平坦，自西北向东南有1/5 000～1/7 000的坡降。境内地下水资源较丰富（近年来每年都引用黄河水补充地下水），地下水位埋深变幅在2～6 m之间，以地下水作为农业生产的主要灌溉水源。土壤类型主要为黄河沉积物发育而来的潮土，并伴有部分盐土、碱土、沙土和沼泽土的交错分布。植被主要为次生的乔、灌、草植物以及沼泽和水生植物等。

商丘站农田系统具有豫东、鲁西南、苏北和皖北8 500万亩*花碱盐土区农田的主要生态特征，农业生产为一年两熟的典型农业种植区，主要种植作物为小麦和玉米，作物种植模式主要是冬小麦-夏玉米连作。

1.1.2 历史沿革

1965年2月，原农林部指示开展全国土壤大普查，中国农业科学院农田灌溉研究所在河南商丘地区筹建综合科学考察与实验基地，展开盐碱地普查与治理工作，先后在商丘县、虞城县、民权县建立"沟洫台田"技术实验点。1976年建立商丘李庄旱涝碱综合治理万亩中心实验区。1981年购置实验用地25亩，同时成立豫东实验站。1983年5月，经原农牧渔业部批准成立中国农业科学院农田灌溉研究所商丘综合实验站。实验站主要围绕当地农田生态系统中急需解决的旱、涝、盐、碱等重大技术问题开展综合研究，并负责接待全国20余科研院所的研究人员到商丘站开展工作。2005年10月，商丘站被农业部命名为"农业部商丘农业资源与生态环境重点野外科学观测试验站"，主要从事农田生态系统过程的长期定位试验研究与区域农业可持续发展研究，这也标志着商丘站各项工作步入了一个新的发展时期。2005年12月商丘站又被国家科技部批准为农田生态系统国家重点野外科学观测研究站。

1.1.3 支撑条件

商丘站现有工作人员29名，其中研究员8名、副研究员14名，助理研究员4名、管理人员3名。研究人员中有享受国务院政府特殊津贴专家1名、农业农村部优秀中青年专家1名、河南省优秀专家4名、7名博士生导师、10名硕士生导师。专业涉及农学、生态、农田水利、土壤、园艺、应用数学和化学等专业，专业覆盖面较广。人员年龄梯次为55岁以上人员6名、45～55岁人员11名、35～45岁人员6名、35岁以下6名。同时，还聘请了8位学者客座研究人员，共同组建了一支学科齐全、专业素质高、人才年龄结构合理的监测研究队伍。

商丘站由市区办公区和李庄试验基地两部分组成，市区办公区位于商丘市梁园区新建南路25号，占地0.3 hm^2，建有科研办公用房1 095 m^2、职工住房1 000 m^2；李庄试验基地拥有自有土地3.5 hm^2，并租用土地15.5 hm^2，建有综合楼1 000 m^2（包括样品贮藏室、分析化验室、药品室、样品前处理室、专家公寓、学生宿舍等）、食堂及农机库房等配套用房120 m^2。

商丘站李庄试验基地建有气象观测场、水均衡场、蒸渗仪、作物需水量测坑、排水试验场、人工防雨棚、日光温室等大型科研设施8座；拥有茎直径变化监测系统（30探头）、连续流动化学分析仪、便携式光合作用测定仪、根系生态监测系统、原子吸收分光光度计、作物光谱分析系统、涡度相关测定系统等价值5 000元以上的主要仪器设备33台（套），基本能够满足科学研究与数据观测的需要。

商丘站目前拥有耕种、采收等大中型农用机械4台（件），可满足试验田间耕作与管理需求；通讯便利，实现Wi-Fi网络全覆盖；自备变压器和发电设备实现不间断电力供应；配备皮卡车一部，

---

* 亩为非法定计量单位，1亩≈666.667m^2。——编者注

用于野外观测采样等工作。主管部门年度提供稳定运行经费100万元支持平台运行，依托单位农田灌溉研究所逐年提高人员经费与公用经费，科研生活设施逐渐完善。

商丘站采用农业农村部开放实验室的管理模式进行管理，站长由主管单位聘任，学术委员会由中国农业科学院聘请国内外相关领域的著名专家学者组成。在运行方式上，采用开放、流动、竞争的机制。除设立管理和部分研究岗位外，主要通过聘请客座研究人员、招收研究生来站工作。同时设立野外平台开放研究基金，每年对外资助2～5个研究课题，吸引国内外的优秀青年科研工作者来站从事与本站发展方向相符的科学研究工作。商丘站对自带课题、经费和仪器设备来站工作的学者优先提供试验场地、实验条件和研究助理人员等。

1.2 研究方向

1.2.1 重点学科方向

农田生态学、农学、农田水利学为商丘站主要学科方向，研究平原农田区域资源生态环境演化趋势；开展农田生态系统和亚系统（水、土、气、生）的结构、功能与生产力及其之间的物质循环过程与能量转换规律及相关调控理论的研究；高效利用水、肥的农业新技术体系开发以及人工生态系统优化模式的构建与试验示范。通过长期观测试验研究，为黄淮海平原农业资源持续利用、生态环境综合治理、农业结构持续优化布局提供理论依据和示范模式。

1.2.2 主要研究方向

商丘站近期的主要研究方向包括：

（1）黄淮平原古黄河背河洼地花碱土类型区农业资源与生态环境要素定位观测与数据积累；

（2）花碱土（肥力、环境、健康）质量的演变趋势与定向培育的原理和途径；

（3）土壤水盐动态监控、预测和土壤次生盐渍化防治综合技术的发展；

（4）人为活动对区域气候和水环境变迁的影响分析；

（5）集约化农业生态系统物质循环与能量转换规律及调节机理研究；

（6）新型农业（种植、养殖）生态优化模式的构建与示范，及其结构、功能、效益（生态、环境、经济）和稳定性、可持续性的评价；

（7）农业新技术（节水、节肥、节地、废弃物资源化、秸秆综合利用、病虫草害防治）的开发与示范；

（8）农田、农村污染物积累、转移规律与减排技术等。

1.3 研究成果

商丘站近5年（2013—2017）承担了国家“863”计划、国家科技支撑计划、国家自然科学基金面上基金项目、国家自然科学基金青年基金项目、科技部科研院所社会公益研究专项、公益性行业科研专项经费项目、农业部“948”项目、国家重点研发计划、中国农业科学院国家农业科技创新工程、GEF基金项目、博士后特别资助项目、国际合作项目以及省（部）级课题任务等30余项；获得各类奖励成果7项；共发表论文200余篇，其中SCI/EI收录43篇；获得专利60项，其中发明专利14项；出版专著7部；登记软件著作权21项。

近5年（2013—2017）代表性研究成果主要如下。

1.3.1 作物需水信息采集技术与设备

首创了基于驻波原理的土壤含水率测定技术，研制出具有自主知识产权的SWR系列管式和针式土壤水分传感器及其配套仪表共8种新产品，并已实现产业化。改进完善了以MODIS数据源为基础的热惯量模型和植被供水指数模型，建立了基于ENVISAT－ASAR的微波遥感水分模型，研发了土壤墒情遥感监测系统，并实现了全国范围的业务化运行。研发了适合树木和大田作物使用的植株蒸腾速率测定仪，以及作物茎直径变差监测设备等4种新产品，建立了茎直径变差诊断作物水分状况的指标体系。发明了基于蒸发量的灌溉预警方法及装置，确定了主要大田作物和温室经济作物的水分亏缺诊断指标阈值，构建了多源信息融合的温室作物精量灌溉决策方法和基于墒情监测的大田作物灌溉预报方法，研发了基于WEBGIS的灌溉管理与决策支持系统。

以SWR土壤水分测定仪、灌溉预警装置、灌溉管理与决策系统等成果为基础的集成技术在河南商丘、新乡、焦作以及新疆生产建设兵团农六师等地累计推广3 700万亩，总体实现节水12.9亿m^3，产生了显著的社会经济效益。

“作物需水信息采集技术与设备”获2013年河南省科学技术进步奖二等奖。

1.3.2 北方井渠结合灌区水资源调控及高效利用技术模式

针对我国北方井渠结合灌区存在的水资源开发利用效率不高、农业节水技术集成度低、灌溉输配水工程与田间工程不配套、生态环境恶化及管理手段落后等突出问题，以解决困扰灌区农业高效用水与可持续发展的关键技术“瓶颈”为切入点，以水资源优化配置和高效可持续利用为目标，历经10多年研究，率先在国内攻克了该技术难题，并在灌区水资源优化配置与高效节水灌溉集成技术体系研究上取得重大突破。创建了井渠结合灌溉类型区农业高效用水技术集成模式、渠井结合灌溉类型区农业高效用水技术集成模式、多水源灌溉类型区农业高效用水技术集成模式；研发出地下水限量开采自动控制系统、灌排自动控制系统、灌区地表水地下水联合调度管理系统软件，并实现了硬件与软件的无缝对接。

该成果分别在河南商丘、山西晋中、河北石家庄和山东威海等地累计推广80余万亩，提高水资源利用率及利用效率的同时，实现农业增收，直接经济效益达5亿元左右，累计节约地下水开采4.9亿m^3，节省开采费用及节约灌区管理成本1 100万余元，大大提高了农民的节水意识，生态效益和社会效益显著。

“北方井渠结合灌区水资源调控及高效利用技术模式”获2015年河南省科学技术进步奖二等奖。

1.3.3 灌溉预报技术与远程服务系统

针对农田土壤墒情预测和灌溉预报中作物耗水量计算精度较低、农田水分预报结果可靠性差及预报结果可视化存在的主要问题，以提高基层灌溉服务单位工作效率和灌区水资源利用效率为主要目标，在基于天气预报信息的作物耗水量估算、多源实时监测信息的灌溉决策及远程服务系统研发方面取得重要突破。系统综合考虑作物生长发育以及气象、土壤水分等外部环境因素，构建了基于天气信息的作物耗水量预测方法；针对多指标灌溉决策过程中可能出现的矛盾及不确定性，将模糊理论和改进的D－S证据理论相结合，实现了多源灌溉信息的融合，提高了灌溉决策的可靠性和实用性；研发了基于WebGIS的灌溉预报远程服务系统，该系统充分利用网上的天气预报信息，通过socket接口，将抓取到的未来15 d的天气信息，自动存储到SQl Server数据库中，为灌溉预报提供基础参数。同时，将GIS强大的数据管理、空间分析、可视化表达等功能与计算机、数据库、网络等多种技术有机融合，研发了基于B/S结构的灌溉预报远程服务系统，实现了灌溉预报结果的可视化；构建的基于温度信息的作物需水量估算模型，模型预测的ETc和实际的ETc，两者的相关系数$r \geqslant 0.86$，平均绝对误差和均方根误差分别控制在0.58～0.70 mm/d和0.91～1.08 mm/d范围内，一致性指数$dIA \geqslant 0.92$，误差小于2 mm/d的预报准确率在91%以上，基本满足农业用水管理对不同时间尺度作物需水量预报要求；研发的灌溉预报技术与远程服务系统得到的灌溉预报结果和当天的实测值进行比较，其相对误差控制在10%以内，决策时间误差低于3 d。

该项成果在豫东引黄补源灌区和豫北引黄灌区得到了初步应用，提高了灌溉管理效率，增强了冬小麦生产的用水保障能力，取得了较好的社会经济效益。

“灌溉预报技术与远程服务系统”获2014—2015年度中国农业节水和农村供水技术协会农业节水科技奖（二等奖）。

1.3.4 作物需水信息采集与智能控制灌溉技术

通过信号源频率提升、采用网络化电路等关键技术，研制出基于驻波率（SWR）原理的土壤水分传感器；研发了基于热脉冲原理的植株蒸腾速率测定仪；研制了基于水面蒸发的“傻瓜式”灌溉预警装置；开发了区域土壤水分遥感监测系统；融合灰色预测理论、模糊数学和PID控制技术，研制出灰色预测模糊PID控制器，并与水肥精量灌溉智能控制机相结合，同步实现水肥精量控制；研发了基于KBE的灌溉智能决策支持系统，并构建了配套的大田作物、土壤、水肥和气象环境信息数据库；开发了基于物联网的智能灌溉远程控制系统，可通过Internet浏览器、手机短信、手机Android平台和Zigbee无线网络等多种途径实现远程灌溉计划的实时查看、编辑与运行，以及对水肥精量控制机和温室环境的远程实时监测与控制。集成灌溉网络首部智能控制系统、用水计量调度系统、灌溉智能控制系统和灌溉决策关键因子监测系统，构建了系列化、标准化、组态化的灌溉智能决策与控制平台。研制了自动反冲洗过滤器控制器、精准灌溉施肥机、IC卡水电双重计量设备、无线自组网灌溉调度预付费水表、无线自组网控制器、无线电磁阀控制器和可编程灌溉控制开发平台等7种设备，已经实现批量生产。

该成果分别在河南、陕西、北京、新疆等地得到规模化应用，其中应用于冬小麦、夏玉米28.07万亩，棉花5 000亩。年均增产粮食每亩120 kg，节水100～150每亩m^3，节本增效每亩280元；累计增产粮食3 370.80万kg，节水5 614～8 421万m^3，节本增效7 884.65万元；增产皮棉14.00万kg；节水60万m^3，节电1.00万kW·h，节本增效60万元。

“作物需水信息采集与智能控制灌溉技术”获中国农业科学院杰出科技创新奖（一等奖）。

1.3.5 华北农业高效节水灌溉技术体系研究

通过不同灌水定额定位研究、调亏灌溉（RDI）与营养调节结合研究、冬小麦-夏玉米一年两熟控水减肥高产技术体系研究、设施蔬菜作物控水减肥高效生产技术研究和作物灌溉预报系统研究，初步形成了华北农业高效节水灌溉技术体系，对北方地区节水压采具有重大指导意义。

不同供水模式研究结果表明，水分利用效率基本随着灌水定额的增加而降低，综合考虑节水高产指标，当计划湿润层达到灌水控制下限时，以每亩45～60 m^3的灌水定额灌溉为宜，每亩可获得600 kg以上的产量，水分利用效率达2.76～3.28 kg/m^3。调亏灌溉研究结果表明，调亏灌溉与营养调节优化组合可以实现节水和改善籽粒品质双重目标。小麦玉米控水减肥研究结果表明：①适宜的水分与氮肥供应提高了灌浆期小麦籽粒淀粉合成相关酶的活性，从而增强了光合产物对籽粒的贡献，促进了籽粒蔗糖向淀粉转化，使籽粒充实，粒重增加，且氮肥用量能极显著增加有效穗数和穗粒数，进而提高产量。但水分过低和施氮过量都会抑制ADPG-PPase、SSS、SBE和GBSS活性，降低籽粒淀粉积累量，引起小麦减产。籽粒灌浆中后期淀粉合成关键酶活性因水分亏缺而降低是导致小麦籽粒灌浆后期淀粉积累下降的内在酶学机制。②灌水和施氮对两季冬小麦氮肥偏生产力、灌溉水利用率和水分利用效率影响显著或极显著，水氮交互作用对冬小麦水氮利用效率影响显著。③2016—2017年水肥一体化滴灌冬小麦全生育期耗水量平均为389.1 mm，滴灌施肥灌溉可节水16%，节肥25%，提高灌溉水利用率18%，提高水分利用效率28.9%。设施蔬菜作物控水减肥高效研究通过相关分析显示，温室番茄需水量的主控环境因子是辐射，其次是空气饱和差；综合考虑冠层和土壤表面水汽传输过程的基础上，构建了总表面阻力模型（rs - BU），该模型可为滴灌条件下温室番茄科学合理的灌溉提供理论支撑，为实现智能灌溉管理提供基础数据。通过番茄产量、水分利用效率及果实品质对不同水肥调控措施的响应规律，结合不同品质指标之间的相关关系，将产量、水分利用效率和可溶性固形物作为综合考虑高产、高效和优质的有机统一的三个重要指标，采用TOPSIS综合评价方法，确定了基于土壤水势的滴灌条件下温室番茄节水调质灌溉施肥模式为：移栽前施入底肥为总肥量的50%，移栽后灌水20 mm，进入开花坐果期以后，20 cm土层的土壤水势控制在－50 KPa以上，每次灌水定额为10 mm，剩余肥料每隔一次灌水追肥一次，将剩余50%的肥料分6次追肥，土壤水分波动幅度小，植株生长状况良好，产量降低幅度较小，节水效果明显，可溶性固形物含量等品质得到明显改善。

1.3.6 粮食作物水肥一体化精准控制关键技术研究

本项研究以作物水肥一体化精准控制关键技术为重点，在以下五个方面取得新进展。

（1）针对文丘里施肥器在吸肥过程中内部流动的不稳定性及肥液与灌溉水混合随压差变化的特性，以试验和数值模拟相结合的方法，基于混合模型和空化模型，利用Ansys Fluent商业软件对文丘里施肥器在不同工况下进行三维定常数值模拟，并设置对比试验。通过模型计算优化了混合室和喉管处的结构，不仅可以减小能量损失，还可以促进液体的充分混合。

（2）采用CFD数值模拟和理论分析的方法，对施肥罐质量浓度衰减规律进行了研究，并与前人理论比较，深入研究了CFD技术在压差施肥罐质量浓度衰减研究中的可行性。质量浓度衰减过程与封俊等理论公式的计算结果基本一致，模拟得出的施肥结束时间与阿莫斯·泰奇经验公式偏差仅3%左右，认为CFD模拟在研究压差施肥罐浓度衰减规律上是可行的，且可方便地预测罐内流场分布状态，这为研究压差施肥罐的水力性能和结构优化提供了新的思路。在应用过程中，可以指导判断压差施肥罐的施肥时间。在了解施肥罐体积、施肥罐进口流量时，即可粗略认为当过罐流量等于4倍罐体体积时，施肥基本结束，为压差施肥决策运行提供了科学支撑。

（3）结合全价营养专用肥料实现了以水带肥，在作物根区条带灌溉施肥，有效解决了华北地区冬小麦-夏玉米耗水量大，肥水效率低的问题。在多年多点（北京昌平、河北廊坊、河南新乡等地）试验表明，与传统漫灌灌溉方式相比，埋管滴灌通过以水带肥的方式增加了养分有效浓度，节水44%～56%，水分利用率提高45%～52%，氮肥农学效率提高43%～64%，产量提高13%～16%。

（4）利用5种保水剂研究其对冬小麦茎孽数、旗叶面积、产量和水分利用效率的影响，发现保水剂对以上指标的影响均达到极显著水平，不同类型保水剂及施用量之间存在显著差异。与对照相比，保水剂处理下的产量增加比例范围为1.3%～7.9%，水分利用效率由对照的17.1 kg/（hm^2·mm）提高到18.0～20.7 kg/（hm^2·mm）。高量施用保水剂处理对冬小麦、夏玉米产量及产量构成要素的促进作用大于低量施用处理，初步筛选以丙烯酰胺/无机矿物复合型保水剂的增产节肥效果最为显著。研究结果进一步表明上一季施用的保水剂对下一季作物的生长仍有良好的促进作用，连续施用保水剂的处理对作物增产的促进作用要大于其后续效应。随着保水剂的逐年施用，聚丙烯酰胺类保水剂对促进作物生长、增加产量的作用逐渐增加，效果最为显著，其次是丙烯酰胺/无机矿物复合型保水剂，2类保水剂对冬小麦生长影响的后续效应也较为明显。提出了华北平原保水剂施用量在60 kg/hm^2的使用标准和使用时期，小麦玉米连作周年施用一次保水剂即可，而且施用于冬小麦种植前效果更好。

（5）采用玉米秸秆粉碎还田，旋耕整地，机械播种。利用微喷灌带灌溉，依据冬小麦需水需肥特性，设置高、中、低不同灌水下限，不同追肥时期追施氮肥。基肥氮磷钾肥料总量为150 kg/hm^2、150 kg/hm^2、75 kg/hm^2，整地时随机械施入。在统一施用基肥基础上，于冬小麦返青＋孕穗期、拔节＋孕穗期，结合灌水追施氮肥。每次氮肥施用量为60 kg/hm^2。以充分供水条件下基肥纯氮270 kg/hm^2，全生育期不追肥为对照。根据土壤墒情确定灌溉定额，平水年（冬小麦生育期降水205 mm）生育期补灌

540～2 700 m^3/hm^2，保证灌水用量与冬小麦生育期内降雨量总和达到 259～475 mm。与对照模式相比，灌水量 1 110 m^3/hm^2，返青、孕穗期各追施纯氮 60 kg/hm^2 的水肥模式，产量提高 16.70%，水分利用效率提高 65.82%，节水 29.63%，经济效益每亩增加了 246.31 元，在当地土壤、气候条件下较为适宜。

1.3.7 农作物叶绿素荧光遥感研究

采用自动化高光谱监测设备进行作物冠层光谱实时连续观测，研究不同光合系统内叶绿素荧光随不同入光角度的变化状况，获得了叶绿素荧光的日变化和季节变化趋势。

通过对农作物玉米（C4）整个生长季的冠层和通量进行协同连续观测，研究了玉米不同生育期下荧光的变化状况，并分析不同阶段荧光和光合作用的关系，同时结合通量数据分析了环境因子对于 SIF 和 GPP 关系变化的影响情况。

1.4 示范服务

商丘站积极服务于地方农业生产，近年推广的技术如下所示。

2013—2014 年利用自主研发的《主要作物节水生产区划与干旱预警及应变防控系统》软件，在商丘地区推广试用。充分结合台站 30 年来的气象和作物生长数据，计算本地区冬小麦/夏玉米一年两熟农业生产系统作物耗水规律，同时整合台站相关实时监控信息资源，预测旬时长干旱信息，指导商丘地区 600 万亩冬小麦和夏玉米生产，实现了“缺水年不减产”目标，进一步验证了系统的可靠性。

2014—2016 年，通过“北方井渠结合灌区水资源调控及高效利用技术”专题服务，指导建成“商丘市睢阳区高标准农田建设”项目区，示范面积近 2 万亩。“商丘市睢阳区高标准农田建设”在万亩高标准农田项目区内分别设立了百亩核心攻关田、千亩典型示范方。通过选定优良品种、规范化栽培、节水灌溉、精量播种、病虫害综合防治、化学调控等技术高度集成组装配套等先进农业技术成果的运用，解决了冬小麦、夏玉米连作生产中的系列化技术难题，实现了冬小麦和夏玉米单产新突破。指导项目区内整修道路 30 km，造林 2.5 万株，开挖排水沟 16 km，新打机井 110 眼，培肥耕地 1 万亩，形成了“田成方、林成网、沟相通、路相连、旱能浇、涝能排”的高标准农田景观格局，林木覆盖率达到 25%，高于全区 10 个百分点，节水 30 万 m^3，节约用电 8kW・h，地下水位埋深减少 0.2 m。冬小麦万亩高产创建区平均每亩产量达 525.2 kg，较大田亩增产 48.5 kg，增幅 10.2%；千亩高产核心创建区平均每亩单产量达 545.6 kg，较大田亩增产 68.9 kg，增幅 14.5%；百亩攻关田平均单产达 596.2 kg，较大田亩增产 119.5 kg，增幅 25.1%。玉米万亩高产创建区平均单产达每亩 580.2 kg，较大田亩增产 56.4 kg，增幅 10.8%；千亩高产核心创建区平均每亩产量达 620.6 kg，较大田亩增产 96.8 kg，增幅 18.5%；百亩攻关田平均单产达 665.9 kg，较大田亩增产 142.1 kg，增幅 27.1%。项目区各项技术模式推广示范 4 万亩，共取得直接经济效益 1200 万元，间接经济效益 850 万元。

2015—2016 年为商丘市梁园区李庄乡李庄村委会建立的千亩示范方“农田水分农艺技术集成和示范模式”提供示范服务，采用统一土壤精细耕作、统一选用精品种子、统一实施精量播种、统一开展精准水肥、统一植保精确防治的“五统五精”技术，通过耕作与水肥模式集成，调控作物生育期的水分和养分，提升土壤有机质含量 0.2%，提高氮化肥利用率 9 个百分点，水分利用效率提高 0.2 kg/m^3，小麦玉米亩产量分别提高 51 kg 和 102 kg。

商丘站与地方政府农业综合开发相结合，开展了小麦-玉米一年两熟千亩丰产方农田水分农艺技术集成和示范模式的推广。通过耕作（深松、旋耕、深松＋旋耕 3 种耕作模式）、秸秆粉碎还田、水肥联合调控（以水促肥、以肥增产、水肥联合、持续稳产高产）等措施，结合降雨，对小麦、玉米不同生育期的土壤水分进行调控，调控作物生育期的水分和养分，提高产量，促进水肥高效利用。

2015—2016年商丘站同时进行Agri-star土壤调理剂冬小麦田间试验示范。田间监测表明该调理剂具有增加土壤水分库容的作用，增产效果明显。2016年5月21日，来自全国各地参加“中国首届土壤调理与修复高层学术研讨会”的一百多位专家学者、媒体记者到商丘站现场观摩Agri-Star土壤调理剂试验示范农田。

2017年“水分农艺调控技术集成和河南示范”课题联合北京联创种业股份有限公司裕丰事业部，在商丘站玉米实验示范田开展“中科玉505”良种高产示范。“中科玉505”是国审高产、优质玉米良种，具有红细轴、抗锈病、脱水快、产量高的优势，13.3 hm^2 示范田植株长势健壮、整齐，每亩产量超过750 kg。2017年9月13日，商丘站组织农民参观示范田，现场观摩人数超过150人。在本次观摩活动中，商丘站工作人员现场为农民朋友讲解“中科玉505”的品种特点与增产优势，并对栽培过程中的水肥管理特点进行讲解。通过观摩，提高了农民种植玉米良种的积极性。

2017—2019年“砂姜黑土区增碳调氮活磷综合技术模式研发与应用”课题利用项目创新的技术和产品进行组装配伍，在商丘永城市新桥乡新桥村开展小麦、玉米协同增效氮磷淋失阻控综合技术示范推广，通过高碳生物有机肥、氮肥形态调节和磷肥活化等技术优化，结合耕作、施肥、灌排、品种搭配的氮磷淋失阻控农艺技术与土壤调理技术，全面提升水肥利用效率。累计推广面积700亩，实现节水10%～15%，节肥15%～20%，农田氮磷养分利用率提高5%～7%，小麦玉米粮食产量平均提高5%～8%。

第2章

主要样地与观测设施

2.1 概述

商丘站生态监测内容主要包括气象要素、土壤要素、水分要素、生物要素四个方面。根据监测要求，商丘站设有联网长期观测样地11个，采样地（或观测设施）26个。联网长期观测样地包括1个综合观测场，1个气象观测场，2个辅助场，2个流动水调查点，5个站区调查点。商丘站根据长期试验与科研任务的需要，还设有长期观测与试验场地8个，采样地（或观测设施）12个，田间试验场地面积16 hm^2。在主要样地和观测设施上，安装有自动气象站、干湿沉降自动采集仪、水面蒸发仪、蒸渗仪、涡度相关系统等野外观测设备。这些场地、设施及设备，基本可以满足商丘站观测研究需要。随着观测研究工作的进一步开展和新设备（施）投入使用，商丘站观测样地也将逐渐增加。目前商丘站主要样地和观测设施见表2-1。

表2-1 主要样地、观测设施一览表

类型	序号	样地与场地	样地代码	采样地与观测设施名称
联网长期观测样地	1	商丘站综合观测场	SQAZH01	商丘站综合观测场水、土、生联合长期观测采样地(SQAZH01ABC-01)
				商丘站综合观测场土壤水分观测（烘干法）采样地(SQAZH01CHG-01)
				商丘站综合观测场土壤水分观测（中子管）采样地(SQAZH01CTS-01)
	2	商丘站辅助观测场—空白（不耕作）	SQAFZ01	商丘站土壤水分观测（中子管）辅助观测场-空白(SQAFZ01CTS-01)
	3	商丘站辅助观测场（水井）（地下水位、灌溉水质）	SQAFZ03	商丘站辅助观测场水井水位、水质观测点（SQAFZ03CGD-01）
	4	商丘站气象观测场	SQAQX01	商丘站气象观测场土壤水分观测（中子管）采样地(SQAQX01CTS-01)
				商丘站气象观测场干湿沉降、雨水水质观测采样地(SQAQX01CYS-01)
				商丘站气象观测场E601蒸发皿（SQAQX01CZF-01）
				商丘站气象观测场气象观测设施（SQAQX01DRG-01）
	5	商丘站生物、土壤监测朱楼站区调查点	SQAZQ01	商丘站朱楼土壤、生物长期观测采样地（SQAZQ01AB0-01）
				商丘站朱楼水井水位、水质观测点（SQAZQ01CGD-01）
				商丘站朱楼土壤水分观测（烘干法）点（SQAZQ01CHG-01）

（续）

类型	序号	样地与场地	样地代码	采样地与观测设施名称
联网长期观测样地	6	商丘站生物、土壤监测陈菜园站区调查点	SQAZQ02	商丘站陈菜园土壤生物长期观测采样地（SQAZQ02AB0-01）
				商丘站陈菜园水井水位、水质观测点（SQAZQ02CGD-01）
				商丘站陈菜园土壤水分观测（烘干法）点（SQAZQ02CHG-01）
	7	商丘站生物、土壤监测关庄站区调查点	SQAZQ03	商丘站关庄土壤、生物长期观测采样地（SQAZQ03AB0-01）
				商丘站关庄水井水位、水质观测点（SQAZQ03CGD-01）
				商丘站关庄土壤水分观测（烘干法）点（SQAZQ03CHG-01）
	8	商丘站生物、土壤监测王庄站区调查点	SQAZQ04	商丘站王庄土壤、生物长期观测采样地（SQAZQ04AB0-01）
				商丘站王庄水井水位、水质观测点（SQAZQ04CGD-01）
				商丘站王庄土壤水分观测（烘干法）点（SQAZQ04CHG-01）
	9	商丘站生物、土壤监测张大庄站区调查点	SQAZQ05	商丘站张大庄土壤、生物长期观测采样地（SQAZQ05AB0-01）
				商丘站张大庄水井水位、水质观测点（SQAZQ05CGD-01）
				商丘站张大庄土壤水分观测（烘干法）点（SQAZQ05CHG-01）
	10	商丘站郑阁流动地表水调查点（水质）	SQAFZ05	商丘站郑阁流动地表水调查采样点（水质）（SQAFZ05CLB-01）
	11	商丘站邓斌口流动地表水调查点（水质）	SQAFZ06	商丘站邓斌口流动地表水调查采样点（水质）（SQAFZ06CLB-01）
长期观测与试验场地	1	商丘站作物试验场	SQASY01	商丘站作物试验场土壤、生物长期观测采样地（SQASY01AB0-01）
				商丘站 Davis 自动气象观测设施（SQASY01DZD-01）
				商丘站作物光谱分析塔设施（SQAZH01AGP-01）
	2	商丘站防雨测坑试验场	SQASY02	商丘站移动棚防雨测坑土壤、生物长期观测采样地（SQASY02AB0-01）
	3	商丘站蒸渗测坑试验场	SQASY04	商丘站蒸渗观测设施（SQASY04CZS-01）
	4	商丘站涝渍排水测坑试验场	SQASY06	商丘站涝渍排水测坑试验场水、土、生长期观测采样地（SQASY06ABC-01）
	5	商丘站设施农业试验场	SQASY07	商丘站阳光温室大棚土壤、生物长期观测采样地（SQASY07AB0-01）
	6	商丘站王庄作物试验场	SQASY09	商丘站涡度相关 CO_2、H2O 通量测定系统设施（SQASY09DTL-01）

2.2 主要样地（联网长期观测样地）

2.2.1 商丘站综合观测场（SQAZH01）

商丘站综合观测场位于河南省商丘市梁园区李庄乡李庄村商丘站李庄试验基地院内，在商丘站自有土地内（图 2-1），为典型黄河冲积平原农田，与附近农田地势、土质一致，场内试验观测设施齐全，有利于开展各项观测研究工作。综合观测场于 2006 年正式设立。

综合观测场呈长方形，面积大于 4000 m^2，四点位置坐标为：点 1——115°35′30.7″E，34°31′15.3″N；点 2——115°35′28.8″E，34°31′15.3″N；点 3——115°35′29″E，34°31′11.9″N；点 4——115°35′31″E，34°31′11.9″N。场地海拔高度 51.7 m，为微倾斜平原地貌，土壤类型为潮土，土壤母质为黄河冲积物，农田类型为水浇地，灌溉水源为地下水，土壤肥力较好。近 10 年主要种植粮食作物，采用冬小麦-夏玉米连作一年两熟的种植制度。耕作以中、小型拖拉机为主，肥料施用以化肥为主，氮肥、磷肥、钾肥全都使用，近 10 年以来实施秸秆全部还田。灌溉条件良好，一般年份在小麦返青期前后软管喷灌一次（60～90 mm）。小麦 10 月中旬播种，6 月上旬收获；玉米 6 月上中旬播种，9 月中下旬收获。

图 2-1 商丘站综合观测场

商丘站综合观测场包含 3 个采样地：①商丘站综合观测场水土生联合观测采样地；②商丘站综合观测场土壤水分观测（烘干法）样地；③商丘站综合观测场土壤水分观测（中子管）样地。综合观测场设计使用年限为 100 年以上，监测项目涵盖生物要素、水分要素和土壤要素等。

主要观测项目包括作物品种、株高、生育期、密度、叶面积指数、生物量、光合速率、呼吸速率、每穗粒数、千（百）粒重、产量、作物矿质元素含量、土壤矿质元素含量、土壤离子交换量、土壤养分全量、土壤矿质全量、土壤机械组成、土壤含盐量、土壤水分等。

调查项目包括作物种植制度、耕作制度、施肥制度、灌溉制度、秸秆管理、病虫草害防治等。

2.2.2 商丘站辅助观测场—空白（不耕作）（SQAFZ01）

商丘站辅助观测场—空白位于河南省商丘市梁园区李庄乡李庄村商丘站李庄试验基地院内，商丘站自有土地（图 2-2）。辅助观测场用于监测该区典型农田不耕作管理模式下，植物群落和土壤要素演变及水分要素变化动态。样地呈长方形，面积大于 1100 m^2。四点位置坐标为：点 1——115°35′33.1″E，34°31′10.6″N；点 2——115°35′31.4″E，34°31′10.4″N；点 3——115°35′31.4″E，34°31′9.7″N；点 4——115°35′33″E，34°31′9.6″N，海拔高度 51.6 m。辅助观测场为微倾斜平原地貌，土类为潮土，土壤母质为黄河冲积物。侵蚀程度：水蚀—片蚀。样地建立前种植粮食作物和经济作物，以小麦-玉米连作或小麦-棉花套作为主；样地建立后不种植、不耕作，不进行人为管理，即通过撂荒让植物自然生长。

图2-2 商丘站辅助观测场—空白

商丘站辅助观测场目前只设置一个样地：土壤水分观测（中子管）辅助观测场—空白（SQAFZ01CTS-01）。样地主要用来观测土壤水分和土壤养分的多年变化，每隔3～5年用环刀分层取土作为土壤样品保存。

2.2.3 商丘站辅助观测场（水井）（地下水位、灌溉水质）（SQAFZ03）

商丘站辅助观测场（水井）（地下水位、灌溉水质）位于李庄试验基地院内，主要用于农田生态系统地下水位及水质监测，为一灌溉用井（图2-3）。地理坐标：115°35′31.9″E，34°31′13.3″N。井沿海拔高度52.16 m，于2006年设立。

商丘站辅助观测场（水井）（地下水位、灌溉水质）目前只设置一个样地：商丘站辅助观测场水井水位、水质观测点（SQAFZ03CGD-01）。观测内容为地下水水质、水位。用水位测绳测量地下水水位，每月3次。每年取水样2次，用于地下水水质测定和地下水样品保存。

水质观测项目包括pH、钙、镁、钾、钠、碳酸根、重碳酸根、硫酸根、磷酸根、硝酸根等离子含量，以及氯化物含量、矿化度、化学需氧量、水中溶解氧、总氮、总磷等指标。

图2-3 商丘站辅助观测场（水井）

2.2.4 商丘站气象观测场（SQAQX01）

商丘站气象观测场位于河南省商丘市梁园区李庄乡李庄村商丘站李庄试验基地院内，属商丘站自有土地。主要用于气象要素监测，气象观测场面积 25 m×20 m，经度范围：115°35′31.4″～115°35′32.2″E，纬度范围：34°31′11.4″～34°31′11.9″N，地面海拔高度 51.7 m。气象观测场于 1983 年修建，2007 年改建，1983 年以前为农田。

气象观测场样地采样地及设施包括：①土壤水分观测（中子管）样地；②干湿沉降、雨水水质观测采样地（SQAQX01CYS-01）；③E601 蒸发皿；④气象观测场地。

气象场气象监测包括自动气象站监测和人工气象要素监测。

样地的主要监测项目包括：

（1）人工观测项目：风速、风向、干球温度、湿球温度、气压、日照时数、地表温度、最高温度、最低温度、蒸发、降水；

（2）自动气象站观测项目：风速、风向、干球温度、湿球温度、气压、日照时数、降水、总辐射、净辐射、紫外辐射、反射辐射、光合有效辐射、土壤热通量、土壤温度；

（3）水分观测项目：土壤水分含量，蒸发量，雨水水质。

图 2-4 和图 2-5 分别为商丘站气象观测场和观测设施平面示意图。

图 2-4 商丘站气象样地平面布置示意图

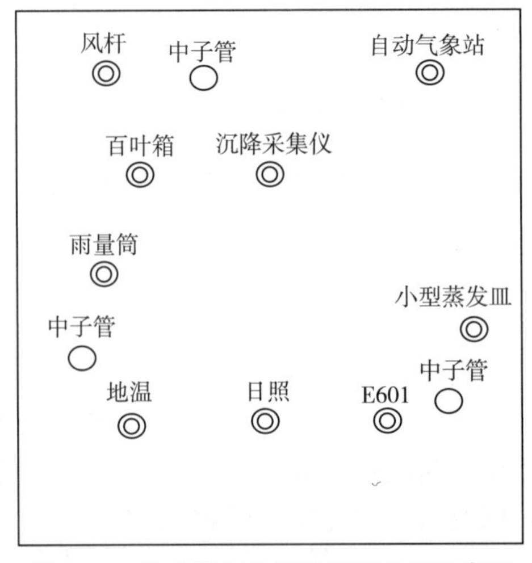

图 2-5 商丘站气象样地平面布置示意图

2.2.5 商丘站郑阁流动地表水调查点（水质）（SQAZQ05）

商丘站郑阁流动地表水调查点位于河南省商丘市梁园区李庄乡郑阁村（图 2-6），地理坐标：115°32′43.4″E，34°33′45″N，海拔高度 53.8 m，为一引水水渠，上游为一引黄水库——郑阁水库。本调查点是商丘生态区引黄补源的源头。

商丘站郑阁流动地表水调查点目前设置一个采样地：商丘站郑阁流动地表水调查采样点（水质）（SQAFZ05CLB-01），观测内容主要为流动水水质。每年取水样 2 次，丰水季和枯水季各 1 次。每次用塑料桶于水渠中央取水，倒入 2 个干净的塑料瓶中，分别用于水质测定和样品保存。

水质观测项目包括 pH、钙、镁、钾、钠、碳酸根、重碳酸根、硫酸根、磷酸根、硝酸根等主要离子含量，以及氯化物含量、矿化度、化学需氧量、水中溶解氧、总氮、总磷等指标。

图 2-6　商丘站郑阁流动地表水调查点

2.2.6　商丘站邓斌口流动地表水调查点（水质）(SQAFZ06)

商丘站邓斌口流动地表水调查点（水质）位于河南省商丘市梁园区李庄乡邓斌口村（图 2-7），采样于包河流动水面，地理坐标：115°35′39.1″E，34°29′39.1″N，海拔高度 50.2 m，是商丘生态区内的主要河流之一，具有典型的生态代表性。

商丘站邓斌口流动地表水调查点目前设置一个样地：商丘站邓斌口流动地表水调查采样点（水质）(SQAFZ06CLB-01)，主要观测内容为流动水水质。每年取水样 2 次，丰水季和枯水季各 1 次，每次用塑料取水桶于河水中央取水，随后装入 2 个通过蒸馏水清洗干净的塑料瓶中，分别用于水质测定和样品保存。

图 2-7　商丘站邓斌口流动地表水调查点（水质）

水质观测项目包括 pH、钙、镁、钾、钠、碳酸根、重碳酸根、硫酸根、磷酸根、硝酸根等的离子含量和氯化物、矿化度、化学需氧量、水中溶解氧、总氮、总磷等水质指标。

2.2.7　商丘站生物、土壤监测朱楼站区调查点（SQAZQ01）

商丘站生物土壤监测朱楼站区调查点位于河南省商丘市梁园区李庄乡朱楼村（图 2-8），历史上为重度盐碱化土壤，农户在 20 世纪 90 年代连续多年采用池塘淤泥改良土壤，具有施用有机肥习惯，土壤比较肥沃。调查点样地呈长方形，面积大于2 000 m^2，四点位置坐标为：点 1——115°34′7.9″E，

34°31′30.3″N；点 2——115°34′6.5″E，34°31′30.3″N；点 3——115°34′6.5″E，34°31′28.7″N，点 4——115°34′7.9″E，34°31′28.7″N。海拔高度 52.1 m，为典型平原农田，微倾斜平原地貌，土类为潮土，土壤母质为黄河冲积物，土质为中壤，农田类型为水浇地，灌溉水源为地下水，土壤肥力较好。耕作以小、中型拖拉机耕作为主。肥料施用以复合肥（含氮、磷和钾的三元复混肥）为主，近年来实施秸秆全量还田的措施。有灌溉条件，一般年份在小麦返青期前后软管喷灌一次（60～90 mm）。作物种植以一年两熟小麦-玉米连作为主，小麦于 10 月中旬播种，6 月上旬收获，播种前施有机肥、复合肥作基肥（撒施后翻耕），返青期追施尿素或复合肥，总施肥量一般为总氮 160～190 kg/hm^2、80～100 kg/hm^2 P_2O_5、50～70 kg/hm^2 K_2O；玉米 6 月上中旬播种，9 月中下旬收获，播种时施种肥，拔节或拔节前进行追肥，总施肥量一般为总氮 160～200 kg/hm^2、60～120 kg/hm^2 P_2O_5、60～100 kg/hm^2 K_2O。近几年磷、钾肥施用量有增加趋势。

图 2-8　商丘站生物、土壤监测朱楼站区调查点

样地观测及采样地类型包括①朱楼土壤生物长期观测采样地；②朱楼水井水位、水质观测点；③朱楼土壤水分观测（烘干法）点。

主要观测项目包括生物、土壤和水分 3 类。

（1）生物监测项目：监测叶面积指数和生物量、光合速率、作物产量、作物矿质元素含量；调查作物种植制度、耕作制度、施肥制度、灌溉制度、秸秆管理方式、病虫草害防治等。

（2）土壤监测项目：土壤矿质元素含量、土壤离子交换量、土壤养分全量、土壤矿质全量、土壤含盐量等。

（3）水分监测项目：土壤水分、地下水水位、井水水质等。

2.2.8 商丘站生物、土壤监测陈菜园站区调查点（SQAZQ02）

商丘站生物、土壤监测陈菜园站区调查点位于河南省商丘市梁园区李庄乡陈菜园村（图 2-9），土质与综合观测场相似，地下水位埋深较浅，农户管理水平中下。调查点样地呈长方形，面积大于 2 400 m^2，四点位置坐标为：点 1——115°32′48.4″E，34°31′20.8″N；点 2——115°32′47.3″E，34°31′20.8″N；点 3——115°32′47.3″E，34°31′18.1″N；点 4——115°32′48.4″E，34°31′18.1″N，海拔高度 51.6 m。调查点为典型平原农田，微倾斜平原地貌，土类为潮土，土壤母质为黄河冲积物，土质为中壤，农田类型为水浇地，灌溉水源为地下水，土壤肥力为中等水平，耕作以小、中型拖拉机为主。肥料施用以复合肥为主，近 10 年来秸秆处理采用全量还田的方法。有灌溉条件，一般年份在小麦返青期软管喷灌一次（60～90 mm）。作物种植以一年两熟小麦-玉米连作为主，其中小麦于 10 月中旬播种，6 月上旬收获。播种前施复合肥作基肥（撒施后翻耕），返青追施尿素或复合肥，总施肥量总氮 160～190 kg/hm^2、80～100 kg/hm^2 P_2O_5、50～70 kg/hm^2 K_2O；玉米于6月上中旬播种，9月中下旬收获，播种时施种肥，拔节或拔节前追肥，总施肥量总氮 160～200 kg/hm^2、60～120 kg/hm^2 P_2O_5、60～100 kg/hm^2 K_2O。近几年总施肥量有增加的趋势。

图2-9　商丘站生物、土壤监测陈菜园站区调查点

样地观测及采样地包括：①陈菜园土壤、生物长期观测采样地；②陈菜园水井水位、水质观测点；③陈菜园土壤水分观测（烘干法）点。

主要观测项目包括生物、土壤和水分等三类内容。

（1）生物监测项目：监测叶面积指数和生物量、光合速率、作物产量、作物矿质元素含量；调查作物种植制度、耕作制度、施肥制度、灌溉制度、秸秆管理方法、病虫草害防治等。

（2）土壤监测项目：土壤矿质元素含量、土壤离子交换量、土壤养分全量、土壤矿质全量、土壤含盐量等。

（3）水分监测项目：土壤水分、地下水水位、井水水质等。

2.2.9　商丘站生物、土壤监测关庄站区调查点（SQAZQ03）

商丘站生物土壤监测关庄站区调查点位于河南省商丘市梁园区李庄乡关庄村（图2-10），土质与综合观测场相似，地下水位埋深较深，农户管理水平较高。调查点样地呈长方形，面积大于7 000 m^2，四点位置坐标为：点1——115°35′7.4″E，34°30′34.6″N；点2——115°35′6.1″E，34°30′34.6″N；点3——115°35′6.1″E，34°30′28.5″N；点4——115°35′7.4″E，34°30′28.5″N，海拔高度51.7 m。调查点为典型平原农田，微倾斜平原地貌，土类为潮土，土壤母质为冲积物，土质中壤，农田类型为水浇地，灌溉水源为地下水，土壤肥力较好，耕作以小、中型拖拉机耕作为主。肥料施用以复合肥为主，最近几年秸秆实施全量还田措施。有灌溉条件，一般年份在小麦返青期软管喷灌一次（60～90 mm）。作物种植以一年两熟小麦-玉米连作为主，小麦于10月中旬播种，6月上旬收获，播种前施尿素、磷酸二铵和硫酸钾作基肥（撒施后翻耕），返青后追施尿素或复合肥，总施肥量为总氮 160～190 kg/hm^2、80～100 kg/hm^2 P_2O_5、50～70 kg/hm^2 K_2O；玉米6月上中旬播种，9月中下旬收获，播种时施种肥，拔节期追肥，总施肥量总氮 160～200 kg/hm^2、60～120 kg/hm^2 P_2O_5、60～100 kg/hm^2 K_2O。近年来总施肥量有增加趋势。

样地观测及采样地包括：①关庄土壤、生物长期观测采样地；②关庄水井水位、水质观测点；③关庄土壤水分观测（烘干法）点。

主要观测项目包括生物、土壤和水分3类。

（1）生物监测项目：监测叶面积指数和生物量、光合速率、作物产量、作物矿质元素含量；调查

图 2-10 商丘站生物、土壤监测关庄站区调查点

作物种植制度、耕作制度、施肥制度、灌溉制度、秸秆管理方法、病虫草害防治等。

（2）土壤监测项目：土壤矿质元素含量、土壤离子交换量、土壤养分全量、土壤矿质全量、土壤含盐量等。

（3）水分监测项目：土壤水分、地下水水位、井水水质等。

2.2.10 商丘站生物、土壤监测王庄站区调查点（SQAZQ04）

商丘站生物、土壤监测王庄站区调查点位于河南省商丘市梁园区李庄乡李庄村（图 2-11）。历史上为土壤重度盐碱化农田区，后改良为可耕地，农户管理水平中等。调查点样地呈长方形，面积大于 5 000 m^2，四点位置坐标为：点 1——115°36′3.4″E，34°30′56.8″N；点 2——115°36′2.9″E，34°30′56.8″N；点 3——115°36′2.9″E，34°30′45.6″N；点 4——115°36′3.4″E，34°30′45.6″N，海拔高度 51.8 m。调查点为典型平原农田，微倾斜平原地貌，土类为潮土，土壤母质为黄河冲积物，土质为中壤，农田类型为水浇地，灌溉水源为地下水，土壤肥力为中等水平，耕作以小、中型拖拉机耕作为主。肥料施用以复合肥为主，最近几年实施秸秆全部还田。灌溉条件良好，一般年份在小麦返青期软管喷灌一次（60～90 mm）。作物种植以一年两熟小麦-玉米连作为主，小麦于 10 月中旬播种，6 月上旬收获，播种前施复合肥作基肥（撒施后翻耕），返青后追施尿素或复合肥，总施肥量总氮 160～190 kg/hm^2、80～100 kg/hm^2 P_2O_5、50～70 kg/hm^2 K_2O；玉米 6 月上中旬播种，9 月中下旬收获，播种时施种肥，拔节前追肥，总施肥量总氮 160～200 kg/hm^2、60～120 kg/hm^2 P_2O_5、60～100 kg/hm^2 K_2O。近年来施肥量有增加的趋势。

图 2-11 商丘站生物、土壤监测王庄站区调查点

样地观测及采样地包括①王庄土壤生物长期观测采样地；②王庄水井水位、水质观测点；③王庄土壤水分观测（烘干法）点。

主要观测项目包括生物、土壤和水分 3 类。

（1）生物监测项目：监测叶面积指数和生物量、光合速率、作物产量、作物矿质元素含量；调查作物种植制度、耕作制度、施肥制度、灌溉制度、秸秆管理方法、病虫草害防治等。

（2）土壤监测项目：土壤矿质元素含量、土壤离子交换量、土壤养分全量、土壤矿质全量、土壤含盐量等。

（3）水分监测项目：土壤水分、地下水水位、井水水质等。

2.2.11　商丘站生物、土壤监测张大庄站区调查点（SQAZQ05）

商丘站生物、土壤监测张大庄站区调查点位于河南省商丘市梁园区李庄乡李庄村（图 2－12），历史上为土壤重度盐碱化区，后改良为可耕地，农户管理水平为中等。调查点样地呈长方形，面积大于 3 000 m^2，四点位置坐标为：点 1——115°36′4.7″E，34°30′56.4″N；点 2——115°36′4.3″E，34°30′56.4″N；点 3——115°36′4.3″E，34°30′45.4″N；点 4——115°36′4.7″E，34°30′45.4″N，海拔高度 51.8 m。调查点为典型平原农田，微倾斜平原地貌，土类为潮土，土壤母质为黄河冲积物，土质为中壤，农田类型为水浇地，灌溉水源为地下水，土壤肥力中等水平，耕作以小、中型拖拉机耕作为主。肥料施用以复合肥为主，最近几年秸秆实施全部还田。有灌溉条件，一般年份在小麦返青期软管喷灌 1 次（60～90 mm）。作物种植以一年两熟小麦-玉米连作为主，小麦于 10 月中旬播种，6 月上旬收获，播种前施复合肥作基肥（撒施后翻耕），返青后追施尿素或复合肥，总施肥量为总氮 160～190 kg/hm^2、80～100 kg/hm^2 P_2O_5、50～70 kg/hm^2 K_2O；玉米 6 月上中旬播种，9 月中下旬收获，播种时施种肥，拔节前追肥，总施肥量总氮 160～200 kg/hm^2、60～120 kg/hm^2 P_2O_5、60～100 kg/hm^2 K_2O。近几年施肥量有增加的趋势。

图 2－12　商丘站生物、土壤监测张大庄站区调查点

样地观测及采样地包括①张大庄土壤生物长期观测采样地；②张大庄水井水位、水质观测点；③张大庄土壤水分观测（烘干法）点。

主要观测项目包括生物、土壤和水分 3 类。

（1）生物监测项目：监测叶面积指数和生物量、光合速率、作物产量、作物矿质元素含量；调查作物种植制度、耕作制度、施肥制度、灌溉制度、秸秆管理方法、病虫草害防治等。

（2）土壤监测项目：土壤矿质元素含量、土壤离子交换量、土壤养分全量、土壤矿质全量、土壤含盐量等。

（3）水分监测项目：土壤水分、地下水水位、井水水质等。

2.2.12 商丘站作物试验场（SQASY01）

商丘站作物试验场位于商丘站李庄试验基地院内（图 2-13），道路畅通，试验设施较好，可以较好地开展试验场地的开放共享，能够满足进站课题开展试验研究以及试验用地需求。作物试验场于 2006 年规划建立，属于自有土地，面积 0.3 hm^2，长方形，并于 2011 年租用附近李庄村刘楼村民小组农户土地 2.2 hm^2，形成多边形试验场，场地各顶角点位置坐标为：点 1——115°35′28.7″E，34°31′17.6″N；点 2——115°35′24.7″E，34°31′18.1″N；点 3——115°35′26.6″E，34°31′9.7″N；点 4——115°35′30.9″E，34°31′9.7″N；点 5——115°35′31″E，34°31′11.8″N；点 6——115°35′29″E，34°31′11.8″N。场地海拔高度 51.7 m，微倾斜平原地貌。土类为潮土，土壤母质为黄河冲积物。土壤侵蚀程度为水蚀-片蚀。农田类型为水浇地，灌溉水源为地下水。试验场建立前种植粮食作物和经济作物，以小麦-玉米连作或小麦-棉花套作为主；试验场建立后主要种植粮食作物，种植模式为一年两熟小麦-玉米连作，同时也根据开放共享试验需要，部分试验田种植其他作物。小麦于 10 月中旬播种，6 月上旬收获；玉米于 6 月上中旬播种，9 月中下旬收获。耕作方式、施肥及管理措施根据各不同的试验要求而定。

图 2-13 商丘站作物试验场

2.2.13 商丘站移动棚防雨测坑试验场（SQASY02）

商丘站移动棚防雨测坑试验场位于商丘站李庄试验基地院内北部（图 2-14），主要用于有土壤水分控制的试验，于 2009 年建成，自有土地，四方形，面积大于 3000 m^2，四点位置坐标分别为：点 1——115°35′30.7″E，34°31′18.5″N；点 2——115°35′28.7″E，34°31′17.6″N；点 3——115°35′28.8″E，34°31′15.3″N；点 4——115°35′30.7″E，34°31′15.3″N，海拔高度 52.2 m。试验场主要设施为 2 组 48 个有底蒸渗测坑，每组 2 排，每排 12 个测坑，南北方向排列。每个测坑上表面积为 6.66 m^2（2 m×3.33 m），深 2 m，四周及下部用水泥和防渗材料隔离，上部用钢板和防渗材料隔离，底部铺设有 40 cm 厚砂石过滤层，过滤层上为土层，厚 1.5 m；过滤层埋设一排控水管，连接到地下走廊水位控制器，可全天候观测并控制地下水位；每个测坑中央部分埋设有 Trim 管（TDR 测水管），配合 Trim-IHP 管式 TDR 时域反射仪可快速、准确地原位测定土壤水分；每组测坑地表上建有移动式防雨棚，可根据试验需要在降雨时驱动防雨棚移动，以控制雨水是否降入。

图2-14 商丘站移动棚防雨测坑试验场

2.2.14 商丘站蒸渗测坑试验场（SQASY04）

商丘站蒸渗测坑试验场位于商丘站李庄试验基地院内（图2-15），主干道东气象场北侧，主要用于由土壤水分控制的试验及大田作物试验，2009年建成，自有土地，呈长方形，面积大于1 500 m²，四点位置坐标分别为：点1——115°35′33″E，34°31′13.1″N；点2——115°35′31.1″E，34°31′13.3″N；点3——115°35′31.2″E，34°31′12″N；点4——115°35′32.9″E，34°31′12″N，海拔高度51.7 m，微倾斜平原地貌。根据全国第二次土壤普查分类，土类为潮土，土壤母质为黄河冲积物。侵蚀程度为水蚀-片蚀。蒸渗测坑试验场主要包括1个蒸渗仪，20个有底蒸渗测坑，1 300 m² 大田作物试验区。蒸渗仪为称重式，用于监测作物蒸散量。蒸渗仪面积2 m×1.5 m，感量精度0.01 mm，由西安清远测控技术有限公司建造。蒸渗仪内种植制度为一年两熟小麦-玉米连作，常规农事管理。测坑上面无防雨设备，单个测坑面积为6.66 m²（2 m×3.33 m），深2 m，四周及下部采用水泥和防渗材料隔离，底部铺设40 cm厚砂石过滤层，过滤层上为土层，厚1.5 m。过滤层埋设一排控水管，连接到地下走廊水位控制器，可全天候观测并控制地下水位。每个测坑中央部位埋设有Trim管（TDR测管），配合Trim-IHP管式TDR时域反射仪可快速、准确地原位测定土壤水分。大田作物试验区在蒸渗仪和测坑四周，用于一般的大田试验。

图2-15 商丘站蒸渗测坑试验场

2.2.15 商丘站涝渍排水测坑试验场（SQASY06）

商丘站涝渍排水测坑试验场位于商丘站李庄试验基地院内东南方向（图 2-16），主要用于由土壤水分控制的涝渍试验，由涝渍排水测坑场和涝渍排水筒栽场 2 组设施组成，于 2013 年建成，自有土地，试验场呈长方形，面积大于 1 500 m²，四点位置坐标为：点 1——115°35′32.7″E，34°31′11.3″N；点 2——115°35′31.4″E，34°31′11.4″N；点 3——115°35′31.4″E，34°31′10.4″N；点 4——115°35′32.9″E，34°31′10.6″N，海拔高度 51.7 m，微倾斜平原地貌。根据全国第二次土壤普查分类，场地土类为潮土，土壤母质为黄河冲积物。侵蚀程度为水蚀—片蚀。涝渍排水测坑场由观测走道和测坑组成，观测走道深 1.5 m，用于观测和控制测坑水位；观测走道两侧建有面积 1.1 m×0.6 m 的测坑 48 个，用于作物种植。另建有 3 m×3 m 用于涝渍试验的无底辅助测坑 16 个。涝渍排水筒栽场由观测走道和测桶组成，观测走道深 1.8 m，用于观测和控制测桶水位；观测走道两侧埋设内径 50 cm 深 1.8 m 的测桶 50 个，用于种植作物。

图 2-16 商丘站涝渍排水测坑试验场

2.2.16 商丘站阳光温室大棚（SQASY07AB0-01）

商丘站阳光温室大棚位于商丘站李庄试验基地院内（图 2-17），主要用于反季节作物试验，于 2009 年建成，自有土地，大棚呈长方形，建筑面积大于 1 000 m²，四点位置坐标为：点 1——115°35′32.9″E，34°31′14.4″N；点 2——115°35′31.4″E，34°31′14.4″N；点 3——115°35′31.4″E，34°31′13.8″N；点 4——115°35′32.9″E，34°31′13.8″N，海拔高度 51.6 m。设施可耕地面积 700 m²，大棚为钢架结构，棚顶及四周墙面敷阳光板，阳面墙下部有强排风扇，棚内装备有微喷灌溉设施。

图 2-17 商丘站阳光温室大棚

2.2.17　商丘站王庄作物试验场（SQASY09）

商丘站王庄作物试验场，位于河南省商丘市梁园区李庄乡李庄村（图 2-18），为租用李庄村王庄村民小组农户土地，主要用于生态监测设备和观测研究用地。试验场于 2017 年建立，呈多边形，面积大于 13 hm²，多顶角点位置坐标为：点 1——115°35′55.4″E，34°30′57.6″N；点 2——115°35′35.9″E，34°30′59.6″N；点 3——115°35′35.9″E，34°30′53.7″N；点 4——115°35′40″E，34°30′53.2″N；点 5——115°35′39.8″E，34°30′49.1″N；点 6——115°35′53.6″E，34°30′47″N，海拔高度 51.6 m。试验场建立前种植粮食作物，种植方式为一年两熟小麦-玉米连作。耕作以小、中型拖拉机为主。施肥以化肥为主，其中化肥又以氮肥、磷肥为主，施用少量钾肥。灌溉条件良好，一般年份在小麦返青期灌水一次（90～120 mm）。

图 2-18　商丘站王庄作物试验场

目前场内安装有涡度相关 CO_2、H_2O 通量测定系统设施，开展 CO_2 和水汽通量监测，也布置了部分大田试验，并计划增加设置卫星遥感真实性检验站检验样地。

2.3　主要观测设施

2.3.1　商丘站气象观测场 E601 蒸发皿（SQAQX01CZF-01）

商丘站气象观测场 E601 蒸发皿主要用于观测水面蒸发，由蒸发桶、测针、水圈和溢流桶组成，2007 年安装建成。地理坐标：115°35′32″E，34°31′11.5″N。观测项目为水面蒸发量，建设观测年限 100 年以上。在气象场东南部放置 E601 蒸发皿，于每天晚上 20：00 用蒸发测针测量水面位置，两次水位差作为水面蒸发量（mm）（图 2-19）。

图 2-19　商丘站气象观测场 E601 蒸发皿

2.3.2 商丘站 Davis 自动气象观测设施（SQASY01DZD－01）

Davis 自动气象观测设施位于商丘站作物试验场内，为自动气象站，用于观测田间小气候（图 2－20）。1997 安装，2011 年加装 GPRS 通信频道。地理坐标：115°35′30.1″E，34°31′11.7″N。主要观测项目为气压、风向、风速、空气温度、相对湿度、降雨量、地表温度、地温、直射辐射和紫外辐射，观测频度均为 1 次/h。

图 2－20 商丘站 Davis 自动气象观测设施

2.3.3 商丘站作物光谱分析塔设施（SQAZH01AGP－01）

商丘站作物光谱分析塔位于商丘站作物试验场内（图 2－21），于 2017 年建成，地理坐标：115°35′29.8″E，34°31′11.7″N。作物光谱分析塔设施主要包括近地面冠层荧光观测系统和多角度冠层荧光观测系统，能够实现近地面自动连续长时间序列植物冠层荧光和反射率的观测，以及近地面多角度自动长时间序列作物冠层荧光和反射率观测，可以帮助研究荧光对农作物环境胁迫等的响应，和荧光与观测角度、冠层结构等的关系。

系统的主要组成及观测项目包括：

（1）近地面冠层荧光观测系统

● 电源：为荧光观测系统提供 220V 交流电源；

● 恒温箱：保持光谱仪所在环境温湿度相对稳定；

● 荧光观测系统控制软件：控制光谱数据的采集、存储和处理；

● 光谱仪和光纤：一套系统含有两个光谱仪，分别是 QEpro 和 HR2000＋；QEpro 主要用于荧光观测，HR2000＋用于冠层反射率观测。

（2）近地面多角度冠层荧光观测系统

● 电源：为荧光观测系统提供 220V 交流电源；

● 恒温箱：保持光谱仪所在环境温湿度相对稳定；

● 荧光观测系统控制软件：控制光谱数据的采集、存储和处理；

● 光谱仪和光纤：一套系统含有两个光谱仪，分别是 QEpro 和 HR2000＋；QEpro 主要用于荧光观测，HR2000＋用于冠层反射率观测。

● PTU：测量地物反射光谱光纤的观测方位角和观测天顶角控制器件。

其中，观测系统包含的光谱仪和光纤购买自海洋光学公司（http：//www.oceanoptics.cn/）。该系统可以原位连续观测冠层叶绿素荧光（红和近红外波段），冠层反射率（400～1 000 nm）、太阳天顶角和太阳方位角、观测天顶角和观测方位角等重要参数。

图 2-21　商丘站作物光谱分析塔设施

2.3.4　商丘站蒸渗观测设施（SQASY04CZS-01）

商丘站蒸渗观测设施位于商丘站蒸渗测坑试验场内（图 2-22），地理坐标：34°31′12.5″N，115°35′32.4″E，面积 2 m^2×1.5 m^2，西安清远测控技术有限公司安装制造，2009 年投入使用，2018 年由西安新汇泽测控技术有限公司对观测系统升级换代。商丘站蒸渗观测设施用于作物蒸散量观测。

图 2-22　蒸渗仪控制台

商丘站蒸渗观测设施为悬挂式土壤蒸渗仪，通过钢丝和连杆机构将重量变化转换为位移变化，再利用高分辨率的位移传感器测出位移变化量，经过标定，实现土箱重量变化的测量，从而测量蒸渗量。

与设施配套的电脑控制系统，具有自动读取、存贮数据的功能。

观测项目：蒸散量，渗漏量。观测频度：每 10 分钟一次，每小时存贮一次数据。

2.3.5 商丘站涡度相关 CO_2、水通量测定系统设施（SQASY09DTL－01）

商丘站涡度相关 CO_2、水通量测定系统位于商丘站王庄作物试验场内（图 2－23），地理坐标：115°35′47.9″E，34°30′56.1″N，所采用的 LI－7500RS/DS 涡度协方差系统是美国 LI－COR 公司研发生产的温室气体通量观测系统，旨在原位连续观测黄淮地区小麦-玉米连作的农田生态系统长时间序列的碳交换通量。该系统由 CO_2、H_2O 和能量等基本通量监测设备组成，在数据处理和管理方面具有一系列性能优异的解决方案可供选择。配备了 SmartFlux® 模块的 LI－7500RS/DS 涡度协方差系统，可以在野外获得原始监测数据并直接处理成最终通量结果，用于后续科学研究和分析。同时可以选择 FluxSuite™实时管理通量数据和监测仪器状态。

图 2－23 通量测定设施

系统的主要组成及观测项目包括：

（1）LI－7500DS 开路式 CO_2/H_2O 智能分析系统

LI－7500DS 是新一代数字型开路式 CO_2/H_2O 智能分析系统，专为快速测量大气环境中 CO_2 和 H_2O 设计，8W 的低功耗和近乎免维护的特点，使其更加适合在野外观测台站进行长期稳定测量。

（2）LI－7500RS 开路式 CO_2/H_2O 分析仪

开路式 CO_2/H_2O 气体分析仪 LI－7500 和 LI－7500A（LI－7500RS 的前期版本）已广泛应用于全球涡度协方差碳通量监测领域，全球 90%以上的碳通量观测网络（FLUXNET）选用了该分析仪。LI－7500RS 是最可靠的新一代开路式 CO_2/H_2O 智能分析仪，更加适合在野外观测台站上进行长期稳定测量。

（3）Gill 系列三维超声风速仪

可选配 WindMaster、WindMaster Pro、R3－50 或 HS－50 等型号三维超声风速仪，这些产品强健、稳固，适用于各种环境下的通量研究。

（4）Biomet 生物气象参数测量系统

Biomet 的数据可以完整地整合到 .ghg 涡度数据中，直接进入 EddyPro® 进行计算处理。Biomet 数据与涡度数据整合对通量插补和结果分析具有重要意义，同时也有助于数据保存。

（5）SmartFlux® 实时在线通量计算模块

SmartFlux® 模块内置 EddyPro® 软件，可以实时在线计算并获得通量结果，借助蜂窝数据网络或卫星进行远程数据传输，商丘站选用 GPRS 进行远程数据传输。

第3章

联网长期观测数据

3.1 生物观测数据

3.1.1 作物种类组成数据集

3.1.1.1 概述

本数据集包含商丘站综合观测场（SQAZH01，115°35′30″E、34°31′14″N），商丘站生物、土壤监测朱楼站区调查点（SQAZQ01，115°34′07″E、34°31′30″N）、商丘站生物、土壤监测陈菜园站区调查点（SQAZQ02，115°35′48″E、34°30′20″N）、商丘站生物、土壤监测关庄站区调查点（SQAZQ03，115°35′07″E、34°30′30″N）、商丘站生物、土壤监测王庄站区调查点（SQAZQ04，115°36′03″E、34°30′51″N）和商丘站生物、土壤监测张大庄站区调查点（SQAZQ05，115°36′05″E、34°30′50″N）等6个样地2008—2015年种植的作物种类组成数据，数据项目包括作物名称、作物品种、播种面积、单产、直接成本、产值等。

3.1.1.2 数据采集和处理方法

各样地数据均为实地调查、记录获得，以作物季为基础单元，农户调查与自测相结合，统计各样地的作物类别数据项目。

作物播种时实地调查记录作物名称、作物品种、播种面积；作物成熟时选择可代表作物状况的样方（小麦5 m^2、玉米10 m^2）3处，进行收获测产，3点平均，折算出单产，作为参考；作物收获后向农户调查作物产量。调查农户在生产过程中支付的费用，记录为直接成本，直接成本一般包括农机具雇用，种子、肥料、农药购买等。产值则是作物产品的价值，在作物收获后1个月内调查农产品价格，计算出产值。

3.1.1.3 数据质量控制与评估

（1）每年根据调查任务制定年度（作物年）调查计划，按《商丘农田生态系统国家野外观测研究观测规范》（以下简称《商丘站观测规范》）开展调查工作，工作进行中保持人员队伍的相对稳定，对新参与调查工作的人员的进行岗前培训，调查时以老带新，以保证调查质量。

（2）固定观测员2名详细做好调查记录，并督促农户做好记录，对比自测结果获取数据的吻合程度，避免出现人为原因产生错误数据。作物关键管理时段（如播种、收获、灌水、打农药等）增加巡视频率并与农户联系以核查实情。对于自测数据，严格、翔实地记录，同时对农资包装袋（种子袋，化肥袋、农药瓶）拍照备查。

（3）观测员将所获取的数据与各项辅助信息数据和历史数据信息进行比较，对存在疑问的数据进行核查、补测，确认的错误数据而不能补测的数据则遗弃处理。整理后的初步数据由项目负责人和质量控制委员会进一步审核确定。

3.1.1.4 数据价值/数据使用方法和建议

作物种类与产值数据描述作物种植制度和生产状况，本数据集适合农业生态、农业生产、农业经济、土地资源管理等相关领域直接应用或参考。

3.1.1.5　作物种类组成数据

具体数据见表 3－1。

表 3－1　农田作物种类与产值数据

年份	样地代码	作物名称	作物品种	播种量/(kg/hm²)	播种面积/hm²	单产/(kg/hm²)	直接成本/(元/hm²)	产值/(元/hm²)
2008	SQAZH01	小麦	豫麦 34	225	0.40	7 051	5 400	10 577
2008	SQAZQ01	小麦	豫麦 34	225	0.20	6 411	4 950	9 617
2008	SQAZQ02	小麦	郑麦 9023	225	0.24	6 221	5 250	9 332
2008	SQAZQ03	小麦	豫麦 34	225	0.70	7 145	4 950	10 718
2008	SQAZQ04	小麦	豫麦 68	225	0.50	6 861	4 950	10 292
2008	SQAZQ05	小麦	郑麦 9023	225	0.30	5 912	4 950	8 868
2008	SQAZH01	玉米	郑单 958	50	0.40	9 475	3 300	14 781
2008	SQAZQ01	玉米	浚单 20	50	0.20	6 707	3 300	10 463
2008	SQAZQ02	玉米	浚单 20	50	0.24	7 281	3 600	11 358
2008	SQAZQ03	玉米	浚单 20	50	0.70	10 285	3 300	16 045
2008	SQAZQ04	玉米	浚单 20	50	0.50	7 387	3 300	11 524
2008	SQAZQ05	玉米	郑单 958	50	0.30	9 755	3 300	15 218
2009	SQAZH01	小麦	周麦 24	225	0.40	7 386	4 800	11 079
2009	SQAZQ01	小麦	周麦 24	225	0.20	6 801	4 800	10 202
2009	SQAZQ02	小麦	豫麦 49	225	0.24	6 599	4 800	9 899
2009	SQAZQ03	小麦	周麦 24	225	0.70	7 579	4 800	11 369
2009	SQAZQ04	小麦	豫麦 68	225	0.50	7 279	4 800	10 919
2009	SQAZQ05	小麦	郑麦 9023	225	0.30	6 272	4 800	9 408
2009	SQAZH01	玉米	郑单 958	50	0.40	10 051	3 750	15 680
2009	SQAZQ01	玉米	郑单 958	50	0.20	7 110	3 300	11 092
2009	SQAZQ02	玉米	浚单 22	50	0.24	7 724	3 300	12 049
2009	SQAZQ03	玉米	郑单 958	50	0.70	10 910	3 300	17 020
2009	SQAZQ04	玉米	浚单 22	50	0.50	7 836	3 300	12 224
2009	SQAZQ05	玉米	郑单 958	50	0.30	10 348	3 300	16 143
2010	SQAZH01	小麦	周麦 24	180	0.40	6 815	5 850	12 948
2010	SQAZQ01	小麦	周麦 24	180	0.20	6 551	5 700	12 446
2010	SQAZQ02	小麦	周麦 18	210	0.24	6 036	5 700	11 468
2010	SQAZQ03	小麦	周麦 24	210	0.70	7 713	5 700	14 655
2010	SQAZQ04	小麦	周麦 24	195	0.50	7 296	5 700	13 862
2010	SQAZQ05	小麦	郑麦 9023	210	0.30	7 008	5 700	13 315

（续）

年份	样地代码	作物名称	作物品种	播种量/(kg/hm²)	播种面积/hm²	单产/(kg/hm²)	直接成本/(元/hm²)	产值/(元/hm²)
2010	SQAZH01	玉米	郑单 958	45	0.40	5 771	3 300	10 964
2010	SQAZQ01	玉米	郑单 958	45	0.20	6 785	3 300	12 891
2010	SQAZQ02	玉米	浚单 22	50	0.24	6 389	3 300	12 138
2010	SQAZQ03	玉米	郑单 958	50	0.70	8 805	3 600	16 730
2010	SQAZQ04	玉米	郑单 958	50	0.50	7 296	3 300	13 862
2010	SQAZQ05	玉米	郑单 958	50	0.30	7 551	3 300	14 347
2011	SQAZH01	小麦	周麦 24	165	0.40	7 748	6 750	15 495
2011	SQAZQ01	小麦	矮抗 58	195	0.20	6 936	6 150	13 872
2011	SQAZQ02	小麦	周麦 18	210	0.24	6 431	6 150	12 861
2011	SQAZQ03	小麦	周麦 24	210	0.70	8 511	6 450	17 022
2011	SQAZQ04	小麦	郑麦 9023	195	0.50	6 728	6 150	13 455
2011	SQAZQ05	小麦	郑麦 9023	195	0.30	6 573	6 150	13 146
2011	SQAZH01	玉米	农华 101	45	0.40	7 311	3 900	15 353
2011	SQAZQ01	玉米	郑单 958	45	0.20	6 869	3 600	14 424
2011	SQAZQ02	玉米	郑单 958	45	0.24	6 581	3 600	13 819
2011	SQAZQ03	玉米	郑单 958	45	0.70	8 847	3 900	18 579
2011	SQAZQ04	玉米	郑单 958	45	0.50	7 101	3 600	14 912
2011	SQAZQ05	玉米	郑单 958	45	0.30	7 524	3 600	15 800
2012	SQAZH01	小麦	周麦 24	210	0.40	7 076	7 500	15 567
2012	SQAZQ01	小麦	矮抗 58	180	0.20	8 621	6 150	18 966
2012	SQAZQ02	小麦	周麦 18	195	0.24	6 200	6 150	13 640
2012	SQAZQ03	小麦	周麦 24	210	0.70	8 348	6 150	18 366
2012	SQAZQ04	小麦	周麦 24	195	0.50	6 936	6 150	15 259
2012	SQAZQ05	小麦	周麦 24	195	0.30	7 151	6 150	15 732
2012	SQAZH01	玉米	农华 101	40	0.40	8 607	4 500	17 730
2012	SQAZQ01	玉米	郑单 958	40	0.20	9 151	3 450	18 851
2012	SQAZQ02	玉米	浚单 22	50	0.24	6 749	3 150	13 903
2012	SQAZQ03	玉米	郑单 958	40	0.70	9 491	3 450	19 551
2012	SQAZQ04	玉米	郑单 958	40	0.50	8 107	3 450	16 700
2012	SQAZQ05	玉米	郑单 958	40	0.30	7 867	3 450	16 206
2013	SQAZH01	小麦	矮抗 58	150	0.40	7 530	6 400	16 566
2013	SQAZQ01	小麦	汝麦 6 号	180	0.20	8 120	6 150	17 864

（续）

年份	样地代码	作物名称	作物品种	播种量/（kg/hm²）	播种面积/hm²	单产/（kg/hm²）	直接成本/（元/hm²）	产值/（元/hm²）
2013	SQAZQ02	小麦	周麦 20	165	0.24	6 255	6 150	13 761
2013	SQAZQ03	小麦	郑育麦 958	180	0.70	8 365	6 150	18 403
2013	SQAZQ04	小麦	矮抗 58	150	0.50	7 410	6 150	16 302
2013	SQAZQ05	小麦	豫麦 69	150	0.30	6 950	6 150	15 290
2013	SQAZH01	玉米	洛单 668	40	0.40	8 476	4 500	17 800
2013	SQAZQ01	玉米	华农 101	40	0.20	8 860	3 450	18 606
2013	SQAZQ02	玉米	郑单 958	50	0.24	6 258	3 150	13 142
2013	SQAZQ03	玉米	北青 25	40	0.70	9 043	3 450	18 990
2013	SQAZQ04	玉米	隆平 206	40	0.50	8 139	3 450	17 092
2013	SQAZQ05	玉米	雅玉 12	40	0.30	8 764	3 450	18 404
2014	SQAZH01	小麦	矮抗 58	180	0.40	9 492	6 750	22 022
2014	SQAZQ01	小麦	汝麦 076	180	0.20	8 498	6 750	19 716
2014	SQAZQ02	小麦	周麦 22	150	0.24	8 058	6 450	18 694
2014	SQAZQ03	小麦	开麦 18	150	0.70	8 087	6 600	18 761
2014	SQAZQ04	小麦	郑麦 7698	150	0.50	6 831	6 450	15 847
2014	SQAZQ05	小麦	郑麦 7698	195	0.30	8 276	6 450	19 201
2014	SQAZH01	玉米	嵩玉 619	40	0.40	11 105	3 600	23 987
2014	SQAZQ01	玉米	农华 101	40	0.20	9 611	3 450	20 760
2014	SQAZQ02	玉米	丰玉 4 号	40	0.24	9 897	3 450	21 378
2014	SQAZQ03	玉米	北青 210	30	0.70	7 511	3 150	16 224
2014	SQAZQ04	玉米	隆平 206	30	0.50	7 102	3 150	15 340
2014	SQAZQ05	玉米	丰玉 4 号	40	0.30	7 802	3 150	16 853
2015	SQAZH01	小麦	矮早 58	150	0.40	8 451	6 750	20 282
2015	SQAZQ01	小麦	恒麦 136	180	0.20	7 483	6 750	17 959
2015	SQAZQ02	小麦	周麦 22	180	0.24	6 425	6 450	15 420
2015	SQAZQ03	小麦	平安 3 号	210	0.70	8 790	6 600	21 096
2015	SQAZQ04	小麦	郑麦 7698	180	0.50	8 374	6 450	20 098
2015	SQAZQ05	小麦	郑麦 7698	195	0.30	7 020	6 450	16 848
2015	SQAZH01	玉米	新研 988	30	0.40	10 600	3 900	18 020
2015	SQAZQ01	玉米	先正达	25.5	0.20	8 362	3 600	14 215
2015	SQAZQ02	玉米	华玉 12	25.5	0.24	8 264	3 150	14 049
2015	SQAZQ03	玉米	北青 210	25.5	0.70	8 302	3 300	14 113

（续）

年份	样地代码	作物名称	作物品种	播种量/（kg/hm²）	播种面积/hm²	单产/（kg/hm²）	直接成本/（元/hm²）	产值/（元/hm²）
2015	SQAZQ04	玉米	隆平 206	30	0.50	9 345	3 600	15 887
2015	SQAZQ05	玉米	美玉 5 号	27	0.30	8 727	3 300	14 836

3.1.2 复种指数与作物轮作体系数据集

3.1.2.1 概述

本数据集包含商丘站综合观测场（SQAZH01，115°35′30″E，34°31′14″N），商丘站生物、土壤监测朱楼站区调查点（SQAZQ01，115°34′07″E，34°31′30″N），商丘站生物、土壤监测陈菜园站区调查点（SQAZQ02，115°35′48″E，34°30′20″N），商丘站生物、土壤监测关庄站区调查点（SQAZQ03，115°35′07″E、34°30′30″N），商丘站生物、土壤监测王庄站区调查点（SQAZQ04，115°36′03″E、34°30′51″N）和商丘站生物、土壤监测张大庄站区调查点（SQAZQ05，115°36′05″E，34°30′50″N）等 6 个样地 2008—2015 年种植的作物连作体系数据，数据项目包括农田类型、复种指数、轮作体系、当年作物等。

3.1.2.2 数据采集和处理方法

数据通过各样地实地调查、记录获得，以年为基础单元，农户调查与自测相结合，统计各样地的复种指数数据项目。

调查作物种类与播种面积，计算复种指数。复种指数＝全年播种（或移栽）作物的总面积÷耕地总面积×100％。

3.1.2.3 数据质量控制与评估

（1）每年根据调查任务制定年度（作物年）调查计划，调查过程保持人员队伍的相对稳定，对新参与调查工作的人员进行岗前培训，调查时以老带新，保障调查质量。

（2）固定观测员 2 名，做好详细调查记录，并督促接受调查工作的农户做好记录，对比自测数据以获取数据的吻合程度，避免出现人为原因产生错误数据。对于自测数据，严格翔实地记录。

（3）观测员将所获取的数据与各项辅助信息数据以及历史数据信息进行比较，对存在疑问的数据进行核查、补测，确实错误数据而不能补测的数据进行遗弃处理。初步整理后的数据由项目负责人和质量控制委员会进一步审核认定。

3.1.2.4 数据价值/数据使用方法和建议

复种指数与作物轮作体系数据集描述了作物种植制度，是土地利用的重要指标，对粮食生产具有重要作用。本数据集适合农学、栽培与耕作学、农业生态、农业生产、农业经济、土地资源管理等相关领域直接应用或进行参考。

3.1.2.5 复种指数与作物轮作体系数据

具体数据见表 3－2。

表 3－2 复种指数与作物轮作体系调查数据

年份	样地代码	复种指数/％	轮作体系	当年作物
2008	SQAZH01	200	小麦—玉米	小麦、玉米
2008	SQAZQ01	200	小麦—玉米	小麦、玉米
2008	SQAZQ02	200	小麦—玉米	小麦、玉米
2008	SQAZQ03	200	小麦—玉米	小麦、玉米

（续）

年份	样地代码	复种指数/%	轮作体系	当年作物
2008	SQAZQ04	200	小麦—玉米	小麦、玉米
2008	SQAZQ05	200	小麦—玉米	小麦、玉米
2009	SQAZH01	200	小麦—玉米	小麦、玉米
2009	SQAZQ01	200	小麦—玉米	小麦、玉米
2009	SQAZQ02	200	小麦—玉米	小麦、玉米
2009	SQAZQ03	200	小麦—玉米	小麦、玉米
2009	SQAZQ04	200	小麦—玉米	小麦、玉米
2009	SQAZQ05	200	小麦—玉米	小麦、玉米
2010	SQAZH01	200	小麦—玉米	小麦、玉米
2010	SQAZQ01	200	小麦—玉米	小麦、玉米
2010	SQAZQ02	200	小麦—玉米	小麦、玉米
2010	SQAZQ03	200	小麦—玉米	小麦、玉米
2010	SQAZQ04	200	小麦—玉米	小麦、玉米
2010	SQAZQ05	200	小麦—玉米	小麦、玉米
2011	SQAZH01	200	小麦—玉米	小麦、玉米
2011	SQAZQ01	200	小麦—玉米	小麦、玉米
2011	SQAZQ02	200	小麦—玉米	小麦、玉米
2011	SQAZQ03	200	小麦—玉米	小麦、玉米
2011	SQAZQ04	200	小麦—玉米	小麦、玉米
2011	SQAZQ05	200	小麦—玉米	小麦、玉米
2012	SQAZH01	200	小麦—玉米	小麦、玉米
2012	SQAZQ01	200	小麦—玉米	小麦、玉米
2012	SQAZQ02	200	小麦—玉米	小麦、玉米
2012	SQAZQ03	200	小麦—玉米	小麦、玉米
2012	SQAZQ04	200	小麦—玉米	小麦、玉米
2012	SQAZQ05	200	小麦—玉米	小麦、玉米
2013	SQAZH01	200	小麦—玉米	小麦、玉米
2013	SQAZQ01	200	小麦—玉米	小麦、玉米
2013	SQAZQ02	200	小麦—玉米	小麦、玉米
2013	SQAZQ03	200	小麦—玉米	小麦、玉米
2013	SQAZQ04	200	小麦—玉米	小麦、玉米
2013	SQAZQ05	200	小麦—玉米	小麦、玉米
2014	SQAZH01	200	小麦—玉米	小麦、玉米

（续）

年份	样地代码	复种指数/%	轮作体系	当年作物
2014	SQAZQ01	200	小麦—玉米	小麦、玉米
2014	SQAZQ02	200	小麦—玉米	小麦、玉米
2014	SQAZQ03	200	小麦—玉米	小麦、玉米
2014	SQAZQ04	200	小麦—玉米	小麦、玉米
2014	SQAZQ05	200	小麦—玉米	小麦、玉米
2015	SQAZH01	200	小麦—玉米	小麦、玉米
2015	SQAZQ01	200	小麦—玉米	小麦、玉米
2015	SQAZQ02	200	小麦—玉米	小麦、玉米
2015	SQAZQ03	200	小麦—玉米	小麦、玉米
2015	SQAZQ04	200	小麦—玉米	小麦、玉米
2015	SQAZQ05	200	小麦—玉米	小麦、玉米

3.1.3 农田灌溉制度数据集

3.1.3.1 概述

农田灌溉制度数据集包含商丘站综合观测场（SQAZH01，115°35′30″E，34°31′14″N），商丘站生物、土壤监测朱楼站区调查点（SQAZQ01，115°34′07″E，34°31′30″N），商丘站生物、土壤监测陈菜园站区调查点（SQAZQ02，115°35′48″E、34°30′20″N），商丘站生物、土壤监测关庄站区调查点（SQAZQ03，115°35′07″E，34°30′30″N）、商丘站生物、土壤监测王庄站区调查点（SQAZQ04，115°36′03″E，34°30′51″N）和商丘站生物、土壤监测张大庄站区调查点（SQAZQ05，115°36′05″E，34°30′50″N）等6个样地2008—2015年农田灌溉数据，数据项目包括作物名称、灌溉时间、作物生育时期、灌溉水源、灌溉方式、灌溉量等。

3.1.3.2 数据采集和处理方法

数据从各样地实地访问调查获取，记录作物名称、灌溉日期、作物生育期、灌溉水源和灌溉方式，根据灌溉提水的水泵功率、出水状况、灌水时间估算灌水量。统计各样地的农田灌溉制度数据项目。

3.1.3.3 数据质量控制与评估

（1）每年根据调查任务制定年度（作物年）调查计划，按《商丘站观测规范》开展调查工作，调查过程保持人员队伍的相对稳定，对新参与调查工作的人员进行岗前培训，调查时以老带新，保障调查质量。

（2）固定调查员和观测员2名，详细做好调查记录，督促接受调查的农户做好数据记录，对比自测数据以获取调查数据的吻合程度，避免出现人为因素产生错误数据。在有可能灌水的时段内增加调查巡视频率并联系农户进行数据的实地校对。

（3）观测员将所获取的数据与各项辅助信息数据以及历史数据信息进行比较，对存在疑问的数据进行核查，项目负责人和质量控制委员会人员对取得的数据进一步审核认定。

3.1.3.4 数据价值/数据使用方法和建议

水是我国北方作物生产的主要限制因素之一，节水灌溉一直是我国农业科学研究领域的热点之一，同时随着社会进步和绿色农业的发展，以产定水、灌溉水减量势在必行。农田灌溉制度数据集描述作物生产中的灌溉情况，为农业生产提供基础数据。长序列农田灌溉制度数据可以了解农田灌溉发展变化，揭示灌溉与作物生产、水分利用效率等关系，为节水农业提供数据参考。本数据集适合农田水利、农业生产、农学、农业生态等相关领域直接应用，或在灌溉处理等研究过程中进行参考。

3.1.3.5 农田灌溉制度数据集

具体数据见表3-3。

表3-3 农田灌溉制度数据集

年份	样地代码	作物名称	灌溉时间（年-月-日）	作物生育时期	灌溉水源	灌溉方式	灌溉量/mm
2008	SQAZQ04	小麦	2008-03-30	拔节期	井水	畦灌	120
2009	SQAZQ01	小麦	2009-01-27	越冬期	井水	畦灌	140
2009	SQAZQ02	小麦	2009-02-03	越冬期	井水	畦灌	120
2009	SQAZQ03	小麦	2009-02-04	越冬期	井水	畦灌	120
2009	SQAZQ04	小麦	2009-02-07	越冬期	井水	畦灌	120
2009	SQAZQ05	小麦	2009-02-04	越冬期	井水	畦灌	120
2010	SQAZQ03	小麦	2010-02-22	返青期	井水	软管喷灌	60
2011	SQAZH01	玉米	2011-06-19	播种期	井水	软管喷灌	80
2011	SQAZH01	玉米	2011-07-21	苗期	井水	软管喷灌	80
2011	SQAZQ01	玉米	2011-06-17	播种期	井水	软管喷灌	80
2011	SQAZQ01	玉米	2011-07-20	苗期	井水	软管喷灌	80
2011	SQAZQ02	玉米	2011-06-17	播种期	井水	软管喷灌	80
2011	SQAZQ02	玉米	2011-07-22	苗期	井水	软管喷灌	80
2011	SQAZQ03	玉米	2011-06-18	播种期	井水	软管喷灌	80
2011	SQAZQ03	玉米	2011-07-21	苗期	井水	软管喷灌	80
2011	SQAZQ04	玉米	2011-06-15	播种期	井水	软管喷灌	80
2011	SQAZQ04	玉米	2011-07-20	苗期	井水	软管喷灌	80
2011	SQAZQ05	玉米	2011-06-17	播种期	井水	软管喷灌	80
2011	SQAZQ05	玉米	2011-07-18	苗期	井水	软管喷灌	80
2012	SQAZQ04	玉米	2012-06-09	播种期	井水	软管喷灌	40
2013	SQAZH01	小麦	2013-02-25	返青	井水	软管喷灌	80
2013	SQAZH01	玉米	2013-06-27	苗期	井水	软管喷灌	120
2013	SQAZQ01	玉米	2013-06-24	苗期	井水	软管喷灌	90
2013	SQAZQ02	玉米	2013-06-22	苗期	井水	软管喷灌	90
2013	SQAZQ03	玉米	2013-06-24	苗期	井水	软管喷灌	90
2013	SQAZQ04	玉米	2013-06-24	苗期	井水	软管喷灌	90

（续）

年份	样地代码	作物名称	灌溉时间（年-月-日）	作物生育时期	灌溉水源	灌溉方式	灌溉量/mm
2013	SQAZQ05	玉米	2013-06-23	苗期	井水	软管喷灌	90
2013	SQAZQ05	玉米	2013-06-22	苗期	井水	软管喷灌	90
2014	SQAZH01	小麦	2013-10-09	播种前	井水	软管喷灌	50
2014	SQAZH01	小麦	2013-02-07	越冬期	井水	软管喷灌	60
2014	SQAZH01	小麦	2014-04-11	拔节期	井水	软管喷灌	80
2014	SQAZQ01	小麦	2013-10-24	出苗期	井水	软管喷灌	40
2014	SQAZQ02	小麦	2013-10-22	出苗期	井水	软管喷灌	40
2014	SQAZQ02	小麦	2014-02-06	越冬期	井水	软管喷灌	90
2014	SQAZQ03	小麦	2013-10-11	播种期	井水	软管喷灌	40
2014	SQAZQ03	小麦	2014-02-05	越冬期	井水	软管喷灌	90
2014	SQAZQ04	小麦	2014-02-03	越冬期	井水	软管喷灌	70
2014	SQAZQ04	小麦	2014-03-06	返青期	井水	软管喷灌	90
2014	SQAZQ05	小麦	2013-10-08	播种前	井水	软管喷灌	40
2014	SQAZQ05	小麦	2014-02-06	越冬期	井水	软管喷灌	80
2014	SQAZH01	玉米	2014-06-30	五叶期	井水	软管喷灌	90
2014	SQAZQ01	玉米	2014-07-02	五叶期	井水	软管喷灌	90
2014	SQAZQ02	玉米	2014-06-17	出苗期	井水	软管喷灌	60
2014	SQAZQ02	玉米	2014-07-03	五叶期	井水	软管喷灌	90
2014	SQAZQ03	玉米	2014-06-17	出苗期	井水	软管喷灌	70
2014	SQAZQ03	玉米	2014-07-02	五叶期	井水	软管喷灌	90
2014	SQAZQ04	玉米	2014-07-01	五叶期	井水	软管喷灌	80
2014	SQAZQ05	玉米	2014-07-01	五叶期	井水	软管喷灌	80
2015	SQAZH01	小麦	2015-03-16	返青期	井水	软管畦灌	100
2015	SQAZQ01	小麦	2015-03-05	返青期	井水	软管畦灌	80
2015	SQAZQ03	小麦	2015-03-02	返青期	井水	软管畦灌	80
2015	SQAZQ04	小麦	2015-02-26	返青期	井水	软管畦灌	80
2015	SQAZQ05	小麦	2015-02-26	返青期	井水	软管畦灌	80
2015	SQAZH01	玉米	2015-06-15	播种期	井水	软管畦灌	60
2015	SQAZQ01	玉米	2015-06-17	播种期	井水	软管畦灌	50
2015	SQAZQ02	玉米	2015-06-17	播种期	井水	软管畦灌	50

（续）

年份	样地代码	作物名称	灌溉时间（年-月-日）	作物生育时期	灌溉水源	灌溉方式	灌溉量/mm
2015	SQAZQ03	玉米	2015-06-09	播种前	井水	软管畦灌	60
2015	SQAZQ04	玉米	2015-06-09	播种期	井水	软管畦灌	40
2015	SQAZQ04	玉米	2015-06-14	播种期	井水	软管畦灌	50
2015	SQAZQ05	玉米	2015-06-15	播种期	井水	软管畦灌	50

3.1.4 小麦生育动态数据集

3.1.4.1 概述

小麦生育动态数据集包含商丘站综合观测场（SQAZH01，115°35′30″E、34°31′14″N），商丘站生物、土壤监测朱楼站区调查点（SQAZQ01，115°34′07″E、34°31′30″N），商丘站生物、土壤监测陈莱园站区调查点（SQAZQ02，115°35′48″E、34°30′20″N），商丘站生物、土壤监测关庄站区调查点（SQAZQ03，115°35′07″E、34°30′30″N），商丘站生物、土壤监测王庄站区调查点（SQAZQ04，115°36′03″E、34°30′51″N）和商丘站生物、土壤监测张大庄站区调查点（SQAZQ05，115°36′05″E、34°30′50″N）等 6 个样地 2008—2015 年种植的小麦生育动态数据，数据项目包括作物品种、播种期、出苗期、三叶期、分蘖期、返青期、拔节期、抽穗期、蜡熟期、收获期等。

3.1.4.2 数据采集和处理方法

数据通过各样地实地调查、记录获得，以小麦季为基础单元，统计各样地的小麦生育动态数据项目。

小麦各生育期实地调查，其中播种期和收获期是指实际发生的日期，其他生育期则是当小麦群体中有 50%个体达到该生育期外部形态特征指标要求时记录当天日期作为该生育期的开始时间。

在作物生育时期出现的时段，每天（或间隔 1 天）由固定观测员带领一名辅助观测员巡视、调查，并在相应观测记录表上做好记录。

3.1.4.3 数据质量控制与评估

（1）每年根据调查任务制定年度（作物年）调查计划，按《商丘站观测规范》开展调查工作，调查前查阅生育期外部形态特征指标，调查时准确判断。调查工作中保持人员队伍的相对稳定，对新参与调查的工作人员进行岗前培训，调查时以老带新，保障调查质量。

（2）固定观测员 2 名，详细做好调查记录。在小麦各生育时期出现的时段加密巡视、调查，并进行翔实的记录。

（3）数据及时录入，严格避免原始数据录入报表过程产生的误差。及时分析数据，检查、筛选异常值，比较样地之间数据，对于明显异常数据进行补充调查。

（4）对所获取的数据与各项辅助信息数据以及历史数据信息进行比较，对存在疑问的数据进行核查，对于确认的错误数据则进行遗弃处理，项目负责人和质量控制委员会进一步对初步整理的数据进行审核认定。

3.1.4.4 数据价值/数据使用方法和建议

生育期是作物生长发育进程的时间点，小麦生育动态揭示了小麦生长发育进程的主要特点。本数据集适合农学、农业气象、农业生态、农业生产等相关领域的直接应用。

3.1.4.5 小麦生育动态数据

具体数据见表 3-4。

表 3-4　小麦生育动态数据

年份	样地代码	作物品种	播种期（年-月-日）	出苗期（年-月-日）	分蘖期（年-月-日）	返青期（年-月-日）	拔节期（年-月-日）	抽穗期（年-月-日）	蜡熟期（年-月-日）	收获期（年-月-日）
2008	SQAZH01	豫麦 34	2007-10-18	2007-10-25	2007-11-15	2008-03-02	2008-03-22	2008-04-15	2008-05-26	2008-06-02
2008	SQAZQ01	豫麦 34	2007-10-21	2007-11-01	2007-11-18	2008-03-05	2008-03-24	2008-04-18	2008-05-27	2008-06-02
2008	SQAZQ02	郑麦 9023	2007-10-22	2007-10-29	2007-11-15	2008-02-28	2008-03-24	2008-04-17	2008-05-26	2008-06-01
2008	SQAZQ03	豫麦 34	2007-10-22	2007-10-29	2007-11-16	2008-02-28	2008-03-23	2008-04-18	2008-05-26	2008-06-04
2008	SQAZQ04	豫麦 68	2007-10-16	2007-10-22	2007-11-16	2008-03-01	2008-03-21	2008-04-15	2008-05-25	2008-06-04
2008	SQAZQ05	郑麦 9023	2007-10-21	2007-10-28	2007-11-13	2008-02-26	2008-03-18	2008-04-10	2008-05-23	2008-06-05
2009	SQAZH01	周麦 24	2008-10-16	2008-10-25	2008-11-17	2009-02-27	2009-03-22	2009-04-09	2009-05-22	2009-06-03
2009	SQAZQ01	周麦 24	2008-10-11	2008-10-18	2008-11-10	2009-02-25	2009-03-21	2009-04-11	2009-05-23	2009-06-05
2009	SQAZQ02	豫麦 49	2008-10-12	2008-10-21	2008-11-15	2009-02-28	2009-03-21	2009-04-12	2009-05-23	2009-06-01
2009	SQAZQ03	周麦 24	2008-10-15	2008-10-26	2008-11-14	2009-02-26	2009-03-21	2009-04-11	2009-05-22	2009-06-04
2009	SQAZQ04	豫麦 68	2008-10-10	2008-10-20	2008-11-13	2009-02-28	2009-03-13	2009-04-11	2009-05-21	2009-06-02
2009	SQAZQ05	郑麦 9023	2008-10-13	2008-10-21	2008-11-11	2009-02-25	2009-03-15	2009-04-08	2009-05-22	2009-06-01
2010	SQAZH01	周麦 24	2009-10-14	2009-10-21	2009-11-09	2010-02-22	2010-03-25	2010-04-26	2010-06-01	2010-06-11
2010	SQAZQ01	周麦 24	2009-10-16	2009-10-23	2009-11-10	2010-02-23	2010-03-26	2010-04-27	2010-06-02	2010-06-10
2010	SQAZQ01	周麦 18	2009-10-16	2009-10-24	2009-11-15	2010-02-23	2010-03-27	2010-04-26	2010-06-02	2010-06-10
2010	SQAZQ03	周麦 24	2009-10-18	2009-10-26	2009-11-16	2010-02-23	2010-03-26	2010-04-27	2010-06-03	2010-06-11
2010	SQAZQ04	周麦 24	2009-10-15	2009-10-22	2009-11-12	2010-02-23	2010-03-26	2010-04-26	2010-06-02	2010-06-09
2010	SQAZQ05	郑麦 9023	2009-10-15	2009-10-22	2009-11-12	2010-02-23	2010-03-26	2010-04-25	2010-06-02	2010-06-09
2011	SQAZH01	周麦 24	2010-10-17	2010-10-25	2010-11-13	2011-02-18	2011-03-17	2011-04-20	2011-05-30	2011-06-07
2011	SQAZQ01	矮抗 58	2010-10-17	2010-10-25	2010-11-15	2011-02-19	2011-03-19	2011-04-21	2011-05-30	2011-06-05
2011	SQAZQ02	周麦 18	2010-10-16	2010-10-25	2010-11-17	2011-02-19	2011-03-20	2011-04-23	2011-05-31	2011-06-06
2011	SQAZQ03	周麦 24	2010-10-18	2010-10-27	2010-11-16	2011-02-18	2011-03-20	2011-04-23	2011-05-29	2011-06-06
2011	SQAZQ04	郑麦 9023	2010-10-17	2010-10-25	2010-11-15	2011-02-19	2011-03-18	2011-04-21	2011-05-29	2011-06-05

（续）

年份	样地代码	作物品种	播种期（年-月-日）	出苗期（年-月-日）	分蘖期（年-月-日）	返青期（年-月-日）	拔节期（年-月-日）	抽穗期（年-月-日）	蜡熟期（年-月-日）	收获期（年-月-日）
2011	SQAZQ05	郑麦 9023	2010-10-16	2010-10-24	2010-11-14	2011-02-19	2011-03-19	2011-04-24	2011-05-29	2011-06-05
2012	SQAZH01	周麦 24	2011-10-21	2011-10-29	2011-11-16	2012-02-25	2012-03-20	2012-04-23	2012-05-27	2012-06-05
2012	SQAZQ01	矮抗 58	2011-10-18	2011-10-25	2011-11-14	2012-02-25	2012-03-18	2012-04-22	2012-05-26	2012-06-05
2012	SQAZQ02	周麦 18	2011-10-20	2011-10-28	2011-11-14	2012-02-25	2012-03-19	2012-04-23	2012-05-28	2012-06-06
2012	SQAZQ03	周麦 24	2011-10-19	2011-10-26	2011-11-14	2012-02-25	2012-03-19	2012-04-21	2012-05-27	2012-06-05
2012	SQAZQ04	周麦 24	2011-10-17	2011-10-24	2011-11-11	2012-02-25	2012-03-20	2012-04-22	2012-05-26	2012-06-04
2012	SQAZQ05	周麦 24	2011-10-17	2011-10-24	2011-11-11	2012-02-25	2012-03-20	2012-04-22	2012-05-26	2012-06-04
2013	SQAZH01	矮抗 58	2012-10-10	2012-10-18	2012-11-02	2013-02-16	2013-03-20	2013-04-23	2013-05-29	2013-06-09
2013	SQAZQ01	汝麦 6 号	2012-10-15	2012-10-24	2012-11-10	2013-02-16	2013-03-23	2013-04-26	2013-05-31	2013-06-10
2013	SQAZQ02	周麦 20	2012-10-12	2012-10-20	2012-11-05	2013-02-16	2013-03-20	2013-04-24	2013-05-30	2013-06-10
2013	SQAZQ03	郑育麦 958	2012-10-08	2012-10-15	2012-10-29	2013-02-16	2013-03-19	2013-04-23	2013-05-29	2013-06-09
2013	SQAZQ04	矮抗 58	2012-10-08	2012-10-15	2012-10-30	2013-02-16	2013-03-19	2013-04-22	2013-05-29	2013-06-07
2013	SQAZQ05	豫麦 69	2012-10-09	2012-10-17	2012-11-04	2013-02-16	2013-03-19	2013-04-22	2013-05-28	2013-06-07
2014	SQAZH01	矮抗 58	2013-10-16	2013-10-26	2013-11-20	2014-02-20	2014-03-18	2014-04-15	2014-05-24	2014-06-06
2014	SQAZQ01	汝麦 076	2013-10-15	2013-10-24	2013-11-18	2014-02-20	2014-03-17	2014-04-20	2014-05-26	2014-06-04
2014	SQAZQ02	周麦 22	2013-10-03	2013-10-10	2013-11-04	2014-02-18	2014-03-16	2014-04-18	2014-05-25	2014-05-30
2014	SQAZQ03	开麦 18	2013-10-08	2013-10-15	2013-11-10	2014-02-18	2014-03-16	2014-04-17	2014-05-29	2014-06-02
2014	SQAZQ04	郑麦 7698	2013-10-05	2013-10-12	2013-11-01	2014-02-18	2014-03-15	2014-04-10	2014-05-25	2014-05-30
2014	SQAZQ05	郑麦 7698	2013-10-14	2013-10-21	2013-11-14	2014-02-20	2014-03-18	2014-04-17	2014-05-25	2014-06-03
2015	SQAZH01	矮早 58	2014-10-15	2014-10-22	2014-11-15	2015-02-16	2015-03-21	2015-04-19	2015-05-30	2015-06-10
2015	SQAZQ01	恒麦 136	2014-10-16	2014-10-25	2014-11-24	2015-02-17	2015-03-21	2015-04-24	2015-06-03	2015-06-12
2015	SQAZQ02	周麦 22	2014-10-13	2014-10-21	2014-11-14	2015-02-16	2015-03-21	2015-04-22	2015-06-01	2015-06-11
2015	SQAZQ03	平安 3 号	2014-10-11	2014-10-18	2014-11-09	2015-02-16	2015-03-20	2015-04-22	2015-06-01	2015-06-08
2015	SQAZQ04	郑麦 7698	2014-10-05	2014-10-12	2014-11-01	2015-02-17	2015-03-21	2015-04-23	2015-06-01	2015-06-06
2015	SQAZQ05	郑麦 7698	2014-10-09	2014-10-16	2014-11-07	2015-02-17	2015-03-21	2015-04-21	2015-05-31	2015-06-08

3.1.5 玉米生育动态数据集

3.1.5.1 概述

玉米生育动态数据集包含商丘站综合观测场（SQAZH01，115°35′30″E，34°31′14″N），商丘站生物、土壤监测朱楼站区调查点（SQAZQ01，115°34′07″E，34°31′30″N），商丘站生物、土壤监测陈菜园站区调查点（SQAZQ02，115°35′48″E，34°30′20″N），商丘站生物、土壤监测关庄站区调查点（SQAZQ03，115°35′07″E，34°30′30″N），商丘站生物、土壤监测王庄站区调查点（SQAZQ04，115°36′03″E，34°30′51″N）和商丘站生物、土壤监测张大庄站区调查点（SQAZQ05，115°36′05″E，34°30′50″N）6个样地2008—2015年种植的玉米生育动态数据，数据项目包括作物品种、播种期、出苗期、五叶期、拔节期、抽雄期、吐丝期、成熟期、收获期等。

3.1.5.2 数据采集和处理方法

数据由各样地实地调查、记录获得，以玉米季为基础单元，统计各样地的玉米生育动态数据项目。

玉米各生育期实地调查，播种期和收获期记录实际发生的日期，其他生育期均为当玉米群体中有50％个体达到该生育期外部形态特征指标要求时记录当天日期为该生育期的开始时间。

在作物生育时期出现的时段，每天（或间隔1天）由固定观测员带领一名辅助观测员巡视、调查，并在相应观测记录表上做好记录。

3.1.5.3 数据质量控制与评估

（1）每年根据调查任务制定年度（作物年）调查计划，按《商丘站观测规范》开展调查工作。调查前查阅生育期外部形态特征指标，调查时准确判断。保持调查人员队伍的相对稳定，对新参与调查工作的人员进行岗前培训，调查时以老带新，保障调查质量。

（2）固定观测员2名，做好详细的调查记录。在玉米各生育时期出现的时段加密巡视、调查，并翔实记录。

（3）数据及时录入，严格避免原始数据录入报表过程产生的错误。及时分析数据，检查、筛选异常值，比较样地之间数据，对于明显异常数据进行补充调查。

（4）观测员将所获取的数据与各项辅助信息数据以及历史数据信息进行比较分析，对存在疑问的数据开展核查工作，确认为错误的数据则遗弃。项目负责人和质量控制委员会对初步整理的数据进一步审核认定。

3.1.5.4 数据价值/数据使用方法和建议

生育期是作物生长发育进程的时间点，玉米生育动态揭示了玉米生长发育进程中不同时间段所表现出的个体或群体特征。本数据集适合农学、农业气象、农业生态、农业生产等相关领域直接应用。

3.1.5.5 玉米生育动态数据

具体数据见表3-5。

表3-5 玉米生育动态数据

年份	样地代码	作物品种	播种期（年-月-日）	出苗期（年-月-日）	五叶期（年-月-日）	拔节期（年-月-日）	抽雄期（年-月-日）	吐丝期（年-月-日）	成熟期（年-月-日）	收获期（年-月-日）
2008	SQAZH01	郑单958	2008-06-06	2008-06-13	2008-06-26	2008-07-20	2008-08-07	2008-08-13	2008-09-04	2008-09-25
2008	SQAZQ01	浚单20	2008-06-08	2008-06-12	2008-07-04	2008-07-27	2008-08-11	2008-08-18	2008-09-11	2008-09-29
2008	SQAZQ02	浚单20	2008-06-05	2008-06-11	2008-07-02	2008-07-22	2008-08-04	2008-08-14	2008-09-04	2008-09-24
2008	SQAZQ03	浚单20	2008-06-09	2008-06-13	2008-06-30	2008-07-26	2008-08-08	2008-08-18	2008-09-12	2008-09-27
2008	SQAZQ04	浚单20	2008-06-08	2008-06-13	2008-07-04	2008-07-26	2008-08-05	2008-08-15	2008-09-10	2008-09-28
2008	SQAZQ05	郑单958	2008-06-10	2008-06-16	2008-07-03	2008-07-22	2008-08-09	2008-08-16	2008-09-11	2008-09-30
2009	SQAZH01	郑单958	2009-06-06	2009-06-13	2009-06-27	2009-07-22	2009-08-08	2009-08-14	2009-09-09	2009-09-27
2009	SQAZQ01	郑单958	2009-06-08	2009-06-15	2009-07-02	2009-07-27	2009-08-08	2009-08-16	2009-09-16	2009-09-30
2009	SQAZQ02	浚单22	2009-06-04	2009-06-11	2009-07-01	2009-07-26	2009-08-02	2009-08-15	2009-09-08	2009-09-27
2009	SQAZQ03	郑单958	2009-06-06	2009-06-14	2009-06-28	2009-07-23	2009-08-05	2009-08-19	2009-09-08	2009-09-26
2009	SQAZQ04	浚单22	2009-06-05	2009-06-13	2009-07-01	2009-07-23	2009-08-03	2009-08-17	2009-09-13	2009-09-28
2009	SQAZQ05	郑单958	2009-06-03	2009-06-12	2009-07-01	2009-07-20	2009-08-08	2009-08-17	2009-09-10	2009-09-28
2010	SQAZH01	郑单958	2010-06-14	2010-06-21	2010-07-08	2010-07-19	2010-08-13	2010-08-20	2010-09-30	2010-10-02
2010	SQAZQ01	郑单958	2010-06-13	2010-06-21	2010-07-08	2010-07-18	2010-08-12	2010-08-19	2010-09-28	2010-09-29
2010	SQAZQ02	浚单22	2010-06-12	2010-06-19	2010-07-06	2010-07-18	2010-08-10	2010-08-17	2010-09-25	2010-09-27
2010	SQAZQ03	郑单958	2010-06-13	2010-06-20	2010-07-08	2010-07-18	2010-08-13	2010-08-19	2010-09-28	2010-09-28
2010	SQAZQ04	郑单958	2010-06-12	2010-06-19	2010-07-05	2010-07-17	2010-08-10	2010-08-16	2010-09-22	2010-09-24
2010	SQAZQ05	郑单958	2010-06-13	2010-06-20	2010-07-07	2010-07-18	2010-08-11	2010-08-18	2010-09-27	2010-09-27
2011	SQAZH01	农华101	2011-06-13	2011-06-22	2011-07-15	2011-07-23	2011-08-17	2011-08-27	2011-10-11	2011-10-11
2011	SQAZQ01	郑单958	2011-06-12	2011-06-20	2011-07-14	2011-07-22	2011-08-15	2011-08-24	2011-10-05	2011-10-05
2011	SQAZQ02	郑单958	2011-06-13	2011-06-21	2011-07-13	2011-07-24	2011-08-16	2011-08-24	2011-10-06	2011-10-08
2011	SQAZQ03	郑单958	2011-06-13	2011-06-21	2011-07-13	2011-07-23	2011-08-16	2011-08-25	2011-10-09	2011-10-09
2011	SQAZQ04	郑单958	2011-06-12	2011-06-19	2011-07-12	2011-07-22	2011-08-14	2011-08-23	2011-10-03	2011-10-04

（续）

年份	样地代码	作物品种	播种期（年-月-日）	出苗期（年-月-日）	五叶期（年-月-日）	拔节期（年-月-日）	抽雄期（年-月-日）	吐丝期（年-月-日）	成熟期（年-月-日）	收获期（年-月-日）
2011	SQAZQ05	郑单 958	2011-06-13	2011-06-20	2011-07-13	2011-07-20	2011-08-15	2011-08-26	2011-10-05	2011-10-06
2012	SQAZH01	农华 101	2012-06-10	2012-06-15	2012-07-07	2012-07-30	2012-08-09	2012-08-17	2012-09-24	2012-09-28
2012	SQAZQ01	郑单 958	2012-06-08	2012-06-13	2012-07-07	2012-07-28	2012-08-07	2012-08-16	2012-09-21	2012-09-23
2012	SQAZQ02	浚单 22	2012-06-08	2012-06-13	2012-07-02	2012-07-28	2012-08-08	2012-08-17	2012-09-22	2012-09-25
2012	SQAZQ03	郑单 958	2012-06-07	2012-06-12	2012-07-06	2012-07-29	2012-08-08	2012-08-17	2012-09-19	2012-09-20
2012	SQAZQ04	郑单 958	2012-06-07	2012-06-11	2012-07-04	2012-07-27	2012-08-06	2012-08-15	2012-09-20	2012-09-22
2012	SQAZQ05	郑单 958	2012-06-06	2012-06-11	2012-07-04	2012-07-26	2012-08-05	2012-08-13	2012-09-19	2012-09-20
2013	SQAZH01	洛单 668	2013-06-10	2013-06-16	2013-07-09	2013-08-03	2013-08-10	2013-08-19	2013-09-28	2013-09-28
2013	SQAZQ01	华农 101	2013-06-10	2013-06-16	2013-07-08	2013-08-01	2013-08-10	2013-08-20	2013-09-20	2013-09-22
2013	SQAZQ02	郑单 958	2013-06-11	2013-06-17	2013-07-10	2013-08-02	2013-08-11	2013-08-20	2013-09-19	2013-09-20
2013	SQAZQ03	北青 25	2013-06-10	2013-06-16	2013-07-08	2013-08-01	2013-08-09	2013-08-18	2013-09-18	2013-09-18
2013	SQAZQ04	隆平 206	2013-06-07	2013-06-13	2013-07-06	2013-07-30	2013-08-08	2013-08-17	2013-09-19	2013-09-19
2013	SQAZQ05	雅玉 12	2013-06-07	2013-06-13	2013-07-06	2013-07-30	2013-08-08	2013-08-17	2013-09-18	2013-09-18
2014	SQAZH01	嵩玉 619	2014-06-07	2014-06-14	2014-06-28	2014-07-10	2014-08-01	2014-08-04	2014-10-05	2014-10-10
2014	SQAZQ01	农华 101	2014-06-07	2014-06-14	2014-06-29	2014-07-08	2014-07-27	2014-08-01	2014-10-02	2014-10-02
2014	SQAZQ02	丰玉 4 号	2014-06-02	2014-06-10	2014-06-26	2014-07-03	2014-07-26	2014-07-30	2014-09-30	2014-09-30
2014	SQAZQ03	北青 210	2014-06-05	2014-06-13	2014-06-28	2014-07-05	2014-07-26	2014-07-31	2014-10-03	2014-10-03
2014	SQAZQ04	隆平 206	2014-05-30	2014-06-06	2014-06-22	2014-07-03	2014-07-22	2014-07-29	2014-09-29	2014-09-29
2014	SQAZQ05	丰玉 4 号	2014-06-03	2014-06-12	2014-06-28	2014-07-05	2014-07-24	2014-07-28	2014-09-29	2014-09-29
2015	SQAZH01	新研 988	2015-06-12	2015-06-18	2015-07-06	2015-07-10	2015-08-07	2015-08-10	2015-09-29	2015-10-04
2015	SQAZQ01	先正达	2015-06-15	2015-06-21	2015-07-07	2015-07-11	2015-08-06	2015-08-09	2015-09-27	2015-10-01
2015	SQAZQ02	华玉 12	2015-06-12	2015-06-21	2015-07-08	2015-07-13	2015-08-05	2015-08-08	2015-09-26	2015-09-26
2015	SQAZQ03	北青 210	2015-06-09	2015-06-14	2015-07-04	2015-07-10	2015-07-31	2015-08-02	2015-09-23	2015-09-25
2015	SQAZQ04	隆平 206	2015-06-08	2015-06-14	2015-07-04	2015-07-10	2015-08-02	2015-08-06	2015-09-23	2015-09-24
2015	SQAZQ05	美玉 5 号	2015-06-10	2015-06-18	2015-07-06	2015-07-09	2015-08-02	2015-08-05	2015-09-25	2015-09-25

3.1.6 作物叶面积与生物量数据集

3.1.6.1 概述

作物叶面积与生物量数据集包含商丘站综合观测场（SQAZH01，115°35′30″E，34°31′14″N），商丘站生物、土壤监测朱楼站区调查点（SQAZQ01，115°34′07″E，34°31′30″N），商丘站生物、土壤监测陈菜园站区调查点（SQAZQ02，115°35′48″E，34°30′20″N）、商丘站生物、土壤监测关庄站区调查点（SQAZQ03，115°35′07″E，34°30′30″N）、商丘站生物、土壤监测王庄站区调查点（SQAZQ04，115°36′03″E，34°30′51″N）和商丘站生物、土壤监测张大庄站区调查点（SQAZQ05，115°36′05″E，34°30′50″N）等6个样地2008—2015年作物生物量数据，数据格式为Excel数据表格，数据项目包括调查日期、作物名称、作物品种、作物生育期、密度、株高、叶面积指数、每株（穴）分蘖/茎数、地上部分鲜重、地上部分干重等。

3.1.6.2 数据采集和处理方法

数据由各样地实地取样，经过田间、室内调查、测量、记录获得，以年为基础单元，统计各样地的作物生物量数据项目。

小麦出苗后选取有代表性的3个取样点，每点标记1 m长的2行小麦进行调查，田间调查行距和基本苗，以后每个生育期调查田间分蘖数（或总茎数）。玉米出苗后同样选取有代表性3个取样点，每点标记2 m长的玉米用于调查，田间调查行距和株距，以后每个生育期田间调查群体株高。野外调查的同时，在田间选取长势具代表性的小麦植株20株或玉米10株进行采样，放入采样保鲜袋，带回室内，进行人工调查株高、分蘖、地上部分鲜重，采用叶面积仪测量离体叶面积，杀青、烘干后（依据生物样品烘干规程）测量茎干重、叶干重、地上部分干重等，统计并计算出各性状指标数据。

3.1.6.3 数据质量控制与评估

（1）每年根据调查任务制定年度（作物年）调查计划，按照《商丘站观测规范》开展调查工作，工作开展进程中保持人员队伍的相对稳定，对新参与调查工作的人员进行岗前培训，调查时以老带新，保障调查质量。同时做好观测仪器（如调查过程中使用到的叶面积仪、合尺、电子天平等）的标定、维护和保养工作。

（2）固定观测员2～3名，在相应的时间、田间标定的地段开展调查、取样工作，并做好数据记录；室内工作部分为在植株样品处理室内开展3～5人的调查、测量和记录工作，一般生物样品在半天内完成鲜重测量和杀青工作。

（3）调查和测量数据及时录入报表，严格避免原始数据在录入报表过程产生的错误；及时对数据进行分析检验，检查、筛选异常值，比较样地之间数据，对于明显异常数据进行补充调查。

（4）观测员将所获取的数据与各项辅助信息数据以及历史数据信息进行比较分析，对存在疑问的数据进行核查，确定的错误数据而不能补测的则遗弃掉。数据入库存前项目负责人和质量控制委员会进一步对报表数据进行审核认定。

3.1.6.4 数据价值/数据使用方法和建议

叶片是作物进行光合作用的主要器官，叶面积大小反映了作物将CO_2同化为有机物质的场所大小；叶面积指数反映了单位面积上群体光合面积的大小，是农业研究领域最常用到的生理生态指标之一。作物生物量是作物光合作用产物（有机物）的净积累量，作物叶面积和生物量反映了作物生长状况及其同化能力，与作物长势、产量密切相关，是观测作物生长发育状况的重要指标。本数据集适合农学、农业生态、作物生理、农业生产、土壤肥料、作物栽培等相关领域直接应用，或作为开展研究的基础支撑数据来用。

3.1.6.5 作物叶面积与生物量数据

具体数据见表3-6～表3-11。

表 3-6 综合观测场作物叶面积与生物量数据

年份	调查日期（年-月-日）	作物名称	作物品种	作物生育时期	密度/（株或穴/m^2）	群体高度/cm	叶面积指数	调查株数	每株分蘖茎数	地上部总鲜重/（g/m^2）	地上部总干重/（g/m^2）
2008	2007-10-25	小麦	豫麦 34	出苗期	461.7	7.1	0.10	20	1.0	25.98	2.64
2008	2007-11-04	小麦	豫麦 34	三叶期	450.5	16.3	0.20	20	1.0	32.95	3.15
2008	2007-11-15	小麦	豫麦 34	分蘖期	424.1	22.4	1.22	20	2.9	211.29	43.12
2008	2008-03-02	小麦	豫麦 34	返青期	271.5	32.0	5.39	20	3.9	2 800.62	571.55
2008	2008-03-22	小麦	豫麦 34	拔节期	181.0	41.9	9.86	20	3.9	4 070.36	830.69
2008	2008-04-15	小麦	豫麦 34	抽穗期	158.7	73.0	14.85	20	3.9	4 737.62	966.86
2008	2008-05-26	小麦	豫麦 34	蜡熟期	137.3	87.5	6.30	20	3.9	8 387.71	1 728.39
2008	2008-06-02	小麦	豫麦 34	收获期	135.3	87.5	0.10	20	3.9	4 958.89	1 883.89
2008	2008-06-13	玉米	郑单 958	出苗期	5.3	15.9	0.30	20	1.0	23.59	3.86
2008	2008-06-26	玉米	郑单 958	五叶期	5.0	44.4	1.22	20	1.0	444.23	36.22
2008	2008-07-20	玉米	郑单 958	拔节期	4.9	156.9	2.61	20	1.0	1 931.64	275.95
2008	2008-08-07	玉米	郑单 958	抽雄期	4.9	231.4	4.63	20	1.0	4 386.02	626.57
2008	2008-08-13	玉米	郑单 958	吐丝期	4.9	250.9	3.88	20	1.0	7 625.47	944.18
2008	2008-09-04	玉米	郑单 958	成熟期	4.9	249.0	4.51	20	1.0	12 801.39	1 828.77
2008	2008-09-25	玉米	郑单 958	收获期	4.9	258.9	2.94	20	1.0	7 167.82	1 978.37
2009	2008-10-28	小麦	周麦 24	出苗期	468.6	7.2	0.10	20	1.0	26.43	2.69
2009	2008-11-09	小麦	周麦 24	三叶期	457.3	16.5	0.21	20	1.0	33.51	3.21
2009	2008-11-17	小麦	周麦 24	分蘖期	430.4	22.7	1.24	20	3.0	214.88	43.85
2009	2009-03-05	小麦	周麦 24	返青期	275.6	32.5	5.47	20	3.9	2 848.22	581.27
2009	2009-03-22	小麦	周麦 24	拔节期	183.7	42.5	10.01	20	3.9	4 139.56	844.81
2009	2009-04-16	小麦	周麦 24	抽穗期	161.0	74.1	15.07	20	3.9	4 818.16	983.31
2009	2009-05-22	小麦	周麦 24	蜡熟期	139.4	88.8	6.40	20	3.9	8 530.32	1 757.77

（续）

年份	调查日期（年-月-日）	作物名称	作物品种	作物生育时期	密度/（株或穴/m^2）	群体高度/cm	叶面积指数	调查株数	每株分蘖茎数	地上部总鲜重/（g/m^2）	地上部总干重/（g/m^2）
2009	2009-06-03	小麦	周麦24	收获期	137.3	88.8	0.10	20	3.9	5 043.19	1 915.92
2009	2009-06-11	玉米	郑单958	出苗期	5.4	16.1	0.31	20	1.0	23.99	3.93
2009	2009-06-25	玉米	郑单958	五叶期	5.1	45.1	1.24	20	1.0	451.78	36.82
2009	2009-07-22	玉米	郑单958	拔节期	5.0	159.3	2.65	20	1.0	1 964.48	280.64
2009	2009-08-08	玉米	郑单958	抽雄期	5.0	234.8	4.70	20	1.0	4 460.58	637.22
2009	2009-08-13	玉米	郑单958	吐丝期	5.0	254.7	3.93	20	1.0	7 755.08	960.23
2009	2009-09-06	玉米	郑单958	成熟期	5.0	252.7	4.58	20	1.0	13 019.01	1 859.86
2009	2009-09-25	玉米	郑单958	收获期	5.0	262.8	2.99	20	1.0	7 289.67	2012.05
2010	2009-11-05	小麦	周麦24	分蘖期	357.5	18.6	0.41	20	3.2	657.32	147.17
2010	2010-02-28	小麦	周麦24	返青期	357.5	21.6	2.89	20	5.7	1 061.97	268.81
2010	2010-03-26	小麦	周麦24	拔节期	357.5	50.3	6.57	20	4.6	2 465.49	586.52
2010	2010-05-04	小麦	周麦24	抽穗期	357.5	82.4	4.32	20	2.0	2 849.77	964.53
2010	2010-07-04	玉米	郑单958	出苗期	5.8	55.1	0.39	10	1.0	166.23	36.51
2010	2010-07-24	玉米	郑单958	拔节期	5.8	136.7	2.36	10	1.0	1 332.67	299.59
2010	2010-08-16	玉米	郑单958	抽雄期	5.8	227.3	5.97	10	1.0	2 739.84	669.36
2010	2010-08-22	玉米	郑单958	腊熟期	5.8	228.8	6.03	10	1.0	2 956.62	1 156.90
2011	2010-11-27	小麦	周麦24	分蘖期	295.0	18.9	0.36	20	2.8	359.89	87.56
2011	2011-02-26	小麦	周麦24	返青期	295.0	21.7	3.04	20	4.8	1 182.42	276.44
2011	2011-03-24	小麦	周麦24	拔节期	295.0	61.5	8.38	20	4.6	2 518.47	586.81
2011	2011-04-24	小麦	周麦24	抽穗期	295.0	82.6	3.93	20	2.2	3 528.98	1 067.32
2011	2011-07-03	玉米	农华101	出苗期	6.3	45.8	0.33	10	1.0	149.69	39.72
2011	2011-07-24	玉米	农华101	拔节期	6.3	128.7	2.07	10	1.0	1 118.67	247.11

（续）

年份	调查日期（年-月-日）	作物名称	作物品种	作物生育时期	密度/（株或穴/m^2）	群体高度/cm	叶面积指数	调查株数	每株分蘖茎数	地上部总鲜重/（g/m^2）	地上部总干重/（g/m^2）
2011	2011-08-21	玉米	农华101	抽雄期	6.3	238.6	6.19	10	1.0	2 287.49	547.24
2011	2011-09-28	玉米	农华101	腊熟期	6.3	237.6	6.02	10	1.0	2 418.59	1 126.53
2012	2011-11-10	小麦	周麦24	三叶期	428.0	13.2	0.20	20	1.0	32.35	3.11
2012	2011-12-01	小麦	周麦24	分蘖期	428.0	16.8	0.80	20	1.8	76.66	9.35
2012	2012-03-01	小麦	周麦24	返青期	428.0	30.4	3.40	20	2.9	1 076	214.83
2012	2012-04-01	小麦	周麦24	拔节期	428.0	57.5	4.70	20	2.8	2 646.78	513.88
2012	2012-05-01	小麦	周麦24	灌浆期	428.0	81.4	8.60	20	1.3	3 946.30	828.85
2012	2012-06-01	小麦	周麦24	灌浆期	428.0	81.4	3.20	20	1.3	4 563.48	1 349.06
2012	2012-06-19	玉米	农华101	出苗期	5.7	14.6	0.30	20	1.0	22.84	3.63
2012	2012-06-28	玉米	农华101	五叶期	5.7	44.7	1.10	20	1.0	442.90	68.62
2012	2012-07-22	玉米	农华101	拔节期	5.7	150	2.70	20	1.0	1 924.01	342.85
2012	2012-08-05	玉米	农华101	抽雄期	5.7	227.5	4.20	20	1.0	3 205.94	581.20
2012	2012-08-15	玉米	农华101	吐丝期	5.7	246.7	4.80	20	1.0	4 497.70	928.07
2012	2012-09-05	玉米	农华101	成熟期	5.7	245.7	4.40	20	1.0	6 347.23	1 386.76
2013	2012-11-15	小麦	矮抗58	分蘖期	314.0	12.8	0.30	20	1.7	30.23	5.37
2013	2013-02-22	小麦	矮抗58	返青期	314.0	18.6	3.80	20	3.6	1 263.06	314.57
2013	2013-03-30	小麦	矮抗58	拔节期	314.0	46.4	5.10	20	2.8	2 410.09	504.74
2013	2013-05-16	小麦	矮抗58	灌浆期	314.0	71.3	9.80	20	1.5	3 545.63	1 109.43
2013	2013-06-21	玉米	洛单668	出苗期	5.4	13.4	0.30	20	1.0	20.58	4.20
2013	2013-07-01	玉米	洛单668	五叶期	5.4	40.1	0.90	20	1.0	435.10	76.85
2013	2013-08-06	玉米	洛单668	拔节期	5.4	190.4	3.20	20	1.0	2 146.02	403.74
2013	2013-08-28	玉米	洛单668	吐丝期	5.4	244.4	4.70	20	1.0	3 537.70	934.76

（续）

年份	调查日期（年-月-日）	作物名称	作物品种	作物生育时期	密度/（株或穴/m²）	群体高度/cm	叶面积指数	调查株数	每株分蘖茎数	地上部总鲜重/（g/m²）	地上部总干重/（g/m²）
2014	2013-11-10	小麦	矮抗58	三叶期	405.0	19.6	0.37	30	1.0	114.78	16.68
2014	2013-12-10	小麦	矮抗58	分蘖期	405.0	16.9	0.90	30	2.5	359.85	94.89
2014	2014-02-20	小麦	矮抗58	返青期	405.0	15.4	1.95	30	3.4	1 057.86	270.09
2014	2014-03-20	小麦	矮抗58	拔节期	405.0	34.3	3.50	30	6.4	4 086.07	674.28
2014	2014-04-13	小麦	矮抗58	抽穗期	405.0	68.5	4.71	30	2.0	3 786.75	1 123.92
2014	2014-07-03	玉米	嵩玉619	出苗期	8.0	55.1	0.32	10	1.0	152.03	37.72
2014	2014-07-23	玉米	嵩玉619	出苗期	8.0	185.2	4.32	10	1.0	5 175.01	614.62
2014	2014-08-10	玉米	嵩玉619	吐丝期	8.0	262.5	6.63	10	1.0	9 145.43	1 535.98
2014	2014-08-22	玉米	嵩玉619	灌浆期	8.0	276.0	7.14	10	1.0	8 232.64	1 835.17
2014	2014-09-21	玉米	嵩玉619	腊熟期	8.0	272.8	4.14	10	1.0	7 500.43	2252.67
2015	2015-02-22	小麦	矮早58	返青期	321.6	18.9	1.92	20	7.7	1 058.57	184.29
2015	2015-03-29	小麦	矮早58	拔节期	321.6	47.2	5.42	20	7.5	2739.38	561.75
2015	2015-04-24	小麦	矮早58	抽穗期	321.6	70.6	7.59	20	2.8	3 418.35	795.52
2015	2015-05-14	小麦	矮早58	灌浆期	321.6	76.0	7.71	20	2.8	4 026.64	1 346.98
2015	2015-07-16	玉米	新研988	拔节期	6.4	105.0	0.42	10	1.0	865.23	110.52
2015	2015-07-24	玉米	新研988	拔节期	6.4	188.8	2.97	10	1.0	4 197.92	419.64
2015	2015-08-03	玉米	新研988	拔节期	6.4	237.6	4.40	10	1.0	4 999.03	740.95
2015	2015-08-13	玉米	新研988	灌浆期	6.4	244.4	4.60	10	1.0	7 046.65	1 076.93
2015	2015-08-26	玉米	新研988	灌浆期	6.4	265.0	4.48	10	1.0	7 629.17	1 616.58

表 3-7　朱楼站区作物叶面积与生物量数据

年份	调查日期（年-月-日）	作物名称	作物品种	作物生育时期	密度/（株或穴/m²）	群体高度/cm	叶面积指数	调查株数	每株分蘖茎数	地上部总鲜重/（g/m²）	地上部总干重/（g/m²）
2008	2007-11-01	小麦	豫麦 34	出苗期	503.4	6.7	0.07	20	1.0	22.27	2.14
2008	2007-11-08	小麦	豫麦 34	三叶期	503.4	17.5	0.20	20	1.0	30.61	3.36
2008	2007-11-18	小麦	豫麦 34	分蘖期	503.4	24.7	1.02	20	2.3	308.86	45.36
2008	2008-03-05	小麦	豫麦 34	返青期	278.7	28.9	7.02	20	3.5	1 569.43	326.97
2008	2008-03-24	小麦	豫麦 34	拔节期	181.0	40.8	7.32	20	3.5	2 467.65	514.09
2008	2008-04-18	小麦	豫麦 34	抽穗期	149.5	62.5	14.04	20	3.5	3 757.37	782.78
2008	2008-05-27	小麦	豫麦 34	蜡熟期	146.4	73.2	6.92	20	3.5	6 701.46	1 396.14
2008	2008-06-02	小麦	豫麦 34	收获期	146.4	73.2	1.32	20	3.5	6 989.84	1 514.62
2008	2008-06-12	玉米	浚单 20	出苗期	4.8	16.3	0.22	20	1.0	27.87	4.78
2008	2008-07-04	玉米	浚单 20	五叶期	4.7	36.6	1.32	20	1.0	288.32	24.82
2008	2008-07-27	玉米	浚单 20	拔节期	4.7	123.3	1.66	20	1.0	2 154.15	296.27
2008	2008-08-11	玉米	浚单 20	抽雄期	4.7	197.4	3.10	20	1.0	4 961.13	796.96
2008	2008-08-18	玉米	浚单 20	吐丝期	4.7	234.2	3.04	20	1.0	6 904.26	991.68
2008	2008-09-11	玉米	浚单 20	成熟期	4.7	258.9	2.61	20	1.0	7 212.56	1 603.81
2008	2008-09-29	玉米	浚单 20	收获期	4.7	236.2	2.41	20	1.0	6 288.11	1 723.11
2009	2008-10-24	小麦	周麦 24	出苗期	511.0	6.8	0.07	20	1.0	22.65	2.17
2009	2008-11-10	小麦	周麦 24	三叶期	511.0	17.8	0.21	20	1.0	31.13	3.41
2009	2008-11-16	小麦	周麦 24	分蘖期	511.0	25.1	1.03	20	2.4	314.11	46.13
2009	2009-03-11	小麦	周麦 24	返青期	282.8	29.3	7.12	20	3.5	1 596.12	332.52
2009	2009-03-24	小麦	周麦 24	拔节期	183.7	41.4	7.43	20	3.5	2 509.56	522.83
2009	2009-04-15	小麦	周麦 24	抽穗期	151.7	63.5	14.24	20	3.5	3 821.24	796.09
2009	2009-05-25	小麦	周麦 24	蜡熟期	148.6	74.3	7.02	20	3.5	6 815.38	1 419.87

（续）

年份	调查日期（年-月-日）	作物名称	作物品种	作物生育时期	密度/（株或穴/m^2）	群体高度/cm	叶面积指数	调查株数	每株分蘖茎数	地上部总鲜重/（g/m^2）	地上部总干重/（g/m^2）
2009	2009-06-04	小麦	周麦24	收获期	148.6	74.3	1.34	20	3.5	7 108.67	1 540.37
2009	2009-06-14	玉米	郑单958	出苗期	4.9	16.5	0.23	20	1.0	28.34	4.86
2009	2009-07-03	玉米	郑单958	五叶期	4.7	37.2	1.34	20	1.0	293.22	25.24
2009	2009-07-25	玉米	郑单958	拔节期	4.7	125.1	1.68	20	1.0	2 190.77	301.31
2009	2009-08-12	玉米	郑单958	抽雄期	4.7	200.4	3.15	20	1.0	5 045.47	810.51
2009	2009-08-16	玉米	郑单958	吐丝期	4.7	237.7	3.09	20	1.0	7 021.63	1 008.56
2009	2009-09-13	玉米	郑单958	成熟期	4.7	262.8	2.64	20	1.0	7 335.18	1 631.07
2009	2009-09-30	玉米	郑单958	收获期	4.7	239.8	2.45	20	1.0	6 395.01	1 752.35
2010	2009-11-05	小麦	周麦24	分蘖期	342.5	20.4	0.36	20	3.0	526.71	126.44
2010	2010-02-28	小麦	周麦24	返青期	342.5	23.4	2.67	20	5.2	971.42	244.19
2010	2010-03-26	小麦	周麦24	拔节期	342.5	52.7	5.28	20	5.4	2 325.86	553.14
2010	2010-05-04	小麦	周麦24	抽穗期	342.5	81.2	4.51	20	1.6	2 634.33	924.74
2010	2010-07-04	玉米	郑单958	出苗期	5.7	75.7	0.54	10	1.0	235.68	51.02
2010	2010-07-24	玉米	郑单958	拔节期	5.7	145.0	3.24	10	1.0	1 459.58	327.47
2010	2010-08-16	玉米	郑单958	抽雄期	5.7	210.6	5.76	10	1.0	2 535.19	618.83
2010	2010-08-22	玉米	郑单958	腊熟期	5.7	231.4	6.28	10	1.0	3 180.27	1 242.72
2011	2010-11-27	小麦	矮抗58	分蘖期	335.0	17.6	0.33	20	2.3	323.14	78.41
2011	2011-02-26	小麦	矮抗58	返青期	335.0	20.6	2.73	20	5.2	1 083.99	254.71
2011	2011-03-24	小麦	矮抗58	拔节期	335.0	54.3	6.84	20	4.9	2 259.36	528.62
2011	2011-04-24	小麦	矮抗58	抽穗期	335.0	70.4	4.26	20	18.0	3 394.87	1 034.49
2011	2011-07-03	玉米	郑单958	出苗期	5.9	43.8	0.37	10	1.0	161.29	42.36
2011	2011-07-24	玉米	郑单958	拔节期	5.9	143.3	2.67	10	1.0	1 209.17	266.83

（续）

年份	调查日期（年-月-日）	作物名称	作物品种	作物生育时期	密度/（株或穴/m^2）	群体高度/cm	叶面积指数	调查株数	每株分蘖茎数	地上部总鲜重/（g/m^2）	地上部总干重/（g/m^2）
2011	2011-08-21	玉米	郑单 958	抽雄期	5.9	223.1	6.52	10	1.0	2 246.85	536.6
2011	2011-09-28	玉米	郑单 958	腊熟期	5.9	221.7	6.20	10	1.0	2 576.68	1 256.85
2012	2011-11-10	小麦	矮抗 58	三叶期	362.0	13.0	0.20	20	1.0	32.79	3.40
2012	2011-12-01	小麦	矮抗 58	分蘖期	362.0	16.0	0.80	20	2.0	83.51	10.31
2012	2012-03-01	小麦	矮抗 58	返青期	362.0	26.8	3.10	20	3.1	1 173.2	223.34
2012	2012-04-01	小麦	矮抗 58	拔节期	362.0	51.7	4.30	20	2.9	2 861.55	564.22
2012	2012-05-01	小麦	矮抗 58	抽穗期	362.0	70.6	9.40	20	1.8	4 180.57	892.71
2012	2012-06-01	小麦	矮抗 58	灌浆期	362.0	70.6	2.80	20	1.8	4 619.38	1 596.99
2012	2012-06-19	玉米	郑单 958	出苗期	6.9	17.1	0.40	20	1.0	28.33	4.35
2012	2012-06-28	玉米	郑单 958	五叶期	6.9	43.7	1.20	20	1.0	438.83	60.40
2012	2012-07-22	玉米	郑单 958	拔节期	6.9	154.3	2.50	20	1.0	2 137.95	377.21
2012	2012-08-05	玉米	郑单 958	抽雄期	6.9	226.5	3.80	20	1.0	3 460.89	628.48
2012	2012-08-15	玉米	郑单 958	吐丝期	6.9	241.4	4.50	20	1.0	4 581.69	1 001.90
2012	2012-09-05	玉米	郑单 958	成熟期	6.9	244.8	4.40	20	1.0	6 024.52	1 473.51
2013	2012-11-15	小麦	汝麦 7 号	分蘖期	368.0	13.4	0.40	20	1.6	41.39	7.16
2013	2013-02-22	小麦	汝麦 8 号	返青期	368.0	23.1	3.90	20	4.2	1 323.90	330.52
2013	2013-03-30	小麦	汝麦 9 号	拔节期	368.0	51.7	5.80	20	2.9	2 681.39	543.10
2013	2013-05-16	小麦	汝麦 10 号	灌浆期	368.0	78.4	9.60	20	1.6	3 645.96	1 170.78
2013	2013-06-21	玉米	华农 101	出苗期	5.6	12.6	0.30	20	1.0	18.37	3.85
2013	2013-07-01	玉米	华农 101	五叶期	5.6	45.7	1.00	20	1.0	432.73	71.52
2013	2013-08-06	玉米	华农 101	拔节期	5.6	167.4	2.60	20	1.0	1 841.63	341.88
2013	2013-08-28	玉米	华农 101	抽雄期	5.6	256.5	3.80	20	1.0	3 461.11	628.50

（续）

年份	调查日期（年-月-日）	作物名称	作物品种	作物生育时期	密度/（株或穴/m²）	群体高度/cm	叶面积指数	调查株数	每株分蘖茎数	地上部总鲜重/（g/m²）	地上部总干重/（g/m²）
2014	2013-11-10	小麦	汝麦076	三叶期	700.0	21.2	0.99	30	1.0	310.03	41.82
2014	2013-12-10	小麦	汝麦076	分蘖期	700.0	19.9	1.55	30	2.5	438.13	115.55
2014	2014-02-20	小麦	汝麦076	返青期	700.0	17.6	2.98	30	3.2	1 350.35	330.39
2014	2014-03-20	小麦	汝麦076	拔节期	700.0	32.7	7.07	30	4.8	4254.64	714.01
2014	2014-04-13	小麦	汝麦076	抽穗期	700.0	80.3	3.91	30	1.0	7409.52	2256.03
2014	2014-07-03	玉米	农华101	出苗期	7.6	75.7	0.59	10	1.0	322.67	45.76
2014	2014-07-23	玉米	农华101	出苗期	7.6	171.7	3.56	10	1.0	4022.92	499.08
2014	2014-08-10	玉米	农华101	吐丝期	7.6	219.2	6.15	10	1.0	5993.29	972.54
2014	2014-08-22	玉米	农华101	灌浆期	7.6	243.2	6.54	10	1.0	7075.21	1619.98
2014	2014-09-21	玉米	农华101	腊熟期	7.6	229.2	1.70	10	1.0	5236.96	3073.76
2015	2015-02-22	小麦	恒麦136	返青期	347.1	21.6	1.80	20	4.4	1238.29	189.40
2015	2015-03-29	小麦	恒麦136	拔节期	347.1	43.5	4.02	20	5.2	2697.21	437.06
2015	2015-04-24	小麦	恒麦136	抽穗期	347.1	69.6	6.58	20	1.9	3455.97	719.66
2015	2015-05-14	小麦	恒麦136	灌浆期	347.1	85.7	6.28	20	1.8	4367.11	1242.30
2015	2015-07-16	玉米	先正达	拔节期	5.6	109.9	0.45	10	1.0	606.41	76.60
2015	2015-07-24	玉米	先正达	拔节期	5.6	191.0	1.96	10	1.0	2363.63	185.37
2015	2015-08-03	玉米	先正达	拔节期	5.6	233.1	3.83	10	1.0	3122.65	407.90
2015	2015-08-13	玉米	先正达	灌浆期	5.6	281.8	4.25	10	1.0	2997.26	508.33
2015	2015-08-26	玉米	先正达	灌浆期	5.6	280.4	4.85	10	1.0	4818.95	975.77

表 3-8　陈菜园站区作物叶面积与生物量数据

年份	调查日期（年-月-日）	作物名称	作物品种	作物生育时期	密度/（株或穴/m²）	群体高度/cm	叶面积指数	调查株数	每株分蘖茎数	地上部总鲜重/（g/m²）	地上部总干重/（g/m²）
2008	2007-10-29	小麦	郑麦 9023	出苗期	499.3	7.3	0.11	20	1.0	24.18	2.44
2008	2007-11-05	小麦	郑麦 9023	三叶期	498.3	18.3	0.20	20	1.0	37.83	3.36
2008	2007-11-15	小麦	郑麦 9023	分蘖期	498.3	22.8	2.34	20	2.3	380.36	48.61
2008	2008-02-28	小麦	郑麦 9023	返青期	239.0	26.0	6.30	20	2.9	1 834.02	382.09
2008	2008-03-24	小麦	郑麦 9023	拔节期	197.3	37.4	7.22	20	2.9	3 515.24	732.34
2008	2008-04-17	小麦	郑麦 9023	抽穗期	175.9	62.5	11.8	20	2.9	4 072.23	848.38
2008	2008-05-26	小麦	郑麦 9023	蜡熟期	172.9	76.3	6.49	20	2.9	6 612.62	1 377.63
2008	2008-06-01	小麦	郑麦 9023	收获期	170.9	76.3	0.41	20	2.9	4 845.19	1 454.31
2008	2008-06-11	玉米	浚单 20	出苗期	4.9	16.5	0.28	20	1.0	26.24	4.17
2008	2008-07-02	玉米	浚单 20	五叶期	4.7	36.6	1.02	20	1.0	278.15	23.79
2008	2008-07-22	玉米	浚单 20	拔节期	4.7	119.2	1.55	20	1.0	2 052.55	293.22
2008	2008-08-04	玉米	浚单 20	抽雄期	4.7	193.7	3.41	20	1.0	4 910.28	788.72
2008	2008-08-14	玉米	浚单 20	吐丝期	4.6	233.8	2.84	20	1.0	6 873.75	981.96
2008	2008-09-04	玉米	浚单 20	成熟期	4.6	269.2	2.85	20	1.0	7 208.54	1 569.23
2008	2008-09-24	玉米	浚单 20	收获期	4.6	228.2	2.37	20	1.0	6 274.89	1 700.12
2009	2008-10-27	小麦	豫麦 49	出苗期	506.8	7.4	0.11	20	1.0	24.62	2.48
2009	2008-11-07	小麦	豫麦 49	三叶期	505.8	18.6	0.21	20	1.0	38.48	3.41
2009	2008-11-16	小麦	豫麦 49	分蘖期	505.8	23.1	2.37	20	2.4	386.82	49.44
2009	2009-02-28	小麦	豫麦 49	返青期	242.6	26.4	6.40	20	3.0	1 865.20	388.58
2009	2009-03-22	小麦	豫麦 49	拔节期	200.3	38.0	7.33	20	3.0	3 574.99	744.79
2009	2009-04-19	小麦	豫麦 49	抽穗期	178.6	63.5	11.97	20	3.0	4 141.46	862.78
2009	2009-05-28	小麦	豫麦 49	蜡熟期	175.5	77.4	6.59	20	3.0	6 725.03	1 401.05

（续）

年份	调查日期（年-月-日）	作物名称	作物品种	作物生育时期	密度/（株或穴/m^2）	群体高度/cm	叶面积指数	调查株数	每株分蘖茎数	地上部总鲜重/（g/m^2）	地上部总干重/（g/m^2）
2009	2009-06-01	小麦	豫麦49	收获期	173.4	77.4	0.41	20	3.0	4 927.56	1 479.03
2009	2009-06-13	玉米	浚单22	出苗期	5.0	16.7	0.28	20	1.0	26.68	4.24
2009	2009-07-02	玉米	浚单22	五叶期	4.7	37.2	1.03	20	1.0	282.88	24.21
2009	2009-07-24	玉米	浚单22	拔节期	4.7	121.0	1.58	20	1.0	2 087.44	298.21
2009	2009-08-04	玉米	浚单22	抽雄期	4.7	196.6	3.46	20	1.0	4 993.75	802.13
2009	2009-08-13	玉米	浚单22	吐丝期	4.6	237.3	2.88	20	1.0	6 990.56	998.66
2009	2009-09-05	玉米	浚单22	成熟期	4.6	273.2	2.89	20	1.0	7 331.04	1 595.91
2009	2009-09-27	玉米	浚单22	收获期	4.6	231.6	2.40	20	1.0	6 381.56	1 729.02
2010	2009-11-05	小麦	周麦18	分蘖期	302.5	22.3	0.28	20	2.2	464.03	106.69
2010	2010-02-28	小麦	周麦18	返青期	302.5	23.9	2.18	20	4.8	840.35	219.08
2010	2010-03-26	小麦	周麦18	拔节期	302.5	52.1	4.93	20	4.8	2 143.50	505.47
2010	2010-05-04	小麦	周麦18	抽穗期	302.5	79.5	3.82	20	1.8	2 354.71	814.61
2010	2010-07-04	玉米	浚单22	出苗期	5.3	71.8	0.46	10	1.0	220.06	47.56
2010	2010-07-24	玉米	浚单22	拔节期	5.4	158.5	3.35	10	1.0	1 643.00	368.31
2010	2010-08-16	玉米	浚单22	抽雄期	5.3	234.7	5.18	10	1.0	2 402.46	590.65
2010	2010-08-22	玉米	浚单22	腊熟期	5.3	242.6	6.22	10	1.0	3 059.37	1 192.11
2011	2010-11-27	小麦	周麦18	分蘖期	345.0	17.2	0.27	20	2.3	302.88	72.61
2011	2011-02-26	小麦	周麦18	返青期	345.0	22.8	2.57	20	4.4	974.33	226.11
2011	2011-03-24	小麦	周麦18	拔节期	345.0	59.7	7.23	20	3.8	2 071.74	484.71
2011	2011-04-24	小麦	周麦18	抽穗期	345.0	80.5	3.87	20	1.6	3 213.25	974.37
2011	2011-07-03	玉米	郑单958	出苗期	5.2	47.3	0.35	10	1.0	155.48	40.68
2011	2011-07-24	玉米	郑单958	拔节期	5.2	136.7	2.45	10	1.0	1 145.54	249.57

（续）

年份	调查日期（年-月-日）	作物名称	作物品种	作物生育时期	密度/（株或穴/m^2）	群体高度/cm	叶面积指数	调查株数	每株分蘖茎数	地上部总鲜重/（g/m^2）	地上部总干重/（g/m^2）
2011	2011-08-21	玉米	郑单958	抽雄期	5.2	218.2	5.71	10	1.0	2 005.98	478.49
2011	2011-09-28	玉米	郑单958	腊熟期	5.2	222.8	5.84	10	1.0	2 501.87	1 205.44
2012	2011-11-10	小麦	周麦18	三叶期	287.0	14.6	0.10	20	1.0	31.32	3.04
2012	2011-12-01	小麦	周麦18	分蘖期	287.0	16.4	0.50	20	1.5	58.37	8.09
2012	2012-03-01	小麦	周麦18	返青期	287.0	29.2	2.00	20	2.4	867.66	163.77
2012	2012-04-01	小麦	周麦18	拔节期	287.0	57.3	3.40	20	2.6	2 103.06	420.14
2012	2012-05-01	小麦	周麦18	抽穗期	287.0	82.5	7.40	20	1.5	3 183.86	676.45
2012	2012-06-01	小麦	周麦18	灌浆期	287.0	82.5	3.30	20	1.5	3 673.18	1 181.14
2012	2012-06-19	玉米	浚单22	出苗期	3.6	15.6	0.30	20	1.0	18.40	3.06
2012	2012-06-28	玉米	浚单22	五叶期	3.6	43.7	1.10	20	1.0	356.52	46.26
2012	2012-07-22	玉米	浚单22	拔节期	3.6	143.2	2.30	20	1.0	1 326.08	217.72
2012	2012-08-05	玉米	浚单22	抽雄期	3.6	226.9	3.60	20	1.0	2 687.73	441.43
2012	2012-08-15	玉米	浚单22	吐丝期	3.6	245.1	3.80	20	1.0	4 125.02	804.28
2012	2012-09-05	玉米	浚单22	成熟期	3.6	252.7	3.80	20	1.0	5 673.84	1 122.66
2013	2012-11-15	小麦	周麦20	分蘖期	292.0	14.7	0.30	20	1.3	24.32	4.21
2013	2013-02-22	小麦	周麦20	返青期	292.0	25.6	2.30	20	2.7	725.98	164.32
2013	2013-03-30	小麦	周麦20	拔节期	292.0	57.3	3.40	20	2.6	2 103.26	420.14
2013	2013-05-16	小麦	周麦20	灌浆期	292.0	82.5	7.40	20	1.5	3 183.57	676.45
2013	2013-06-21	玉米	郑单958	出苗期	4.2	12.8	0.20	20	1.0	14.25	3.11
2013	2013-07-01	玉米	郑单958	五叶期	4.2	40.6	0.70	20	1.0	338.40	59.48
2013	2013-08-06	玉米	郑单958	拔节期	4.2	165.7	2.30	20	1.0	1 436.76	269.01
2013	2013-08-28	玉米	郑单958	抽雄期	4.2	249.9	3.60	20	1.0	2 934.08	782.14

（续）

年份	调查日期（年-月-日）	作物名称	作物品种	作物生育时期	密度/（株或穴/m²）	群体高度/cm	叶面积指数	调查株数	每株分蘖茎数	地上部总鲜重/（g/m²）	地上部总干重/（g/m²）
2014	2013-11-10	小麦	周麦22	分蘖期	207.5	22.9	0.89	30	2.6	274.77	41.45
2014	2013-12-10	小麦	周麦22	分蘖期	207.5	23.3	1.43	30	4.9	569.24	147.33
2014	2014-02-20	小麦	周麦22	返青期	207.5	19.6	1.48	30	5.7	929.81	247.49
2014	2014-03-20	小麦	周麦22	拔节期	207.5	33.9	3.00	30	9.3	2 568.44	516.88
2014	2014-04-13	小麦	周麦22	抽穗期	207.5	77.6	2.82	30	2.9	1 947.18	651.53
2014	2014-07-03	玉米	丰玉4号	出苗期	8.8	71.8	0.59	10	1.0	318.05	57.11
2014	2014-07-23	玉米	丰玉4号	出苗期	8.8	174.7	5.77	10	1.0	5 767.94	834.87
2014	2014-08-10	玉米	丰玉4号	吐丝期	8.8	249.7	6.32	10	1.0	6 107.46	737.63
2014	2014-08-22	玉米	丰玉4号	灌浆期	8.8	243.4	6.31	10	1.0	8 464.12	2 103.73
2014	2014-09-21	玉米	丰玉4号	腊熟期	8.8	225.1	1.20	10	1.0	6 654.47	1 962.02
2015	2015-02-22	小麦	周麦22	返青期	369.4	20.8	1.64	20	4.0	1 141.83	176.53
2015	2015-03-29	小麦	周麦22	拔节期	369.4	40.5	3.71	20	4.5	2 797.90	524.28
2015	2015-04-24	小麦	周麦22	抽穗期	369.4	70.1	6.40	20	1.6	2 872.42	724.26
2015	2015-05-14	小麦	周麦22	灌浆期	369.4	81.2	7.39	20	1.7	4 123.94	1 179.31
2015	2015-07-16	玉米	华玉12	拔节期	5.7	92.7	0.54	10	1.0	443.76	61.20
2015	2015-07-24	玉米	华玉12	拔节期	5.7	168.0	1.97	10	1.0	2 215.24	260.97
2015	2015-08-03	玉米	华玉12	拔节期	5.7	202.7	4.08	10	1.0	3 950.86	490.23
2015	2015-08-13	玉米	华玉12	灌浆期	5.7	220.7	3.58	10	1.0	3 525.51	502.62
2015	2015-08-26	玉米	华玉12	灌浆期	5.7	248.0	4.91	10	1.0	3 894.19	662.27

表 3-9　关庄站区作物叶面积与生物量数据

年份	调查日期（年-月-日）	作物名称	作物品种	作物生育时期	密度/（株或穴/m^2）	群体高度/cm	叶面积指数	调查株数	每株分蘖茎数	地上部总鲜重/（g/m^2）	地上部总干重/（g/m^2）
2008	2007-10-29	小麦	豫麦 34	出苗期	562.4	8.4	0.10	20	1.0	28.78	3.25
2008	2007-11-07	小麦	豫麦 34	三叶期	562.4	22.4	0.51	20	1.0	56.14	8.54
2008	2007-11-16	小麦	豫麦 34	分蘖期	561.4	28.1	4.27	20	3.3	995.44	97.63
2008	2008-02-28	小麦	豫麦 34	返青期	384.4	36.6	6.51	20	5.9	1 232.59	449.92
2008	2008-03-23	小麦	豫麦 34	拔节期	267.5	43.1	9.05	20	5.9	3 929.69	785.94
2008	2008-04-18	小麦	豫麦 34	抽穗期	125.1	59.9	14.44	20	5.9	4 604.98	921.04
2008	2008-05-26	小麦	豫麦 34	蜡熟期	100.7	82.6	7.53	20	5.9	10 385.56	2 077.12
2008	2008-06-04	小麦	豫麦 34	收获期	96.6	82.6	0.20	20	5.9	5 756.22	1 964.84
2008	2008-06-13	玉米	浚单 20	出苗期	5.4	15.1	0.20	20	1.0	23.66	4.37
2008	2008-06-30	玉米	浚单 20	五叶期	5.2	48.0	0.92	20	1.0	552.84	38.75
2008	2008-07-26	玉米	浚单 20	拔节期	5.2	171.9	3.48	20	1.0	1 866.46	266.64
2008	2008-08-08	玉米	浚单 20	抽雄期	5.2	221.6	4.08	20	1.0	2 160.26	308.61
2008	2008-08-18	玉米	浚单 20	吐丝期	5.2	245.1	3.03	20	1.0	2 642.93	377.56
2008	2008-09-12	玉米	浚单 20	成熟期	5.2	248.2	3.78	20	1.0	5 036.12	719.45
2008	2008-09-27	玉米	浚单 20	收获期	5.2	262.7	3.86	20	0.0	3 473.56	1 222.66
2009	2008-10-30	小麦	周麦 24	出苗期	570.8	8.6	0.10	20	1.0	29.27	3.31
2009	2008-11-09	小麦	周麦 24	三叶期	570.8	22.7	0.52	20	1.0	57.09	8.69
2009	2008-11-17	小麦	周麦 24	分蘖期	569.8	28.5	4.34	20	3.3	1 012.36	99.29
2009	2009-02-28	小麦	周麦 24	返青期	390.2	37.2	6.61	20	6.0	1 253.56	457.57
2009	2009-03-25	小麦	周麦 24	拔节期	271.5	43.8	9.19	20	6.0	3 996.49	799.28
2009	2009-04-21	小麦	周麦 24	抽穗期	127.0	60.8	14.66	20	6.0	4 683.26	936.65
2009	2009-05-27	小麦	周麦 24	蜡熟期	102.2	83.8	7.64	20	6.0	10 562.16	2 112.43

（续）

年份	调查日期（年-月-日）	作物名称	作物品种	作物生育时期	密度/（株或穴/m^2）	群体高度/cm	叶面积指数	调查株数	每株分蘖茎数	地上部总鲜重/（g/m^2）	地上部总干重/（g/m^2）
2009	2009-06-04	小麦	周麦24	收获期	98.1	83.8	0.21	20	6.0	5 854.08	1 998.25
2009	2009-06-13	玉米	郑单958	出苗期	5.5	15.3	0.21	20	1.0	24.08	4.45
2009	2009-06-30	玉米	郑单958	五叶期	5.3	48.7	0.93	20	1.0	562.24	39.41
2009	2009-07-24	玉米	郑单958	拔节期	5.3	174.5	3.53	20	1.0	1 898.19	271.17
2009	2009-08-10	玉米	郑单958	抽雄期	5.3	224.9	4.14	20	1.0	2 196.98	313.86
2009	2009-08-17	玉米	郑单958	吐丝期	5.3	248.8	3.07	20	1.0	2 687.86	383.98
2009	2009-09-13	玉米	郑单958	成熟期	5.3	252.0	3.84	20	1.0	5 121.74	731.68
2009	2009-09-26	玉米	郑单958	收获期	5.3	266.6	3.92	20	0.0	3 532.61	1 243.44
2010	2009-11-05	小麦	周麦24	分蘖期	370.0	19.7	0.53	20	3.3	689.70	164.28
2010	2010-02-28	小麦	周麦24	返青期	370.0	23.7	3.22	20	6.2	1 160.24	295.41
2010	2010-03-26	小麦	周麦24	拔节期	370.0	51.8	7.26	20	6.7	2 706.31	637.14
2010	2010-05-04	小麦	周麦24	抽穗期	370.0	83.6	4.90	20	2.5	2 863.11	986.34
2010	2010-07-04	玉米	郑单958	出苗期	6.1	76.1	0.58	10	1.0	206.83	44.09
2010	2010-07-24	玉米	郑单958	拔节期	6.1	149.2	4.19	10	1.0	1 737.19	391.52
2010	2010-08-16	玉米	郑单958	抽雄期	6.1	228.6	6.47	10	1.0	2 788.59	682.80
2010	2010-08-22	玉米	郑单958	腊熟期	6.1	226.7	6.37	10	1.0	4 114.59	1 597.25
2011	2010-11-27	小麦	周麦24	分蘖期	392.5	18.6	0.44	20	2.4	428.15	105.13
2011	2011-02-26	小麦	周麦24	返青期	392.5	22.3	3.14	20	5.4	1 209.47	283.97
2011	2011-03-24	小麦	周麦24	拔节期	392.5	58.4	8.17	20	4.2	2 926.33	684.77
2011	2011-04-24	小麦	周麦24	抽穗期	392.5	82.8	4.68	20	2.2	3 667.80	1 114.24
2011	2011-07-03	玉米	郑单958	出苗期	6.8	58.7	0.46	10	1.0	187.89	47.25
2011	2011-07-24	玉米	郑单958	拔节期	6.8	139.1	2.84	10	1.0	1 285.51	283.78

（续）

年份	调查日期（年-月-日）	作物名称	作物品种	作物生育时期	密度/（株或穴/m²）	群体高度/cm	叶面积指数	调查株数	每株分蘖茎数	地上部总鲜重/（g/m²）	地上部总干重/（g/m²）
2011	2011-08-21	玉米	郑单 958	抽雄期	6.8	224.7	6.93	10	1.0	2 305.42	552.85
2011	2011-09-28	玉米	郑单 958	腊熟期	6.8	213.9	6.94	10	1.0	2 516.92	1 190.04
2012	2011-11-10	小麦	周麦 24	三叶期	425.0	14.2	0.30	20	1.0	40.68	4.09
2012	2011-12-01	小麦	周麦 24	分蘖期	425.0	17.2	0.90	20	1.6	96.71	13.15
2012	2012-03-01	小麦	周麦 24	返青期	425.0	28.1	3.70	20	2.8	1 243.02	238.66
2012	2012-04-01	小麦	周麦 24	拔节期	425.0	56.8	4.80	20	2.5	3 237.27	603.90
2012	2012-05-01	小麦	周麦 24	抽穗期	425.0	80.9	10.3	20	1.6	4 360.96	814.01
2012	2012-06-01	小麦	周麦 24	灌浆期	425.0	80.9	3.10	20	1.6	4 836.09	1 781.97
2012	2012-06-19	玉米	郑单 958	出苗期	6.5	15.6	0.50	20	1.0	32.67	4.66
2012	2012-06-28	玉米	郑单 958	五叶期	6.5	42.8	1.20	20	1.0	527.79	92.51
2012	2012-07-22	玉米	郑单 958	拔节期	6.5	138.5	2.30	20	1.0	2 249.13	374.16
2012	2012-08-05	玉米	郑单 958	抽雄期	6.5	229.6	3.60	20	1.0	3 593.58	613.12
2012	2012-08-15	玉米	郑单 958	吐丝期	6.5	243.8	4.80	20	1.0	5 361.19	1 059.26
2012	2012-09-05	玉米	郑单 958	成熟期	5.4	240.8	4.80	20	1.0	12 587.35	1 483.68
2013	2012-11-15	小麦	郑育麦 958	分蘖期	374.0	14.3	0.40	20	1.6	36.39	5.55
2013	2013-02-22	小麦	郑育麦 958	返青期	374.0	26.4	3.60	20	3.4	1 168.31	279.34
2013	2013-03-30	小麦	郑育麦 958	拔节期	374.0	56.8	6.70	20	2.5	2 850.53	621.22
2013	2013-05-16	小麦	郑育麦 958	灌浆期	374.0	80.9	11.10	20	1.9	3 647.19	1 240.58
2013	2013-06-21	玉米	北青 25	出苗期	5.2	14.3	0.40	20	1.0	23.76	5.00
2013	2013-07-01	玉米	北青 25	五叶期	5.2	48.8	1.10	20	1.0	467.29	78.42
2013	2013-08-06	玉米	北青 25	拔节期	5.2	190.2	2.80	20	1.0	1 972.56	373.80
2013	2013-08-28	玉米	北青 25	抽雄期	5.2	253.4	4.30	20	1.0	3 640.00	992.81

（续）

年份	调查日期（年-月-日）	作物名称	作物品种	作物生育时期	密度/（株或穴/m²）	群体高度/cm	叶面积指数	调查株数	每株分蘖茎数	地上部总鲜重/（g/m²）	地上部总干重/（g/m²）
2014	2013-11-10	小麦	开麦 18	分蘖期	410.0	25.7	1.42	30	2.3	441.93	55.64
2014	2013-12-10	小麦	开麦 18	分蘖期	410.0	27.3	2.60	30	2.3	831.93	206.93
2014	2014-02-20	小麦	开麦 18	返青期	410.0	22.8	3.75	30	6.4	2 050.01	557.68
2014	2014-03-20	小麦	开麦 18	拔节期	410.0	38.6	3.82	30	5.1	3 448.92	642.47
2014	2014-04-13	小麦	开麦 18	抽穗期	410.0	88.0	4.46	30	1.7	4 472.28	1 290.43
2014	2014-07-03	玉米	北青 210	出苗期	5.7	81.3	0.53	10	1.0	349.28	65.58
2014	2014-07-23	玉米	北青 210	出苗期	5.7	190.8	3.44	10	1.0	3 670.43	477.82
2014	2014-08-10	玉米	北青 210	吐丝期	5.7	223.1	4.66	10	1.0	5 594.68	788.57
2014	2014-08-22	玉米	北青 210	灌浆期	5.7	228.0	4.88	10	1.0	5 336.16	1 129.68
2014	2014-09-21	玉米	北青 210	腊熟期	5.7	212.2	0.82	10	1.0	4 022.24	1 262.31
2015	2015-02-22	小麦	平安 3 号	返青期	443.7	23.7	2.13	20	5.0	1 373.14	224.27
2015	2015-03-29	小麦	平安 3 号	拔节期	443.7	46.7	4.83	20	6.8	3 900.26	613.68
2015	2015-04-24	小麦	平安 3 号	抽穗期	443.7	79.9	7.88	20	1.8	3 979.36	813.92
2015	2015-05-14	小麦	平安 3 号	灌浆期	443.7	85.8	8.23	20	1.8	5 560.42	1 543.10
2015	2015-07-16	玉米	北青 210	拔节期	6.0	159.6	2.69	10	1.0	2 248.42	206.20
2015	2015-07-24	玉米	北青 210	拔节期	6.0	189.7	2.62	10	1.0	3 012.17	318.58
2015	2015-08-03	玉米	北青 210	抽雄期	6.0	241.2	4.46	10	1.0	4 426.04	590.17
2015	2015-08-13	玉米	北青 210	灌浆期	6.0	246.4	4.79	10	1.0	5 705.44	845.68
2015	2015-08-26	玉米	北青 210	灌浆期	6.0	234.1	3.98	10	1.0	5 367.83	1 101.26

表 3-10 王庄站区作物叶面积与生物量数据

年份	调查日期（年-月-日）	作物名称	作物品种	作物生育时期	密度/（株或穴/m^2）	群体高度/cm	叶面积指数	调查株数	每株分蘖茎数	地上部总鲜重/（g/m^2）	地上部总干重/（g/m^2）
2008	2007-11-04	小麦	豫麦 68	三叶期	493.2	16.3	0.20	20	1.0	34.78	2.85
2008	2007-11-16	小麦	豫麦 68	分蘖期	493.2	25.8	3.86	20	1.8	332.25	41.09
2008	2008-03-01	小麦	豫麦 68	返青期	282.7	35.3	5.70	20	2.3	2 830.72	330.83
2008	2008-03-21	小麦	豫麦 68	拔节期	263.4	38.4	7.83	20	2.3	3 120.16	624.03
2008	2008-04-15	小麦	豫麦 68	抽穗期	216.6	67.0	10.68	20	2.3	3 753.24	750.65
2008	2008-05-25	小麦	豫麦 68	蜡熟期	212.6	75.3	3.25	20	2.3	6 141.66	1 228.33
2008	2008-06-04	小麦	豫麦 68	收获期	212.6	75.3	0.10	20	2.3	4 540.09	1 314.94
2008	2008-06-13	玉米	浚单 20	出苗期	5.0	17.5	0.20	20	1.0	24.71	4.98
2008	2008-07-04	玉米	浚单 20	五叶期	5.0	45.1	0.81	20	1.0	283.74	37.43
2008	2008-07-26	玉米	浚单 20	拔节期	5.0	128.1	2.14	20	1.0	1 884.26	269.18
2008	2008-08-05	玉米	浚单 20	抽雄期	5.0	176.2	2.93	20	1.0	4 281.30	611.61
2008	2008-08-15	玉米	浚单 20	吐丝期	5.0	232.6	3.58	20	1.0	6 167.83	881.12
2008	2008-09-10	玉米	浚单 20	成熟期	5.0	251.4	3.19	20	1.0	10 129.62	1 447.09
2008	2008-09-28	玉米	浚单 20	收获期	5.0	239.7	3.26	20	1.0	6 637.96	1 384.14
2009	2008-10-21	小麦	豫麦 68	出苗期	503.7	6.8	0.10	20	1.0	23.27	2.28
2009	2008-11-06	小麦	豫麦 68	三叶期	500.6	16.5	0.21	20	1.0	35.37	2.95
2009	2008-11-18	小麦	豫麦 68	分蘖期	500.6	26.2	3.92	20	1.9	337.86	41.78
2009	2009-03-03	小麦	豫麦 68	返青期	287.0	35.8	5.78	20	2.4	2 878.84	336.45
2009	2009-03-23	小麦	豫麦 68	拔节期	267.4	39.0	7.95	20	2.4	3 173.18	634.64
2009	2009-04-16	小麦	豫麦 68	抽穗期	219.9	68.0	10.84	20	2.4	3 817.04	763.41
2009	2009-05-27	小麦	豫麦 68	蜡熟期	215.7	76.4	3.30	20	2.4	6 246.07	1 249.21
2009	2009-06-02	小麦	豫麦 68	收获期	215.7	76.4	0.10	20	2.4	4 617.27	1 337.33

（续）

年份	调查日期（年-月-日）	作物名称	作物品种	作物生育时期	密度/（株或穴/m²）	群体高度/cm	叶面积指数	调查株数	每株分蘖茎数	地上部总鲜重/（g/m²）	地上部总干重/（g/m²）
2009	2009-06-14	玉米	浚单 22	出苗期	5.1	17.8	0.21	20	1.0	25.13	5.07
2009	2009-07-04	玉米	浚单 22	五叶期	5.1	45.7	0.83	20	1.0	288.57	38.06
2009	2009-07-28	玉米	浚单 22	拔节期	5.1	130.1	2.17	20	1.0	1 916.29	273.76
2009	2009-08-07	玉米	浚单 22	抽雄期	5.1	178.9	2.97	20	1.0	4 354.08	622.01
2009	2009-08-14	玉米	浚单 22	吐丝期	5.1	236.1	3.63	20	1.0	6 272.68	896.14
2009	2009-09-11	玉米	浚单 22	成熟期	5.1	255.2	3.24	20	1.0	10 301.83	1 471.69
2009	2009-09-28	玉米	浚单 22	收获期	5.1	243.3	3.31	20	1.0	6 750.82	1 407.67
2010	2009-11-05	小麦	周麦 24	分蘖期	340.0	20.4	0.36	20	2.7	632.45	138.75
2010	2010-02-28	小麦	周麦 24	返青期	340.0	22.3	2.76	20	5.3	971.23	248.45
2010	2010-03-26	小麦	周麦 24	拔节期	340.0	53.2	6.50	20	5.2	2 261.40	533.06
2010	2010-05-04	小麦	周麦 24	抽穗期	340.0	82.3	4.83	20	1.8	2 749.98	943.90
2010	2010-07-04	玉米	郑单 958	出苗期	5.8	55.5	0.61	10	1.0	237.24	50.11
2010	2010-07-24	玉米	郑单 958	拔节期	5.8	163.4	3.88	10	1.0	1 462.66	327.07
2010	2010-08-16	玉米	郑单 958	抽雄期	5.8	221.7	5.59	10	1.0	2 660.94	661.42
2010	2010-08-22	玉米	郑单 958	腊熟期	5.8	233.4	6.03	10	1.0	3 371.15	1 304.44
2011	2010-11-27	小麦	郑麦 9023	分蘖期	355.0	18.6	0.32	20	2.4	318.52	76.39
2011	2011-02-26	小麦	郑麦 9023	返青期	355.0	23.1	2.76	20	5.7	1 134.45	264.35
2011	2011-03-24	小麦	郑麦 9023	拔节期	355.0	58.9	7.59	20	4.3	2 323.64	543.91
2011	2011-04-24	小麦	郑麦 9023	抽穗期	355.0	81.4	4.80	20	1.5	3 509.81	1 064.59
2011	2011-07-03	玉米	郑单 958	出苗期	6.2	46.6	0.38	10	1.0	160.08	42.64
2011	2011-07-24	玉米	郑单 958	拔节期	6.2	136.8	2.35	10	1.0	1 155.83	254.95
2011	2011-08-21	玉米	郑单 958	抽雄期	6.2	223.2	6.07	10	1.0	2 075.12	497.24

（续）

年份	调查日期（年-月-日）	作物名称	作物品种	作物生育时期	密度/（株或穴/m^2）	群体高度/cm	叶面积指数	调查株数	每株分蘖茎数	地上部总鲜重/（g/m^2）	地上部总干重/（g/m^2）
2011	2011-09-28	玉米	郑单 958	腊熟期	6.2	214.7	6.19	10	1.0	2 633.22	1 298.96
2012	2011-11-10	小麦	周麦 24	三叶期	397.0	14.8	0.20	20	1.0	39.84	4.23
2012	2011-12-01	小麦	周麦 24	分蘖期	397.0	16.4	0.80	20	1.7	86.39	10.17
2012	2012-03-01	小麦	周麦 24	返青期	397.0	29.9	3.20	20	2.9	1 044.95	191.18
2012	2012-04-01	小麦	周麦 24	拔节期	397.0	58.4	4.70	20	2.7	2 745.18	552.06
2012	2012-05-01	小麦	周麦 24	抽穗期	397.0	81.4	8.50	20	1.4	4 276.22	852.63
2012	2012-06-01	小麦	周麦 24	灌浆期	397.0	81.4	2.20	20	1.4	4 028.83	1 354.98
2012	2012-06-19	玉米	郑单 958	出苗期	5.4	18.4	0.50	20	1.0	28.18	4.50
2012	2012-06-28	玉米	郑单 958	五叶期	5.4	46.5	1.00	20	1.0	402.58	65.88
2012	2012-07-22	玉米	郑单 958	拔节期	5.4	123.9	1.80	20	1.0	2 051.58	292.50
2012	2012-08-05	玉米	郑单 958	抽雄期	5.4	189.7	3.20	20	1.0	3 636.89	651.41
2012	2012-08-15	玉米	郑单 958	吐丝期	5.7	236.9	4.30	20	1.0	5 025.87	984.79
2012	2012-09-05	玉米	郑单 958	成熟期	5.7	241.4	4.40	20	1.0	7 208.51	1 333.06
2013	2012-11-15	小麦	矮抗 58	分蘖期	304.0	12.8	0.30	20	1.7	30.74	5.09
2013	2013-02-22	小麦	矮抗 58	返青期	304.0	19.3	2.80	20	2.7	1 147.52	275.49
2013	2013-03-30	小麦	矮抗 58	拔节期	304.0	47.5	5.20	20	2.4	2 283.06	496.18
2013	2013-05-16	小麦	矮抗 58	灌浆期	304.0	70.4	8.70	20	1.5	3 442.34	1 037.74
2013	2013-06-21	玉米	隆平 206	出苗期	5.7	20.5	0.50	20	1.0	31.17	6.54
2013	2013-07-01	玉米	隆平 206	五叶期	5.7	68.9	1.40	20	1.0	519.12	86.20
2013	2013-08-06	玉米	隆平 206	拔节期	5.7	204.2	2.70	20	1.0	2 351.18	450.57
2013	2013-08-28	玉米	隆平 206	抽雄期	5.7	259.3	3.40	20	1.0	3 166.58	864.96
2014	2013-11-10	小麦	郑麦 7698	分蘖期	400.0	24.9	2.23	30	3.0	574.12	77.71

（续）

年份	调查日期（年-月-日）	作物名称	作物品种	作物生育时期	密度/（株或穴/m²）	群体高度/cm	叶面积指数	调查株数	每株分蘖茎数	地上部总鲜重/（g/m²）	地上部总干重/（g/m²）
2014	2013-12-10	小麦	郑麦7698	分蘖期	400.0	23.8	3.35	30	3.6	1 100.24	291.68
2014	2014-02-20	小麦	郑麦7698	返青期	400.0	21.6	4.15	30	5.4	1 926.43	526.36
2014	2014-03-20	小麦	郑麦7698	拔节期	400.0	34.9	5.10	30	6.6	4 186.45	684.82
2014	2014-04-13	小麦	郑麦7698	抽穗期	400.0	64.2	2.88	30	1.9	2 979.97	971.39
2014	2014-07-03	玉米	隆平206	出苗期	4.7	55.5	0.35	10	1.0	24.56	52.36
2014	2014-07-23	玉米	隆平206	五叶期	4.7	149.7	2.36	10	1.0	2 154.87	304.41
2014	2014-08-10	玉米	隆平206	吐丝期	4.7	204.8	3.40	10	1.0	3 130.15	491.32
2014	2014-08-22	玉米	隆平206	灌浆期	4.7	217.0	3.72	10	1.0	4 014.65	938.48
2014	2014-09-21	玉米	隆平206	腊熟期	4.7	197.5	1.36	10	1.0	2 359.98	1 356.06
2015	2015-02-22	小麦	郑麦7698	返青期	357.3	22.2	1.72	20	4.9	1 281.36	196.39
2015	2015-03-29	小麦	郑麦7698	拔节期	357.3	45.6	4.16	20	5.7	3 168.23	539.65
2015	2015-04-24	小麦	郑麦7698	抽穗期	357.3	80.6	7.08	20	1.5	3 527.42	746.54
2015	2015-05-14	小麦	郑麦7698	灌浆期	357.3	87.1	7.06	20	1.4	4 479.96	1 326.19
2015	2015-07-16	玉米	隆平206	拔节期	6.0	145.0	1.88	10	1.0	2 295.74	243.31
2015	2015-07-24	玉米	隆平206	拔节期	6.0	180.0	2.56	10	1.0	3 045.96	293.01
2015	2015-08-03	玉米	隆平206	抽雄期	6.0	244.0	4.30	10	1.0	5 000.18	676.23
2015	2015-08-13	玉米	隆平206	灌浆期	6.0	239.4	5.16	10	1.0	6 579.49	881.05
2015	2015-08-26	玉米	隆平206	灌浆期	6.0	239.6	4.45	10	1.0	2 121.10	1 223.24

表 3-11　张大庄站区作物叶面积与生物量数据

年份	调查日期（年-月-日）	作物名称	作物品种	作物生育时期	密度/（株或穴/m²）	群体高度/cm	叶面积指数	调查株数	每株分蘖茎数	地上部总鲜重/（g/m²）	地上部总干重/（g/m²）
2008	2007-10-28	小麦	郑麦 9023	出苗期	506.5	7.1	0.10	20	1.0	20.95	1.73
2008	2007-11-06	小麦	郑麦 9023	三叶期	506.5	18.6	0.20	20	1.0	32.24	2.95
2008	2007-11-13	小麦	郑麦 9023	分蘖期	499.3	24.6	3.05	20	1.5	358.96	38.85
2008	2008-02-26	小麦	郑麦 9023	返青期	308.2	40.4	4.27	20	2.0	3 962.03	373.65
2008	2008-03-18	小麦	郑麦 9023	拔节期	269.5	45.2	5.59	20	2.0	3 533.57	706.71
2008	2008-04-10	小麦	郑麦 9023	抽穗期	241.0	65.2	8.24	20	2.0	4 356.32	871.26
2008	2008-05-23	小麦	郑麦 9023	蜡熟期	232.9	84.4	2.03	20	2.0	7 027.47	1 405.49
2008	2008-06-05	小麦	郑麦 9023	收获期	228.8	84.4	0.10	20	2.0	5 233.08	1 453.42
2008	2008-06-16	玉米	郑单 958	出苗期	4.6	15.2	0.20	20	1.0	24.01	2.95
2008	2008-07-03	玉米	郑单 958	五叶期	4.6	49.0	0.92	20	1.0	249.98	46.27
2008	2008-07-22	玉米	郑单 958	拔节期	4.6	148.1	1.77	20	1.0	2 102.95	300.42
2008	2008-08-09	玉米	郑单 958	抽雄期	4.6	192.9	3.28	20	1.0	4 526.26	646.61
2008	2008-08-16	玉米	郑单 958	吐丝期	4.6	251.7	3.27	20	1.0	6 711.44	958.78
2008	2008-09-11	玉米	郑单 958	成熟期	4.6	284.4	2.93	20	1.0	10 355.65	1 479.38
2008	2008-09-30	玉米	郑单 958	收获期	4.5	241.9	2.26	20	1.0	7 755.64	1 543.81
2009	2008-10-29	小麦	郑麦 9023	出苗期	514.1	7.2	0.10	20	1.0	21.31	1.76
2009	2008-11-08	小麦	郑麦 9023	三叶期	514.1	18.9	0.21	20	1.0	32.79	3.03
2009	2008-11-15	小麦	郑麦 9023	分蘖期	506.8	25.0	3.10	20	1.6	365.08	39.51
2009	2009-02-27	小麦	郑麦 9023	返青期	312.8	41.0	4.34	20	2.1	4 029.38	380.03
2009	2009-03-19	小麦	郑麦 9023	拔节期	273.5	45.8	5.68	20	2.1	3 593.64	718.73
2009	2009-04-10	小麦	郑麦 9023	抽穗期	244.6	66.2	8.36	20	2.1	4 430.38	886.08
2009	2009-05-24	小麦	郑麦 9023	蜡熟期	236.4	85.7	2.06	20	2.1	7 146.94	1 429.39

（续）

年份	调查日期（年-月-日）	作物名称	作物品种	作物生育时期	密度/（株或穴/m^2）	群体高度/cm	叶面积指数	调查株数	每株分蘖茎数	地上部总鲜重/（g/m^2）	地上部总干重/（g/m^2）
2009	2009-06-01	小麦	郑麦 9023	收获期	232.3	85.7	0.10	20	2.1	5 322.04	1 478.12
2009	2009-06-14	玉米	郑单 958	出苗期	4.6	15.4	0.21	20	1.0	24.41	2.98
2009	2009-07-05	玉米	郑单 958	五叶期	4.6	49.8	0.93	20	1.0	254.23	47.06
2009	2009-07-24	玉米	郑单 958	拔节期	4.6	150.3	1.79	20	1.0	2 138.72	305.53
2009	2009-08-12	玉米	郑单 958	抽雄期	4.6	195.8	3.32	20	1.0	4 603.21	657.58
2009	2009-08-17	玉米	郑单 958	吐丝期	4.6	255.5	3.32	20	1.0	6 825.53	975.08
2009	2009-09-14	玉米	郑单 958	成熟期	4.6	288.6	2.97	20	1.0	10 531.69	1504.53
2009	2009-09-28	玉米	郑单 958	收获期	4.5	245.6	2.29	20	1.0	7 887.49	1 570.05
2010	2009-11-05	小麦	郑麦 9023	分蘖期	357.5	18.6	0.35	20	2.8	643.21	147.56
2010	2010-02-28	小麦	郑麦 9023	返青期	357.5	22.7	2.57	20	5.0	964.67	244.94
2010	2010-03-26	小麦	郑麦 9023	拔节期	357.5	55.8	5.88	20	5.7	2 315.26	552.44
2010	2010-05-04	小麦	郑麦 9023	抽穗期	357.5	79.4	4.58	20	1.7	2 749.80	957.57
2010	2010-07-04	玉米	郑单 958	出苗期	5.6	61.5	0.57	10	1.0	219.05	46.27
2010	2010-07-24	玉米	郑单 958	拔节期	5.6	149.6	3.57	10	1.0	1 527.17	341.40
2010	2010-08-16	玉米	郑单 958	抽雄期	5.6	229.0	5.44	10	1.0	2 668.36	651.14
2010	2010-08-22	玉米	郑单 958	腊熟期	5.6	224.6	5.80	10	1.0	3 398.98	1 328.62
2011	2010-11-27	小麦	郑麦 9023	分蘖期	370.0	19.4	0.36	20	2.5	299.32	72.77
2011	2011-02-26	小麦	郑麦 9023	返青期	370.0	22.7	2.81	20	5.2	1 102.14	257.33
2011	2011-03-24	小麦	郑麦 9023	拔节期	370.0	57.3	7.63	20	4.4	2 320.42	542.74
2011	2011-04-24	小麦	郑麦 9023	抽穗期	370.0	81.7	4.76	20	1.4	3 407.03	1 032.85
2011	2011-07-03	玉米	郑单 958	出苗期	6.2	47.3	0.37	10	1.0	172.91	43.63
2011	2011-07-24	玉米	郑单 958	拔节期	6.2	136.2	2.40	10	1.0	1 163.75	256.24

（续）

年份	调查日期（年-月-日）	作物名称	作物品种	作物生育时期	密度/（株或穴/m²）	群体高度/cm	叶面积指数	调查株数	每株分蘖茎数	地上部总鲜重/（g/m²）	地上部总干重/（g/m²）
2011	2011-08-21	玉米	郑单 958	抽雄期	6.2	220.3	6.14	10	1.0	2 108.85	506.92
2011	2011-09-28	玉米	郑单 958	腊熟期	6.2	209.0	6.07	10	1.0	2 846.60	1 374.27
2012	2011-11-10	小麦	周麦 24	三叶期	392.0	14.6	0.20	20	1.0	45.16	4.80
2012	2011-12-01	小麦	周麦 24	分蘖期	392.0	16.6	0.80	20	1.6	69.62	9.53
2012	2012-03-01	小麦	周麦 24	返青期	392.0	29.3	2.90	20	2.6	1 127.37	211.69
2012	2012-04-01	小麦	周麦 24	拔节期	392.0	57.6	4.50	20	2.6	2 613.86	498.74
2012	2012-05-01	小麦	周麦 24	抽穗期	392.0	81.2	8.70	20	1.5	4 378.64	743.41
2012	2012-06-01	小麦	周麦 24	灌浆期	392.0	81.2	2.00	20		4 592.37	1 458.96
2012	2012-06-19	玉米	郑单 958	出苗期	5.7	21.7	0.50	20	1.0	25.42	3.91
2012	2012-06-28	玉米	郑单 958	五叶期	5.7	53.6	1.10	20	1.0	436.77	72.13
2012	2012-07-22	玉米	郑单 958	拔节期	5.7	167.4	2.20	20	1.0	2 046.72	329.40
2012	2012-08-05	玉米	郑单 958	抽雄期	5.7	219.2	3.40	20	1.0	3 588.77	644.42
2012	2012-08-15	玉米	郑单 958	吐丝期	5.7	238.1	4.30	20	1.0	5 216.45	981.37
2012	2012-09-05	玉米	郑单 958	成熟期	5.7	240.3	4.40	20	1.0	12 587.36	1 346.95
2013	2012-11-15	小麦	豫麦 69	分蘖期	311.0	13.4	0.30	20	1.6	28.48	4.41
2013	2013-02-22	小麦	豫麦 69	返青期	311.0	22.6	2.90	20	2.5	1 024.41	231.79
2013	2013-03-30	小麦	豫麦 69	拔节期	311.0	56.4	4.60	20	2.4	2 134.75	457.98
2013	2013-05-16	小麦	豫麦 69	灌浆期	311.0	80.2	8.40	20	1.4	3 047.17	963.47
2013	2013-06-21	玉米	雅玉 12	出苗期	5.5	21.7	0.50	20	1.0	30.41	6.14
2013	2013-07-01	玉米	雅玉 12	五叶期	5.5	70.3	1.30	20	1.0	486.20	83.61
2013	2013-08-06	玉米	雅玉 12	拔节期	5.5	201.8	2.80	20	1.0	2 381.23	446.28
2013	2013-08-28	玉米	雅玉 12	抽雄期	5.5	248.4	3.90	20	1.0	3 461.68	924.72

（续）

年份	调查日期（年-月-日）	作物名称	作物品种	作物生育时期	密度/（株或穴/m^2）	群体高度/cm	叶面积指数	调查株数	每株分蘖茎数	地上部总鲜重/（g/m^2）	地上部总干重/（g/m^2）
2014	2013-11-10	小麦	郑麦7698	三叶期	420.0	20.7	0.74	30	2.0	218.99	32.55
2014	2013-12-10	小麦	郑麦7698	分蘖期	420.0	20.8	2.18	30	3.4	657.97	172.75
2014	2014-02-20	小麦	郑麦7698	返青期	420.0	19.4	3.00	30	7.3	1 568.70	366.53
2014	2014-03-20	小麦	郑麦7698	拔节期	420.0	38.9	6.50	30	7.6	5 748.96	904.26
2014	2014-04-13	小麦	郑麦7698	三叶期	420.0	61.8	4.83	30	2.1	3 217.20	1 009.97
2014	2014-07-03	玉米	丰玉4号	出苗期	7.8	61.5	0.46	10	1.0	258.35	44.77
2014	2014-07-23	玉米	丰玉4号	出苗期	7.8	155.7	4.00	10	1.0	4 049.46	526.24
2014	2014-08-10	玉米	丰玉4号	吐丝期	7.8	218.7	5.34	10	1.0	4 868.52	693.94
2014	2014-08-22	玉米	丰玉4号	灌浆期	7.8	282.5	6.08	10	1.0	8 338.68	2 087.77
2014	2014-09-21	玉米	丰玉4号	腊熟期	7.8	220.2	1.59	10	1.0	4 070.61	2 252.45
2015	2015-02-22	小麦	郑麦7698	返青期	406.2	25.3	1.68	20	5.9	1 139.76	196.39
2015	2015-03-29	小麦	郑麦7698	拔节期	406.2	49.6	4.28	20	5.5	2 657.27	489.98
2015	2015-04-24	小麦	郑麦7698	抽穗期	406.2	79.4	7.26	20	1.7	3 625.1	761.86
2015	2015-05-14	小麦	郑麦7698	灌浆期	406.2	85.5	7.20	20	1.6	4 656.54	1 403.19
2015	2015-07-16	玉米	美玉5号	拔节期	6.1	125.9	1.30	10	1.0	1 579.01	168.04
2015	2015-07-24	玉米	美玉5号	拔节期	6.1	170.0	1.93	10	1.0	2 878.36	325.59
2015	2015-08-03	玉米	美玉5号	抽雄期	6.1	213.7	4.18	10	1.0	5 226.51	648.19
2015	2015-08-13	玉米	美玉5号	灌浆期	6.1	228.6	4.15	10	1.0	4 736.06	783.33
2015	2015-08-26	玉米	美玉5号	灌浆期	6.1	222.7	3.94	10	1.0	5 314.88	1 067.08

3.1.7 小麦收获期性状数据集

3.1.7.1 概述

小麦收获期性状数据集包含商丘站综合观测场（SQAZH01，115°35′30″E，34°31′14″N），商丘站生物、土壤监测朱楼站区调查点（SQAZQ01，115°34′07″E，34°31′30″N），商丘站生物、土壤监测陈菜园站区调查点（SQAZQ02，115°35′48″E，34°30′20″N），商丘站生物、土壤监测关庄站区调查点（SQAZQ03，115°35′07″E，34°30′30″N），商丘站生物、土壤监测王庄站区调查点（SQAZQ04，115°36′03″E，34°30′51″N）和商丘站生物、土壤监测张大庄站区调查点（SQAZQ05，115°36′05″E，34°30′50″N）等6个样地2008—2015年种植小麦收获期性状数据，数据项目包括作物品种、生育期、调查株数、株高、单株总茎数、单株总穗数、每穗小穗数、每穗结实小穗数、每穗粒数、千粒重、地上部总干重、籽粒干重等。

3.1.7.2 数据采集和处理方法

数据由各样地实地取样，并通过室内调查、记录获得，以小麦季为基础单元，统计各样地的小麦收获期性状数据项目。采样时间一般为区域大田小麦收获前1～3天，正常年份在6月上旬。

小麦收获前在各样地选择能够代表小麦长势的3个取样点，每点取样1米双行，简单处理后及时带回晒场进行晾晒，每点取样20株（3个取样点每样地共60株）于室内考种，采用直尺测株高，人工调查单株总茎数、单株总穗数、每穗小穗数、每穗结实小穗数、每穗粒数，使用电子天平测量地上部总干重、籽粒干重，每个取样点植株全部脱粒，分别数出3个1 000粒，用电子天平称量出3个千粒重，考种后及时统计出小麦各性状参数数据。

3.1.7.3 数据质量控制与评估

（1）每年根据调查任务制定年度（作物年）调查计划，按《商丘站观测规范》开展调查工作，调查工作进程中保持人员队伍的相对稳定，对新参与调查工作的人员进行岗前培训，调查时以老带新，保障调查数据质量。做好测量工具（常用的合尺、电子天平等）校准、维护和保养工作。

（2）在经验丰富的观测员带领下，根据每个采样点的整体长势，选择长势均匀的具代表性植株进行取样，并做好数据记录。样品带回后及时晾晒，防霉防虫并及时考种工作。

（3）数据及时录入，严格避免原始数据在录入报表过程产生的错误。对数据及时进行分析校验，检查、筛选异常值，比较样地之间数据，对于明显异常的数据进行补充调查。

（4）观测员将所获取的数据与各项辅助信息数据以及历史数据信息进行比较，对存在疑问的数据核查，确认为错误数据而又不能补测时则遗弃该数据。项目负责人和质量控制委员会对初步的报表数据进一步审核认定。

3.1.7.4 数据价值/数据使用方法和建议

小麦收获期性状反映了产量与其他诸多性状间的关系，是环境因子、栽培手段对小麦产量影响的直观体现，同时也是分析产量构成关系的重要数据。考查小麦收获期性状，可以解析小麦产量构成因子，了解影响产量（或品质）的各类途径。小麦收获期性状数据集适合农学、农田生态学、农业生产等相关领域使用，也适合于政府农业统计部门在工作中进行参考。

3.1.7.5 小麦收获期性状数据

具体数据见表3-12。

表 3-12 小麦收获期性状数据

年份	样地代码	作物品种	作物生育时期	调查株数/株	株高/cm	单株总茎数	单株总穗数	每穗小穗数	每穗结实小穗数	每穗粒数	千粒重/g	地上总部干重/(g/株)	籽粒干重/(g/株)
2008	SQAZH01	豫麦 34	成熟期	60	88.2	3.9	3.8	21.1	19.0	33.9	42.5	12.7	5.2
2008	SQAZQ01	豫麦 34	成熟期	60	73.8	3.5	3.4	19.8	17.6	31.3	43.3	9.8	4.4
2008	SQAZQ02	郑麦 9023	成熟期	60	76.9	3.0	2.9	20.7	17.3	32.2	41.1	8.3	3.7
2008	SQAZQ03	豫麦 34	成熟期	60	83.2	5.9	2.9	22.1	16.8	32.6	41.2	8.6	3.7
2008	SQAZQ04	豫麦 68	成熟期	60	75.9	2.4	2.3	20.6	18.7	35.1	42.2	7.2	3.2
2008	SQAZQ05	郑麦 9023	成熟期	60	85.1	2.1	2.0	19.7	17.7	34.0	40.0	5.8	2.6
2009	SQAZH01	周麦 24	成熟期	60	89.9	4.0	3.8	21.5	19.3	34.6	43.4	12.5	5.2
2009	SQAZQ01	周麦 24	成熟期	60	75.3	3.6	3.4	20.2	18.0	31.9	44.1	10.3	4.4
2009	SQAZQ02	豫麦 49	成熟期	60	78.4	3.0	2.9	21.1	17.7	32.8	41.9	8.2	3.7
2009	SQAZQ03	周麦 24	成熟期	60	84.9	6.1	2.9	22.6	17.1	33.2	42.0	8.5	3.7
2009	SQAZQ04	豫麦 68	成熟期	60	77.4	2.4	2.3	21.0	19.0	35.8	43.1	7.6	3.3
2009	SQAZQ05	郑麦 9023	成熟期	60	86.8	2.1	2.0	20.1	18.1	34.7	40.8	5.9	2.6
2010	SQAZH01	周麦 24	成熟期	60	82.5	1.9	1.7	20.4	19.6	28.0	43.3	4.7	2.0
2010	SQAZQ01	周麦 24	成熟期	60	81.4	1.6	1.5	21.7	19.8	31.9	43.5	4.4	2.1
2010	SQAZQ02	周麦 18	成熟期	60	79.6	1.5	1.4	23.0	22.5	34.4	45.1	5.0	2.1
2010	SQAZQ03	周麦 24	成熟期	60	83.6	2.3	1.7	22.9	21.4	31.3	42.6	4.8	2.3
2010	SQAZQ04	周麦 24	成熟期	60	82.1	1.7	1.6	20.5	19.7	31.9	43.6	4.9	2.3
2010	SQAZQ05	郑麦 9023	成熟期	60	79.5	1.6	1.5	21.3	19.9	31.9	43.9	4.7	2.1
2011	SQAZH01	周麦 24	成熟期	60	82.7	2.0	1.9	23.9	22.7	33.7	42.9	5.5	2.8
2011	SQAZQ01	矮抗 58	成熟期	60	70.6	1.7	1.7	21.8	17.2	29.4	43.5	5.0	2.2
2011	SQAZQ02	周麦 18	成熟期	60	80.4	1.4	1.4	19.3	18.7	31.9	43.4	4.5	2.0
2011	SQAZQ03	周麦 24	成熟期	60	82.7	1.9	1.8	22.8	20.7	29.5	41.6	5.1	2.3

（续）

年份	样地代码	作物品种	作物生育时期	调查株数/株	株高/cm	单株总茎数	单株总穗数	每穗小穗数	每穗结实小穗数	每穗粒数	千粒重/g	地上总部干重/(g/株)	籽粒干重/(g/株)
2011	SQAZQ04	郑麦 9023	成熟期	60	81.4	1.5	1.5	20.6	20.4	30.2	42.7	4.3	2.0
2011	SQAZQ05	郑麦 9023	成熟期	60	81.8	1.4	1.4	19.3	18.4	30.1	42.9	4.4	1.9
2012	SQAZH01	周麦 24	成熟期	20	81.4	1.3	1.3	20.4	19.1	28.8	43.8	3.8	1.6
2012	SQAZQ01	矮抗 58	成熟期	20	70.6	1.8	1.8	17.2	16.4	31.6	42.9	5.9	2.4
2012	SQAZQ02	周麦 18	成熟期	20	82.5	1.5	1.5	21.0	20.4	32.7	44.2	5.0	2.2
2012	SQAZQ03	周麦 24	成熟期	20	80.9	1.6	1.6	19.2	18.5	29.4	41.7	4.6	2.0
2012	SQAZQ04	周麦 24	成熟期	20	81.4	1.4	1.4	18.8	18.3	28.9	43.6	4.2	1.8
2012	SQAZQ05	周麦 24	成熟期	20	81.2	2.6	2.6	18.4	17.6	27.3	44.1	7.2	3.1
2013	SQAZH01	周麦 24	成熟期	20	70.3	1.5	1.5	21.3	16.2	28.9	42.9	3.1	2.0
2013	SQAZQ01	矮抗 58	成熟期	20	72.5	1.4	1.4	19.5	15.3	36.0	42.9	3.9	2.2
2013	SQAZQ02	周麦 18	成熟期	20	73.5	1.5	1.5	19.9	15.6	34.9	41.7	3.6	2.3
2013	SQAZQ03	郑育麦 958	成熟期	20	74.3	1.6	1.5	18.7	16.3	35.4	43.7	4.0	2.4
2013	SQAZQ04	周麦 24	成熟期	20	69.6	1.5	1.5	16.8	14.2	27.0	44.1	2.8	1.8
2013	SQAZQ05	周麦 24	成熟期	20	75.0	1.5	1.5	19.1	12.9	24.7	43.6	2.6	1.7
2014	SQAZH01	矮抗 58	成熟期	30	62.6	3.4	2.6	17.2	14.3	30.7	49.4	7.8	3.8
2014	SQAZQ01	汝麦 076	成熟期	30	77.8	2.6	1.9	19.3	16.1	35.3	46.3	6.5	3.2
2014	SQAZQ02	周麦 22	成熟期	30	76.4	3.9	2.9	21.5	17.4	36.8	52.3	11.2	5.1
2014	SQAZQ03	开麦 18	成熟期	30	79.2	3.1	2.7	21.5	15.9	35.2	41.7	9.9	4.0
2014	SQAZQ04	郑麦 7698	成熟期	30	63.7	2.5	2.3	19.1	16.2	34.6	43.4	6.2	3.2
2014	SQAZQ05	郑麦 7698	成熟期	30	60.1	4.5	3.2	20.8	15.6	32.4	46.4	9.3	5.0
2015	SQAZH01	矮早 58	成熟期	60	72.7	2.2	1.6	22.7	19.8	30.3	46.6	4.9	2.3
2015	SQAZQ01	恒麦 136	成熟期	60	81.9	3.1	2.2	24.7	20.8	35.3	42.3	8.0	3.3
2015	SQAZQ02	周麦 22	成熟期	60	80.9	2.6	1.5	24.9	21.0	32.2	46.2	5.5	2.2
2015	SQAZQ03	平安 3 号	成熟期	60	84.8	2.3	1.6	24.3	21.1	38.1	44.7	6.4	2.7
2015	SQAZQ04	郑麦 7698	成熟期	60	81.8	2.3	1.4	25.5	22.3	41.2	41.5	5.7	2.3
2015	SQAZQ05	郑麦 7698	成熟期	60	80.9	2.5	1.4	25.0	21.5	36.8	46.5	5.7	2.4

3.1.8 玉米收获期性状数据集

3.1.8.1 概述

考查玉米收获期性状，可以解析玉米产量构成因子，了解影响玉米产量（或品质）的不同途径。玉米收获期性状数据集包含商丘站综合观测场（SQAZH01，115°35′30″E，34°31′14″N），商丘站生物、土壤监测朱楼站区调查点（SQAZQ01，115°34′07″E，34°31′30″N），商丘站生物、土壤监测陈菜园站区调查点（SQAZQ02，115°35′48″E，34°30′20″N），商丘站生物、土壤监测关庄站区调查点（SQAZQ03，115°35′07″E，34°30′30″N），商丘站生物、土壤监测王庄站区调查点（SQAZQ04，115°36′03″E，34°30′51″N）和商丘站生物、土壤监测张大庄站区调查点（SQAZQ05，115°36′05″E，34°30′50″N）等6个样地2008—2015年种植玉米收获期性状数据，数据项目包括玉米品种、生育时期、调查株数、株高、结穗高度、茎粗、空秆率、果穗长度、穗结实长度、穗粗、穗行数、行粒数、百粒重、地上部总干重、籽粒干重等。

3.1.8.2 数据采集和处理方法

数据由各样地实地取样，并通过野外和室内调查、记录获得，以玉米季为基础单元，统计各样地玉米收获期性状数据项目。

玉米收获前在各样地选10 m^2 植株，调查密度和空秆率，选择能代表玉米长势的植株20株，带回晒场晒干后，进行室内考种，用直尺测株高、结穗高度、茎粗、果穗长度、穗结实长度、穗粗，人工调查穗行数、行粒数，电子天平测量百粒重、地上部总干重、籽粒干重。

3.1.8.3 数据质量控制与评估

（1）每年根据调查任务制定年度（作物年）调查计划，按《商丘站观测规范》开展调查工作，保持调查人员队伍的相对稳定，对新参与调查工作的人员进行岗前培训，调查时以老带新，保障调查质量。做好测量工具（合尺、电子天平）标定、维护和保养工作。

（2）在有经验的观测员带领下，根据每个采样点植株的整体长势，选择长势均匀具有代表性的植株取样，做好记录。对采集的生物样品及时晾晒，防霉防虫，并及时考种。

（3）数据及时录入，严格避免原始数据在录入报表过程中产生错误。统计、分析数据，检查、筛选异常值，比较样地之间数据差异，对于明显异常数据进行补充调查。

（4）观测员将所获取的数据与各项辅助信息数据以及历史数据信息进行比较，对存在疑问的数据开展核查工作。确定为错误的数据而又不能补测则遗弃。项目负责人和质量控制委员会对初步形成的报表数据进一步审核认定。

3.1.8.4 数据价值/数据使用方法和建议

玉米收获期性状反映了产量与其他性状的关系，是环境因子、栽培手段对玉米产量影响的直观体现，是分析产量构成关系的重要数据。考查玉米收获期性状，可以解析玉米产量构成因子，了解影响产量（或品质）的不同途径。玉米收获期性状数据集适合农学、栽培与耕作学、农业生态、农业生产等相关领域直接应用，也可为政府农业经济与统计部门提供参考。

3.1.8.5 玉米收获期性状数据

具体数据见表3-13。

表 3-13　玉米收获期性状数据

年份	样地代码	作物品种	作物生育时期	调查株数/株	株高/cm	结穗高度/cm	茎粗/cm	果穗长度/cm	穗粗/cm	穗行数/行	行粒数/个	百粒重/g	地上部总干重/(g/株)	籽粒干重/(g/株)
2008	SQAZH01	郑单 958	成熟期	20	259	108	2.2	19.2	5.3	16.0	42.3	36.7	429.8	206.8
2008	SQAZQ01	浚单 20	成熟期	20	247	102	2.2	19.0	5.3	14.0	40.2	37.3	452.2	205.4
2008	SQAZQ02	浚单 20	成熟期	20	228	101	2.1	18.1	4.9	15.0	40.0	36.5	461.6	198.7
2008	SQAZQ03	浚单 20	成熟期	20	250	103	2.3	19.1	5.0	14.0	40.9	36.5	421.4	187.1
2008	SQAZQ04	浚单 20	成熟期	20	241	105	2.3	17.9	4.6	15.0	40.9	34.6	300.8	161.2
2008	SQAZQ05	郑单 958	成熟期	20	257	107	2.4	19.2	5.1	16.0	42.7	35.9	335.5	212.9
2009	SQAZH01	郑单 958	成熟期	20	264	110	2.3	19.6	5.4	16.3	43.2	37.4	438.4	211.0
2009	SQAZQ01	浚单 20	成熟期	20	252	104	2.3	19.4	5.4	14.3	41.0	38.1	461.3	209.6
2009	SQAZQ02	浚单 20	成熟期	20	233	103	2.1	18.5	5.0	15.3	40.8	37.2	376.7	162.1
2009	SQAZQ03	浚单 20	成熟期	20	255	105	2.4	19.5	5.1	14.3	41.7	37.2	425.8	190.8
2009	SQAZQ04	浚单 20	成熟期	20	246	107	2.4	18.3	4.7	15.3	41.7	35.3	306.8	164.5
2009	SQAZQ05	郑单 958	成熟期	20	262	109	2.5	19.6	5.2	16.3	43.5	36.6	342.2	217.2
2010	SQAZH01	郑单 958	成熟期	20	230	106	1.6	16.6	3.9	15.2	20.8	31.2	250.4	98.6
2010	SQAZQ01	郑单 958	成熟期	20	231	106	1.9	20.6	4.1	15.4	26.6	30.0	292.9	123.3
2010	SQAZQ02	浚单 22	成熟期	20	242	108	1.9	18.4	4.4	15.5	25.3	31.5	289.4	123.3
2010	SQAZQ03	郑单 958	成熟期	20	228	103	2.4	22.6	5.2	15.7	32.6	29.9	363.3	152.9
2010	SQAZQ04	郑单 958	成熟期	20	234	105	1.8	19.2	4.2	15.6	26.6	30.6	288.7	126.7
2010	SQAZQ05	郑单 958	成熟期	20	224	105	2.1	20.7	4.3	15.7	28.7	30.2	310.4	136.1
2011	SQAZH01	农华 101	成熟期	20	238	107	1.9	18.1	4.2	15.8	24.6	30.9	272.2	120.3
2011	SQAZQ01	郑单 958	成熟期	20	221	106	1.8	19.4	4.5	15.7	25.3	30.2	276.9	120.1
2011	SQAZQ02	郑单 958	成熟期	20	225	103	2.0	21.6	4.8	15.4	27.9	31.2	315.5	134.4
2011	SQAZQ03	郑单 958	成熟期	20	214	103	2.1	19.3	4.8	15.7	27.3	31.3	307.9	134.2

（续）

年份	样地代码	作物品种	作物生育时期	调查株数/株	株高/cm	结穗高度/cm	茎粗/cm	果穗长度/cm	穗粗/cm	穗行数/行	行粒数/个	百粒重/g	地上部总干重/(g/株)	籽粒干重/(g/株)
2011	SQAZQ04	郑单 958	成熟期	20	214	104	1.8	19.0	4.3	15.8	25.8	30.2	275.4	123.1
2011	SQAZQ05	郑单 958	成熟期	20	209	104	1.8	19.2	4.2	15.7	25.3	31.4	280.0	124.6
2012	SQAZH01	农华 101	成熟期	20	246	107	2.2	19.7	4.3	14.3	33.2	31.7	348.0	151.0
2012	SQAZQ01	郑单 958	成熟期	20	245	105	2.0	18.9	4.8	14.2	30.7	30.4	294.0	132.0
2012	SQAZQ02	浚单 22	成熟期	20	253	110	2.6	21.3	5.1	15.4	36.4	33.4	417.0	187.0
2012	SQAZQ03	郑单 958	成熟期	20	241	105	2.3	18.3	4.6	14.6	33.0	30.5	324.0	147.0
2012	SQAZQ04	郑单 958	成熟期	20	241	105	2.2	19.5	4.9	14.4	34.9	29.8	316.0	150.0
2012	SQAZQ05	郑单 958	成熟期	20	240	104	1.9	19.2	4.8	14.8	31.7	29.4	309.0	138.0
2013	SQAZH01	洛单 668	成熟期	20	244	107	2.1	19.5	4.5	14.7	31.4	28.7	308.0	134.0
2013	SQAZQ01	华农 101	成熟期	20	257	110	2.2	19.2	5.1	14.8	32.6	28.4	305.0	137.0
2013	SQAZQ02	郑单 958	成熟期	20	250	110	1.8	17.4	4.3	14.4	28.7	29.3	281.0	121.0
2013	SQAZQ03	北青 25	成熟期	20	253	108	2.3	18.8	4.7	15.2	33.4	29.4	328.0	149.0
2013	SQAZQ04	隆平 206	成熟期	20	259	110	1.8	18.2	5.3	14.7	32.4	27.1	271.0	129.0
2013	SQAZQ05	雅玉 12	成熟期	20	248	106	2.3	19.2	4.9	14.8	31.9	28.7	302.0	135.0
2014	SQAZH01	嵩玉 619	成熟期	20	276	83	2.5	22.9	5.0	14.5	28.7	38.5	434.8	156.7
2014	SQAZQ01	农华 101	成熟期	20	257	94	1.7	15.8	4.6	17.0	29.3	26.3	215.6	128.6
2014	SQAZQ02	丰玉 4 号	成熟期	20	246	107	1.7	15.9	4.9	14.5	29.8	29.0	237.4	115.5
2014	SQAZQ03	北青 210	成熟期	20	234	101	2.0	16.0	4.9	16.0	35.8	23.2	237.6	132.8
2014	SQAZQ04	隆平 206	成熟期	20	191	97	1.8	15.9	5.3	17.0	30.4	31.8	246.7	154.1
2014	SQAZQ05	丰玉 4 号	成熟期	20	221	97	1.6	14.0	4.3	14.0	32.4	24.0	177.2	102.5
2015	SQAZH01	新研 988	成熟期	20	262	124	2.6	17.3	5.4	15.5	39.4	37.4	349.7	221.1
2015	SQAZQ01	先正达	成熟期	20	281	113	2.4	15.9	5.2	16.8	32.9	35.7	318.9	177.9
2015	SQAZQ02	华玉 12	成熟期	20	233	96	2.7	17.3	5.3	15.8	38.5	30.1	313.6	174.7
2015	SQAZQ03	北青 210	成熟期	20	246	107	2.5	16.4	5.2	16.5	34.8	29.8	309.9	167.4
2015	SQAZQ04	隆平 206	成熟期	20	252	121	2.7	17.3	5.1	15.8	37.4	34.2	335.5	193.0
2015	SQAZQ05	美玉 5 号	成熟期	20	249	115	2.6	17.3	5.0	15.5	36.8	32.1	309.1	175.8

3.1.9 作物收获期测产数据集

3.1.9.1 概述

作物收获期测产数据集包含商丘站综合观测场（SQAZH01，115°35′30″E，34°31′14″N），商丘站生物、土壤监测朱楼站区调查点（SQAZQ01，115°34′07″E，34°31′30″N），商丘站生物、土壤监测陈菜园站区调查点（SQAZQ02，115°35′48″E，34°30′20″N），商丘站生物、土壤监测关庄站区调查点（SQAZQ03，115°35′07″E，34°30′30″N），商丘站生物、土壤监测王庄站区调查点（SQAZQ04，115°36′03″E，34°30′51″N）和商丘站生物、土壤监测张大庄站区调查点（SQAZQ05，115°36′05″E，34°30′50″N）等6个样地2008—2015年种植的作物种类组成数据，数据项目包括年、月、样地代码、作物名称、作物品种、样方面积、群体株高、密度、穗数、地上部总干重、产量。

3.1.9.2 数据采集和处理方法

数据由各样地实地田间调查、取样，并通过室内调查记录获得，以年为基础单元，统计各样地的作物收获期测产数据项目。

作物收获前，在各样地选择能代表作物生长和产量的采样区3个，小麦每个采样区面积5 m^2，玉米每个采样区面积10 m^2，田间调查密度，测量群体株高。齐地收割，将采样面积内的所有植株地上部分全部收回，带回晒场晒干，取出适量样品测定地上部干重，余下的样品全部脱粒进行测产。

3.1.9.3 数据质量控制与评估

（1）每年根据调查任务制定年度（作物年）调查计划，按《商丘站观测规范》开展调查工作，保持调查人员队伍的相对稳定，对新参与调查工作的人员进行岗前培训，调查时以老带新，保障调查质量。做好测量工具（合尺、电子天平）标定、维护和保养工作。

（2）在有经验的观测员带领下，根据每个采样点的整体长势，选择长势均匀具有代表性的植株取样，并做好记录。及时晾晒，防霉防虫，及时脱粒测产。

（3）数据及时录入，严格避免原始数据录入报表过程产生的错误。统计、分析数据，检查、筛选异常值，比较样地之间数据，对于明显异常数据进行补充调查。

（4）观测员将所获取的数据与各项辅助信息数据以及历史数据信息进行比较，对存在疑问的数据开展核查工作。确定错误的数据而又不能补测的则遗弃。项目负责人和质量控制委员会对初步的报表数据进一步审核认定。

3.1.9.4 数据价值/数据使用方法和建议

粮食是国家的战略物资，是人民的生活必需品。作物生产的主要目的是为了获得产量，是国家粮食安全、社会稳定和经济发展的最重要物质保障。收获期测产是为了获得产量和产量结构数据，是作物生产水平最重要的衡量指标。本数据集适合农学、农业生态、农业生产、农业经济等相关领域直接应用，也适宜于政府农业管理部门进行参考。

3.1.9.5 作物收获期测产数据

具体数据见表3-14。

表 3-14 作物收获期测产数据

生态站代码	时间（年-月）	样地代码	作物名称	作物品种	样方面积/m^2	群体株高/cm	密度/（株或穴/m^2）	穗数/（穗/m^2）	地上部总干重/（g/m^2）	产量/（g/m^2）
SQA	2008-6	SQAZH01	小麦	豫麦 34	5.0	88.2	135.60	515.3	1 722.1	705.10
SQA	2008-6	SQAZQ01	小麦	豫麦 34	5.0	73.8	155.90	530.1	1 527.8	686.10
SQA	2008-6	SQAZQ02	小麦	郑麦 9023	5.0	76.9	196.80	570.7	1 633.4	728.10
SQA	2008-6	SQAZQ03	小麦	豫麦 34	5.0	83.2	199.60	578.8	1 716.6	738.60
SQA	2008-6	SQAZQ04	小麦	豫麦 68	5.0	75.9	227.50	523.3	1 638.0	727.90
SQA	2008-6	SQAZQ05	小麦	郑麦 9023	5.0	85.1	297.10	594.2	1 723.2	772.40
SQA	2009-6	SQAZH01	小麦	周麦 24	5.0	89.9	123.30	468.5	1 541.3	641.10
SQA	2009-6	SQAZQ01	小麦	周麦 24	5.0	75.3	134.40	457.0	1 384.3	591.20
SQA	2009-6	SQAZQ02	小麦	豫麦 49	5.0	78.4	278.00	806.2	2 279.6	1 028.50
SQA	2009-6	SQAZQ03	小麦	周麦 24	5.0	84.9	183.80	533.0	1 562.3	680.10
SQA	2009-6	SQAZQ04	小麦	豫麦 68	5.0	77.4	190.10	437.2	1 444.8	627.20
SQA	2009-6	SQAZQ05	小麦	郑麦 9023	5.0	86.8	419.60	839.2	2 475.6	1 091.00
SQA	2010-6	SQAZH01	小麦	周麦 24	5.0	82.5	311.10	528.9	1 462.2	622.10
SQA	2010-6	SQAZQ01	小麦	周麦 24	5.0	81.4	451.20	676.8	1 985.3	947.50
SQA	2010-6	SQAZQ02	小麦	周麦 18	5.0	79.6	351.80	492.5	1 759.0	738.70
SQA	2010-6	SQAZQ03	小麦	周麦 24	5.0	83.6	286.90	487.7	1 377.1	659.90
SQA	2010-6	SQAZQ04	小麦	周麦 24	5.0	82.1	437.00	699.2	2 141.3	1 005.10
SQA	2010-6	SQAZQ05	小麦	郑麦 9023	5.0	79.5	373.10	559.7	1 753.6	783.60
SQA	2011-6	SQAZH01	小麦	周麦 24	5.0	82.7	255.20	484.9	1 403.6	714.50
SQA	2011-6	SQAZQ01	小麦	矮抗 58	5.0	70.6	304.90	518.3	1 524.5	670.70
SQA	2011-6	SQAZQ02	小麦	周麦 18	5.0	80.4	487.80	682.9	2 195.1	975.50
SQA	2011-6	SQAZQ03	小麦	周麦 24	5.0	82.7	329.50	593.1	1 680.5	757.90

（续）

生态站代码	时间（年-月）	样地代码	作物名称	作物品种	样方面积/m^2	群体株高/cm	密度/（株或穴/m^2）	穗数/（穗/m^2）	地上部总干重/（g/m^2）	产量/（g/m^2）
SQA	2011-6	SQAZQ04	小麦	郑麦 9023	5.0	81.4	355.50	533.3	1 528.7	711.00
SQA	2011-6	SQAZQ05	小麦	郑麦 9023	5.0	81.8	544.60	762.4	2 396.2	1 034.80
SQA	2012-6	SQAZH01	小麦	周麦 24	5.0	81.4	441.90	574.5	1 679.2	707.00
SQA	2012-6	SQAZQ01	小麦	矮抗 58	5.0	70.6	359.20	646.6	2 119.3	862.00
SQA	2012-6	SQAZQ02	小麦	周麦 18	5.0	82.5	281.80	422.7	1 409.0	620.00
SQA	2012-6	SQAZQ03	小麦	周麦 24	5.0	80.9	417.00	667.2	1 918.2	834.00
SQA	2012-6	SQAZQ04	小麦	周麦 24	5.0	81.4	385.00	539.0	1 617.0	693.00
SQA	2012-6	SQAZQ05	小麦	周麦 24	5.0	81.2	230.60	599.6	1 660.3	715.00
SQA	2013-6	SQAZH01	小麦	周麦 24	5.0	70.3	376.50	564.8	1 167.2	753.00
SQA	2013-6	SQAZQ01	小麦	矮抗 58	5.0	72.5	369.10	516.7	1 439.5	812.00
SQA	2013-6	SQAZQ02	小麦	周麦 18	5.0	73.5	272.00	408.0	979.2	625.50
SQA	2013-6	SQAZQ03	小麦	郑育麦 958	5.0	74.3	348.50	522.8	1 394.0	836.50
SQA	2013-6	SQAZQ04	小麦	周麦 24	5.0	69.6	411.70	617.6	1 152.8	741.00
SQA	2013-6	SQAZQ05	小麦	周麦 24	5.0	75.0	408.80	613.2	1 062.9	695.00
SQA	2014-5	SQAZH01	小麦	矮抗 58	5.0	62.6	249.80	649.5	1 948.4	949.21
SQA	2014-5	SQAZQ01	小麦	汝麦 076	5.0	77.8	265.60	504.6	1 726.4	849.84
SQA	2014-5	SQAZQ02	小麦	周麦 22	5.0	76.4	158.00	458.2	1 769.6	805.77
SQA	2014-5	SQAZQ03	小麦	开麦 18	5.0	79.2	202.20	545.9	2 001.8	808.67
SQA	2014-5	SQAZQ04	小麦	郑麦 7698	5.0	63.7	213.50	491.1	1 323.7	683.05
SQA	2014-5	SQAZQ05	小麦	郑麦 7698	5.0	60.1	165.50	529.6	1 539.2	827.64
SQA	2015-6	SQAZH01	小麦	矮早 58	5.0	72.7	567.10	925.0	1 815.7	845.00
SQA	2015-6	SQAZQ01	小麦	恒麦 136	5.0	81.9	313.80	668.3	1 742.3	730.30

（续）

生态站代码	时间（年-月）	样地代码	作物名称	作物品种	样方面积/m^2	群体株高/cm	密度/（株或穴/m^2）	穗数/（穗/m^2）	地上部总干重/（g/m^2）	产量/（g/m^2）
SQA	2015-6	SQAZQ02	小麦	周麦 22	5.0	80.9	418.10	620.0	1 620.7	642.70
SQA	2015-6	SQAZQ03	小麦	平安 3 号	5.0	84.8	524.00	818.3	2 056.0	879.00
SQA	2015-6	SQAZQ04	小麦	郑麦 7698	5.0	81.8	482.90	658.3	2 059.3	837.70
SQA	2015-6	SQAZQ05	小麦	郑麦 7698	5.0	80.9	359.90	505.0	2 045.7	852.00
SQA	2008-9	SQAZH01	玉米	郑单 958	10.0	259.0	4.60	4.6	1 977.1	947.50
SQA	2008-9	SQAZQ01	玉米	浚单 20	10.0	247.0	3.30	3.3	1 492.3	670.70
SQA	2008-9	SQAZQ02	玉米	浚单 20	10.0	228.0	3.70	3.7	1 707.9	728.10
SQA	2008-9	SQAZQ03	玉米	浚单 20	10.0	250.0	5.50	5.5	2 217.7	1 028.50
SQA	2008-9	SQAZQ04	玉米	浚单 20	10.0	241.0	4.60	4.6	1 383.7	738.70
SQA	2008-9	SQAZQ05	玉米	郑单 958	10.0	257.0	4.60	4.6	1 543.3	975.50
SQA	2009-9	SQAZH01	玉米	郑单 958	10.0	264.0	4.80	4.8	2 104.3	1 005.10
SQA	2009-9	SQAZQ01	玉米	郑单 958	10.0	252.0	3.40	3.4	1 568.4	711.00
SQA	2009-9	SQAZQ02	玉米	浚单 22	10.0	233.0	4.80	4.8	1 808.2	772.40
SQA	2009-9	SQAZQ03	玉米	郑单 958	10.0	255.0	5.70	5.7	2 287.1	1 091.00
SQA	2009-9	SQAZQ04	玉米	浚单 22	10.0	246.0	4.80	4.8	1 472.6	783.60
SQA	2009-9	SQAZQ05	玉米	郑单 958	10.0	262.0	4.80	4.8	1 642.6	1 034.80
SQA	2010-9	SQAZH01	玉米	郑单 958	10.0	229.8	5.90	5.9	1 477.4	577.10
SQA	2010-9	SQAZQ01	玉米	郑单 958	10.0	231.0	5.50	5.5	1 611.0	678.50
SQA	2010-9	SQAZQ02	玉米	浚单 22	10.0	242.3	5.20	5.2	1 504.9	638.90
SQA	2010-9	SQAZQ03	玉米	郑单 958	10.0	228.1	5.80	5.8	2 107.1	880.50

（续）

生态站代码	时间（年-月）	样地代码	作物名称	作物品种	样方面积/m²	群体株高/cm	密度/（株或穴/m²）	穗数/（穗/m²）	地上部总干重/（g/m²）	产量/（g/m²）
SQA	2010-9	SQAZQ04	玉米	郑单 958	10.0	234.1	5.80	5.8	1 674.5	729.60
SQA	2010-9	SQAZQ05	玉米	郑单 958	10.0	224.0	5.50	5.5	1 707.2	755.10
SQA	2011-10	SQAZH01	玉米	农华 101	10.0	238.1	6.10	6.1	1 660.4	731.10
SQA	2011-10	SQAZQ01	玉米	郑单 958	10.0	221.0	5.70	5.7	1 578.3	686.90
SQA	2011-10	SQAZQ02	玉米	郑单 958	10.0	224.8	4.90	4.9	1 546.0	658.10
SQA	2011-10	SQAZQ03	玉米	郑单 958	10.0	213.9	6.60	6.6	2 032.1	884.70
SQA	2011-10	SQAZQ04	玉米	郑单 958	10.0	214.4	5.80	5.8	1 597.3	710.10
SQA	2011-10	SQAZQ05	玉米	郑单 958	10.0	208.8	6.00	6.0	1 680.0	752.40
SQA	2012-9	SQAZH01	玉米	农华 101	10.0	245.7	5.70	5.7	1 981.0	860.70
SQA	2012-9	SQAZQ01	玉米	郑单 958	10.0	244.8	6.90	6.9	2 037.0	915.10
SQA	2012-9	SQAZQ02	玉米	浚单 22	10.0	252.7	3.60	3.6	1 502.0	674.90
SQA	2012-9	SQAZQ03	玉米	郑单 958	10.0	240.8	6.50	6.5	2 091.0	949.10
SQA	2012-9	SQAZQ04	玉米	郑单 958	10.0	241.4	5.40	5.4	1 706.0	810.70
SQA	2012-9	SQAZQ05	玉米	郑单 958	10.0	240.3	5.70	5.7	1 759.0	786.70
SQA	2013-9	SQAZH01	玉米	洛单 668	10.0	244.4	5.40	5.4	1 663.2	723.60
SQA	2013-9	SQAZQ01	玉米	华农 101	10.0	256.5	5.60	5.6	1 708.0	767.20
SQA	2013-9	SQAZQ02	玉米	郑单 958	10.0	249.9	4.20	4.2	1 180.2	508.20
SQA	2013-9	SQAZQ03	玉米	北青 25	10.0	253.4	5.20	5.2	1 705.6	774.80
SQA	2013-9	SQAZQ04	玉米	降平 206	10.0	259.3	5.70	5.7	1 544.7	735.30
SQA	2013-9	SQAZQ05	玉米	雅玉 12	10.0	248.4	5.50	5.5	1 661.0	742.50

（续）

生态站代码	时间（年-月）	样地代码	作物名称	作物品种	样方面积/m^2	群体株高/cm	密度/（株或穴/m^2）	穗数/（穗/m^2）	地上部总干重/（g/m^2）	产量/（g/m^2）
SQA	2014-10	SQAZH01	玉米	嵩玉 619	10.0	276.2	7.10	7.1	3 087.1	1 110.53
SQA	2014-9	SQAZQ01	玉米	农华 101	10.0	256.8	7.50	7.5	1 617.0	961.10
SQA	2014-9	SQAZQ02	玉米	丰玉 4 号	10.0	245.5	8.60	8.6	2 041.6	989.71
SQA	2014-9	SQAZQ03	玉米	北青 210	10.0	134.4	5.70	5.7	1 354.3	751.13
SQA	2014-9	SQAZQ04	玉米	降平 206	10.0	190.5	4.60	4.6	1 134.8	710.17
SQA	2014-9	SQAZQ05	玉米	丰玉 4 号	10.0	221.0	7.60	7.6	1 346.7	780.22
SQA	2015-10	SQAZH01	玉米	新研 988	10.0	261.5	6.40	6.4	2 061.0	1 303.00
SQA	2015-9	SQAZQ01	玉米	先正达	10.0	281.0	5.60	5.6	1 798.0	1 002.00
SQA	2015-9	SQAZQ02	玉米	华玉 12	10.0	233.4	5.70	5.7	1 802.0	1 003.00
SQA	2015-9	SQAZQ03	玉米	北青 210	10.0	245.5	6.00	6.0	1 844.0	996.00
SQA	2015-9	SQAZQ04	玉米	隆平 206	10.0	251.8	6.00	6.0	1 997.0	1 149.00
SQA	2015-9	SQAZQ05	玉米	美玉 5 号	10.0	248.5	6.10	6.1	1 881.0	1 070.00

3.1.10 作物元素含量数据集

3.1.10.1 概述

本数据集包含商丘站综合观测场（SQAZH01，115°35′30″E，34°31′14″N），商丘站生物、土壤监测朱楼站区调查点（SQAZQ01，115°34′07″E，34°31′30″N），商丘站生物、土壤监测陈菜园站区调查点（SQAZQ02，115°35′48″E，34°30′20″N），商丘站生物、土壤监测关庄站区调查点（SQAZQ03，115°35′07″E，34°30′30″N），商丘站生物、土壤监测王庄站区调查点（SQAZQ04，115°36′03″E，34°30′51″N）和商丘站生物、土壤监测张大庄站区调查点（SQAZQ05，115°36′03″E，34°30′50″N）等6个样地2008—2015年种植的作物种类组成数据，数据项目包括生态站代码、作物名称、作物品种、作物生育时期、采样部位、全氮、全磷、全钾等。

3.1.10.2 数据采集和处理方法

数据由各样地田间取样，通过室内前期处理、生化室化验获得，以作物季为基础单元，统计各样地作物元素含量数据项目。

在各样地内选择5个能代表样地作物生长水平的1 m^2 采样区（“Z”形取样），全部收获后，再分别采集小样，混合后于室内风干。其中一部分作为植物样品于生态站样品保存室进行保存；另一部分则经过手工脱粒，研磨后化验分析作物主要元素含量。2008—2015年分析了植物样品大量元素N、P、K的含量。采用流动分析仪分析全氮、全磷，火焰光度计分析全钾；2017年化验了作物大量元素和微量元素含量（为生态站十年一次的工作内容），采用硝酸-过氧化氢消解，ICP-AES测定硫、钙、镁、铁、锰、铜、锌、钼、硼、硅的含量；直接灰化法测定灰分含量。

3.1.10.3 数据质量控制与评估

（1）每年根据调查任务制定年度（作物年）观测计划，按《商丘站观测规范》取样、化验，保持采样人员队伍的相对稳定，对新参与调查工作的人员进行岗前培训，取样、化验时以老带新，保障监测质量。

（2）在有经验的观测员带领下，根据每个采样点的整体长势，选择长势均匀具有代表性的植株取样，并做好记录工作。室内化验分析分别按相应的方法进行，化验人员熟悉分析方法，严格控制化验质量，包括实验环境条件、仪器和耗材的性能和状态、试剂和药品纯度、分析人员的实验素质、所采取的分析方法等。

（3）数据及时录入，严格避免原始数据录入报表过程产生的错误。统计、分析报表数据，检查、筛选异常值，比较样地之间数据，对于明显异常数据进行补测。

（4）观测员将所获取的数据与各项辅助信息数据以及历史数据信息进行比较，对存在疑问的数据核查。确定为错误数据而又不能补测的则遗弃。项目负责人和质量控制委员会对初步的报表数据进一步审核认定。

3.1.10.4 数据价值/数据使用方法和建议

作物元素含量反映了作物生长过程中对元素的需求，同时也反映了作物养分状况；籽粒元素含量还可以直接反映作物的营养品质情况。作物元素含量分析，对生态系统物质循环、作物养分供应、肥料利用、粮食品质影响因素等研究都具有重要意义。作物元素含量数据集适合农学、土壤、农业生态、农业生产、肥料以及食品健康等相关领域直接应用，也可为农技推广部门对肥料的管理应用提供参考。

3.1.10.5 作物元素含量数据

具体数据见表3-15～表3-16。

表 3-15　作物主要元素含量数据

年份	样地代码	作物名称	作物品种	作物生育时期	采样部位	全氮/(g/kg)	全磷/(g/kg)	全钾/(g/kg)
2008	SQAZH01	小麦	豫麦 34	成熟期	根	6.97	2.36	11.33
2008	SQAZQ01	小麦	豫麦 34	成熟期	根	7.46	3.39	16.32
2008	SQAZQ02	小麦	郑麦 9023	成熟期	根	5.31	2.40	9.93
2008	SQAZQ03	小麦	豫麦 34	成熟期	根	11.86	4.70	17.76
2008	SQAZQ04	小麦	豫麦 68	成熟期	根	6.34	2.49	13.06
2008	SQAZQ05	小麦	郑麦 9023	成熟期	根	3.74	2.24	11.34
2008	SQAZH01	小麦	豫麦 34	成熟期	茎叶	7.13	2.39	22.51
2008	SQAZH01	小麦	豫麦 34	成熟期	茎叶	6.43	3.20	26.25
2008	SQAZQ01	小麦	豫麦 34	成熟期	茎叶	7.57	1.86	25.09
2008	SQAZQ02	小麦	郑麦 9023	成熟期	茎叶	4.30	2.50	20.59
2008	SQAZQ03	小麦	豫麦 34	成熟期	茎叶	7.51	2.65	33.46
2008	SQAZQ04	小麦	豫麦 68	成熟期	茎叶	5.32	3.02	21.51
2008	SQAZQ05	小麦	郑麦 9023	成熟期	茎叶	2.96	2.56	19.82
2008	SQAZH01	小麦	豫麦 34	成熟期	籽粒	29.72	4.95	4.10
2008	SQAZQ01	小麦	豫麦 34	成熟期	籽粒	27.07	5.40	4.20
2008	SQAZQ02	小麦	郑麦 9023	成熟期	籽粒	26.42	4.44	3.58
2008	SQAZQ03	小麦	豫麦 34	成熟期	籽粒	30.99	4.72	3.56
2008	SQAZQ04	小麦	豫麦 68	成熟期	籽粒	26.82	5.24	4.08
2008	SQAZQ05	小麦	郑麦 9023	成熟期	籽粒	26.21	6.87	4.50
2008	SQAZH01	玉米	郑单 958	成熟期	茎叶	7.64	2.75	25.05
2008	SQAZQ01	玉米	浚单 20	成熟期	茎叶	17.01	3.40	25.89
2008	SQAZQ02	玉米	浚单 20	成熟期	茎叶	10.88	2.97	16.61
2008	SQAZQ03	玉米	浚单 20	成熟期	茎叶	14.27	3.18	36.59
2008	SQAZQ04	玉米	浚单 20	成熟期	茎叶	15.40	2.24	25.73
2008	SQAZQ05	玉米	郑单 958	成熟期	茎叶	8.60	2.14	23.35
2008	SQAZH01	玉米	郑单 958	成熟期	籽粒	14.73	2.88	3.26
2008	SQAZQ01	玉米	浚单 20	成熟期	籽粒	17.46	4.43	3.91
2008	SQAZQ02	玉米	浚单 20	成熟期	籽粒	13.80	2.79	3.07
2008	SQAZQ03	玉米	浚单 20	成熟期	籽粒	15.93	3.40	3.64
2008	SQAZQ04	玉米	浚单 20	成熟期	籽粒	13.63	3.16	3.42
2008	SQAZQ05	玉米	郑单 958	成熟期	籽粒	15.55	4.12	3.70
2009	SQAZH01	玉米	郑单 958	成熟期	茎叶	10.84	1.16	10.52
2009	SQAZQ01	玉米	郑单 958	成熟期	茎叶	14.76	1.46	8.04

（续）

年份	样地代码	作物名称	作物品种	作物生育时期	采样部位	全氮/(g/kg)	全磷/(g/kg)	全钾/(g/kg)
2009	SQAZQ02	玉米	浚单 22	成熟期	茎叶	11.93	1.26	6.31
2009	SQAZQ03	玉米	郑单 958	成熟期	茎叶	13.12	1.21	9.14
2009	SQAZQ04	玉米	浚单 22	成熟期	茎叶	15.89	1.58	7.98
2009	SQAZQ05	玉米	郑单 958	成熟期	茎叶	12.53	1.05	9.38
2009	SQAZH01	玉米	郑单 958	成熟期	籽粒	15.45	1.73	10.52
2009	SQAZQ01	玉米	郑单 958	成熟期	籽粒	16.76	2.34	11.91
2009	SQAZQ02	玉米	浚单 22	成熟期	籽粒	14.37	1.86	11.60
2009	SQAZQ03	玉米	郑单 958	成熟期	籽粒	16.16	2.22	11.93
2009	SQAZQ04	玉米	浚单 22	成熟期	籽粒	17.43	2.97	15.24
2009	SQAZQ05	玉米	郑单 958	成熟期	籽粒	15.55	2.03	12.30
2010	SQAZH01	小麦	周麦 24	成熟期	茎叶	5.03	0.33	24.21
2010	SQAZQ01	小麦	周麦 24	成熟期	茎叶	6.96	0.46	24.60
2010	SQAZQ02	小麦	周麦 18	成熟期	茎叶	6.88	0.37	26.12
2010	SQAZQ03	小麦	周麦 24	成熟期	茎叶	7.44	0.26	22.75
2010	SQAZQ04	小麦	周麦 24	成熟期	茎叶	4.95	0.38	22.66
2010	SQAZQ05	小麦	郑麦 9023	成熟期	茎叶	7.15	0.26	22.34
2010	SQAZH01	小麦	周麦 24	成熟期	籽粒	26.11	2.96	7.43
2010	SQAZQ01	小麦	周麦 24	成熟期	籽粒	28.31	2.54	9.65
2010	SQAZQ02	小麦	周麦 18	成熟期	籽粒	35.56	2.45	9.61
2010	SQAZQ03	小麦	周麦 24	成熟期	籽粒	29.44	2.55	8.80
2010	SQAZQ04	小麦	周麦 24	成熟期	籽粒	29.26	3.40	9.65
2010	SQAZQ05	小麦	郑麦 9023	成熟期	籽粒	35.99	3.21	7.77
2010	SQAZH01	玉米	郑单 958	成熟期	茎叶	4.99	1.67	34.16
2010	SQAZQ01	玉米	郑单 958	成熟期	茎叶	7.07	2.16	28.40
2010	SQAZQ02	玉米	浚单 22	成熟期	茎叶	7.71	2.37	25.88
2010	SQAZQ03	玉米	郑单 958	成熟期	茎叶	6.67	2.17	17.59
2010	SQAZQ04	玉米	郑单 958	成熟期	茎叶	4.02	1.71	9.91
2010	SQAZQ05	玉米	郑单 958	成熟期	茎叶	4.29	1.68	6.42
2010	SQAZH01	玉米	郑单 958	成熟期	籽粒	11.05	2.49	3.54
2010	SQAZQ01	玉米	郑单 958	成熟期	籽粒	10.95	2.93	4.62
2010	SQAZQ02	玉米	浚单 22	成熟期	籽粒	10.50	2.76	4.26
2010	SQAZQ03	玉米	郑单 958	成熟期	籽粒	12.43	3.38	4.98
2010	SQAZQ04	玉米	郑单 958	成熟期	籽粒	11.81	2.84	5.34

（续）

年份	样地代码	作物名称	作物品种	作物生育时期	采样部位	全氮/(g/kg)	全磷/(g/kg)	全钾/(g/kg)
2010	SQAZQ05	玉米	郑单 958	成熟期	籽粒	10.04	2.42	3.18
2011	SQAZH01	小麦	周麦 24	成熟期	根	7.18	1.24	12.57
2011	SQAZQ01	小麦	矮抗 58	成熟期	根	8.39	1.16	10.35
2011	SQAZQ02	小麦	周麦 18	成熟期	根	8.18	1.06	9.71
2011	SQAZQ03	小麦	周麦 24	成熟期	根	10.91	1.33	14.07
2011	SQAZQ04	小麦	郑麦 9023	成熟期	根	6.24	1.29	7.82
2011	SQAZQ05	小麦	郑麦 9023	成熟期	根	4.82	1.42	8.03
2011	SQAZH01	小麦	周麦 24	成熟期	茎叶	8.19	0.82	20.85
2011	SQAZQ01	小麦	矮抗 58	成熟期	茎叶	6.91	0.54	20.52
2011	SQAZQ02	小麦	周麦 18	成熟期	茎叶	5.57	0.50	16.59
2011	SQAZQ03	小麦	周麦 24	成熟期	茎叶	7.22	0.45	24.52
2011	SQAZQ04	小麦	郑麦 9023	成熟期	茎叶	6.26	0.82	18.03
2011	SQAZQ05	小麦	郑麦 9023	成熟期	茎叶	4.43	0.81	15.16
2011	SQAZH01	小麦	周麦 24	成熟期	籽粒	17.66	2.92	49.03
2011	SQAZQ01	小麦	矮抗 58	成熟期	籽粒	17.36	3.59	4.25
2011	SQAZQ02	小麦	周麦 18	成熟期	籽粒	16.17	2.60	4.49
2011	SQAZQ03	小麦	周麦 24	成熟期	籽粒	19.36	3.29	4.52
2011	SQAZQ04	小麦	郑麦 9023	成熟期	籽粒	18.20	2.74	3.69
2011	SQAZQ05	小麦	郑麦 9023	成熟期	籽粒	19.52	2.67	3.95
2011	SQAZH01	玉米	农华 101	成熟期	茎叶	5.74	1.25	12.48
2011	SQAZQ01	玉米	郑单 958	成熟期	茎叶	7.72	0.59	27.25
2011	SQAZQ02	玉米	郑单 958	成熟期	茎叶	6.58	0.24	27.36
2011	SQAZQ03	玉米	郑单 958	成熟期	茎叶	6.58	0.30	34.20
2011	SQAZQ04	玉米	郑单 958	成熟期	茎叶	6.72	0.35	29.02
2011	SQAZQ05	玉米	郑单 958	成熟期	茎叶	7.93	0.75	28.67
2011	SQAZH01	玉米	农华 101	成熟期	籽粒	9.68	1.83	3.98
2011	SQAZQ01	玉米	郑单 958	成熟期	籽粒	8.87	1.51	4.37
2011	SQAZQ02	玉米	郑单 958	成熟期	籽粒	9.06	1.62	3.80
2011	SQAZQ03	玉米	郑单 958	成熟期	籽粒	9.07	1.64	3.94
2011	SQAZQ04	玉米	郑单 958	成熟期	籽粒	10.71	1.66	4.07
2011	SQAZQ05	玉米	郑单 958	成熟期	籽粒	10.74	1.54	3.55
2012	SQAZH01	小麦	周麦 24	成熟期	茎叶	6.73	1.08	0.58
2012	SQAZQ01	小麦	矮抗 58	成熟期	茎叶	7.85	1.19	3.45

（续）

年份	样地代码	作物名称	作物品种	作物生育时期	采样部位	全氮/(g/kg)	全磷/(g/kg)	全钾/(g/kg)
2012	SQAZQ02	小麦	周麦 18	成熟期	茎叶	5.75	0.87	2.63
2012	SQAZQ03	小麦	周麦 24	成熟期	茎叶	11.32	1.21	2.77
2012	SQAZQ04	小麦	周麦 24	成熟期	茎叶	6.17	0.42	0.72
2012	SQAZQ05	小麦	周麦 24	成熟期	茎叶	5.54	1.15	5.60
2012	SQAZH01	小麦	周麦 24	成熟期	籽粒	25.70	1.11	6.11
2012	SQAZQ01	小麦	矮抗 58	成熟期	籽粒	25.90	0.60	0.71
2012	SQAZQ02	小麦	周麦 18	成熟期	籽粒	24.62	0.47	0.71
2012	SQAZQ03	小麦	周麦 24	成熟期	籽粒	30.01	0.91	0.58
2012	SQAZQ04	小麦	周麦 24	成熟期	籽粒	26.25	1.16	7.70
2012	SQAZQ05	小麦	周麦 24	成熟期	籽粒	24.23	0.95	0.71
2013	SQAZH01	玉米	洛单 668	成熟期	茎叶	10.18	1.61	12.62
2013	SQAZQ01	玉米	华农 101	成熟期	茎叶	8.15	1.13	13.70
2013	SQAZQ02	玉米	郑单 958	成熟期	茎叶	5.34	0.24	13.74
2013	SQAZQ03	玉米	北青 25	成熟期	茎叶	11.25	2.90	17.73
2013	SQAZQ04	玉米	隆平 206	成熟期	茎叶	10.53	1.23	13.85
2013	SQAZQ05	玉米	雅玉 12	成熟期	茎叶	7.93	0.78	12.66
2013	SQAZH01	玉米	洛单 668	成熟期	籽粒	14.68	2.25	3.44
2013	SQAZQ01	玉米	华农 101	成熟期	籽粒	14.22	1.63	2.21
2013	SQAZQ02	玉米	郑单 958	成熟期	籽粒	11.95	2.05	3.01
2013	SQAZQ03	玉米	北青 25	成熟期	籽粒	12.80	2.52	2.67
2013	SQAZQ04	玉米	隆平 206	成熟期	籽粒	14.80	2.30	3.41
2013	SQAZQ05	玉米	雅玉 12	成熟期	籽粒	16.67	2.68	3.46
2014	SQAZH01	小麦	矮抗 58	成熟期	茎叶	4.76	1.12	16.47
2014	SQAZQ01	小麦	汝麦 076	成熟期	茎叶	5.31	1.05	17.16
2014	SQAZQ02	小麦	周麦 22	成熟期	茎叶	3.89	1.02	17.10
2014	SQAZQ03	小麦	开麦 18	成熟期	茎叶	7.43	1.16	18.85
2014	SQAZQ04	小麦	郑麦 7698	成熟期	茎叶	3.38	1.04	16.20
2014	SQAZQ05	小麦	郑麦 7698	成熟期	茎叶	6.26	1.13	20.44
2014	SQAZH01	小麦	矮抗 58	成熟期	籽粒	19.58	3.12	4.09
2014	SQAZQ01	小麦	汝麦 076	成熟期	籽粒	18.35	2.92	4.18
2014	SQAZQ02	小麦	周麦 22	成熟期	籽粒	19.45	2.47	4.28
2014	SQAZQ03	小麦	开麦 18	成熟期	籽粒	19.22	3.17	4.91
2014	SQAZQ04	小麦	郑麦 7698	成熟期	籽粒	19.28	3.29	4.52

（续）

年份	样地代码	作物名称	作物品种	作物生育时期	采样部位	全氮/(g/kg)	全磷/(g/kg)	全钾/(g/kg)
2014	SQAZQ05	小麦	郑麦7698	成熟期	籽粒	19.56	2.88	4.40
2014	SQAZH01	玉米	嵩玉619	成熟期	茎叶	6.36	1.27	11.61
2014	SQAZQ01	玉米	农华101	成熟期	茎叶	8.22	1.14	14.33
2014	SQAZQ02	玉米	丰玉4号	成熟期	茎叶	8.80	1.13	15.32
2014	SQAZQ03	玉米	北青210	成熟期	茎叶	8.27	1.10	20.37
2014	SQAZQ04	玉米	隆平206	成熟期	茎叶	7.04	1.08	13.16
2014	SQAZQ05	玉米	丰玉4号	成熟期	茎叶	9.40	1.37	14.24
2014	SQAZH01	玉米	嵩玉619	成熟期	籽粒	10.02	2.21	3.59
2014	SQAZQ01	玉米	农华101	成熟期	籽粒	12.28	2.14	3.86
2014	SQAZQ02	玉米	丰玉4号	成熟期	籽粒	10.81	1.63	3.72
2014	SQAZQ03	玉米	北青210	成熟期	籽粒	9.78	2.13	4.34
2014	SQAZQ04	玉米	隆平206	成熟期	籽粒	11.12	1.85	4.06
2014	SQAZQ05	玉米	丰玉4号	成熟期	籽粒	9.87	1.79	3.57
2015	SQAZH01	小麦	矮早58	成熟期	茎叶	6.20	0.49	18.63
2015	SQAZQ01	小麦	恒麦136	成熟期	茎叶	7.28	0.59	16.86
2015	SQAZQ02	小麦	周麦22	成熟期	茎叶	4.86	0.31	13.28
2015	SQAZQ03	小麦	平安3号	成熟期	茎叶	9.51	0.65	18.90
2015	SQAZQ04	小麦	郑麦7698	成熟期	茎叶	6.90	0.73	15.06
2015	SQAZQ05	小麦	郑麦7698	成熟期	茎叶	7.38	1.10	18.23
2015	SQAZH01	小麦	矮早58	成熟期	籽粒	20.93	2.58	3.19
2015	SQAZQ01	小麦	恒麦136	成熟期	籽粒	18.87	2.97	3.80
2015	SQAZQ02	小麦	周麦22	成熟期	籽粒	17.79	2.48	4.11
2015	SQAZQ03	小麦	平安3号	成熟期	籽粒	20.79	2.93	3.95
2015	SQAZQ04	小麦	郑麦7698	成熟期	籽粒	18.46	2.96	3.71
2015	SQAZQ05	小麦	郑麦7698	成熟期	籽粒	18.60	3.21	3.89
2015	SQAZH01	玉米	新研988	成熟期	茎叶	7.36	0.77	14.58
2015	SQAZQ01	玉米	先正达	成熟期	茎叶	8.96	0.50	16.05
2015	SQAZQ02	玉米	华玉12	成熟期	茎叶	9.51	0.88	15.30
2015	SQAZQ03	玉米	北青210	成熟期	茎叶	9.61	0.90	14.95
2015	SQAZQ04	玉米	隆平206	成熟期	茎叶	8.55	0.64	18.44
2015	SQAZQ05	玉米	美玉5号	成熟期	茎叶	8.83	0.66	15.55
2015	SQAZH01	玉米	新研988	成熟期	籽粒	12.03	1.87	2.88
2015	SQAZQ01	玉米	先正达	成熟期	籽粒	9.50	2.18	3.33
2015	SQAZQ02	玉米	华玉12	成熟期	籽粒	10.48	1.99	3.32
2015	SQAZQ03	玉米	北青210	成熟期	籽粒	10.12	1.70	3.85
2015	SQAZQ04	玉米	隆平206	成熟期	籽粒	10.01	1.95	2.80
2015	SQAZQ05	玉米	美玉5号	成熟期	籽粒	8.33	1.80	3.07

表 3-16 作物元素含量数据

年份	样地代码	作物名称	作物品种	作物生育时期	采样部位	全碳/(g/kg)	全氮/(g/kg)	全磷/(g/kg)	全钾/(g/kg)	全硫/(g/kg)	全钙/(g/kg)	全镁/(g/kg)	全铁/(g/kg)	全锰/(mg/kg)	全铜/(mg/kg)	全锌/(mg/kg)	全钼/(mg/kg)	全硼/(mg/kg)	全硅/(g/kg)	灰分/%
2017	SQAZQ01	小麦	百农 160	成熟期	籽粒	413.27	21.53	2.60	4.60	1.50	0.44	1.22	0.05	24.703	3.895	14.367	0.907	1.957	0.07	1.322
2017	SQAZQ02	小麦	周麦 18	成熟期	籽粒	427.91	20.32	2.31	3.34	1.46	0.50	1.21	0.05	35.683	4.379	12.706	0.804	1.283	0.13	1.337
2017	SQAZQ03	小麦	漯优 7 号	成熟期	籽粒	425.66	22.80	14.85	3.97	1.62	0.50	1.17	0.06	28.180	4.019	16.186	0.618	0.352	0.09	1.401
2017	SQAZQ06	小麦	百农 160	成熟期	籽粒	429.21	21.73	2.71	4.60	1.62	0.58	1.41	0.14	28.415	4.164	17.824	0.834	0.216	0.17	1.837
2017	SQAZQ07	小麦	瞬麦 1718	成熟期	籽粒	429.49	22.48	2.02	3.97	1.54	0.52	1.32	0.07	28.016	3.684	14.677	0.639	4.264	0.12	1.757
2017	SQAZH01	小麦	新麦九号	成熟期	籽粒	438.06	22.23	8.31	3.97	1.65	0.62	1.15	0.07	23.180	3.734	16.672	0.531	4.159	0.13	1.663
2017	SQAZQ01	小麦	百农 160	成熟期	秸秆	380.15	10.91	0.61	14.04	1.63	5.12	2.21	1.57	59.559	3.244	7.595	1.066	12.973	1.14	9.175
2017	SQAZQ02	小麦	周麦 18	成熟期	秸秆	381.53	9.02	0.83	9.64	1.17	6.75	2.21	2.23	95.279	4.054	9.218	0.649	6.396	1.18	11.189
2017	SQAZQ03	小麦	漯优 7 号	成熟期	秸秆	414.42	11.64	1.37	15.93	1.61	4.62	1.60	0.51	44.363	2.676	7.006	0.665	3.385	1.20	9.791
2017	SQAZQ06	小麦	百农 160	成熟期	秸秆	435.26	7.72	0.83	12.78	1.50	4.22	1.71	0.71	38.448	7.475	8.304	1.045	8.660	1.10	8.324
2017	SQAZQ07	小麦	瞬麦 1718	成熟期	秸秆	403.99	9.43	0.65	17.81	1.66	5.22	1.97	1.03	56.608	2.798	5.555	0.864	3.977	1.52	14.756
2017	SQAZH01	小麦	新麦九号	成熟期	秸秆	394.30	8.13	0.47	14.67	1.96	6.70	2.18	2.90	67.926	4.252	9.503	0.467	9.126	1.09	14.099
2017	SQAZQ01	玉米	国审 988	成熟期	籽粒	426.48	16.34	0.10	4.60	1.20	0.09	1.11	0.03	6.140	1.587	12.452	0.254	4.386	0.08	1.549
2017	SQAZQ02	玉米	金通 152	成熟期	籽粒	431.18	16.06	3.32	5.23	1.06	0.07	1.02	0.04	5.006	1.301	12.606	0.377	4.032	0.12	1.430
2017	SQAZQ03	玉米	怀玉 208	成熟期	籽粒	408.09	15.94	4.04	5.23	1.28	0.06	1.23	0.02	6.100	1.441	14.434	0.465	1.962	0.06	1.255
2017	SQAZQ06	玉米	玉单 2002	成熟期	籽粒	431.41	15.01	2.27	3.97	1.11	0.08	1.07	0.02	5.380	1.665	12.680	0.485	3.327	0.05	1.390
2017	SQAZQ07	玉米	山原 1 号	成熟期	籽粒	441.02	14.92	3.72	3.97	1.18	0.15	1.07	0.06	7.604	1.795	13.480	0.361	2.592	0.03	1.268
2017	SQAZH01	玉米	中科玉 505	成熟期	籽粒	424.16	15.61	3.32	4.60	1.38	0.13	1.04	0.01	4.494	1.257	11.830	0.196	4.464	0.02	1.446
2017	SQAZQ01	玉米	国审 988	成熟期	秸秆	444.97	11.59	11.17	17.19	1.27	3.47	3.44	0.25	26.683	7.476	24.084	0.702	4.525	0.81	6.804
2017	SQAZQ02	玉米	金通 152	成熟期	秸秆	440.85	11.97	0.90	15.30	1.31	3.46	3.82	0.18	26.616	12.300	18.995	0.814	4.645	0.73	6.015
2017	SQAZQ03	玉米	怀玉 208	成熟期	秸秆	420.59	16.69	1.66	20.33	1.45	3.73	2.46	0.24	33.772	9.515	19.271	0.872	7.740	0.87	8.033
2017	SQAZQ06	玉米	玉单 2002	成熟期	秸秆	419.93	11.93	1.12	18.44	1.19	3.88	3.66	0.26	35.231	7.588	12.284	1.084	8.525	0.71	7.936
2017	SQAZQ07	玉米	山原 1 号	成熟期	秸秆	438.44	9.50	2.42	14.67	0.94	3.44	2.74	0.26	25.351	5.615	11.016	0.487	8.301	0.87	5.962
2017	SQAZH01	玉米	中科玉 505	成熟期	秸秆	425.89	11.73	1.55	13.41	1.09	3.43	2.98	0.25	30.698	9.184	13.042	0.579	4.194	0.68	5.770

3.2 土壤观测数据

3.2.1 土壤交换量数据集

3.2.1.1 概述

本数据集包含商丘站综合观测场（SQAZH01，115°35′30″E，34°31′14″N），商丘站生物、土壤监测朱楼站区调查点（SQAZQ01，115°34′07″E，34°31′30″N），商丘站生物、土壤监测陈菜园站区调查点（SQAZQ02，115°35′48″E，34°30′20″N），商丘站生物、土壤监测关庄站区调查点（SQAZQ03，115°35′07″E，34°30′30″N），商丘站生物、土壤监测王庄站区调查点（SQAZQ04，115°36′03″E，34°30′51″N）和商丘站生物、土壤监测张大庄站区调查点（SQAZQ05，115°36′05″E，34°30′50″N）等6个样地的2009年土壤交换量数据，数据项目包括观测层次、交换性钠离子、阳离子交换量等。

3.2.1.2 数据采集和处理方法

数据由样地采样，并通过室内前期处理和化验室化验分析获得。

在样地采样区内采用“Z”形布设5个取样点，每点使用Φ3.5 cm土钻取0～20 cm土样，5点土样混合，带回室内进行风干，挑除杂质（石子、根系、植株残留物等），四分法取适量碾磨后过2 mm筛，采用乙酸铵交换法测定交换性钠离子、阳离子交换量。

3.2.1.3 数据质量控制与评估

（1）采用Z字多点取样，减少取样误差。

（2）室内分析严格控制化验质量，包括实验环境条件、仪器和耗材的性能和状态、试剂和药品纯度、分析人员的专业素质、采用的分析方法等。

（3）数据及时录入，严格避免原始数据录入报表过程产生的错误。严格统计、分析数据，检查、筛选异常值，比较样地之间数据，对于明显异常数据进行补测。

（4）观测员将所获取的数据与各项辅助信息数据以及历史数据信息进行比较，对存在疑问的数据进行核查。确定为错误数据而又不能补测的则遗弃。项目负责人和质量控制委员会对初步的报表数据开展进一步审核认定工作。

3.2.1.4 数据价值/数据使用方法和建议

土壤交换量是指土壤胶体所能吸附离子的量，土壤交换量反映土壤离子交换性能，可以作为评价土壤保肥性能的指标，也是评价土壤保肥能力、改良土壤和合理施肥的重要依据。土壤交换量数据集适合土壤、肥料、农学、农业生态、农业生产等相关领域参考。

3.2.1.5 土壤交换量数据集

具体数据见表3-17。

表3-17　土壤交换量数据集

年份	样地代码	观测层次/cm	交换性钠离子/[mmol·kg^{-1} (Na^+)]	阳离子交换量/[mmol·kg^{-1} (+)]
2009	SQAZH01	000～020	2.19	190.05
2009	SQAZQ01	000～020	1.22	242.22
2009	SQAZQ02	000～020	1.40	256.13
2009	SQAZQ03	000～020	3.04	233.14
2009	SQAZQ04	000～020	1.22	162.16
2009	SQAZQ05	000～020	2.92	256.13

3.2.2 土壤养分数据集

3.2.2.1 概述

土壤养分数据集包含商丘站综合观测场（SQAZH01，115°35′30″E，34°31′14″N），商丘站生物、土壤监测朱楼站区调查点（SQAZQ01，115°34′07″E，34°31′30″N），商丘站生物、土壤监测陈菜园站区调查点（SQAZQ02，115°35′48″E，34°30′20″N），商丘站生物、土壤监测关庄站区调查点（SQAZQ03，115°35′07″E，34°30′30″N），商丘站生物、土壤监测王庄站区调查点（SQAZQ04，115°36′03″E，34°30′51″N）和商丘站生物、土壤监测张大庄站区调查点（SQAZQ05，115°36′05″E，34°30′50″N）等6个样地2008—2015年土壤养分数据，数据项目包括观测层次、土壤有机质、全氮、全磷、全钾、速效氮（碱解氮）、有效磷、速效钾等。

3.2.2.2 数据采集和处理方法

数据由样地采样，经过室内前期处理后化验室分析化验取得。

在样地采样区内采用“Z”形布设5个采样点，每点使用Φ3.5 cm土钻分层取土样，5点土样分层混合，带回室内风干，挑除杂质（石子、根系、植株残留物等），四分法取适量碾磨后分别过2 mm、0.25 mm土壤筛，化验室分析土壤养分含量。过2 mm筛土样用于分析速效氮（碱解氮）、有效磷、速效钾，过0.25 mm筛土样用于分析有机质、全氮、和全磷。

土壤有机质采用低温外热酸消解-分光光度法，全氮采用酸消解-流动分析仪法，全磷采用酸消解-钼锑抗比色法，速效氮采用碱扩散法，有效磷采用碳酸氢钠浸提-钼锑抗比色法，速效钾采用乙酸铵浸提-火焰光度法。

3.2.2.3 数据质量控制与评估

（1）采用Z字多点取样，减少取样误差。

（2）室内分析严格控制化验质量标准，包括实验环境条件、仪器和耗材的性能和状态、试剂和药品纯度、分析人员的专业素质、所采取的分析方法等。

（3）查看标准曲线，由项目负责人判断数据是否合格。

（4）数据及时录入，严格避免原始数据录入报表过程产生的错误。严格统计、分析数据，检查、筛选异常值，比较样地之间数据，对于明显异常数据进行补测。

（5）观测员将所获取的数据与各项辅助信息数据以及历史数据信息进行比较，对存在疑问的数据核查。确认为错误数据而不能补测的则遗弃。项目负责人和质量控制委员会对初步的报表数据开展进一步审核认定工作。

3.2.2.4 数据价值/数据使用方法和建议

土壤养分是由作为介质的土壤提供给植物生长发育所必需的营养元素，是评价土壤生产力高低的重要指标，调节土壤养分状况以满足作物需求是获取农作物优质高产的重要环节。了解土壤养分状况可为科学施肥、养分的分区管理和有效控制农田养分流失提供一定的理论和科学依据，土壤养分数据集可供土壤、肥料、农学、农业生态、农业生产等相关领域直接应用。

3.2.2.5 土壤养分数据

具体数据见表3-18。

表3-18 土壤养分数据

年份	样地代码	观测层次/cm	土壤有机质/(g/kg)	全氮/(g/kg)	全磷/(g/kg)	速效氮/(mg/kg)	有效磷/(mg/kg)	速效钾/(mg/kg)
2008	SQAFZ01	000～020	18.1	0.81	0.691	94.2	14.8	156

（续）

年份	样地代码	观测层次/cm	土壤有机质/(g/kg)	全氮/(g/kg)	全磷/(g/kg)	速效氮/(mg/kg)	有效磷/(mg/kg)	速效钾/(mg/kg)
2008	SQAZH01	000～020	18.1	0.94	0.736	169.4	3.9	201
2008	SQAZH01	020～040	9.9	0.58	0.588	25.6	1.1	139
2008	SQAZQ01	000～020	15.9	1.03	0.811	75.3	11.8	226
2008	SQAZQ01	020～040	11.4	0.54	0.527	66.5	0.2	131
2008	SQAZQ02	000～020	16.9	0.78	0.748	130.9	16.2	142
2008	SQAZQ02	020～040	7.5	0.43	0.546	22.8	1.3	109
2008	SQAZQ03	000～020	18.4	0.71	0.917	159.3	26.5	220
2008	SQAZQ03	020～040	7.6	0.36	0.603	116.2	0.7	125
2008	SQAZQ04	000～020	16.7	0.77	0.802	158.2	8.5	162
2008	SQAZQ04	020～040	8.3	0.31	0.591	44.8	0.5	89
2008	SQAZQ05	000～020	12.5	0.69	0.780	96.1	6.5	139
2008	SQAZQ05	020～040	7.1	0.42	0.554	70.7	0.2	106
2009	SQAZQ01	000～010	27.1	0.70	0.900	154.4	34.7	140
2009	SQAZQ01	010～020	25.1	1.08	0.770	108.5	24.6	228
2009	SQAZQ01	020～040	24.5	1.05	0.720	60.6	12.5	203
2009	SQAZQ02	000～010	25.6	1.16	0.881	132.3	28.1	276
2009	SQAZQ02	010～020	27.3	0.85	0.776	98.4	17.3	222
2009	SQAZQ02	020～040	20.8	1.15	1.083	53.6	25.1	297
2009	SQAZQ03	000～010	20.4	0.92	0.901	168.5	23.1	255
2009	SQAZQ03	010～020	21.8	0.89	0.826	135.5	19.7	237
2009	SQAZQ03	020～040	22.6	1.02	0.761	63.4	22.0	252
2009	SQAZQ05	000～010	20.4	0.88	0.786	205.3	22.6	149
2009	SQAZQ05	010～020	20.0	0.84	0.721	78.8	19.5	164
2009	SQAZQ05	020～040	21.4	0.74	0.795	62.0	30.1	127
2010	SQAFZ01	000～020	14.1	0.75	—	67.1	11.3	196
2010	SQAZH01	000～020	19.4	1.02	0.660	81.3	16.0	216
2010	SQAZQ01	000～020	20.5	1.18	0.713	90.7	20.3	244
2010	SQAZQ02	000～020	18.2	1.07	0.600	93.3	18.7	224
2010	SQAZQ03	000～020	18.8	1.06	0.491	83.9	14.2	239
2010	SQAZQ04	000～020	13.2	0.84	0.439	89.9	13.4	155
2010	SQAZQ05	000～020	16.8	0.91	0.428	88.2	13.3	162
2011	SQAZH01	000～010	—	—	—	192.2	20.8	128
2011	SQAZH01	010～020	—	—	—	120.0	8.4	96
2011	SQAZQ01	000～010	—	—	—	335.5	60.9	238
2011	SQAZQ01	010～020	—	—	—	236.1	30.2	41
2011	SQAZQ02	000～010	—	—	—	221.9	24.7	174
2011	SQAZQ02	010～020	—	—	—	183.2	15.8	92
2011	SQAZQ03	000～010	—	—	—	354.0	125.7	270

（续）

年份	样地代码	观测层次/cm	土壤有机质/(g/kg)	全氮/(g/kg)	全磷/(g/kg)	速效氮/(mg/kg)	有效磷/(mg/kg)	速效钾/(mg/kg)
2011	SQAZQ03	010～020	—	—	—	228.4	52.7	160
2011	SQAZQ04	000～010	—	—	—	200.0	65.2	133
2011	SQAZQ04	010～020	—	—	—	149.7	33.3	105
2011	SQAZQ05	000～010	—	—	—	241.3	151.4	151
2011	SQAZQ05	010～020	—	—	—	191.0	84.6	110
2012	SQAZQ01	000～010	—	—	—	59.0	40.3	219
2012	SQAZQ01	010～020	—	—	—	40.7	9.2	167
2012	SQAZQ02	000～010	—	—	—	39.9	31.9	213
2012	SQAZQ02	010～020	—	—	—	30.6	4.8	164
2012	SQAZQ03	000～010	—	—	—	62.4	74.0	266
2012	SQAZQ03	010～020	—	—	—	38.8	26.4	195
2012	SQAZQ04	000～010	—	—	—	42.6	52.8	196
2012	SQAZQ04	010～020	—	—	—	27.0	17.3	149
2012	SQAZQ05	000～010	—	—	—	45.3	83.0	204
2012	SQAZQ05	010～020	—	—	—	31.0	48.8	160
2013	SQAZH01	000～020	29.0	0.98	—	46.7	22.8	240
2013	SQAZQ01	000～020	29.4	1.02	—	51.1	33.0	242
2013	SQAZQ02	000～020	27.0	0.87	—	44.2	26.1	179
2013	SQAZQ03	000～020	25.0	0.98	—	46.5	27.4	213
2013	SQAZQ04	000～020	23.0	0.75	—	37.7	24.2	137
2013	SQAZQ05	000～020	23.4	0.91	—	43.5	37.8	179
2014	SQAFZ01	000～020	—	0.92	—	49.7	33.1	313
2014	SQAZH01	000～020	—	0.98	—	61.8	55.6	331
2014	SQAZQ01	000～020	—	1.08	—	65.5	65.8	291
2014	SQAZQ02	000～020	—	0.78	—	49.3	26.9	252
2014	SQAZQ03	000～020	—	0.62	—	35.2	70.6	194
2014	SQAZQ04	000～020	—	0.88	—	53.6	30.1	297
2014	SQAZQ05	000～020	—	0.63	—	39.7	59.4	199
2015	SQAZH01	000～010	29.2	0.94	1.147	31.2	6.2	154
2015	SQAZH01	010～020	24.8	0.72	0.838	29.1	—	94
2015	SQAZH01	020～040	23.1	0.56	0.871	2.9	—	98
2015	SQAZH01	040～060	18.2	0.44	0.702	2.1	—	84
2015	SQAZH01	060～080	12.8	0.21	0.620	2.1	—	45
2015	SQAZH01	080～100	12.3	0.16	0.685	2.9	—	46

（续）

年份	样地代码	观测层次/cm	土壤有机质/(g/kg)	全氮/(g/kg)	全磷/(g/kg)	速效氮/(mg/kg)	有效磷/(mg/kg)	速效钾/(mg/kg)
2015	SQAZQ01	000～010	32.8	1.35	1.254	44.6	36.8	291
2015	SQAZQ01	010～020	26.4	1.00	1.007	31.9	14.3	133
2015	SQAZQ02	000～010	27.3	1.04	1.075	40.4	24.8	221
2015	SQAZQ02	010～020	22.9	0.86	0.893	27.6	6.2	114
2015	SQAZQ03	000～010	30.8	1.37	1.881	49.6	72.0	228
2015	SQAZQ03	010～020	24.0	0.96	1.281	35.4	28.0	128
2015	SQAZQ04	000～010	23.7	0.87	1.086	38.3	24.3	119
2015	SQAZQ04	010～020	22.9	0.83	1.058	31.9	12.5	77
2015	SQAZQ05	000～010	26.4	1.06	1.387	36.1	52.8	160
2015	SQAZQ05	010～020	23.5	0.93	1.255	35.4	30.5	89

3.2.3 土壤矿质全量数据集

3.2.3.1 概述

土壤矿质全量数据集包含商丘站综合观测场（SQAZH01，115°35′30″E，34°31′14″N）、商丘站生物和土壤监测王庄站区调查点（SQAZQ04，115°36′03″E，34°30′51″N）2 个样地 2017 年土壤矿质全量数据，数据项目包括硅、铁、锰、钛、铝、钙、镁、钾、钠、磷、烧失量、硫等。

3.2.3.2 数据采集和处理方法

数据由样地采集的样品通过实验室内前期处理和化验分析获得。

2017 年在综合场和王庄站区调查点采样区内采用“Z”形布设 5 个取样点，每点使用Φ3.5 cm 土钻取 0～20 cm 土样，5 点土样混合，带回室内风干，挑除杂质（石子、根系、植株残留物等），四分法取适量碾磨后过 0.15 mm 筛样品，化验室分析土壤矿质全量。

采用硝酸-过氧化氢-氢氟酸多酸消解—ICP－AES 法测量 SiO_2、Fe_2O_3、Al_2O_3、TiO_2、MnO、CaO、MgO、Na_2O 和 S；氢氧化钠熔融、火焰光度计法测量 K_2O；氢氧化钠熔融、硫酸钼锑抗比色法测量 P_2O_5；烧失减重法测量 LOI（烧失量）。

3.2.3.3 数据质量控制与评估

（1）采用 Z 字形多点取样，减少取样误差。

（2）室内分析严格控制化验质量标准，包括实验环境条件、仪器和耗材的性能和状态、试剂和药品纯度、分析人员的专业素质、所采取的分析方法等。

（3）数据及时录入，严格避免原始数据录入报表过程产生的误差。严格统计、分析数据，检查、筛选异常值，比较样地之间数据，对于明显异常数据进行补测。确定为错误数据而又不能补测的则遗弃。项目负责人和质量控制委员会对初步的报表数据开展进一步审核认定工作。

3.2.3.4 数据价值/数据使用方法和建议

土壤矿物质的组成结构和性质，对土壤物理性质、化学性质以及生物与生物化学性质均有重要影响，不同组成的矿物质组成，造成了肥力特点各异的土壤。土壤含有的各种矿质元素，对作物生长也具有十分重要的作用。土壤矿质全量描述了土壤矿质元素的含量，对土壤长期的发育与培肥，以及作物种植制度的改良都具有重要意义。本数据集适合于土壤、肥料、农学、农业生态、农业生产等相关领域直接应用和参考。

3.2.3.5 土壤矿质全量数据

具体数据见表 3－19。

表 3-19 土壤矿质全量数据

年份	样地代码	观测层次/cm	硅（SiO_2）/%	铁（Fe_2O_3）/%	锰（MnO）/%	钛（TiO_2）/%	铝（Al_2O_3）/%	钙（CaO）/%	镁（MgO）/%	钾（K_2O）/%	钠（Na_2O）/%	磷（P_2O_5）/%	烧失量（LOI 烧失量）/%	硫/(g/kg)
2017	SQAZH01	000～010	58.33	3.91	0.07	0.53	10.64	5.90	2.10	2.05	4.69	0.27	12.92	0.23
2017	SQAZH01	010～020	59.37	3.88	0.07	0.53	10.76	6.17	2.12	1.96	4.75	0.36	11.19	0.23
2017	SQAZH01	020～040	59.48	3.83	0.07	0.53	10.53	6.76	2.10	1.97	4.61	0.17	8.12	0.17
2017	SQAZH01	040～060	62.15	3.11	0.06	0.42	9.67	6.46	1.79	1.84	4.83	0.14	15.10	0.10
2017	SQAZH01	060～100	63.44	3.09	0.05	0.47	9.63	6.28	1.73	1.78	5.35	0.16	16.21	0.11
2017	SQAZQ04	000～010	61.21	3.51	0.06	0.46	10.63	6.27	2.17	1.95	4.76	0.24	17.76	0.18
2017	SQAZQ04	010～020	64.88	3.36	0.06	0.43	9.92	5.74	1.99	1.98	4.85	0.26	17.25	0.19
2017	SQAZQ04	020～040	65.26	2.96	0.05	0.43	9.99	6.14	1.82	1.84	5.04	0.15	15.76	0.07
2017	SQAZQ04	040～060	67.15	3.04	0.05	0.41	9.96	6.02	1.92	1.87	5.17	0.15	14.83	0.10
2017	SQAZQ04	060～100	67.87	3.02	0.05	0.43	9.71	6.04	1.71	1.83	5.20	0.13	15.19	0.10

3.2.4　土壤微量元素数据集

3.2.4.1　概述

土壤微量元素数据集包含商丘站综合观测场（SQAZH01，115°35′30″E，34°31′14″N）和商丘站生物、土壤监测王庄站区调查点（SQAZQ04，115°36′03″E，34°30′51″N）2 个样地土壤微量元素数据，数据项目包括全钼、全锌、全锰、全铜、全铁、全硼等。

3.2.4.2　数据采集和处理方法

数据由样地采样，并通过室内前期处理和化验室分析化验取得。

2017 年在综合场和王庄站区调查点采样区内采用“Z”形布设 5 个采样点，每点使用 Φ3.5cm 土钻取 0～100cm 土样，5 点土样混合，带回室内风干，挑除杂质（石子、根系、植株残留物等），四分法取适量碾磨后过 0.15 mm 筛样品，化验室分析土壤微量元素含量。

采用硝酸-过氧化氢-氢氟酸多酸消解—ICP - AES 法测量全钼、全锌、全锰、全铜和全铁。

3.2.4.3　数据质量控制与评估

（1）采用 Z 字形多点取样，减少取样误差。

（2）室内分析严格控制化验质量，包括实验环境条件、仪器和耗材的性能和状态、试剂和药品纯度、分析人员的实验素质、所采取的分析方法等。

（3）查看标准曲线，由项目负责人判断数据是否合格。

（4）数据及时录入，严格避免原始数据录入报表过程产生的错误。统计、分析数据，检查、筛选异常值，比较样地之间数据，对于明显异常数据进行补测。

（5）观测员将所获取的数据与各项辅助信息数据以及历史数据信息进行比较，对存在疑问的数据核查。确定为错误数据而又不能补测的则遗弃。项目负责人和质量控制委员会对初步的报表数据开展进一步审核认定工作。

3.2.4.4　数据价值/数据使用方法和建议

土壤微量元素对作物生长发育具有十分重要的作用。作物生长不仅需要大量元素，微量元素也不可或缺，尤其是在关键的生长阶段，一旦缺乏，作物便不能正常生长，产量和品质也会受到严重影响；但土壤微量元素过多，也会发生污染，反而影响作物产量和品质，进而影响人类的健康。因此，定期地对土壤微量元素的监测非常重要。土壤微量元素数据集描述了几个重要的土壤微量元素的含量，本数据集适合于土壤、肥料、农学、农业生态、农业生产等相关领域直接应用。

3.2.4.5　土壤微量元素数据

具体数据见表 3 - 20。

表 3 - 20　土壤微量元素数据

年份	样地代码	观测层次/cm	全钼/(mg/kg)	全锰/(mg/kg)	全锌/(mg/kg)	全铜/(mg/kg)	全铁/(mg/kg)
2017	SQAZH01	000～010	2.87	556.02	54.27	27.12	27 364.78
2017	SQAZH01	010～020	2.98	541.24	51.77	25.73	27 169.65
2017	SQAZH01	020～040	3.12	528.81	48.49	24.35	26 792.35
2017	SQAZH01	040～060	2.73	426.89	38.21	18.98	21 791.58
2017	SQAZH01	060～100	2.67	415.15	35.49	17.92	21 647.91
2017	SQAZQ04	000～010	2.61	482.36	44.61	21.31	24 534.83
2017	SQAZQ04	010～020	2.60	469.77	44.04	19.86	23 533.15

（续）

年份	样地代码	观测层次/cm	全钼/(mg/kg)	全锰/(mg/kg)	全锌/(mg/kg)	全铜/(mg/kg)	全铁/(mg/kg)
2017	SQAZQ04	020～040	1.66	404.12	34.77	17.55	20 742.19
2017	SQAZQ04	040～060	2.69	409.58	35.57	16.85	21 267.87
2017	SQAZQ04	060～100	1.77	416.52	35.71	16.35	21 165.78

3.2.5 土壤重金属数据集

3.2.5.1 概述

土壤重金属数据集包含商丘站综合观测场（SQAZH01，115°35′30″E，34°31′14″N）和商丘站生物、土壤监测王庄站区调查点（SQAZQ04，115°36′03″E，34°30′51″N）2 个样地土壤重金属数据，数据项目包括铅、铬、镍、镉、硒、砷、汞等。

3.2.5.2 数据采集和处理方法

数据由样地采样，并通过室内前期处理和化验室分析化验获得。

2017 年在综合场和王庄站区调查点采样区内采用“Z”形布设 5 个采样点，每点使用Φ3.5 cm 土钻取 0～100 cm 土样，5 点土样混合，带回室内风干，挑除杂质（石子、根系、植株残留物等），四分法取适量碾磨后过 0.15 mm 筛，化验室分析土壤重金属含量。

采用硝酸-过氧化氢-氢氟酸多酸消解—ICP－AES 法测量铅、铬、镍、镉、硒、砷和汞。

3.2.5.3 数据质量控制与评估

（1）采用 Z 形多点取样方法，减少取样误差。

（2）室内分析严格控制化验质量，包括实验环境条件、仪器和耗材的性能和状态、试剂和药品纯度、分析人员的实验素质、所采取的分析方法等。

（3）查看标准曲线，由项目负责人判断数据是否合格。

（4）数据及时录入，严格避免原始数据录入报表过程产生的错误。严格统计、分析数据，检查、筛选异常值，比较样地之间数据，对于明显异常数据进行补测。确定为错误数据而又不能补测的数据则遗弃。项目负责人和质量控制委员会对初步的报表数据开展进一步审核认定工作。

3.2.5.4 数据价值/数据使用方法和建议

农田土壤中，过量的重金属会造成土壤污染，并进一步污染农产品，因此监测重金属对于预防、治理重金属污染有十分重要的意义。本数据集适合土壤、农学、农业生态、农业生产和食品健康等相关领域直接应用和参考。

3.2.5.5 土壤重金属数据

具体数据见表 3－21。

表 3－21 土壤重金属数据

年份	样地代码	观测层次/cm	硒/(mg/kg)	钴(mg/kg)	镉/(mg/kg)	铅/(mg/kg)	铬/(mg/kg)	镍/(mg/kg)	汞/(mg/kg)	砷/(mg/kg)
2017	SQAZH01	000～010	0.12	21.62	0.159	23.75	71.9	29.7	0.06	12.90
2017	SQAZH01	010～020	0.12	23.16	0.145	23.22	76.8	31.6	0.05	13.46
2017	SQAZH01	020～040	0.12	22.54	0.127	22.23	71.9	28.3	0.04	12.30
2017	SQAZH01	040～060	0.11	19.57	0.168	18.66	59.8	23.4	0.03	9.92

（续）

年份	样地代码	观测层次/cm	硒/(mg/kg)	钴(mg/kg)	镉/(mg/kg)	铅/(mg/kg)	铬/(mg/kg)	镍/(mg/kg)	汞/(mg/kg)	砷/(mg/kg)
2017	SQAZH01	060～100	0.14	18.91	0.093	16.08	59.1	21.3	0.03	9.42
2017	SQAZQ06	000～010	0.12	20.19	0.126	20.67	65.5	24.2	0.04	10.43
2017	SQAZQ06	010～020	0.11	18.81	0.164	21.11	63.6	25.8	0.04	8.90
2017	SQAZQ06	020～040	0.11	18.19	0.073	16.75	55.4	21.2	0.03	8.39
2017	SQAZQ06	040～060	0.11	18.02	0.122	17.02	54.8	20.7	0.04	7.43
2017	SQAZQ06	060～100	0.13	18.14	0.040	17.32	54.0	20.0	0.03	7.39

3.2.6　土壤速效微量元素数据集

3.2.6.1　概述

土壤速效微量元素数据集包含2017年商丘站综合观测场（SQAZH01，115°35′30″E，34°31′14″N），商丘站生物和土壤监测朱楼站区调查点（SQAZQ01，115°34′07″E，34°31′30″N），商丘站生物和土壤监测陈菜园站区调查点（SQAZQ02，115°35′48″E，34°30′20″N），商丘站生物和土壤监测关庄站区调查点（SQAZQ03，115°35′07″E，34°30′30″N），商丘站生物、土壤监测王庄站区调查点（SQAZQ04，115°36′03″E，34°30′51″N）和商丘站生物、土壤监测张大庄站区调查点（SQAZQ05，115°36′05″E，34°30′50″N）等6个样地0～20 cm土层土壤速效微量元素数据，数据项目包括有效硼、有效锌、有效锰、有效铁、有效铜、有效硫、有效钼等。

3.2.6.2　数据采集和处理方法

数据由样地采样，并通过室内初期处理和化验室分析化验取得。

2017年在样地采样区内采用“Z”形布设5个采样点，每点使用Φ3.5 cm土钻取0～20 cm土样，5点土样混合，带回室内风干，挑除杂质（石子、根系、植株残留物等），四分法取适量碾磨后过0.2 mm筛样品，化验室分析土壤速效微量元素含量。

采用沸水浸提、ICP-AES法测量有效硼；DTPA浸提、ICP-AES法测量有效锌、有效锰、有效铁和有效铜；ICP-AES法测定有效硫；草酸-草酸铵浸提法测定有效钼。

3.2.6.3　数据质量控制与评估

（1）采用Z字形多点取样，以减少取样误差。

（2）室内分析严格控制化验质量，包括实验环境条件、仪器和耗材的性能和状态、试剂和药品纯度、分析人员的实验素质、所采取的分析方法等。

（3）查看标准曲线，由项目负责人判断数据是否合格。

（4）数据及时录入，严格避免原始数据录入报表过程产生的错误。统计、分析数据，检查、筛选异常值，比较样地之间数据，对于明显异常数据进行补测。

（5）观测员将所获取的数据与各项辅助信息数据以及历史数据信息进行比较，对存在疑问的数据核查。确定为错误数据而不能补测的则遗弃。项目负责人和质量控制委员会对初步的报表数据开展进一步审核认定工作。

3.2.6.4　数据价值/数据使用方法和建议

土壤速效微量元素含量对作物吸收利用具有十分重要的作用，作物可直接吸收利用速效微量元素并影响作物的形态、抗逆性、同化能力和产量与品质。土壤速效微量元素数据集描述土壤速效微量元素的含量，本数据集适合土壤、肥料、农学、农业生态、农业生产和食品健康等相关领域直接应用或参考。

3.2.6.5 土壤速效微量元素数据

具体数据见表 3－22。

表 3－22 土壤速效微量元素数据

年份	样地代码	观测层次/cm	有效铁/(mg/kg)	有效铜/(mg/kg)	有效钼/(mg/kg)	有效硼/(mg/kg)	有效锰/(mg/kg)	有效锌/(mg/kg)	有效硫/(mg/kg)
2017	SQAZQ01	000～020	18.7	1.39	0.117	0.199	8.29	1.32	5.83
2017	SQAZQ02	000～020	9.7	1.07	0.095	0.205	6.64	1.52	5.62
2017	SQAZQ03	000～020	10.9	1.10	0.112	0.235	7.83	1.52	6.95
2017	SQAZQ04	000～020	11.2	1.35	0.093	0.237	7.77	1.40	5.55
2017	SQAZQ05	000～020	15.3	1.41	0.109	0.212	9.09	2.67	6.22
2017	SQAZH01	000～020	12.5	1.07	0.090	0.264	8.04	1.18	11.12

3.2.7 土壤机械组成数据集

3.2.7.1 概述

本数据集包含商丘站综合观测场（SQAZH01，115°35′30″E，34°31′14″N）2008 年土壤剖面机械组成数据，数据项目包括观测层次、0.05～2 mm、0.002～0.05 mm、<0.002 mm、土壤质地等。

3.2.7.2 数据采集和处理方法

数据由样地采样，通过室内前期处理和化验室分析化验获得。

2008 年在样地采样区内采用“Z”形布设 5 个取样点，每点使用 Φ3.5 cm 土钻取 0～20 cm 土样，5 点土样混合，带回室内风干，挑除杂质（石子、根系、植株残留物等），四分法取适量碾磨后过 0.25 mm 筛样品，采用吸管法分析机械组成。

3.2.7.3 数据质量控制与评估

（1）采用 Z 字形多点取样，减少取样误差。

（2）室内分析严格控制化验质量，包括实验环境条件、仪器和耗材的性能和状态、试剂和药品纯度、分析人员的实验素质、所采取的分析方法等。

（3）数据及时录入，严格避免原始数据录入报表过程产生的错误。严格统计、分析数据，检查、筛选异常值，比较样地之间数据，对于明显异常数据进行补测。

（4）观测员将所获取的数据与各项辅助信息数据以及历史数据信息进行比较，对存在疑问的数据核查。确定为错误数据而又不能补测的则遗弃。项目负责人和质量控制委员会对初步的报表数据开展进一步审核认定工作。

3.2.7.4 数据价值/数据使用方法和建议

土壤机械组成是土壤分类的重要诊断指标。本数据集适合于土壤、肥料、农学、农业生态、农业生产等相关领域直接应用。

3.2.7.5 土壤机械组成数据

具体数据见表 3－23。

表 3-23 土壤机械组成数据

年份	样地代码	观测层次/cm	2～0.05 mm 砂粒百分率	0.05～0.002 mm 粉粒百分率	<0.002 mm 黏粒百分率	土壤质地名称
2008	SQAZH01	000～020	19.16	61.13	19.71	粉砂壤土
2008	SQAZH01	020～040	15.77	69.67	14.56	粉砂壤土
2008	SQAZH01	040～060	16.43	72.68	10.89	粉砂壤土
2008	SQAZH01	060～100	36.07	31.97	31.96	黏壤土

3.2.8 土壤可溶性盐数据集

3.2.8.1 概述

本数据集包含商丘站综合观测场（SQAZH01，115°35′30″E，34°31′14″N），商丘站辅助观测场（SQAFZ01，115°35′32″E，34°30′10″N），商丘站生物、土壤监测朱楼站区调查点（SQAZQ01，115°34′07″E，34°31′30″N），商丘站生物、土壤监测陈菜园站区调查点（SQAZQ02，115°35′48″E，34°30′20″N），商丘站生物、土壤监测关庄站区调查点（SQAZQ03，115°35′07″E，34°30′30″N），商丘站生物、土壤监测王庄站区调查点（SQAZQ04，115°36′03″E，34°30′51″N）和商丘站生物、土壤监测张大庄站区调查点（ESQAZQ05，115°36′05″E，34°30′50″N）等7个样地2008—2015年土壤可溶性盐组成数据，数据项目包括观测层次、碳酸根、重碳酸根、硫酸根、氯根、钙离子、镁离子、钾离子、钠离子、全盐量、电导率等。

3.2.8.2 数据采集和处理方法

数据由样地采样，经过室内前期处理和化验室分析化验获得。

2017年在样地采样区内采用“Z”形布设5个采样点，每点使用Φ3.5 cm土钻取0～20 cm土样，5点土样混合，带回室内风干，挑除杂质（石子、根系、植株残留物等），四分法取适量碾磨后过2 mm筛样品，中和滴定法测定碳酸根、重碳酸根；硝酸银滴定法测定氯离子、EDTA络合滴定法测定钙、镁离子；EDTA间接滴定法测定硫酸根离子；火焰光度法测定钾、钠离子；电导率仪测定电导率。

3.2.8.3 数据质量控制与评估

（1）采用Z字形多点取样，以减少取样误差。

（2）室内分析严格控制化验质量，包括实验环境条件、仪器和耗材的性能和状态、试剂和药品纯度、分析人员的实验素质、所采取的分析方法等。

（3）数据及时录入，严格避免原始数据录入报表过程产生的错误。统计、分析数据，检查、筛选异常值，比较样地之间数据，对于明显异常数据进行补测。

（4）观测员将所获取的数据与各项辅助信息数据以及历史数据信息进行比较，对存在疑问的数据核查。确定为错误数据而又不能补测的则遗弃。项目负责人和质量控制委员会对初步的报表数据开展进一步审核认定工作。

3.2.8.4 数据价值/数据使用方法和建议

本数据集适合土壤、肥料、农学、农业生态、农业生产等相关领域直接应用或参考。

3.2.8.5 土壤可溶性盐数据

具体数据见表3-24。

表 3-24　土壤可溶性盐数据

年份	样地代码	观测层次/cm	碳酸根/[cmol·kg^{-1} (1/2CO_3^{2-})]	重碳酸根/[cmol·kg^{-1} (HCO_3^-)]	硫酸根/[cmol·kg^{-1} (1/2SO_4^{2-})]	氯根/[cmol·kg^{-1} (Cl^-)]	钙离子/[cmol·kg^{-1} (1/2Ca^{2+})]	镁离子/[cmol·kg^{-1} (1/2 Mg^{2+})]	钾离子/[cmol·kg^{-1} (K^+)]	钠离子/[cmol·kg^{-1} (Na^+)]	全盐量/%	电导率/(mS/cm)
2008	SQAZH01	000～005	0.00	0.44	0.8	0.16	0.56	0.20	2.84	2.81	0.038	0.152
2008	SQAZH01	005～010	0.00	0.37	2.07	0.08	0.49	0.19	1.02	2.81	0.037	0.141
2008	SQAZH01	010～020	0.00	0.44	2.85	0.11	0.41	0.18	0.56	2.81	0.033	0.124
2008	SQAZH01	020～040	0.00	0.51	2.42	0.12	0.39	0.24	0.41	4.41	0.035	0.138
2008	SQAZH01	040～060	0.00	0.45	1.67	0.2	0.28	0.27	0.41	15.66	0.049	0.245
2008	SQAZH01	060～100	0.04	0.44	0.96	0.23	0.15	0.15	0.87	28.51	0.070	0.216
2010	SQAFZ01	000～020	0.04	1.22	0.25	0.05	0.44	0.18	1.02	4.41	0.035	0.141
2009	SQAZQ01	000～020	—	—	—	—	—	—	—	—	0.087	—
2009	SQAZQ02	000～020	—	—	—	—	—	—	—	—	0.095	—
2009	SQAZQ03	000～020	—	—	—	—	—	—	—	—	0.079	—
2009	SQAZQ04	000～020	—	—	—	—	—	—	—	—	0.089	—
2010	SQAFZ01	000～020	—	—	—	—	—	—	—	—	0.035	—
2010	SQAZH01	000～020	—	—	—	—	—	—	—	—	0.048	—
2010	SQAZQ01	000～020	—	—	—	—	—	—	—	—	0.032	—
2010	SQAZQ02	000～020	—	—	—	—	—	—	—	—	0.044	—
2010	SQAZQ03	000～020	—	—	—	—	—	—	—	—	0.041	—
2010	SQAZQ04	000～020	—	—	—	—	—	—	—	—	0.039	—
2010	SQAZQ05	000～020	—	—	—	—	—	—	—	—	0.040	—
2011	SQAZH01	000～010	—	—	—	—	—	—	—	—	0.035	0.145
2011	SQAZH01	010～020	—	—	—	—	—	—	—	—	0.039	0.158
2011	SQAZQ01	000～010	—	—	—	—	—	—	—	—	0.075	0.288

（续）

年份	样地代码	观测层次/cm	碳酸根/[cmol·kg^{-1} (1/2CO_3^{2-})]	重碳酸根/[cmol·kg^{-1} (HCO_3^-)]	硫酸根/[cmol·kg^{-1} (1/2SO_4^{2-})]	氯根/[cmol·kg^{-1} (Cl^-)]	钙离子/[cmol·kg^{-1} (1/2Ca^{2+})]	镁离子/[cmol·kg^{-1} (1/2 Mg^{2+})]	钾离子/[cmol·kg^{-1} (K^+)]	钠离子/[cmol·kg^{-1} (Na^+)]	全盐量/%	电导率/(mS/cm)
2011	SQAZQ01	010～020	—	—	—	—	—	—	—	—	0.054	0.212
2011	SQAZQ02	000～010	—	—	—	—	—	—	—	—	0.033	0.138
2011	SQAZQ02	010～020	—	—	—	—	—	—	—	—	0.039	0.157
2011	SQAZQ03	000～010	—	—	—	—	—	—	—	—	0.107	0.402
2011	SQAZQ03	010～020	—	—	—	—	—	—	—	—	0.050	0.198
2011	SQAZQ04	000～010	—	—	—	—	—	—	—	—	0.056	0.218
2011	SQAZQ04	010～020	—	—	—	—	—	—	—	—	0.041	0.165
2011	SQAZQ05	000～010	—	—	—	—	—	—	—	—	0.066	0.253
2011	SQAZQ05	010～020	—	—	—	—	—	—	—	—	0.055	0.215
2012	SQAZH01	000～010	—	—	—	—	—	—	—	—	0.141	0.521
2012	SQAZH01	010～020	—	—	—	—	—	—	—	—	0.143	0.529
2012	SQAZH01	020～040	—	—	—	—	—	—	—	—	0.142	0.526
2012	SQAZH01	040～060	—	—	—	—	—	—	—	—	0.150	0.553
2012	SQAZH01	060～080	—	—	—	—	—	—	—	—	0.162	0.596
2012	SQAZH01	080～100	—	—	—	—	—	—	—	—	0.159	0.586
2013	SQAFZ01	000～020	—	—	—	—	—	—	—	—	0.065	0.250
2013	SQAZH01	000～020	—	—	—	—	—	—	—	—	0.073	0.281
2013	SQAZQ01	000～020	—	—	—	—	—	—	—	—	0.069	0.264
2013	SQAZQ02	000～020	—	—	—	—	—	—	—	—	0.066	0.255
2013	SQAZQ03	000～020	—	—	—	—	—	—	—	—	0.059	0.230
2013	SQAZQ04	000～020	—	—	—	—	—	—	—	—	0.112	0.419

（续）

年份	样地代码	观测层次/cm	碳酸根/[cmol·kg^{-1} (1/2CO_3^{2-})]	重碳酸根/[cmol·kg^{-1} (HCO_3^-)]	硫酸根/[cmol·kg^{-1} (1/2SO_4^{2-})]	氯根/[cmol·kg^{-1} (Cl^-)]	钙离子/[cmol·kg^{-1} (1/2Ca^{2+})]	镁离子/[cmol·kg^{-1} (1/2 Mg^{2+})]	钾离子/[cmol·kg^{-1} (K^+)]	钠离子/[cmol·kg^{-1} (Na^+)]	全盐量/%	电导率/(mS/cm)
2013	SQAZQ05	000～020	—	—	—	—	—	—	—	—	0.104	0.391
2014	SQAFZ01	000～010	—	—	—	—	—	—	—	—	0.033	0.139
2014	SQAFZ01	010～020	—	—	—	—	—	—	—	—	0.034	0.141
2014	SQAFZ01	020～040	—	—	—	—	—	—	—	—	0.031	0.129
2014	SQAFZ01	040～060	—	—	—	—	—	—	—	—	0.037	0.153
2014	SQAFZ01	060～080	—	—	—	—	—	—	—	—	0.039	0.158
2014	SQAFZ01	080～100	—	—	—	—	—	—	—	—	0.051	0.201
2014	SQAZH01	000～010	—	—	—	—	—	—	—	—	0.050	0.197
2014	SQAZH01	010～020	—	—	—	—	—	—	—	—	0.048	0.192
2014	SQAZH01	020～040	—	—	—	—	—	—	—	—	0.052	0.207
2014	SQAZH01	040～060	—	—	—	—	—	—	—	—	0.072	0.276
2014	SQAZH01	060～080	—	—	—	—	—	—	—	—	0.064	0.247
2014	SQAZH01	080～100	—	—	—	—	—	—	—	—	0.070	0.267
2014	SQAZQ01	000～020	—	—	—	—	—	—	—	—	0.058	0.226
2014	SQAZQ02	000～020	—	—	—	—	—	—	—	—	0.042	0.171
2014	SQAZQ03	000～020	—	—	—	—	—	—	—	—	0.040	0.163
2014	SQAZQ04	000～020	—	—	—	—	—	—	—	—	0.049	0.196
2014	SQAZQ05	000～020	—	—	—	—	—	—	—	—	0.046	0.185
2015	SQAZQ02	000～010	0.00	0.36	0.20	0.05	0.18	0.06	0.03	0.23	0.046	0.185
2015	SQAZQ02	010～020	0.00	0.34	0.05	0.05	0.13	0.07	0.00	0.48	0.044	0.176
2015	SQAZQ04	000～010	0.00	0.28	0.05	0.12	0.20	0.11	0.02	0.34	0.071	0.272

（续）

年份	样地代码	观测层次/cm	碳酸根/[cmol·kg^{-1} (1/2CO_3^{2-})]	重碳酸根/[cmol·kg^{-1} (HCO_3^-)]	硫酸根/[cmol·kg^{-1} (1/2SO_4^{2-})]	氯根/[cmol·kg^{-1} (Cl^-)]	钙离子/[cmol·kg^{-1} (1/2Ca^{2+})]	镁离子/[cmol·kg^{-1} (1/2 Mg^{2+})]	钾离子/[cmol·kg^{-1} (K^+)]	钠离子/[cmol·kg^{-1} (Na^+)]	全盐量/%	电导率/(mS/cm)
2015	SQAZQ04	010～020	0.00	0.38	0.15	0.12	0.11	0.09	0.00	1.02	0.065	0.250
2015	SQAZQ01	000～010	0.00	0.41	0.15	0.06	0.18	0.08	0.06	0.39	0.052	0.206
2015	SQAZQ01	010～020	0.00	0.42	0.10	0.06	0.12	0.07	0.00	0.60	0.046	0.185
2015	SQAZQ05	000～010	0.00	0.33	0.05	0.06	0.17	0.08	0.02	0.43	0.072	0.277
2015	SQAZQ05	010～020	0.00	0.39	0.05	0.06	0.10	0.09	0.00	0.74	0.051	0.203
2015	SQAZQ03	000～010	0.00	0.26	0.05	0.04	0.28	0.15	0.05	0.13	0.060	0.232
2015	SQAZQ03	010～020	0.00	0.36	0.15	0.04	0.20	0.07	0.00	0.22	0.046	0.183
2015	SQAZH01	000～010	0.00	0.33	0.25	0.06	0.21	0.07	0.00	0.01	0.037	0.153
2015	SQAZH01	010～020	0.00	0.34	0.15	0.06	0.15	0.07	0.00	0.23	0.034	0.140
2015	SQAZH01	020～040	0.00	0.38	0.15	0.04	0.14	0.07	0.00	0.36	0.037	0.151
2015	SQAZH01	040～060	0.00	0.39	0.10	0.04	0.11	0.09	0.00	0.43	0.039	0.157
2015	SQAZH01	060～080	0.00	0.31	0.05	0.09	0.10	0.11	0.00	0.37	0.040	0.161
2015	SQAZH01	080～100	0.00	0.39	0.15	0.09	0.07	0.12	0.00	0.39	0.039	0.158

3.2.9 土壤容重数据集

3.2.9.1 概述

本数据集包含商丘站综合观测场（SQAZH01，115°35′30″E，34°31′14″N），商丘站辅助观测场（SQAFZ01，115°35′32″E，34°30′10″N），商丘站生物、土壤监测朱楼站区调查点（SQAZQ01，115°34′07″E，34°31′30″N），商丘站生物、土壤监测陈菜园站区调查点（SQAZQ02，115°35′48″E，34°30′20″N），商丘站生物、土壤监测关庄站区调查点（SQAZQ03，115°35′07″E，34°30′30″N）、商丘站生物、土壤监测王庄站区调查点（SQAZQ04，115°36′03″E，34°30′51″N）和商丘站生物、土壤监测张大庄站区调查点（SQAZQ05，115°36′05″E，34°30′50″N）等7个样地2015年土壤容重数据，数据项目包括土壤观测层次、容重、重复数、标准差等。

3.2.9.2 数据采集和处理方法

在采样点开挖长1 m，宽1 m，深1 m的土壤剖面，采用环刀法测定各层（0～10 cm、10～20 cm、20～40 cm、40～60 cm、和60～100 cm）的土壤容重。

3.2.9.3 数据质量控制与评估

（1）采样时每个剖面的每个土层进行2次重复测定。

（2）采用环刀对土壤样品采集由同一个实验人员完成，避免人为因素导致的结果误差。

（3）数据及时录入，严格避免原始数据录入报表过程产生的误差。严格统计、分析数据，检查、筛选异常值，比较样地之间数据，对于明显异常数据进行补测。

（4）观测员将所获取的数据与各项辅助信息数据以及历史数据信息进行比较，对存在疑问的数据核查。确定为错误数据而又不能补测的则遗弃。项目负责人和质量控制委员会对初步的报表数据开展进一步审核认定工作。

3.2.9.4 数据价值/数据使用方法和建议

土壤容重是单位容积的原状土壤的干土质量，它反映了土壤颗粒和土壤孔隙状况。土壤容重的大小与土壤质地、结构、有机质含量、土壤紧实度、耕作措施等密切相关，影响土壤水、热、气、肥，也影响作物 生长发育。本数据集适合于土壤、农学、农业生态等相关领域直接应用。

3.2.9.5 土壤容重数据

具体数据见表3-25。

表3-25 土壤容重数据

年份	样地代码	观测层次/cm	土壤容重/(g/m^3)	重复数	标准差
2015	SQAFZ01	000～010	1.37	2	0.04
2015	SQAFZ01	010～020	1.42	2	0.02
2015	SQAFZ01	020～040	1.58	2	0.04
2015	SQAFZ01	040～060	1.47	2	0.03
2015	SQAFZ01	060～080	1.37	2	0.01
2015	SQAFZ01	080～100	1.33	2	0.01
2015	SQAZH01	000～010	1.37	2	0.05
2015	SQAZH01	010～020	1.48	2	0.04
2015	SQAZH01	020～040	1.57	2	0.03
2015	SQAZH01	040～060	1.40	2	0.06

（续）

年份	样地代码	观测层次/cm	土壤容重/(g/m^3)	重复数	标准差
2015	SQAZH01	060～080	1.39	2	0.03
2015	SQAZH01	080～100	1.41	2	0.03
2015	SQAZQ01	000～010	1.42	2	0.01
2015	SQAZQ01	010～020	1.51	2	0.03
2015	SQAZQ01	020～040	1.52	2	0.01
2015	SQAZQ01	040～060	1.38	2	0.01
2015	SQAZQ01	060～080	1.34	2	0.06
2015	SQAZQ01	080～100	1.35	2	0.01
2015	SQAZQ02	000～010	1.50	2	0.05
2015	SQAZQ02	010～020	1.44	2	0.02
2015	SQAZQ02	020～040	1.50	2	0.06
2015	SQAZQ02	040～060	1.34	2	0.01
2015	SQAZQ02	060～080	1.40	2	0.04
2015	SQAZQ02	080～100	1.39	2	0.03
2015	SQAZQ03	000～010	1.36	2	0.01
2015	SQAZQ03	010～020	1.50	2	0.02
2015	SQAZQ03	020～040	1.44	2	0.01
2015	SQAZQ03	040～060	1.39	2	0.01
2015	SQAZQ03	060～080	1.47	2	0.01
2015	SQAZQ03	080～100	1.35	2	0.02
2015	SQAZQ04	000～010	1.33	2	0.02
2015	SQAZQ04	010～020	1.38	2	0.05
2015	SQAZQ04	020～040	1.52	2	0.01
2015	SQAZQ04	040～060	1.36	2	0.04
2015	SQAZQ04	060～080	1.36	2	0.03
2015	SQAZQ04	080～100	1.36	2	0.04
2015	SQAZQ05	000～010	1.39	2	0.03
2015	SQAZQ05	010～020	1.49	2	0.06
2015	SQAZQ05	020～040	1.64	2	0.03
2015	SQAZQ05	040～060	1.52	2	0.04
2015	SQAZQ05	060～080	1.43	2	0.01
2015	SQAZQ05	080～100	1.40	2	0.04

3.3 水分观测数据

3.3.1 土壤体积含水量数据集

3.3.1.1 概述

本数据集包含商丘站综合观测场（SQAZH01，115°35′30″E，34°31′14″N），商丘站辅助观测场（SQAFZ01，115°35′32″E，34°30′10″N）和气象观测场（SQAQX01，115°35′31.8″E，34°31′11.7″N）等3个场地的2008—2015年土壤体积含水量数据，数据项目包括作物名称、探测深度、体积含水量、重复数、标准差等。

3.3.1.2 数据采集和处理方法

野外农田埋管观测。每个场地设3个观测点，预先埋设测量导管，导管长2 m，埋设深度1.80 m，中子土壤水分仪中使用铝管作为测量导管，TDR水分测定仪使用特殊的聚碳酸酯管作为导管。测量时探头放入导管内相应土层深度位置测量。2012年前用美国CPN公司生产的CPN-503中子土壤水分仪测量土壤水分，测量层次0～10 cm、10～20 cm、20～30 cm、30～50 cm、50～70 cm、70～100 cm、100～130 cm、130～160 cm（测量结果为热中子读数，通过各层次的率定直线换算成土壤体积含水量）；2013年后使用德国IMKO公司生产的TRIM-IHP土壤剖面水分测定仪（TDR水分测定仪）测量土壤水分，测量层次0～20 cm、10～30 cm、20～40 cm、30～50 cm、50～70 cm、70～100 cm、100～130 cm、130～160 cm。每个场地的3个观测点取同层次观测值平均值为该场地该层次的土壤体积含水量。

土壤体积含水量测量频率3次/月，根据质控后的数据按样地计算月平均数据，同时标明重复数及标准差。

3.3.1.3 数据质量控制与评估

（1）在数据测量之前定期检查中子仪标定曲线，检查、标定土壤剖面水分测定仪。

（2）3点观测值进行平均，减少误差。

（3）观测员将所获取的数据与各项辅助信息数据以及历史数据信息进行比较，对存在疑问的数据进行核查、补测，确定为错误数据而又不能补测的则遗弃。项目负责人和质量控制委员会对初步的报表数据开展进一步审核认定工作。

3.3.1.4 数据价值/数据使用方法和建议

土壤水分是作物生长的重要因子，适宜的土壤水分才有利于作物生长。在我国北方水资源严重不足，因此土壤水分是制约作物产量的重要因素。土壤含水量数据描述土壤水分供应状况，对作物生产具有重要作用。土壤体积含水率是土壤中水分占有的体积和土壤总体积的比值，是水分供应能力的重要指标。本数据集适合于农田水利、农学、土壤、农业生态、作物生理、农业生产等相关领域直接应用。

3.3.1.5 土壤体积含水量数据

具体数据见表3-26～表3-28。

表3-26 辅助观测场-空白（不耕作）土壤体积含水量数据

时间（年-月）	作物名称	探测深度/cm	体积含水量/%	重复数	标准差
2008-1	撂荒地	10	39.1	2	2.84
2008-1	撂荒地	10	39.1	2	2.84
2008-1	撂荒地	20	29.1	2	0.27

（续）

时间（年-月）	作物名称	探测深度/cm	体积含水量/%	重复数	标准差
2008-1	撂荒地	30	28.8	2	0.11
2008-1	撂荒地	50	37.8	2	0.19
2008-1	撂荒地	70	32.0	2	0.00
2008-1	撂荒地	100	35.7	2	0.18
2008-1	撂荒地	130	38.3	2	0.71
2008-1	撂荒地	160	41.0	2	0.71
2008-2	撂荒地	10	26.1	3	0.77
2008-2	撂荒地	20	27.4	3	0.32
2008-2	撂荒地	30	28.6	3	0.16
2008-2	撂荒地	50	37.8	3	0.00
2008-2	撂荒地	70	32.2	3	0.14
2008-2	撂荒地	100	35.4	3	0.15
2008-2	撂荒地	130	37.9	3	0.29
2008-2	撂荒地	160	41.0	3	0.38
2008-3	撂荒地	10	23.9	3	0.77
2008-3	撂荒地	20	26.4	3	0.33
2008-3	撂荒地	30	28.2	3	0.23
2008-3	撂荒地	50	37.2	3	0.20
2008-3	撂荒地	70	31.5	3	0.26
2008-3	撂荒地	100	34.9	3	0.38
2008-3	撂荒地	130	37.9	3	0.38
2008-3	撂荒地	160	40.5	3	0.00
2008-4	撂荒地	10	25.3	2	3.32
2008-4	撂荒地	20	27.2	2	1.89
2008-4	撂荒地	30	28.5	2	0.54
2008-4	撂荒地	50	37.9	2	0.37
2008-4	撂荒地	70	32.5	2	0.35
2008-4	撂荒地	100	35.3	2	0.00
2008-4	撂荒地	130	38.0	2	0.71
2008-4	撂荒地	160	40.4	2	2.31
2008-5	撂荒地	10	24.6	2	1.42
2008-5	撂荒地	20	26.8	2	0.72
2008-5	撂荒地	30	28.1	2	0.49

（续）

时间（年-月）	作物名称	探测深度/cm	体积含水量/%	重复数	标准差
2008 - 5	撂荒地	50	37.3	2	0.65
2008 - 5	撂荒地	70	32.1	2	0.53
2008 - 5	撂荒地	100	35.3	2	0.00
2008 - 5	撂荒地	130	38.0	2	0.35
2008 - 5	撂荒地	160	39.4	2	0.89
2008 - 6	撂荒地	10	23.9	3	4.56
2008 - 6	撂荒地	20	26.2	3	1.95
2008 - 6	撂荒地	30	27.9	3	0.89
2008 - 6	撂荒地	50	36.6	3	0.69
2008 - 6	撂荒地	70	30.9	3	0.53
2008 - 6	撂荒地	100	34.6	3	0.14
2008 - 6	撂荒地	130	37.3	3	0.25
2008 - 6	撂荒地	160	39.7	3	0.29
2008 - 7	撂荒地	10	27.4	3	0.77
2008 - 7	撂荒地	20	28.3	3	0.26
2008 - 7	撂荒地	30	28.8	3	0.09
2008 - 7	撂荒地	50	37.7	3	0.23
2008 - 7	撂荒地	70	31.6	3	0.73
2008 - 7	撂荒地	100	35.2	3	1.26
2008 - 7	撂荒地	130	37.9	3	1.01
2008 - 7	撂荒地	160	39.8	3	0.25
2008 - 8	撂荒地	10	27.7	3	4.02
2008 - 8	撂荒地	20	27.6	3	1.75
2008 - 8	撂荒地	30	28.8	3	0.87
2008 - 8	撂荒地	50	38.3	3	1.28
2008 - 8	撂荒地	70	36.0	3	3.05
2008 - 8	撂荒地	100	38.2	3	1.66
2008 - 8	撂荒地	130	39.3	3	0.67
2008 - 8	撂荒地	160	40.9	3	0.14
2008 - 9	撂荒地	10	28.3	3	0.00
2008 - 9	撂荒地	20	28.2	3	0.41
2008 - 9	撂荒地	30	28.6	3	0.39
2008 - 9	撂荒地	50	37.7	3	0.46

（续）

时间（年-月）	作物名称	探测深度/cm	体积含水量/%	重复数	标准差
2008 - 9	撂荒地	70	32.8	3	0.87
2008 - 9	撂荒地	100	38.4	3	0.80
2008 - 9	撂荒地	130	39.6	3	0.39
2008 - 9	撂荒地	160	40.8	3	0.25
2008 - 10	撂荒地	10	25.4	3	1.69
2008 - 10	撂荒地	20	27.0	3	0.37
2008 - 10	撂荒地	30	28.2	3	0.16
2008 - 10	撂荒地	50	37.3	3	0.15
2008 - 10	撂荒地	70	31.7	3	0.39
2008 - 10	撂荒地	100	36.5	3	0.75
2008 - 10	撂荒地	130	38.7	3	0.63
2008 - 10	撂荒地	160	40.8	3	0.25
2008 - 11	撂荒地	10	24.3	2	0.95
2008 - 11	撂荒地	20	26.6	2	0.27
2008 - 11	撂荒地	30	28.2	2	0.22
2008 - 11	撂荒地	50	37.3	2	0.28
2008 - 11	撂荒地	70	31.0	2	0.35
2008 - 11	撂荒地	100	35.3	2	0.00
2008 - 11	撂荒地	130	37.4	2	0.18
2008 - 11	撂荒地	160	38.9	2	0.18
2008 - 12	撂荒地	10	23.3	2	0.47
2008 - 12	撂荒地	20	26.1	2	0.09
2008 - 12	撂荒地	30	27.9	2	0.00
2008 - 12	撂荒地	50	37.1	2	0.09
2008 - 12	撂荒地	70	30.8	2	0.00
2008 - 12	撂荒地	100	35.3	2	0.36
2008 - 12	撂荒地	130	36.9	2	0.18
2008 - 12	撂荒地	160	38.8	2	0.35
2009 - 1	撂荒地	10	18.8	3	2.02
2009 - 1	撂荒地	20	23.4	3	0.20
2009 - 1	撂荒地	30	28.3	3	0.78
2009 - 1	撂荒地	50	27.5	3	0.76
2009 - 1	撂荒地	70	29.5	3	0.04

（续）

时间（年-月）	作物名称	探测深度/cm	体积含水量/%	重复数	标准差
2009 - 1	撂荒地	100	28.1	3	3.48
2009 - 1	撂荒地	130	29.7	3	0.67
2009 - 1	撂荒地	160	30.0	3	0.52
2009 - 2	撂荒地	10	22.1	3	0.92
2009 - 2	撂荒地	20	25.0	3	1.74
2009 - 2	撂荒地	30	28.0	3	2.70
2009 - 2	撂荒地	50	28.6	3	1.54
2009 - 2	撂荒地	70	27.9	3	1.54
2009 - 2	撂荒地	100	30.5	3	0.30
2009 - 2	撂荒地	130	31.2	3	2.08
2009 - 2	撂荒地	160	30.3	3	1.68
2009 - 3	撂荒地	10	22.4	3	0.58
2009 - 3	撂荒地	20	26.5	3	0.96
2009 - 3	撂荒地	30	28.4	3	1.04
2009 - 3	撂荒地	50	28.2	3	0.31
2009 - 3	撂荒地	70	29.7	3	1.12
2009 - 3	撂荒地	100	30.1	3	0.11
2009 - 3	撂荒地	130	30.0	3	0.57
2009 - 3	撂荒地	160	29.8	3	1.43
2009 - 4	撂荒地	10	20.4	3	2.88
2009 - 4	撂荒地	20	24.2	3	2.27
2009 - 4	撂荒地	30	28.2	3	0.97
2009 - 4	撂荒地	50	28.1	3	0.49
2009 - 4	撂荒地	70	29.1	3	0.11
2009 - 4	撂荒地	100	30.2	3	0.81
2009 - 4	撂荒地	130	30.9	3	0.97
2009 - 4	撂荒地	160	31.9	3	0.79
2009 - 5	撂荒地	10	21.5	3	2.15
2009 - 5	撂荒地	20	24.9	3	1.70
2009 - 5	撂荒地	30	27.2	3	0.42
2009 - 5	撂荒地	50	26.7	3	0.59
2009 - 5	撂荒地	70	28.7	3	0.53
2009 - 5	撂荒地	100	28.6	3	0.99

（续）

时间（年-月）	作物名称	探测深度/cm	体积含水量/%	重复数	标准差
2009-5	撂荒地	130	30.0	3	0.43
2009-5	撂荒地	160	31.0	3	0.80
2009-6	撂荒地	10	23.3	3	3.42
2009-6	撂荒地	20	24.9	3	1.49
2009-6	撂荒地	30	27.4	3	0.38
2009-6	撂荒地	50	27.5	3	0.48
2009-6	撂荒地	70	29.0	3	0.76
2009-6	撂荒地	100	28.9	3	0.48
2009-6	撂荒地	130	31.5	3	0.83
2009-6	撂荒地	160	33.9	3	2.38
2009-7	撂荒地	10	20.4	3	3.97
2009-7	撂荒地	20	24.3	3	2.70
2009-7	撂荒地	30	27.2	3	1.26
2009-7	撂荒地	50	28.0	3	0.30
2009-7	撂荒地	70	29.1	3	0.92
2009-7	撂荒地	100	31.3	3	2.50
2009-7	撂荒地	130	34.2	3	2.32
2009-7	撂荒地	160	34.0	3	1.79
2009-8	撂荒地	10	24.6	2	3.20
2009-8	撂荒地	20	26.9	2	1.58
2009-8	撂荒地	30	27.7	2	0.32
2009-8	撂荒地	50	27.0	2	0.58
2009-8	撂荒地	70	29.3	2	0.13
2009-8	撂荒地	100	34.6	2	1.46
2009-8	撂荒地	130	36.3	2	0.99
2009-8	撂荒地	160	35.7	2	0.78
2009-9	撂荒地	10	25.2	3	0.41
2009-9	撂荒地	20	26.1	3	1.02
2009-9	撂荒地	30	27.6	3	1.30
2009-9	撂荒地	50	27.4	3	0.27
2009-9	撂荒地	70	30.2	3	0.74
2009-9	撂荒地	100	33.3	3	2.20
2009-9	撂荒地	130	35.6	3	0.74

（续）

时间（年-月）	作物名称	探测深度/cm	体积含水量/%	重复数	标准差
2009-9	撂荒地	160	35.1	3	0.10
2009-10	撂荒地	10	18.2	3	2.90
2009-10	撂荒地	20	22.7	3	1.96
2009-10	撂荒地	30	26.8	3	0.56
2009-10	撂荒地	50	27.0	3	0.66
2009-10	撂荒地	70	29.1	3	0.78
2009-10	撂荒地	100	31.5	3	0.87
2009-10	撂荒地	130	35.3	3	0.90
2009-10	撂荒地	160	34.7	3	0.20
2009-11	撂荒地	10	21.2	2	4.25
2009-11	撂荒地	20	24.2	2	3.37
2009-11	撂荒地	30	27.1	2	1.44
2009-11	撂荒地	50	28.4	2	0.27
2009-11	撂荒地	70	28.5	2	1.76
2009-11	撂荒地	100	31.7	2	2.31
2009-11	撂荒地	130	34.4	2	0.16
2009-11	撂荒地	160	35.5	2	0.86
2009-12	撂荒地	10	22.9	1	—
2009-12	撂荒地	20	26.2	1	—
2009-12	撂荒地	30	30.1	1	—
2009-12	撂荒地	50	28.3	1	—
2009-12	撂荒地	70	30.4	1	—
2009-12	撂荒地	100	31.4	1	—
2009-12	撂荒地	130	34.4	1	—
2009-12	撂荒地	160	36.9	1	—
2010-1	撂荒地	10	20.2	3	1.31
2010-1	撂荒地	20	24.6	3	0.39
2010-1	撂荒地	30	27.8	3	0.69
2010-1	撂荒地	50	28.8	3	0.45
2010-1	撂荒地	70	30.4	3	0.56
2010-1	撂荒地	100	31.0	3	0.31
2010-1	撂荒地	130	33.4	3	0.63
2010-1	撂荒地	160	35.5	3	3.04

（续）

时间（年-月）	作物名称	探测深度/cm	体积含水量/%	重复数	标准差
2010 - 2	撂荒地	10	25.1	3	1.18
2010 - 2	撂荒地	20	26.1	3	0.98
2010 - 2	撂荒地	30	26.9	3	1.92
2010 - 2	撂荒地	50	28.1	3	0.12
2010 - 2	撂荒地	70	30.4	3	0.54
2010 - 2	撂荒地	100	29.9	3	0.78
2010 - 2	撂荒地	130	33.3	3	0.36
2010 - 2	撂荒地	160	32.8	3	2.88
2010 3	撂荒地	10	22.1	3	3.66
2010 - 3	撂荒地	20	25.8	3	1.81
2010 - 3	撂荒地	30	28.1	3	1.22
2010 - 3	撂荒地	50	27.9	3	0.32
2010 - 3	撂荒地	70	29.7	3	0.48
2010 - 3	撂荒地	100	30.3	3	0.37
2010 - 3	撂荒地	130	31.9	3	0.69
2010 - 3	撂荒地	160	32.4	3	1.72
2010 - 5	撂荒地	10	13.8	3	1.15
2010 - 5	撂荒地	20	19.0	3	0.16
2010 - 5	撂荒地	30	22.9	3	1.04
2010 - 5	撂荒地	50	25.7	3	0.22
2010 - 5	撂荒地	70	28.5	3	0.55
2010 - 5	撂荒地	100	29.4	3	0.75
2010 - 5	撂荒地	130	31.4	3	1.10
2010 - 5	撂荒地	160	29.2	3	1.78
2010 - 6	撂荒地	10	13.5	3	3.62
2010 - 6	撂荒地	20	18.8	3	2.86
2010 - 6	撂荒地	30	22.3	3	1.78
2010 - 6	撂荒地	50	23.8	3	0.25
2010 - 6	撂荒地	70	26.6	3	0.16
2010 - 6	撂荒地	100	27.2	3	0.75
2010 - 6	撂荒地	130	29.5	3	1.28
2010 - 6	撂荒地	160	30.4	3	1.98
2010 - 7	撂荒地	10	16.9	3	3.36

（续）

时间（年-月）	作物名称	探测深度/cm	体积含水量/%	重复数	标准差
2010-7	撂荒地	20	19.7	3	2.98
2010-7	撂荒地	30	22.3	3	2.70
2010-7	撂荒地	50	23.4	3	1.29
2010-7	撂荒地	70	26.0	3	0.38
2010-7	撂荒地	100	26.8	3	0.98
2010-7	撂荒地	130	27.7	3	0.71
2010-7	撂荒地	160	26.8	3	2.30
2010-8	撂荒地	10	29.4	1	—
2010-8	撂荒地	20	19.3	1	—
2010-8	撂荒地	30	21.7	1	—
2010-8	撂荒地	50	24.7	1	—
2010-8	撂荒地	70	24.7	1	—
2010-8	撂荒地	100	27.4	1	—
2010-8	撂荒地	130	26.6	1	—
2010-8	撂荒地	160	28.7	1	—
2010-11	撂荒地	10	12.9	2	2.69
2010-11	撂荒地	20	17.3	2	0.93
2010-11	撂荒地	30	21.4	2	0.16
2010-11	撂荒地	50	25.1	2	0.06
2010-11	撂荒地	70	27.9	2	0.81
2010-11	撂荒地	100	29.9	2	0.01
2010-11	撂荒地	130	31.9	2	2.11
2010-11	撂荒地	160	34.4	2	0.45
2010-12	撂荒地	10	10.1	1	—
2010-12	撂荒地	20	15.6	1	—
2010-12	撂荒地	30	21.8	1	—
2010-12	撂荒地	50	24.8	1	—
2010-12	撂荒地	70	29.1	1	—
2010-12	撂荒地	100	30.9	1	—
2010-12	撂荒地	130	31.8	1	—
2010-12	撂荒地	160	30.7	1	—
2011-1	撂荒地	10	9.1	3	0.85
2011-1	撂荒地	20	16.9	3	0.46

（续）

时间（年-月）	作物名称	探测深度/cm	体积含水量/%	重复数	标准差
2011-1	撂荒地	30	21.7	3	1.17
2011-1	撂荒地	50	25.9	3	0.74
2011-1	撂荒地	70	28.8	3	0.23
2011-1	撂荒地	100	29.8	3	0.74
2011-1	撂荒地	130	31.5	3	0.52
2011-1	撂荒地	160	27.5	3	0.43
2011-2	撂荒地	10	11.4	2	2.62
2011-2	撂荒地	20	17.3	2	1.20
2011-2	撂荒地	30	19.9	2	0.11
2011-2	撂荒地	50	25.6	2	0.93
2011-2	撂荒地	70	28.1	2	0.16
2011-2	撂荒地	100	30.1	2	0.52
2011-2	撂荒地	130	30.7	2	0.43
2011-2	撂荒地	160	28.0	2	0.75
2011-3	撂荒地	10	21.6	3	3.59
2011-3	撂荒地	20	26.0	3	2.14
2011-3	撂荒地	30	25.8	3	1.65
2011-3	撂荒地	50	26.3	3	0.20
2011-3	撂荒地	70	29.6	3	1.69
2011-3	撂荒地	100	26.8	3	2.97
2011-3	撂荒地	130	29.5	3	2.33
2011-3	撂荒地	160	30.1	3	4.90
2011-7	撂荒地	10	11.4	1	—
2011-7	撂荒地	20	17.2	1	—
2011-7	撂荒地	30	18.9	1	—
2011-7	撂荒地	50	19.3	1	—
2011-7	撂荒地	70	19.3	1	—
2011-7	撂荒地	100	22.3	1	—
2011-7	撂荒地	130	26.2	1	—
2011-7	撂荒地	160	29.1	1	—
2011-8	撂荒地	10	25.5	3	3.62
2011-8	撂荒地	20	32.6	3	2.12
2011-8	撂荒地	30	31.0	3	0.85

（续）

时间（年-月）	作物名称	探测深度/cm	体积含水量/%	重复数	标准差
2011-8	撂荒地	50	30.4	3	0.74
2011-8	撂荒地	70	31.8	3	0.52
2011-8	撂荒地	100	31.0	3	2.11
2011-8	撂荒地	130	33.8	3	3.84
2011-8	撂荒地	160	36.2	3	3.00
2011-9	撂荒地	10	30.1	3	4.16
2011-9	撂荒地	20	33.2	3	2.35
2011-9	撂荒地	30	32.1	3	2.18
2011-9	撂荒地	50	32.6	3	2.76
2011-9	撂荒地	70	34.7	3	3.25
2011-9	撂荒地	100	36.6	3	2.98
2011-9	撂荒地	130	38.6	3	3.16
2011-9	撂荒地	160	38.9	3	1.98
2011-10	撂荒地	10	29.3	1	—
2011-10	撂荒地	20	33.3	1	—
2011-10	撂荒地	30	32.0	1	—
2011-10	撂荒地	50	30.6	1	—
2011-10	撂荒地	70	34.9	1	—
2011-10	撂荒地	100	36.6	1	—
2011-10	撂荒地	130	39.2	1	—
2011-10	撂荒地	160	37.7	1	—
2011-11	撂荒地	10	34.6	3	6.24
2011-11	撂荒地	20	33.2	3	2.36
2011-11	撂荒地	30	31.4	3	2.88
2011-11	撂荒地	50	30.0	3	3.97
2011-11	撂荒地	70	32.7	3	2.65
2011-11	撂荒地	100	35.0	3	2.65
2011-11	撂荒地	130	35.6	3	3.23
2011-11	撂荒地	160	27.2	3	4.61
2011-12	撂荒地	10	28.9	3	3.50
2011-12	撂荒地	20	32.1	3	0.54
2011-12	撂荒地	30	30.2	3	1.78
2011-12	撂荒地	50	29.8	3	2.03

（续）

时间（年-月）	作物名称	探测深度/cm	体积含水量/%	重复数	标准差
2011-12	撂荒地	70	32.4	3	0.85
2011-12	撂荒地	100	33.6	3	0.32
2011-12	撂荒地	130	34.1	3	0.71
2011-12	撂荒地	160	29.6	3	6.14
2012-1	撂荒地	10	32.3	3	1.23
2012-1	撂荒地	20	31.8	3	1.11
2012-1	撂荒地	30	30.3	3	1.16
2012-1	撂荒地	50	30.9	3	2.00
2012-1	撂荒地	70	33.4	3	1.62
2012-1	撂荒地	100	36.3	3	2.29
2012-1	撂荒地	130	37.3	3	2.88
2012-1	撂荒地	160	36.6	3	2.31
2012-2	撂荒地	10	33.7	3	0.21
2012-2	撂荒地	20	34.8	3	0.54
2012-2	撂荒地	30	33.8	3	0.24
2012-2	撂荒地	50	31.8	3	1.38
2012-2	撂荒地	70	37.7	3	0.65
2012-2	撂荒地	100	42.7	3	0.51
2012-2	撂荒地	130	44.1	3	0.45
2012-2	撂荒地	160	42.4	3	0.21
2012-3	撂荒地	10	33.8	3	0.95
2012-3	撂荒地	20	34.8	3	0.65
2012-3	撂荒地	30	33.8	3	0.59
2012-3	撂荒地	50	32.9	3	2.55
2012-3	撂荒地	70	37.5	3	0.68
2012-3	撂荒地	100	41.1	3	1.32
2012-3	撂荒地	130	44.0	3	1.74
2012-3	撂荒地	160	43.3	3	2.05
2012-4	撂荒地	10	29.1	3	0.77
2012-4	撂荒地	20	31.2	3	0.59
2012-4	撂荒地	30	31.4	3	0.47
2012-4	撂荒地	50	31.9	3	0.76
2012-4	撂荒地	70	35.2	3	0.34

（续）

时间（年-月）	作物名称	探测深度/cm	体积含水量/%	重复数	标准差
2012-4	撂荒地	100	39.0	3	1.48
2012-4	撂荒地	130	41.2	3	1.43
2012-4	撂荒地	160	41.7	3	2.48
2012-5	撂荒地	10	20.1	3	3.18
2012-5	撂荒地	20	25.0	3	2.96
2012-5	撂荒地	30	28.0	3	2.44
2012-5	撂荒地	50	30.2	3	2.42
2012-5	撂荒地	70	34.4	3	1.10
2012-5	撂荒地	100	36.8	3	1.18
2012-5	撂荒地	130	38.4	3	2.57
2012-5	撂荒地	160	38.9	3	1.85
2012-6	撂荒地	10	16.9	1	—
2012-6	撂荒地	20	19.7	1	—
2012-6	撂荒地	30	22.7	1	—
2012-6	撂荒地	50	26.0	1	—
2012-6	撂荒地	70	29.9	1	—
2012-6	撂荒地	100	33.3	1	—
2012-6	撂荒地	130	36.5	1	—
2012-6	撂荒地	160	35.3	1	—
2012-7	撂荒地	10	33.6	3	2.62
2012-7	撂荒地	20	29.1	3	5.41
2012-7	撂荒地	30	31.9	3	1.12
2012-7	撂荒地	50	31.2	3	3.09
2012-7	撂荒地	70	35.1	3	0.73
2012-7	撂荒地	100	38.6	3	0.85
2012-7	撂荒地	130	39.2	3	1.74
2012-7	撂荒地	160	39.0	3	1.86
2012-8	撂荒地	10	29.6	3	2.48
2012-8	撂荒地	20	30.7	3	0.79
2012-8	撂荒地	30	29.5	3	0.78
2012-8	撂荒地	50	29.5	3	0.98
2012-8	撂荒地	70	33.6	3	0.16
2012-8	撂荒地	100	35.8	3	0.87

（续）

时间（年-月）	作物名称	探测深度/cm	体积含水量/%	重复数	标准差
2012-8	撂荒地	130	36.7	3	0.74
2012-8	撂荒地	160	37.5	3	0.56
2012-9	撂荒地	10	31.2	2	2.10
2012-9	撂荒地	20	30.8	2	0.30
2012-9	撂荒地	30	29.6	2	0.53
2012-9	撂荒地	50	31.0	2	0.95
2012-9	撂荒地	70	34.8	2	0.72
2012-9	撂荒地	100	36.9	2	0.16
2012-9	撂荒地	130	38.0	2	0.83
2012-9	撂荒地	160	37.7	2	0.01
2012-11	撂荒地	10	26.8	3	1.17
2012-11	撂荒地	20	28.6	3	0.49
2012-11	撂荒地	30	28.8	3	0.16
2012-11	撂荒地	50	29.8	3	0.80
2012-11	撂荒地	70	33.2	3	0.37
2012-11	撂荒地	100	36.0	3	0.35
2012-11	撂荒地	130	36.8	3	0.92
2012-11	撂荒地	160	36.8	3	0.31
2012-12	撂荒地	10	28.3	2	1.71
2012-12	撂荒地	20	30.1	2	0.63
2012-12	撂荒地	30	29.0	2	0.06
2012-12	撂荒地	50	30.4	2	1.61
2012-12	撂荒地	70	34.6	2	0.67
2012-12	撂荒地	100	37.5	2	0.48
2012-12	撂荒地	130	38.2	2	0.39
2012-12	撂荒地	160	37.1	2	0.25
2013-1	撂荒地	20	30.5	3	0.17
2013-1	撂荒地	30	31.4	3	0.40
2013-1	撂荒地	40	29.6	3	0.45
2013-1	撂荒地	50	31.9	3	0.67
2013-1	撂荒地	70	35.0	3	0.06
2013-1	撂荒地	100	37.8	3	0.58
2013-1	撂荒地	130	38.4	3	0.50

（续）

时间（年-月）	作物名称	探测深度/cm	体积含水量/%	重复数	标准差
2013-1	撂荒地	160	37.7	3	0.40
2013-2	撂荒地	20	31.2	3	0.58
2013-2	撂荒地	30	32.4	3	0.15
2013-2	撂荒地	40	31.1	3	0.49
2013-2	撂荒地	50	31.5	3	0.42
2013-2	撂荒地	70	36.5	3	0.26
2013-2	撂荒地	100	39.5	3	0.31
2013-2	撂荒地	130	40.8	3	0.44
2013-2	撂荒地	160	39.2	3	0.55
2013-3	撂荒地	20	30.7	3	0.50
2013-3	撂荒地	30	31.3	3	0.35
2013-3	撂荒地	40	30.1	3	0.15
2013-3	撂荒地	50	31.3	3	1.15
2013-3	撂荒地	70	34.8	3	0.17
2013-3	撂荒地	100	38.0	3	0.46
2013-3	撂荒地	130	39.6	3	0.91
2013-3	撂荒地	160	38.9	3	0.91
2013-5	撂荒地	20	32.3	2	4.36
2013-5	撂荒地	30	34.5	2	4.78
2013-5	撂荒地	40	31.3	2	0.41
2013-5	撂荒地	50	32.7	2	0.18
2013-5	撂荒地	70	36.8	2	1.18
2013-5	撂荒地	100	46.2	2	2.84
2013-5	撂荒地	130	48.1	2	5.94
2013-5	撂荒地	160	44.2	2	0.04
2013-6	撂荒地	20	26.4	3	5.03
2013-6	撂荒地	30	29.3	3	4.15
2013-6	撂荒地	40	28.4	3	1.62
2013-6	撂荒地	50	30.1	3	1.23
2013-6	撂荒地	70	34.6	3	3.76
2013-6	撂荒地	100	36.6	3	6.87
2013-6	撂荒地	130	38.9	3	8.64
2013-6	撂荒地	160	37.5	3	6.56

（续）

时间（年-月）	作物名称	探测深度/cm	体积含水量/%	重复数	标准差
2013-7	撂荒地	20	23.1	1	—
2013-7	撂荒地	30	21.6	1	—
2013-7	撂荒地	40	25.9	1	—
2013-7	撂荒地	50	27.0	1	—
2013-7	撂荒地	70	28.8	1	—
2013-7	撂荒地	100	35.4	1	—
2013-7	撂荒地	130	34.7	1	—
2013-7	撂荒地	160	32.5	1	—
2013-8	撂荒地	20	25.6	2	1.74
2013-8	撂荒地	30	26.8	2	1.48
2013-8	撂荒地	40	28.3	2	0.79
2013-8	撂荒地	50	29.3	2	1.00
2013-8	撂荒地	70	33.5	2	3.27
2013-8	撂荒地	100	35.9	2	2.67
2013-8	撂荒地	130	39.5	2	0.21
2013-8	撂荒地	160	35.8	2	2.31
2013-9	撂荒地	20	20.8	2	5.82
2013-9	撂荒地	30	24.8	2	3.36
2013-9	撂荒地	40	26.9	2	2.72
2013-9	撂荒地	50	29.1	2	2.94
2013-9	撂荒地	70	30.4	2	1.92
2013-9	撂荒地	100	33.2	2	3.10
2013-9	撂荒地	130	36.8	2	4.87
2013-9	撂荒地	160	35.2	2	2.11
2013-10	撂荒地	20	21.5	3	1.18
2013-10	撂荒地	30	23.3	3	1.80
2013-10	撂荒地	40	25.5	3	1.57
2013-10	撂荒地	50	26.4	3	1.13
2013-10	撂荒地	70	28.8	3	0.99
2013-10	撂荒地	100	32.2	3	2.12
2013-10	撂荒地	130	34.3	3	6.24
2013-10	撂荒地	160	31.3	3	3.51
2013-11	撂荒地	20	24.7	3	2.47

（续）

时间（年-月）	作物名称	探测深度/cm	体积含水量/%	重复数	标准差
2013 - 11	撂荒地	30	25.1	3	1.79
2013 - 11	撂荒地	40	26.8	3	1.43
2013 - 11	撂荒地	50	28.1	3	0.60
2013 - 11	撂荒地	70	28.9	3	1.87
2013 - 11	撂荒地	100	34.2	3	2.62
2013 - 11	撂荒地	130	37.4	3	4.86
2013 - 11	撂荒地	160	37.2	3	7.71
2014 - 1	撂荒地	20	29.2	1	—
2014 - 1	撂荒地	30	29.2	1	—
2014 - 1	撂荒地	40	29.3	1	—
2014 - 1	撂荒地	50	30.0	1	—
2014 - 1	撂荒地	70	30.6	1	—
2014 - 1	撂荒地	100	36.7	1	—
2014 - 1	撂荒地	130	41.7	1	—
2014 - 1	撂荒地	160	42.4	1	—
2014 - 3	撂荒地	20	26.8	3	2.45
2014 - 3	撂荒地	30	28.3	3	1.53
2014 - 3	撂荒地	40	29.7	3	0.70
2014 - 3	撂荒地	50	30.2	3	1.39
2014 - 3	撂荒地	70	31.6	3	0.38
2014 - 3	撂荒地	100	37.4	3	0.45
2014 - 3	撂荒地	130	39.0	3	1.27
2014 - 3	撂荒地	160	40.6	3	2.01
2014 - 4	撂荒地	20	27.3	1	—
2014 - 4	撂荒地	30	26.7	1	—
2014 - 4	撂荒地	40	28.7	1	—
2014 - 4	撂荒地	50	30.2	1	—
2014 - 4	撂荒地	70	31.6	1	—
2014 - 4	撂荒地	100	35.5	1	—
2014 - 4	撂荒地	130	38.9	1	—
2014 - 4	撂荒地	160	40.5	1	—
2014 - 6	撂荒地	20	17.3	1	—
2014 - 6	撂荒地	30	20.2	1	—

（续）

时间（年-月）	作物名称	探测深度/cm	体积含水量/%	重复数	标准差
2014-6	撂荒地	40	23.5	1	—
2014-6	撂荒地	50	22.3	1	—
2014-6	撂荒地	70	25.9	1	—
2014-6	撂荒地	100	32.6	1	—
2014-6	撂荒地	130	35.4	1	—
2014-6	撂荒地	160	34.0	1	—
2014-9	撂荒地	20	28.1	2	1.70
2014-9	撂荒地	30	28.3	2	3.04
2014-9	撂荒地	40	29.1	2	3.04
2014-9	撂荒地	50	29.8	2	3.18
2014-9	撂荒地	70	30.2	2	3.25
2014-9	撂荒地	100	33.5	2	0.78
2014-9	撂荒地	130	38.7	2	1.13
2014-9	撂荒地	160	33.9	2	1.84
2014-10	撂荒地	20	35.6	1	—
2014-10	撂荒地	30	34.1	1	—
2014-10	撂荒地	40	31.1	1	—
2014-10	撂荒地	50	30.5	1	—
2014-10	撂荒地	70	32.9	1	—
2014-10	撂荒地	100	35.3	1	—
2014-10	撂荒地	130	38.7	1	—
2014-10	撂荒地	160	37.2	1	—
2014-11	撂荒地	20	30.3	3	1.72
2014-11	撂荒地	30	30.9	3	0.50
2014-11	撂荒地	40	29.5	3	1.19
2014-11	撂荒地	50	29.4	3	1.56
2014-11	撂荒地	70	32.1	3	0.49
2014-11	撂荒地	100	35.4	3	0.40
2014-11	撂荒地	130	37.8	3	1.76
2014-11	撂荒地	160	32.6	3	0.06
2014-12	撂荒地	20	34.7	3	2.59
2014-12	撂荒地	30	34.0	3	1.42
2014-12	撂荒地	40	32.2	3	2.37

（续）

时间（年-月）	作物名称	探测深度/cm	体积含水量/%	重复数	标准差
2014-12	撂荒地	50	31.7	3	2.72
2014-12	撂荒地	70	33.1	3	0.65
2014-12	撂荒地	100	36.6	3	0.31
2014-12	撂荒地	130	40.4	3	0.31
2014-12	撂荒地	160	40.0	3	9.41
2015-1	撂荒地	20	29.9	2	1.65
2015-1	撂荒地	30	30.4	2	1.05
2015-1	撂荒地	40	30.5	2	0.35
2015-1	撂荒地	50	31.9	2	0.93
2015-1	撂荒地	70	31.3	2	0.42
2015-1	撂荒地	100	32.7	2	0.25
2015-1	撂荒地	130	34.4	2	0.33
2015-1	撂荒地	160	31.7	2	0.51
2015-3	撂荒地	20	31.9	3	2.33
2015-3	撂荒地	30	32.1	3	1.24
2015-3	撂荒地	40	31.4	3	1.36
2015-3	撂荒地	50	31.4	3	0.98
2015-3	撂荒地	70	32.6	3	1.33
2015-3	撂荒地	100	36.2	3	1.23
2015-3	撂荒地	130	38.8	3	1.61
2015-3	撂荒地	160	36.1	3	1.48
2015-4	撂荒地	20	31.2	2	2.01
2015-4	撂荒地	30	31.9	2	1.34
2015-4	撂荒地	40	32.2	2	1.04
2015-4	撂荒地	50	32.5	2	1.05
2015-4	撂荒地	70	33.4	2	0.17
2015-4	撂荒地	100	36.5	2	0.08
2015-4	撂荒地	130	39.5	2	1.10
2015-4	撂荒地	160	36.4	2	2.66
2015-5	撂荒地	20	29.7	2	0.39
2015-5	撂荒地	30	30.3	2	0.35
2015-5	撂荒地	40	31.0	2	0.04
2015-5	撂荒地	50	31.6	2	0.56

（续）

时间（年-月）	作物名称	探测深度/cm	体积含水量/%	重复数	标准差
2015-5	撂荒地	70	33.6	2	0.36
2015-5	撂荒地	100	36.6	2	0.18
2015-5	撂荒地	130	40.3	2	0.06
2015-5	撂荒地	160	34.9	2	0.66
2015-6	撂荒地	20	21.8	2	1.46
2015-6	撂荒地	30	25.4	1	1.77
2015-6	撂荒地	40	27.2	2	—
2015-6	撂荒地	50	27.7	2	1.51
2015-6	撂荒地	70	30.0	2	1.38
2015-6	撂荒地	100	33.5	2	0.93
2015-6	撂荒地	130	36.4	2	0.31
2015-6	撂荒地	160	33.6	1	0.46
2015-7	撂荒地	20	25.7	1	—
2015-7	撂荒地	30	27.5	1	—
2015-7	撂荒地	40	28.9	1	—
2015-7	撂荒地	50	29.9	1	—
2015-7	撂荒地	70	31.2	1	—
2015-7	撂荒地	100	33.2	1	—
2015-7	撂荒地	130	34.7	1	—
2015-7	撂荒地	160	34.1	1	—
2015-10	撂荒地	20	25.1	2	1.71
2015-10	撂荒地	30	27.8	2	0.61
2015-10	撂荒地	40	28.0	2	0.52
2015-10	撂荒地	50	27.7	2	0.75
2015-10	撂荒地	70	29.2	2	1.52
2015-10	撂荒地	100	34.4	2	0.21
2015-10	撂荒地	130	35.2	2	0.62
2015-10	撂荒地	160	33.2	2	1.34
2015-11	撂荒地	20	35.7	3	1.80
2015-11	撂荒地	30	32.7	3	1.37
2015-11	撂荒地	40	31.8	3	0.59
2015-11	撂荒地	50	31.6	3	1.45
2015-11	撂荒地	70	32.2	3	2.88

（续）

时间（年-月）	作物名称	探测深度/cm	体积含水量/%	重复数	标准差
2015-11	撂荒地	100	35.7	3	0.96
2015-11	撂荒地	130	37.6	3	0.99
2015-11	撂荒地	160	32.5	3	1.13
2015-12	撂荒地	20	35.6	1	—
2015-12	撂荒地	30	33.2	1	—
2015-12	撂荒地	40	33.1	1	—
2015-12	撂荒地	50	33.6	1	—
2015-12	撂荒地	70	35.7	1	—
2015-12	撂荒地	100	37.3	1	—
2015-12	撂荒地	130	38.1	1	—
2015-12	撂荒地	160	34.4	1	—

表 3-27 气象观测场土壤体积含水量数据

时间（年-月）	作物名称	探测深度/cm	体积含水量/%	重复数	标准差
2008-10	草地	10	26.4	1	—
2008-10	草地	20	29.6	1	—
2008-10	草地	30	32.8	1	—
2008-10	草地	50	30.3	1	—
2008-10	草地	70	30.8	1	—
2008-10	草地	100	28.0	1	—
2008-10	草地	130	26.5	1	—
2008-10	草地	160	32.9	1	—
2008-11	草地	10	26.3	2	0.66
2008-11	草地	20	29.7	2	0.37
2008-11	草地	30	33.0	2	1.41
2008-11	草地	50	30.7	2	0.30
2008-11	草地	70	31.1	2	0.59
2008-11	草地	100	28.1	2	0.11
2008-11	草地	130	26.8	2	0.76
2008-11	草地	160	31.3	2	1.44
2008-12	草地	10	25.3	2	0.34
2008-12	草地	20	28.8	2	0.17
2008-12	草地	30	32.3	2	0.68

（续）

时间（年-月）	作物名称	探测深度/cm	体积含水量/%	重复数	标准差
2008-12	草地	50	31.2	2	0.53
2008-12	草地	70	31.4	2	0.04
2008-12	草地	100	28.6	2	0.26
2008-12	草地	130	28.1	2	0.43
2008-12	草地	160	25.1	2	2.86
2009-1	草地	10	21.5	3	1.47
2009-1	草地	20	27.0	3	0.80
2009-1	草地	30	32.6	3	0.40
2009-1	草地	50	31.7	3	0.75
2009-1	草地	70	32.2	3	0.61
2009-1	草地	100	28.1	3	0.51
2009-1	草地	130	27.9	3	0.21
2009-1	草地	160	26.5	3	2.91
2009-2	草地	10	25.0	3	0.83
2009-2	草地	20	27.9	3	1.43
2009-2	草地	30	30.7	3	2.20
2009-2	草地	50	32.0	3	0.94
2009-2	草地	70	30.2	3	1.69
2009-2	草地	100	28.4	3	0.11
2009-2	草地	130	29.1	3	1.89
2009-2	草地	160	27.8	3	1.11
2009-3	草地	10	25.0	3	0.49
2009-3	草地	20	28.2	3	0.75
2009-3	草地	30	31.3	3	1.11
2009-3	草地	50	31.3	3	0.59
2009-3	草地	70	31.2	3	0.49
2009-3	草地	100	27.8	3	0.27
2009-3	草地	130	27.8	3	0.34
2009-3	草地	160	25.9	3	2.22
2009-4	草地	10	22.7	3	3.19
2009-4	草地	20	26.8	3	2.07
2009-4	草地	30	30.9	3	1.04
2009-4	草地	50	30.9	3	0.32

（续）

时间（年-月）	作物名称	探测深度/cm	体积含水量/%	重复数	标准差
2009 - 4	草地	70	30.7	3	0.23
2009 - 4	草地	100	28.2	3	0.27
2009 - 4	草地	130	28.5	3	0.30
2009 - 4	草地	160	27.3	3	0.08
2009 - 5	草地	10	24.1	3	2.31
2009 - 5	草地	20	27.0	3	1.54
2009 - 5	草地	30	29.9	3	0.88
2009 - 5	草地	50	30.1	3	0.46
2009 - 5	草地	70	30.7	3	0.42
2009 - 5	草地	100	29.5	3	1.68
2009 - 5	草地	130	30.4	3	1.97
2009 - 5	草地	160	30.3	3	2.62
2009 - 6	草地	10	24.6	2	3.60
2009 - 6	草地	20	27.0	3	2.06
2009 - 6	草地	30	29.3	3	0.59
2009 - 6	草地	50	30.3	3	0.55
2009 - 6	草地	70	30.5	3	0.48
2009 - 6	草地	100	30.8	3	0.35
2009 - 6	草地	130	32.6	3	0.61
2009 - 6	草地	160	34.5	3	4.76
2009 - 7	草地	10	21.7	3	4.43
2009 - 7	草地	20	25.4	3	2.66
2009 - 7	草地	30	29.0	3	1.13
2009 - 7	草地	50	30.0	3	0.37
2009 - 7	草地	70	30.5	3	0.32
2009 - 7	草地	100	32.7	3	2.32
2009 - 7	草地	130	35.4	3	2.13
2009 - 7	草地	160	35.5	3	1.52
2009 - 8	草地	10	26.6	2	3.36
2009 - 8	草地	20	28.3	2	1.94
2009 - 8	草地	30	30.1	2	0.52
2009 - 8	草地	50	30.3	2	0.49
2009 - 8	草地	70	31.3	2	0.14

（续）

时间（年-月）	作物名称	探测深度/cm	体积含水量/%	重复数	标准差
2009-8	草地	100	36.1	2	0.57
2009-8	草地	130	37.0	2	0.85
2009-8	草地	160	37.4	2	0.45
2009-9	草地	10	27.1	3	0.55
2009-9	草地	20	28.7	3	0.40
2009-9	草地	30	30.4	3	0.54
2009-9	草地	50	30.8	3	0.12
2009-9	草地	70	31.6	3	0.45
2009-9	草地	100	35.4	3	2.12
2009-9	草地	130	37.4	3	0.38
2009-9	草地	160	37.3	3	0.17
2009-10	草地	10	20.8	3	2.38
2009-10	草地	20	25.3	3	1.36
2009-10	草地	30	29.8	3	0.48
2009-10	草地	50	30.9	3	0.22
2009-10	草地	70	31.6	3	0.18
2009-10	草地	100	34.2	3	0.92
2009-10	草地	130	37.5	3	0.49
2009-10	草地	160	37.7	3	0.03
2009-11	草地	10	24.2	2	3.84
2009-11	草地	20	27.0	2	2.68
2009-11	草地	30	29.8	2	1.53
2009-11	草地	50	32.0	2	0.29
2009-11	草地	70	31.0	2	1.23
2009-11	草地	100	34.8	2	2.08
2009-11	草地	130	36.7	2	0.30
2009-11	草地	160	38.3	2	0.50
2009-12	草地	10	25.2	1	—
2009-12	草地	20	29.2	1	—
2009-12	草地	30	33.3	1	—
2009-12	草地	50	32.5	1	—
2009-12	草地	70	32.5	1	—
2009-12	草地	100	33.3	1	—

（续）

时间（年-月）	作物名称	探测深度/cm	体积含水量/%	重复数	标准差
2009 - 12	草地	130	37.3	1	—
2009 - 12	草地	160	39.2	1	—
2010 - 1	草地	10	23.3	2	1.06
2010 - 1	草地	20	27.2	2	0.06
2010 - 1	草地	30	31.2	2	0.94
2010 - 1	草地	50	32.6	2	0.09
2010 - 1	草地	70	32.9	2	0.24
2010 - 1	草地	100	33.6	2	0.01
2010 - 1	草地	130	36.1	2	0.28
2010 - 1	草地	160	39.4	2	1.48
2010 - 2	草地	10	26.1	3	2.47
2010 - 2	草地	20	28.1	3	1.01
2010 - 2	草地	30	30.2	3	1.54
2010 - 2	草地	50	32.3	3	0.13
2010 - 2	草地	70	32.9	3	0.55
2010 - 2	草地	100	33.1	3	0.49
2010 - 2	草地	130	35.6	3	0.18
2010 - 2	草地	160	34.5	3	2.56
2010 - 3	草地	10	26.0	4	2.87
2010 - 3	草地	20	28.8	4	1.67
2010 - 3	草地	30	31.6	4	0.54
2010 - 3	草地	50	32.0	4	0.19
2010 - 3	草地	70	32.5	4	0.27
2010 - 3	草地	100	32.8	4	0.46
2010 - 3	草地	130	35.0	4	0.43
2010 - 3	草地	160	36.1	4	1.63
2010 - 5	草地	10	17.2	3	0.23
2010 - 5	草地	20	22.2	3	0.67
2010 - 5	草地	30	27.2	3	1.16
2010 - 5	草地	50	29.8	3	0.45
2010 - 5	草地	70	31.6	3	0.57
2010 - 5	草地	100	32.4	3	0.73
2010 - 5	草地	130	34.1	3	0.90

（续）

时间（年-月）	作物名称	探测深度/cm	体积含水量/%	重复数	标准差
2010-5	草地	160	30.7	3	0.47
2010-6	草地	10	17.2	3	3.31
2010-6	草地	20	21.7	3	2.73
2010-6	草地	30	26.2	3	2.16
2010-6	草地	50	28.3	3	0.20
2010-6	草地	70	30.1	3	0.26
2010-6	草地	100	30.4	3	0.82
2010-6	草地	130	32.1	3	0.20
2010-6	草地	160	30.7	3	2.06
2010-7	草地	10	20.9	3	2.94
2010-7	草地	20	23.4	3	2.72
2010-7	草地	30	25.9	3	2.54
2010-7	草地	50	27.9	3	1.40
2010-7	草地	70	29.3	3	0.84
2010-7	草地	100	29.8	3	0.46
2010-7	草地	130	30.8	3	0.39
2010-7	草地	160	29.8	3	2.00
2010-8	草地	10	22.5	1	—
2010-8	草地	20	25.9	1	—
2010-8	草地	30	29.2	1	—
2010-8	草地	50	29.6	1	—
2010-8	草地	70	30.4	1	—
2010-8	草地	100	30.9	1	—
2010-8	草地	130	32.1	1	—
2010-8	草地	160	29.9	1	—
2010-11	草地	10	16.3	2	2.00
2010-11	草地	20	21.0	2	1.22
2010-11	草地	30	25.7	2	0.45
2010-11	草地	50	30.4	2	0.20
2010-11	草地	70	31.7	2	0.52
2010-11	草地	100	33.6	2	0.42
2010-11	草地	130	35.1	2	1.73
2010-11	草地	160	37.9	2	1.20

（续）

时间（年-月）	作物名称	探测深度/cm	体积含水量/%	重复数	标准差
2010-12	草地	10	14.2	1	—
2010-12	草地	20	20.0	1	—
2010-12	草地	30	25.8	1	—
2010-12	草地	50	30.2	1	—
2010-12	草地	70	32.5	1	—
2010-12	草地	100	33.9	1	—
2010-12	草地	130	35.0	1	—
2010-12	草地	160	34.5	1	—
2011-1	草地	10	12.9	3	1.50
2011-1	草地	20	20.4	3	0.52
2011-1	草地	30	25.9	3	1.35
2011-1	草地	50	30.8	3	0.27
2011-1	草地	70	32.6	3	0.13
2011-1	草地	100	33.3	3	0.58
2011-1	草地	130	34.7	3	0.38
2011-1	草地	160	31.0	3	0.37
2011-2	草地	10	14.3	2	2.54
2011-2	草地	20	21.4	2	0.64
2011-2	草地	30	24.7	2	0.09
2011-2	草地	50	30.5	2	0.18
2011-2	草地	70	32.3	2	0.18
2011-2	草地	100	33.4	2	0.11
2011-2	草地	130	34.2	2	0.49
2011-2	草地	160	31.2	2	1.12
2011-3	草地	10	25.0	3	3.20
2011-3	草地	20	29.8	3	2.20
2011-3	草地	30	30.2	3	0.93
2011-3	草地	50	31.5	3	0.24
2011-3	草地	70	33.7	3	1.56
2011-3	草地	100	30.5	3	2.87
2011-3	草地	130	32.3	3	2.15
2011-3	草地	160	33.6	3	4.40
2011-7	草地	10	12.2	1	—

（续）

时间（年-月）	作物名称	探测深度/cm	体积含水量/%	重复数	标准差
2011-7	草地	20	17.1	1	—
2011-7	草地	30	20.6	1	—
2011-7	草地	50	26.6	1	—
2011-7	草地	70	29.8	1	—
2011-7	草地	100	27.8	1	—
2011-7	草地	130	30.6	1	—
2011-7	草地	160	30.3	1	—
2011-8	草地	10	31.0	3	2.64
2011-8	草地	20	31.5	3	0.73
2011-8	草地	30	32.5	3	0.22
2011-8	草地	50	34.1	3	0.44
2011-8	草地	70	35.0	3	0.66
2011-8	草地	100	37.7	3	1.76
2011-8	草地	130	38.5	3	0.67
2011-8	草地	160	38.9	3	1.13
2011-9	草地	10	33.6	3	3.44
2011-9	草地	20	33.3	3	2.29
2011-9	草地	30	34.3	3	2.23
2011-9	草地	50	35.9	3	1.59
2011-9	草地	70	37.2	3	2.01
2011-9	草地	100	40.8	3	2.87
2011-9	草地	130	41.6	3	2.68
2011-9	草地	160	38.2	3	3.04
2011-10	草地	10	31.5	1	—
2011-10	草地	20	29.9	1	—
2011-10	草地	30	32.3	1	—
2011-10	草地	50	35.6	1	—
2011-10	草地	70	36.9	1	—
2011-10	草地	100	40.2	1	—
2011-10	草地	130	42.4	1	—
2011-10	草地	160	41.6	1	—
2011-11	草地	10	30.7	3	3.18
2011-11	草地	20	30.1	3	2.68

（续）

时间（年-月）	作物名称	探测深度/cm	体积含水量/%	重复数	标准差
2011-11	草地	30	30.0	3	1.73
2011-11	草地	50	30.6	3	0.63
2011-11	草地	70	31.1	3	0.42
2011-11	草地	100	34.2	3	0.44
2011-11	草地	130	34.7	3	0.77
2011-11	草地	160	34.6	3	1.32
2011-12	草地	10	29.2	3	2.15
2011-12	草地	20	29.5	3	0.70
2011-12	草地	30	30.1	3	0.40
2011-12	草地	50	31.2	3	0.44
2011-12	草地	70	31.8	3	0.57
2011-12	草地	100	35.0	3	0.62
2011-12	草地	130	35.3	3	0.64
2011-12	草地	160	35.4	3	0.57
2012-1	草地	10	25.6	3	1.08
2012-1	草地	20	27.4	3	0.44
2012-1	草地	30	28.9	3	0.20
2012-1	草地	50	30.3	3	0.10
2012-1	草地	70	31.6	3	0.98
2012-1	草地	100	35.0	3	0.55
2012-1	草地	130	35.3	3	0.40
2012-1	草地	160	36.1	3	1.38
2012-2	草地	10	25.7	3	1.81
2012-2	草地	20	30.2	3	0.91
2012-2	草地	30	33.7	3	0.50
2012-2	草地	50	36.6	3	0.44
2012-2	草地	70	37.6	3	0.30
2012-2	草地	100	42.2	3	0.13
2012-2	草地	130	44.8	3	0.30
2012-2	草地	160	45.2	3	0.44
2012-3	草地	10	28.9	3	4.24
2012-3	草地	20	31.7	3	2.79
2012-3	草地	30	34.0	3	1.69

（续）

时间（年-月）	作物名称	探测深度/cm	体积含水量/%	重复数	标准差
2012 - 3	草地	50	37.1	3	1.85
2012 - 3	草地	70	37.1	3	1.13
2012 - 3	草地	100	42.9	3	1.70
2012 - 3	草地	130	45.8	3	2.49
2012 - 3	草地	160	46.8	3	1.65
2012 - 4	草地	10	25.9	3	2.76
2012 - 4	草地	20	27.3	3	2.04
2012 - 4	草地	30	30.5	3	2.31
2012 - 4	草地	50	35.1	3	0.64
2012 - 4	草地	70	36.0	3	0.45
2012 - 4	草地	100	39.8	3	0.72
2012 - 4	草地	130	40.6	3	0.77
2012 - 4	草地	160	37.5	3	4.84
2012 - 5	草地	10	13.7	3	3.60
2012 - 5	草地	20	20.2	3	2.06
2012 - 5	草地	30	24.6	3	2.11
2012 - 5	草地	50	30.5	3	2.72
2012 - 5	草地	70	34.1	3	1.89
2012 - 5	草地	100	36.9	3	2.16
2012 - 5	草地	130	38.5	3	1.82
2012 - 5	草地	160	36.3	3	4.17
2012 - 7	草地	10	26.8	4	12.27
2012 - 7	草地	20	28.0	4	9.12
2012 - 7	草地	30	29.5	4	6.44
2012 - 7	草地	50	32.9	4	3.79
2012 - 7	草地	70	34.8	4	2.05
2012 - 7	草地	100	36.2	4	3.06
2012 - 7	草地	130	38.1	4	2.22
2012 - 7	草地	160	36.8	3	3.91
2012 - 8	草地	10	29.2	3	1.00
2012 - 8	草地	20	30.0	3	0.95
2012 - 8	草地	30	31.4	3	0.79
2012 - 8	草地	50	33.6	3	0.40

（续）

时间（年-月）	作物名称	探测深度/cm	体积含水量/%	重复数	标准差
2012-8	草地	70	34.2	3	0.16
2012-8	草地	100	37.8	3	0.26
2012-8	草地	130	39.9	3	0.35
2012-8	草地	160	38.7	3	0.61
2012-9	草地	10	25.7	2	0.15
2012-9	草地	20	29.3	2	0.21
2012-9	草地	30	32.0	2	0.00
2012-9	草地	50	34.1	2	0.21
2012-9	草地	70	34.4	2	0.29
2012-9	草地	100	38.1	2	0.29
2012-9	草地	130	39.5	2	0.59
2012-9	草地	160	39.3	2	0.61
2012-11	草地	10	18.8	3	0.38
2012-11	草地	20	23.5	3	0.16
2012-11	草地	30	28.3	3	0.60
2012-11	草地	50	32.8	3	0.47
2012-11	草地	70	34.3	3	0.41
2012-11	草地	100	38.5	3	0.28
2012-11	草地	130	39.8	3	1.51
2012-11	草地	160	39.6	3	0.86
2012-12	草地	10	21.0	2	3.90
2012-12	草地	20	26.0	2	2.45
2012-12	草地	30	30.4	2	0.69
2012-12	草地	50	34.0	2	0.63
2012-12	草地	70	35.2	2	0.04
2012-12	草地	100	38.6	2	0.42
2012-12	草地	130	41.0	2	0.76
2012-12	草地	160	39.2	2	0.64
2013-1	草地	20	24.3	3	0.25
2013-1	草地	30	27.9	3	0.26
2013-1	草地	40	30.9	3	0.42
2013-1	草地	50	33.6	3	0.30
2013-1	草地	70	35.1	3	0.26

（续）

时间（年-月）	作物名称	探测深度/cm	体积含水量/%	重复数	标准差
2013-1	草地	100	38.7	3	0.21
2013-1	草地	130	40.4	3	0.46
2013-1	草地	160	38.5	3	0.21
2013-2	草地	20	24.8	3	0.26
2013-2	草地	30	29.1	3	0.21
2013-2	草地	40	32.6	3	0.06
2013-2	草地	50	35.8	3	0.12
2013-2	草地	70	36.6	3	0.57
2013-2	草地	100	40.7	3	0.12
2013-2	草地	130	43.2	3	0.50
2013-2	草地	160	41.4	3	0.61
2013-3	草地	20	26.9	3	2.07
2013-3	草地	30	29.6	3	0.93
2013-3	草地	40	32.6	3	0.67
2013-3	草地	50	35.8	3	0.42
2013-3	草地	70	36.0	3	0.85
2013-3	草地	100	40.7	3	0.84
2013-3	草地	130	43.8	3	0.44
2013-3	草地	160	43.2	3	0.36
2013-5	草地	20	27.7	2	7.60
2013-5	草地	30	29.9	2	5.33
2013-5	草地	40	31.5	2	4.09
2013-5	草地	50	35.9	2	5.64
2013-5	草地	70	37.7	2	2.33
2013-5	草地	100	42.5	2	4.49
2013-5	草地	130	50.9	2	0.47
2013-5	草地	160	39.3	2	1.17
2013-6	草地	20	20.2	3	2.05
2013-6	草地	30	23.5	3	1.75
2013-6	草地	40	27.6	3	2.46
2013-6	草地	50	32.4	3	2.01
2013-6	草地	70	37.6	3	1.11
2013-6	草地	100	43.8	3	2.27

（续）

时间（年-月）	作物名称	探测深度/cm	体积含水量/%	重复数	标准差
2013-6	草地	130	49.4	3	2.73
2013-6	草地	160	37.5	3	0.93
2013-7	草地	20	21.9	1	—
2013-7	草地	30	24.8	1	—
2013-7	草地	40	28.4	1	—
2013-7	草地	50	32.4	1	—
2013-7	草地	70	35.4	1	—
2013-7	草地	100	42.2	1	—
2013-7	草地	130	46.3	1	—
2013-7	草地	160	38.7	1	—
2013-8	草地	20	24.9	2	2.97
2013-8	草地	30	26.9	2	3.68
2013-8	草地	40	30.5	2	3.50
2013-8	草地	50	33.5	2	2.60
2013-8	草地	70	36.1	2	2.55
2013-8	草地	100	41.8	2	4.29
2013-8	草地	130	43.5	2	6.22
2013-8	草地	160	36.2	2	1.88
2013-9	草地	20	22.3	2	2.80
2013-9	草地	30	25.9	2	1.80
2013-9	草地	40	29.0	2	2.00
2013-9	草地	50	32.8	2	0.45
2013-9	草地	70	35.3	2	0.20
2013-9	草地	100	40.3	2	0.25
2013-9	草地	130	45.2	2	0.18
2013-9	草地	160	35.9	2	0.49
2013-10	草地	20	22.6	3	0.85
2013-10	草地	30	25.4	3	0.85
2013-10	草地	40	30.0	3	0.29
2013-10	草地	50	33.6	3	0.64
2013-10	草地	70	36.1	3	0.18
2013-10	草地	100	41.5	3	0.80
2013-10	草地	130	45.4	3	1.94

（续）

时间（年-月）	作物名称	探测深度/cm	体积含水量/%	重复数	标准差
2013-10	草地	160	36.1	3	1.16
2013-11	草地	20	24.2	3	1.10
2013-11	草地	30	24.4	3	0.40
2013-11	草地	40	27.6	3	0.38
2013-11	草地	50	32.2	3	0.54
2013-11	草地	70	35.4	3	0.91
2013-11	草地	100	37.6	3	0.13
2013-11	草地	130	45.8	3	0.79
2013-11	草地	160	34.7	3	0.95
2014-1	草地	20	25.2	1	—
2014-1	草地	30	27.1	1	—
2014-1	草地	40	29.4	1	—
2014-1	草地	50	33.0	1	—
2014-1	草地	70	35.3	1	—
2014-1	草地	100	37.6	1	—
2014-1	草地	130	45.3	1	—
2014-1	草地	160	36.1	1	—
2014-3	草地	20	22.9	3	2.08
2014-3	草地	30	25.5	3	1.65
2014-3	草地	40	28.5	3	0.95
2014-3	草地	50	32.6	3	1.11
2014-3	草地	70	35.8	3	0.38
2014-3	草地	100	38.6	3	0.21
2014-3	草地	130	48.0	3	1.08
2014-3	草地	160	36.7	3	0.40
2014-4	草地	20	24.4	1	—
2014-4	草地	30	25.0	1	—
2014-4	草地	40	27.6	1	—
2014-4	草地	50	31.6	1	—
2014-4	草地	70	35.4	1	—
2014-4	草地	100	38.4	1	—
2014-4	草地	130	47.5	1	—
2014-4	草地	160	37.1	1	—

（续）

时间（年-月）	作物名称	探测深度/cm	体积含水量/%	重复数	标准差
2014-6	草地	20	18.0	1	—
2014-6	草地	30	23.0	1	—
2014-6	草地	40	26.0	1	—
2014-6	草地	50	31.1	1	—
2014-6	草地	70	33.6	1	—
2014-6	草地	100	36.5	1	—
2014-6	草地	130	43.5	1	—
2014-6	草地	160	33.7	1	—
2014-9	草地	20	24.6	2	0.57
2014-9	草地	30	28.0	2	1.56
2014-9	草地	40	29.7	2	0.14
2014-9	草地	50	34.9	2	0.92
2014-9	草地	70	35.9	2	1.56
2014-9	草地	100	41.0	2	0.71
2014-9	草地	130	39.4	2	1.13
2014-9	草地	160	34.2	2	1.48
2014-10	草地	20	32.3	1	—
2014-10	草地	30	33.7	1	—
2014-10	草地	40	34.4	1	—
2014-10	草地	50	37.0	1	—
2014-10	草地	70	36.3	1	—
2014-10	草地	100	41.3	1	—
2014-10	草地	130	44.0	1	—
2014-10	草地	160	34.9	1	—
2014-11	草地	20	26.9	3	2.03
2014-11	草地	30	29.8	3	1.50
2014-11	草地	40	32.1	3	0.81
2014-11	草地	50	35.5	3	0.38
2014-11	草地	70	35.3	3	0.23
2014-11	草地	100	40.9	3	0.15
2014-11	草地	130	43.9	3	0.56
2014-11	草地	160	35.3	3	2.36
2014-12	草地	20	30.6	3	0.85

（续）

时间（年-月）	作物名称	探测深度/cm	体积含水量/%	重复数	标准差
2014-12	草地	30	32.4	3	0.56
2014-12	草地	40	35.1	3	0.91
2014-12	草地	50	36.7	3	0.65
2014-12	草地	70	36.1	3	0.81
2014-12	草地	100	40.5	3	0.56
2014-12	草地	130	43.6	3	1.75
2014-12	草地	160	36.4	3	0.98
2015-1	草地	20	24.7	2	1.80
2015-1	草地	30	26.9	2	0.91
2015-1	草地	40	29.2	2	0.34
2015-1	草地	50	33.1	2	0.81
2015-1	草地	70	32.5	2	0.24
2015-1	草地	100	36.8	2	0.31
2015-1	草地	130	40.1	2	0.40
2015-1	草地	160	32.3	2	0.56
2015-3	草地	20	28.3	3	1.67
2015-3	草地	30	30.2	3	1.76
2015-3	草地	40	31.8	3	1.03
2015-3	草地	50	35.0	3	0.54
2015-3	草地	70	35.4	3	0.80
2015-3	草地	100	40.9	3	0.91
2015-3	草地	130	43.1	3	0.94
2015-3	草地	160	35.7	3	0.49
2015-4	草地	20	27.5	2	1.22
2015-4	草地	30	30.0	2	1.48
2015-4	草地	40	31.6	2	1.73
2015-4	草地	50	35.4	2	1.41
2015-4	草地	70	36.7	2	1.41
2015-4	草地	100	43.0	2	1.48
2015-4	草地	130	44.5	2	4.12
2015-4	草地	160	31.1	2	5.27
2015-5	草地	20	27.1	2	0.23
2015-5	草地	30	28.6	2	0.11

（续）

时间（年-月）	作物名称	探测深度/cm	体积含水量/%	重复数	标准差
2015-5	草地	40	30.9	2	0.16
2015-5	草地	50	34.5	2	0.11
2015-5	草地	70	35.8	2	0.35
2015-5	草地	100	41.1	2	0.23
2015-5	草地	130	45.7	2	1.58
2015-5	草地	160	34.6	2	1.20
2015-6	草地	20	20.1	2	1.00
2015-6	草地	30	23.4	2	0.84
2015-6	草地	40	28.0	1	—
2015-6	草地	50	31.7	2	1.84
2015-6	草地	70	33.8	2	0.92
2015-6	草地	100	39.7	2	0.76
2015-6	草地	130	41.2	2	3.86
2015-6	草地	160	34.2	2	0.76
2015-7	草地	20	24.2	1	—
2015-7	草地	30	26.8	1	—
2015-7	草地	40	30.4	1	—
2015-7	草地	50	34.6	1	—
2015-7	草地	70	36.1	1	—
2015-7	草地	100	40.7	1	—
2015-7	草地	130	43.1	1	—
2015-7	草地	160	39.3	1	—
2015-10	草地	20	21.9	2	0.91
2015-10	草地	30	24.5	2	0.08
2015-10	草地	40	27.5	2	0.79
2015-10	草地	50	31.9	2	0.81
2015-10	草地	70	34.6	2	1.17
2015-10	草地	100	37.5	2	0.91
2015-10	草地	130	41.0	2	1.44
2015-10	草地	160	32.9	2	0.18
2015-11	草地	20	34.1	3	2.07
2015-11	草地	30	33.7	3	2.45
2015-11	草地	40	35.2	3	3.40

（续）

时间（年-月）	作物名称	探测深度/cm	体积含水量/%	重复数	标准差
2015-11	草地	50	36.5	3	3.59
2015-11	草地	70	37.2	3	2.61
2015-11	草地	100	41.6	3	2.25
2015-11	草地	130	41.1	3	2.16
2015-11	草地	160	32.9	3	7.52
2015-12	草地	20	32.3	1	—
2015-12	草地	30	33.2	1	—
2015-12	草地	40	36.3	1	—
2015-12	草地	50	38.0	1	
2015-12	草地	70	38.0	1	—
2015-12	草地	100	42.0	1	—
2015-12	草地	130	44.2	1	—
2015-12	草地	160	38.2	1	—

表 3-28　综合观测场土壤体积含水量数据

时间（年-月）	作物名称	探测深度/cm	体积含水量/%	重复数	标准差
2008-12	小麦	10	14.2	2	0.07
2008-12	小麦	20	20.6	2	0.14
2008-12	小麦	30	27.2	2	0.35
2008-12	小麦	50	26.6	2	0.28
2008-12	小麦	70	26.5	2	0.71
2008-12	小麦	100	28.7	2	0.71
2008-12	小麦	130	28.6	2	0.28
2008-12	小麦	160	31.7	2	0.14
2009-1	小麦	10	14.2	3	0.38
2009-1	小麦	20	21.2	3	0.17
2009-1	小麦	30	28.3	3	0.00
2009-1	小麦	50	27.2	3	1.71
2009-1	小麦	70	28.3	3	0.85
2009-1	小麦	100	29.4	3	0.42
2009-1	小麦	130	29.0	3	0.25
2009-1	小麦	160	32.6	3	0.36
2009-2	小麦	10	21.6	3	4.53

（续）

时间（年-月）	作物名称	探测深度/cm	体积含水量/%	重复数	标准差
2009-2	小麦	20	25.8	3	3.71
2009-2	小麦	30	30.1	3	2.91
2009-2	小麦	50	28.4	3	4.09
2009-2	小麦	70	30.7	3	2.06
2009-2	小麦	100	30.9	3	1.54
2009-2	小麦	130	31.1	3	1.50
2009-2	小麦	160	32.7	3	0.49
2009-3	小麦	10	20.1	3	2.04
2009-3	小麦	20	24.8	3	0.43
2009-3	小麦	30	28.2	3	1.39
2009-3	小麦	50	30.2	3	0.83
2009-3	小麦	70	33.9	3	1.29
2009-3	小麦	100	33.9	3	0.61
2009-3	小麦	130	34.4	3	0.64
2009-3	小麦	160	33.4	3	1.88
2009-4	小麦	10	23.2	3	4.04
2009-4	小麦	20	25.4	3	2.97
2009-4	小麦	30	28.9	3	2.64
2009-4	小麦	50	26.6	3	1.91
2009-4	小麦	70	27.6	3	2.39
2009-4	小麦	100	27.2	3	3.19
2009-4	小麦	130	27.5	3	3.34
2009-4	小麦	160	26.9	3	3.32
2009-5	小麦	10	21.0	3	2.91
2009-5	小麦	20	23.4	3	1.68
2009-5	小麦	30	26.4	3	2.06
2009-5	小麦	50	27.9	3	2.32
2009-5	小麦	70	30.0	3	3.67
2009-5	小麦	100	30.0	3	1.32
2009-5	小麦	130	30.7	3	1.14
2009-5	小麦	160	30.6	3	1.63
2009-6	玉米	10	24.4	3	3.83
2009-6	玉米	20	26.4	3	2.39

（续）

时间（年-月）	作物名称	探测深度/cm	体积含水量/%	重复数	标准差
2009-6	玉米	30	28.8	3	0.95
2009-6	玉米	50	30.6	3	1.14
2009-6	玉米	70	34.8	3	1.57
2009-6	玉米	100	35.1	3	0.50
2009-6	玉米	130	36.3	3	0.85
2009-6	玉米	160	37.3	3	1.88
2009-7	玉米	10	21.0	3	5.20
2009-7	玉米	20	23.0	3	3.11
2009-7	玉米	30	26.3	3	2.09
2009-7	玉米	50	28.9	3	0.93
2009-7	玉米	70	32.1	3	1.11
2009-7	玉米	100	34.8	3	1.98
2009-7	玉米	130	36.4	3	1.60
2009-7	玉米	160	36.4	3	1.69
2009-8	玉米	10	25.9	2	0.27
2009-8	玉米	20	26.8	2	0.78
2009-8	玉米	30	29.6	2	0.68
2009-8	玉米	50	31.8	2	2.36
2009-8	玉米	70	34.5	2	2.14
2009-8	玉米	100	39.2	2	1.65
2009-8	玉米	130	39.9	2	1.80
2009-8	玉米	160	40.2	2	1.60
2009-9	玉米	10	27.1	3	1.32
2009-9	玉米	20	27.5	3	1.70
2009-9	玉米	30	29.4	3	1.27
2009-9	玉米	50	30.7	3	0.69
2009-9	玉米	70	35.0	3	1.05
2009-9	玉米	100	38.1	3	0.07
2009-9	玉米	130	38.8	3	0.33
2009-9	玉米	160	38.2	3	0.86
2009-10	小麦	10	22.0	3	3.25
2009-10	小麦	20	25.6	3	1.97
2009-10	小麦	30	29.8	3	2.27

（续）

时间（年-月）	作物名称	探测深度/cm	体积含水量/%	重复数	标准差
2009-10	小麦	50	31.9	3	0.81
2009-10	小麦	70	35.6	3	1.88
2009-10	小麦	100	37.4	3	1.65
2009-10	小麦	130	39.3	3	1.44
2009-10	小麦	160	39.4	3	1.43
2009-11	小麦	10	24.3	2	3.84
2009-11	小麦	20	27.1	2	2.01
2009-11	小麦	30	29.3	2	2.47
2009-11	小麦	50	31.9	2	1.99
2009-11	小麦	70	33.4	2	1.61
2009-11	小麦	100	35.9	2	0.78
2009-11	小麦	130	37.1	2	0.11
2009-11	小麦	160	37.9	2	0.51
2009-12	小麦	10	22.7	1	—
2009-12	小麦	20	27.0	1	—
2009-12	小麦	30	30.8	1	—
2009-12	小麦	50	31.9	1	—
2009-12	小麦	70	33.5	1	—
2009-12	小麦	100	35.2	1	—
2009-12	小麦	130	37.4	1	—
2009-12	小麦	160	38.4	1	—
2010-1	小麦	10	20.2	2	3.68
2010-1	小麦	20	25.1	2	4.26
2010-1	小麦	30	30.3	2	0.31
2010-1	小麦	50	32.3	2	0.24
2010-1	小麦	70	34.1	2	1.13
2010-1	小麦	100	33.5	2	2.76
2010-1	小麦	130	35.8	2	1.60
2010-1	小麦	160	39.3	2	1.53
2010-2	小麦	10	23.7	3	2.19
2010-2	小麦	20	27.8	3	2.08
2010-2	小麦	30	28.9	3	1.81
2010-2	小麦	50	31.6	3	0.22

（续）

时间（年-月）	作物名称	探测深度/cm	体积含水量/%	重复数	标准差
2010-2	小麦	70	35.3	3	0.81
2010-2	小麦	100	35.7	3	0.65
2010-2	小麦	130	37.3	3	0.49
2010-2	小麦	160	36.2	3	1.84
2010-3	小麦	10	23.0	4	3.73
2010-3	小麦	20	27.1	4	3.00
2010-3	小麦	30	29.4	4	2.02
2010-3	小麦	50	30.7	4	1.29
2010-3	小麦	70	34.1	4	1.05
2010-3	小麦	100	34.1	4	2.16
2010-3	小麦	130	35.4	4	2.41
2010-3	小麦	160	36.0	4	2.96
2010-5	小麦	10	16.9	3	1.15
2010-5	小麦	20	21.4	3	0.75
2010-5	小麦	30	24.2	3	1.55
2010-5	小麦	50	26.1	3	1.47
2010-5	小麦	70	28.9	3	2.28
2010-5	小麦	100	30.7	3	2.58
2010-5	小麦	130	31.8	3	2.69
2010-5	小麦	160	30.0	3	2.43
2010-6	玉米	10	17.5	3	3.44
2010-6	玉米	20	21.6	3	2.90
2010-6	玉米	30	25.2	3	2.43
2010-6	玉米	50	24.9	3	1.31
2010-6	玉米	70	26.8	3	1.04
2010-6	玉米	100	31.3	3	1.29
2010-6	玉米	130	32.4	3	1.43
2010-6	玉米	160	31.7	3	2.37
2010-7	玉米	10	20.3	3	2.75
2010-7	玉米	20	24.1	3	2.81
2010-7	玉米	30	26.4	3	3.26
2010-7	玉米	50	28.0	3	2.08
2010-7	玉米	70	31.7	3	1.48

（续）

时间（年-月）	作物名称	探测深度/cm	体积含水量/%	重复数	标准差
2010-7	玉米	100	31.5	3	1.32
2010-7	玉米	130	32.2	3	1.24
2010-7	玉米	160	31.7	3	0.84
2010-8	玉米	10	22.0	1	—
2010-8	玉米	20	24.8	1	—
2010-8	玉米	30	27.8	1	—
2010-8	玉米	50	28.6	1	—
2010-8	玉米	70	31.2	1	—
2010-8	玉米	100	33.0	1	—
2010-8	玉米	130	33.9	1	—
2010-8	玉米	160	32.8	1	—
2010-11	小麦	10	17.5	2	0.55
2010-11	小麦	20	22.5	2	0.98
2010-11	小麦	30	24.7	2	1.73
2010-11	小麦	50	29.5	2	0.66
2010-11	小麦	70	33.8	2	0.16
2010-11	小麦	100	35.9	2	1.29
2010-11	小麦	130	36.9	2	0.66
2010-11	小麦	160	38.3	2	0.93
2010-12	小麦	10	17.4	1	—
2010-12	小麦	20	22.2	1	—
2010-12	小麦	30	24.7	1	—
2010-12	小麦	50	29.4	1	—
2010-12	小麦	70	33.4	1	—
2010-12	小麦	100	35.5	1	—
2010-12	小麦	130	36.3	1	—
2010-12	小麦	160	36.0	1	—
2011-1	小麦	10	15.0	3	2.11
2011-1	小麦	20	22.0	3	0.26
2011-1	小麦	30	24.7	3	1.30
2011-1	小麦	50	29.6	3	0.09
2011-1	小麦	70	33.5	3	0.12
2011-1	小麦	100	34.7	3	0.68

（续）

时间（年-月）	作物名称	探测深度/cm	体积含水量/%	重复数	标准差
2011-1	小麦	130	35.8	3	0.52
2011-1	小麦	160	33.4	3	1.17
2011-2	小麦	10	13.6	2	2.41
2011-2	小麦	20	21.7	2	0.64
2011-2	小麦	30	24.0	2	0.08
2011-2	小麦	50	29.1	2	0.18
2011-2	小麦	70	32.2	2	0.18
2011-2	小麦	100	34.7	2	0.11
2011-2	小麦	130	35.5	2	0.51
2011-2	小麦	160	33.4	2	1.20
2011-3	小麦	10	24.1	3	4.28
2011-3	小麦	20	28.0	3	1.50
2011-3	小麦	30	28.7	3	0.71
2011-3	小麦	50	29.8	3	0.80
2011-3	小麦	70	33.9	3	1.33
2011-3	小麦	100	34.4	3	0.74
2011-3	小麦	130	35.6	3	0.68
2011-3	小麦	160	36.3	3	3.61
2011-7	玉米	10	16.9	1	—
2011-7	玉米	20	20.5	1	—
2011-7	玉米	30	23.3	1	—
2011-7	玉米	50	25.3	1	—
2011-7	玉米	70	23.0	1	—
2011-7	玉米	100	25.1	1	—
2011-7	玉米	130	24.6	1	—
2011-7	玉米	160	28.5	1	—
2011-8	玉米	10	38.3	3	9.67
2011-8	玉米	20	36.5	3	1.85
2011-8	玉米	30	35.4	3	0.99
2011-8	玉米	50	35.6	3	0.30
2011-8	玉米	70	37.4	3	0.83
2011-8	玉米	100	38.2	3	1.38
2011-8	玉米	130	40.6	3	0.50

（续）

时间（年-月）	作物名称	探测深度/cm	体积含水量/%	重复数	标准差
2011-8	玉米	160	40.3	3	0.60
2011-9	玉米	10	39.3	3	5.44
2011-9	玉米	20	38.9	3	3.79
2011-9	玉米	30	37.2	3	2.57
2011-9	玉米	50	36.1	3	1.11
2011-9	玉米	70	37.1	3	2.35
2011-9	玉米	100	38.0	3	2.35
2011-9	玉米	130	39.4	3	2.05
2011-9	玉米	160	39.1	3	1.37
2011-10	小麦	10	32.4	1	—
2011-10	小麦	20	33.8	1	—
2011-10	小麦	30	33.9	1	—
2011-10	小麦	50	37.4	1	—
2011-10	小麦	70	40.2	1	—
2011-10	小麦	100	39.4	1	—
2011-10	小麦	130	42.1	1	—
2011-10	小麦	160	38.4	1	—
2011-11	小麦	10	34.1	3	4.36
2011-11	小麦	20	32.5	3	1.19
2011-11	小麦	30	32.1	3	0.75
2011-11	小麦	50	32.4	3	0.19
2011-11	小麦	70	34.3	3	0.72
2011-11	小麦	100	33.4	3	0.36
2011-11	小麦	130	34.6	3	1.72
2011-11	小麦	160	33.2	3	1.40
2011-12	小麦	10	32.2	3	4.55
2011-12	小麦	20	32.5	3	1.53
2011-12	小麦	30	32.0	3	0.77
2011-12	小麦	50	32.8	3	0.35
2011-12	小麦	70	33.8	3	0.35
2011-12	小麦	100	34.3	3	0.53
2011-12	小麦	130	34.2	3	0.82
2011-12	小麦	160	32.5	3	1.37

（续）

时间（年-月）	作物名称	探测深度/cm	体积含水量/%	重复数	标准差
2012-1	小麦	10	27.2	3	2.40
2012-1	小麦	20	29.1	3	1.62
2012-1	小麦	30	30.3	3	1.03
2012-1	小麦	50	31.3	3	0.37
2012-1	小麦	70	33.2	3	0.95
2012-1	小麦	100	34.3	3	0.73
2012-1	小麦	130	34.7	3	0.56
2012-1	小麦	160	33.0	3	0.69
2012-2	小麦	10	27.3	3	2.02
2012-2	小麦	20	32.3	3	1.18
2012-2	小麦	30	35.5	3	0.77
2012-2	小麦	50	37.9	3	0.55
2012-2	小麦	70	40.6	3	1.43
2012-2	小麦	100	40.0	3	0.87
2012-2	小麦	130	43.9	3	1.01
2012-2	小麦	160	42.2	3	1.83
2012-3	小麦	10	26.9	3	1.93
2012-3	小麦	20	31.5	3	1.52
2012-3	小麦	30	34.4	3	1.59
2012-3	小麦	50	37.5	3	1.32
2012-3	小麦	70	39.3	3	0.99
2012-3	小麦	100	39.3	3	0.64
2012-3	小麦	130	44.5	3	3.78
2012-3	小麦	160	43.6	3	2.37
2012-4	小麦	10	19.3	3	1.90
2012-4	小麦	20	22.9	3	0.94
2012-4	小麦	30	26.3	3	0.54
2012-4	小麦	50	32.4	3	1.70
2012-4	小麦	70	34.9	3	1.58
2012-4	小麦	100	36.4	3	1.44
2012-4	小麦	130	39.5	3	1.66
2012-4	小麦	160	40.6	3	0.97
2012-5	小麦	10	13.2	3	1.72

（续）

时间（年-月）	作物名称	探测深度/cm	体积含水量/%	重复数	标准差
2012-5	小麦	20	17.5	3	1.66
2012-5	小麦	30	21.7	3	1.42
2012-5	小麦	50	27.6	3	1.25
2012-5	小麦	70	29.6	3	2.06
2012-5	小麦	100	33.2	3	0.87
2012-5	小麦	130	35.4	3	1.56
2012-5	小麦	160	37.5	3	1.19
2012-7	玉米	10	26.8	4	7.84
2012-7	玉米	20	27.1	4	6.71
2012-7	玉米	30	27.2	4	5.84
2012-7	玉米	50	34.4	4	1.43
2012-7	玉米	70	36.4	4	1.26
2012-7	玉米	100	37.3	4	1.04
2012-7	玉米	130	37.9	4	1.48
2012-7	玉米	160	38.0	4	1.05
2012-8	玉米	10	30.0	3	2.97
2012-8	玉米	20	32.1	3	0.41
2012-8	玉米	30	33.6	3	0.34
2012-8	玉米	50	35.3	3	0.21
2012-8	玉米	70	36.2	3	0.29
2012-8	玉米	100	36.6	3	0.84
2012-8	玉米	130	39.4	3	1.66
2012-8	玉米	160	38.2	3	0.67
2012-9	玉米	10	27.6	2	1.90
2012-9	玉米	20	31.7	2	0.08
2012-9	玉米	30	33.6	2	0.71
2012-9	玉米	50	35.1	2	1.17
2012-9	玉米	70	37.6	2	0.61
2012-9	玉米	100	37.2	2	1.05
2012-9	玉米	130	41.8	2	3.39
2012-9	玉米	160	32.0	2	7.06
2012-11	小麦	10	23.6	3	0.32
2012-11	小麦	20	27.6	3	0.94

（续）

时间（年-月）	作物名称	探测深度/cm	体积含水量/%	重复数	标准差
2012-11	小麦	30	31.3	3	0.52
2012-11	小麦	50	34.8	3	0.30
2012-11	小麦	70	35.3	3	0.19
2012-11	小麦	100	35.5	3	0.60
2012-11	小麦	130	37.9	3	0.43
2012-11	小麦	160	37.4	3	0.38
2012-12	小麦	10	26.0	2	4.61
2012-12	小麦	20	29.5	2	3.97
2012-12	小麦	30	33.4	2	3.40
2012-12	小麦	50	35.5	2	0.46
2012-12	小麦	70	35.4	2	0.43
2012-12	小麦	100	37.1	2	1.16
2012-12	小麦	130	39.0	2	0.54
2012-12	小麦	160	38.5	2	0.93
2013-1	小麦	20	28.6	3	1.04
2013-1	小麦	30	31.1	3	0.72
2013-1	小麦	40	33.9	3	0.36
2013-1	小麦	50	34.3	3	0.46
2013-1	小麦	70	34.4	3	0.40
2013-1	小麦	100	37.2	3	0.53
2013-1	小麦	130	38.2	3	1.04
2013-1	小麦	160	37.6	3	0.93
2013-2	小麦	20	27.8	3	0.90
2013-2	小麦	30	31.7	3	1.02
2013-2	小麦	40	34.9	3	0.60
2013-2	小麦	50	36.1	3	0.53
2013-2	小麦	70	36.8	3	0.70
2013-2	小麦	100	38.1	3	0.51
2013-2	小麦	130	40.6	3	0.31
2013-2	小麦	160	39.7	3	0.75
2013-3	小麦	20	27.6	2	0.42
2013-3	小麦	30	31.6	2	0.07
2013-3	小麦	40	34.4	2	0.85

（续）

时间（年-月）	作物名称	探测深度/cm	体积含水量/%	重复数	标准差
2013-3	小麦	50	35.8	2	1.20
2013-3	小麦	70	36.7	2	0.78
2013-3	小麦	100	37.6	2	0.78
2013-3	小麦	130	39.9	2	1.06
2013-3	小麦	160	40.0	2	0.21
2013-5	小麦	20	22.9	2	10.26
2013-5	小麦	30	24.2	2	8.38
2013-5	小麦	40	27.1	2	5.64
2013-5	小麦	50	28.7	2	4.82
2013-5	小麦	70	32.6	2	7.35
2013-5	小麦	100	30.5	2	2.92
2013-5	小麦	130	40.3	2	0.90
2013-5	小麦	160	41.1	2	1.01
2013-6	玉米	20	17.4	2	7.74
2013-6	玉米	30	24.9	2	0.42
2013-6	玉米	40	26.8	2	0.77
2013-6	玉米	50	29.5	2	0.74
2013-6	玉米	70	34.6	2	4.77
2013-6	玉米	100	31.5	2	1.47
2013-6	玉米	130	34.9	2	4.63
2013-6	玉米	160	36.4	2	3.98
2013-7	玉米	20	25.6	1	—
2013-7	玉米	30	29.0	1	—
2013-7	玉米	40	31.8	1	—
2013-7	玉米	50	34.9	1	—
2013-7	玉米	70	35.5	1	—
2013-7	玉米	100	39.1	1	—
2013-7	玉米	130	39.5	1	—
2013-7	玉米	160	41.8	1	—
2013-8	玉米	20	23.1	2	1.99
2013-8	玉米	30	24.0	2	2.73
2013-8	玉米	40	26.3	2	3.67
2013-8	玉米	50	29.4	2	4.41

（续）

时间（年-月）	作物名称	探测深度/cm	体积含水量/%	重复数	标准差
2013-8	玉米	70	31.9	2	3.72
2013-8	玉米	100	33.9	2	2.67
2013-8	玉米	130	36.3	2	4.62
2013-8	玉米	160	39.3	2	5.67
2013-9	小麦	20	20.9	2	2.41
2013-9	小麦	30	21.9	2	0.60
2013-9	小麦	40	23.6	2	1.27
2013-9	小麦	50	27.9	2	1.46
2013-9	小麦	70	26.5	2	1.87
2013-9	小麦	100	29.3	2	0.37
2013-9	小麦	130	33.1	2	3.42
2013-9	小麦	160	34.9	2	2.72
2013-10	玉米	20	26.0	3	2.67
2013-10	玉米	30	25.1	3	2.31
2013-10	玉米	40	27.6	3	1.76
2013-10	玉米	50	28.9	3	0.58
2013-10	玉米	70	29.1	3	0.60
2013-10	玉米	100	31.4	3	1.17
2013-10	玉米	130	32.7	3	1.45
2013-10	玉米	160	37.4	3	3.98
2013-11	玉米	20	27.9	3	2.00
2013-11	玉米	30	26.7	3	0.67
2013-11	玉米	40	27.3	3	0.09
2013-11	玉米	50	28.5	3	0.33
2013-11	玉米	70	29.7	3	0.77
2013-11	玉米	100	30.3	3	1.14
2013-11	玉米	130	35.2	3	1.60
2013-11	玉米	160	36.8	3	1.03
2014-1	小麦	20	26.4	1	—
2014-1	小麦	30	26.2	1	—
2014-1	小麦	40	28.0	1	—
2014-1	小麦	50	29.8	1	—
2014-1	小麦	70	30.8	1	—

（续）

时间（年-月）	作物名称	探测深度/cm	体积含水量/%	重复数	标准差
2014-1	小麦	100	30.7	1	—
2014-1	小麦	130	33.5	1	—
2014-1	小麦	160	40.2	1	—
2014-3	小麦	20	24.1	3	2.84
2014-3	小麦	30	24.7	3	2.32
2014-3	小麦	40	26.4	3	1.67
2014-3	小麦	60	28.1	3	0.67
2014-3	小麦	70	30.8	3	0.64
2014-3	小麦	100	29.8	3	0.32
2014-3	小麦	130	35.8	3	3.26
2014-3	小麦	160	38.5	3	4.64
2014-4	小麦	20	26.8	1	—
2014-4	小麦	30	25.7	1	—
2014-4	小麦	40	26.4	1	—
2014-4	小麦	50	28.3	1	—
2014-4	小麦	70	31.2	1	—
2014-4	小麦	100	29.4	1	—
2014-4	小麦	130	32.4	1	—
2014-4	小麦	160	35.3	1	—
2014-6	玉米	20	17.1	1	—
2014-6	玉米	30	19.8	1	—
2014-6	玉米	40	22.0	1	—
2014-6	玉米	50	23.6	1	—
2014-6	玉米	70	25.7	1	—
2014-6	玉米	100	27.7	1	—
2014-6	玉米	130	34.7	1	—
2014-6	玉米	160	35.2	1	—
2014-9	玉米	20	25.2	2	2.40
2014-9	玉米	30	25.5	2	1.84
2014-9	玉米	40	27.0	2	1.91
2014-9	玉米	50	30.6	2	4.53
2014-9	玉米	70	32.3	2	2.76
2014-9	玉米	100	33.9	2	2.62

（续）

时间（年-月）	作物名称	探测深度/cm	体积含水量/%	重复数	标准差
2014-9	玉米	130	37.6	2	1.63
2014-9	玉米	160	41.5	2	0.21
2014-10	玉米	20	30.9	1	—
2014-10	玉米	30	28.9	1	—
2014-10	玉米	40	30.5	1	—
2014-10	玉米	50	33.7	1	—
2014-10	玉米	70	36.9	1	—
2014-10	玉米	100	37.3	1	—
2014-10	玉米	130	37.9	1	—
2014-10	玉米	160	41.8	1	—
2014-11	小麦	20	25.6	3	1.70
2014-11	小麦	30	26.1	3	0.96
2014-11	小麦	40	29.6	3	1.28
2014-11	小麦	50	33.4	3	1.25
2014-11	小麦	70	34.9	3	0.46
2014-11	小麦	100	34.4	3	0.15
2014-11	小麦	130	35.6	3	0.82
2014-11	小麦	160	38.8	3	2.16
2014-12	小麦	20	29.2	3	0.72
2014-12	小麦	30	28.5	3	0.72
2014-12	小麦	40	31.1	3	1.00
2014-12	小麦	50	34.0	3	0.61
2014-12	小麦	70	34.4	3	0.25
2014-12	小麦	100	34.6	3	1.19
2014-12	小麦	130	37.3	3	0.76
2014-12	小麦	160	40.3	3	3.72
2015-1	小麦	20	25.2	2	1.61
2015-1	小麦	30	25.5	2	0.97
2015-1	小麦	40	27.9	2	0.45
2015-1	小麦	50	31.6	2	0.90
2015-1	小麦	70	32.2	2	0.51
2015-1	小麦	100	33.2	2	0.31
2015-1	小麦	130	30.8	2	0.34

（续）

时间（年-月）	作物名称	探测深度/cm	体积含水量/%	重复数	标准差
2015 - 1	小麦	160	34.7	2	0.54
2015 - 3	小麦	20	23.9	3	3.05
2015 - 3	小麦	30	24.8	3	1.62
2015 - 3	小麦	40	26.9	3	0.36
2015 - 3	小麦	50	30.5	3	0.68
2015 - 3	小麦	70	32.2	3	0.60
2015 - 3	小麦	100	33.8	3	1.04
2015 - 3	小麦	130	36.4	3	1.10
2015 - 3	小麦	160	35.9	3	2.35
2015 - 4	小麦	20	24.3	2	2.92
2015 - 4	小麦	30	25.3	2	2.35
2015 - 4	小麦	40	27.9	2	2.98
2015 - 4	小麦	50	33.0	2	2.38
2015 - 4	小麦	70	36.0	2	1.88
2015 - 4	小麦	100	35.8	2	1.28
2015 - 4	小麦	130	35.9	2	1.55
2015 - 4	小麦	160	34.1	2	0.26
2015 - 5	小麦	20	20.6	2	1.05
2015 - 5	小麦	30	22.2	2	0.15
2015 - 5	小麦	40	24.9	2	0.73
2015 - 5	小麦	50	30.1	2	1.28
2015 - 5	小麦	70	31.9	2	0.77
2015 - 5	小麦	100	34.5	2	1.01
2015 - 5	小麦	130	34.9	2	1.90
2015 - 5	小麦	160	34.5	2	0.12
2015 - 6	玉米	20	14.7	2	2.28
2015 - 6	玉米	30	16.7	2	2.50
2015 - 6	小麦	40	22.6	2	—
2015 - 6	玉米	50	24.9	2	2.15
2015 - 6	玉米	70	26.2	2	1.70
2015 - 6	玉米	100	32.0	2	0.45
2015 - 6	玉米	130	34.9	2	0.40
2015 - 6	玉米	160	39.4	2	6.54

（续）

时间（年-月）	作物名称	探测深度/cm	体积含水量/%	重复数	标准差
2015 - 7	玉米	20	23.6	1	—
2015 - 7	玉米	30	24.4	1	—
2015 - 7	玉米	40	27.2	1	—
2015 - 7	玉米	50	32.0	1	—
2015 - 7	玉米	70	32.1	1	—
2015 - 7	玉米	100	35.2	1	—
2015 - 7	玉米	130	39.5	1	—
2015 - 7	玉米	160	41.3	1	—
2015 - 10	小麦	20	26.4	2	0.72
2015 - 10	小麦	30	27.9	2	0.69
2015 - 10	小麦	40	30.0	2	1.53
2015 - 10	小麦	50	32.9	2	0.52
2015 - 10	小麦	70	32.2	2	0.69
2015 - 10	小麦	100	33.3	2	0.93
2015 - 10	小麦	130	33.3	2	1.32
2015 - 10	小麦	160	28.9	2	6.61
2015 - 11	小麦	20	30.8	3	2.52
2015 - 11	小麦	30	31.0	3	1.33
2015 - 11	小麦	40	31.2	3	1.38
2015 - 11	小麦	50	33.0	3	2.67
2015 - 11	小麦	70	34.8	3	2.43
2015 - 11	小麦	100	31.5	3	8.63
2015 - 11	小麦	130	35.4	3	1.96
2015 - 11	小麦	160	35.1	3	1.94
2015 - 12	小麦	20	29.8	1	—
2015 - 12	小麦	30	28.8	1	—
2015 - 12	小麦	40	30.8	1	—
2015 - 12	小麦	50	35.4	1	—
2015 - 12	小麦	70	37.6	1	—
2015 - 12	小麦	100	36.3	1	—
2015 - 12	小麦	130	37.8	1	—
2015 - 12	小麦	160	36.4	1	—

3.3.2 土壤质量含水量数据集

3.3.2.1 概述

本数据集包含商丘站综合观测场（SQAZH01，115°35′30″E，34°31′14″N），商丘站生物、土壤监测朱楼站区调查点（SQAZQ01，115°34′07″E，34°31′30″N），商丘站生物、土壤监测陈菜园站区调查点（SQAZQ02，115°35′48″E，34°30′20″N），商丘站生物、土壤监测关庄站区调查点（SQAZQ03，115°35′07″E，34°30′30″N），商丘站生物、土壤监测王庄站区调查点（SQAZQ04，115°36′03″E，34°30′51″N）和商丘站生物、土壤监测张大庄站区调查点（SQAZQ05，115°36′05″E，34°30′50″N）等6个样地2008—2015年土壤质量含水量数据，数据项目包括采样层次、质量含水量等。

3.3.2.2 数据采集和处理方法

使用Φ3.5 cm土钻在样地分层取土，取土层次：0～10 cm，10～20 cm，20～40 cm，40～60 cm，60～80 cm，80～100 cm，将每个层次所取得的土样放入提前准备好的、做好编号的铝盒带回实验室内，采用烘干法测量土壤含水量。

土壤质量含水量测量频率3次/月，根据质控后的数据按样地计算月平均数据。

3.3.2.3 数据质量控制与评估

（1）根据任务制定观测计划，按《商丘站观测规范》开展观测工作，保持观测人员队伍的相对稳定，对新参与调查工作的人员进行岗前培训，调查时以老带新，保障调查质量。

（2）观测员将所获取的数据与各项辅助信息数据以及历史数据信息进行比较，对存在疑问的数据核查、补测，确定为错误数据而又不能补测的则遗弃。项目负责人和质量控制委员会对初步的报表数据开展进一步审核认定工作。

3.3.2.4 数据价值/数据使用方法和建议

土壤水分是作物生长的重要因子，适宜的土壤水分才有利于作物生长。在我国北方水资源严重不足，土壤水分是制约作物产量的重要因素。土壤含水量数据描述土壤水分对作物的供应状况，对作物生长和产量形成具有重要作用。土壤质量含水率是土壤中水分的质量与相应固相物质质量的比值，是水分供应能力的重要指标。本数据集适合农田水利、农学、土壤、农业生态、农业生产等相关领域直接应用，或作为土壤环境的常规变量对区域农业生产水平开展评估时参考。

3.3.2.5 土壤质量含水量数据

具体数据见表3-29～表3-33。

表3-29 综合观测场土壤质量含水量数据

时间（年-月）	采样层次/cm	质量含水量/%	时间（年-月）	采样层次/cm	质量含水量/%
2008-1	000～010	26.77	2008-2	080～100	28.91
2008-1	010～020	23.43	2008-3	000～010	15.31
2008-1	020～040	21.89	2008-3	010～020	16.67
2008-1	040～060	28.24	2008-3	020～040	18.06
2008-1	060～080	24.12	2008-3	040～060	24.83
2008-1	080～100	26.38	2008-3	060～080	22.69
2008-2	000～010	18.83	2008-3	080～100	28.95
2008-2	010～020	20.21	2008-4	000～010	23.73
2008-2	020～040	21.24	2008-4	010～020	20.7
2008-2	040～060	25.75	2008-4	020～040	20.76
2008-2	060～080	23.17	2008-4	040～060	24.52

（续）

时间（年-月）	采样层次/cm	质量含水量/%	时间（年-月）	采样层次/cm	质量含水量/%
2008-4	060～080	21.9	2008-11	000～010	16.96
2008-4	080～100	22.88	2008-11	010～020	18.89
2008-5	000～010	20.75	2008-11	020～040	18.79
2008-5	010～020	17.84	2008-11	040～060	26.77
2008-5	020～040	16.73	2008-11	060～080	25.42
2008-5	040～060	19.44	2008-11	080～100	25.97
2008-5	060～080	20.05	2008-12	000～010	16.01
2008-5	080～100	21.5	2008-12	010～020	16.69
2008-6	000～010	21.00	2008-12	020～040	17.79
2008-6	010～020	19.65	2008-12	040～060	24.71
2008-6	020～040	20.58	2008-12	060～080	24.68
2008-6	040～060	25.37	2008-12	080～100	27.65
2008-6	060～080	23.66	2009-1	000～010	15.83
2008-6	080～100	20.91	2009-1	010～020	17.02
2008-7	000～010	26.00	2009-1	020～040	18.27
2008-7	010～020	21.61	2009-1	040～060	26.05
2008-7	020～040	20.91	2009-1	060～080	27.02
2008-7	040～060	28.07	2009-1	080～100	28.29
2008-7	060～080	25.49	2009-2	000～010	18.88
2008-7	080～100	27.40	2009-2	010～020	18.41
2008-8	000～010	23.16	2009-2	020～040	19.76
2008-8	010～020	20.92	2009-2	040～060	27.53
2008-8	020～040	20.40	2009-2	060～080	23.00
2008-8	040～060	26.36	2009-2	080～100	24.4
2008-8	060～080	27.38	2009-3	000～010	16.01
2008-8	080～100	28.78	2009-3	010～020	18.19
2008-9	000～010	24.82	2009-3	020～040	18.51
2008-9	010～020	21.34	2009-3	040～060	25.97
2008-9	020～040	20.91	2009-3	060～080	26.28
2008-9	040～060	29.20	2009-3	080～100	28.82
2008-9	060～080	28.52	2009-4	000～010	21.50
2008-9	080～100	27.98	2009-4	010～020	19.81
2008-10	000～010	21.10	2009-4	020～040	20.66
2008-10	010～020	20.66	2009-4	040～060	20.24
2008-10	020～040	21.00	2009-4	060～080	17.89
2008-10	040～060	28.65	2009-4	080～100	18.91
2008-10	060～080	26.67	2009-5	000～010	16.21
2008-10	080～100	28.56	2009-5	010～020	16.40

（续）

时间（年-月）	采样层次/cm	质量含水量/%	时间（年-月）	采样层次/cm	质量含水量/%
2009-5	020～040	17.61	2009-11	060～080	26.93
2009-5	040～060	23.32	2009-11	080～100	27.31
2009-5	060～080	21.43	2009-12	000～010	20.58
2009-5	080～100	22.09	2009-12	010～020	22.55
2009-6	000～010	21.85	2009-12	020～040	23.44
2009-6	010～020	21.34	2009-12	040～060	29.14
2009-6	020～040	21.73	2009-12	060～080	27.78
2009-6	040～060	28.10	2009-12	080～100	28.43
2009-6	060～080	28.68	2010-1	000～010	18.96
2009-6	080～100	28.57	2010-1	010～020	22.22
2009-7	000～010	18.47	2010-1	020～040	22.58
2009-7	010～020	17.06	2010-1	040～060	28.88
2009-7	020～040	18.18	2010-1	060～080	26.24
2009-7	040～060	25.23	2010-1	080～100	26.93
2009-7	060～080	24.74	2010-2	000～010	19.79
2009-7	080～100	26.64	2010-2	010～020	23.64
2009-8	000～010	24.00	2010-2	020～040	22.38
2009-8	010～020	21.41	2010-2	040～060	28.03
2009-8	020～040	22.78	2010-2	060～080	27.03
2009-8	040～060	30.03	2010-2	080～100	27.88
2009-8	060～080	28.45	2010-3	000～010	16.77
2009-8	080～100	31.44	2010-3	010～020	19.83
2009-9	000～010	23.55	2010-3	020～040	20.29
2009-9	010～020	20.39	2010-3	040～060	26.25
2009-9	020～040	21.24	2010-3	060～080	26.13
2009-9	040～060	27.21	2010-3	080～100	24.59
2009-9	060～080	27.75	2010-4	000～010	12.76
2009-9	080～100	28.61	2010-4	010～020	16.09
2009-10	000～010	21.04	2010-4	020～040	18.14
2009-10	010～020	21.36	2010-4	040～060	23.73
2009-10	020～040	22.95	2010-4	060～080	22.88
2009-10	040～060	29.83	2010-4	080～100	24.69
2009-10	060～080	29.04	2010-5	000～010	16.35
2009-10	080～100	29.31	2010-5	010～020	17.88
2009-11	000～010	22.58	2010-5	020～040	15.97
2009-11	010～020	22.12	2010-5	040～060	18.91
2009-11	020～040	22.63	2010-5	060～080	17.75
2009-11	040～060	28.98	2010-5	080～100	19.27

（续）

时间（年-月）	采样层次/cm	质量含水量/%	时间（年-月）	采样层次/cm	质量含水量/%
2010-6	000～010	16.24	2010-12	020～040	18.11
2010-6	010～020	17.81	2010-12	040～060	25.87
2010-6	020～040	18.55	2010-12	060～080	25.15
2010-6	040～060	19.38	2010-12	080～100	26.77
2010-6	060～080	17.23	2011-1	000～010	15.90
2010-6	080～100	23.34	2011-1	010～020	19.01
2010-7	000～010	17.85	2011-1	020～040	18.99
2010-7	010～020	20.46	2011-1	040～060	25.50
2010-7	020～040	20.68	2011-1	060～080	25.21
2010-7	040～060	25.60	2011-1	080～100	26.21
2010-7	060～080	24.97	2011-2	000～010	19.78
2010-7	080～100	24.00	2011-2	010～020	21.68
2010-8	000～010	20.95	2011-2	020～040	19.99
2010-8	010～020	22.34	2011-2	040～060	25.73
2010-8	020～040	24.65	2011-2	060～080	23.76
2010-8	040～060	29.72	2011-2	080～100	26.62
2010-8	060～080	28.76	2011-3	000～010	15.95
2010-8	080～100	28.28	2011-3	010～020	18.55
2010-9	000～010	27.41	2011-3	020～040	19.53
2010-9	010～020	23.85	2011-3	040～060	23.23
2010-9	020～040	25.04	2011-3	060～080	24.42
2010-9	040～060	28.68	2011-3	080～100	26.04
2010-9	060～080	27.52	2011-4	000～010	9.43
2010-9	080～100	29.14	2011-4	010～020	14.45
2010-10	000～010	19.63	2011-4	020～040	15.21
2010-10	010～020	22.25	2011-4	040～060	18.04
2010-10	020～040	23.65	2011-4	060～080	20.87
2010-10	040～060	28.70	2011-4	080～100	25.92
2010-10	060～080	28.21	2011-5	000～010	14.56
2010-10	080～100	32.53	2011-5	010～020	15.37
2010-11	000～010	16.23	2011-5	020～040	14.32
2010-11	010～020	19.92	2011-5	040～060	18.04
2010-11	020～040	18.90	2011-5	060～080	14.36
2010-11	040～060	26.50	2011-5	080～100	18.83
2010-11	060～080	26.86	2011-6	000～010	12.22
2010-11	080～100	27.48	2011-6	010～020	15.02
2010-12	000～010	18.65	2011-6	020～040	15.66
2010-12	010～020	20.19	2011-6	040～060	18.88

（续）

时间（年-月）	采样层次/cm	质量含水量/%	时间（年-月）	采样层次/cm	质量含水量/%
2011-6	060～080	18.67	2012-1	000～010	23.82
2011-6	080～100	17.62	2012-1	010～020	24.77
2011-7	000～010	19.29	2012-1	020～040	22.24
2011-7	010～020	16.82	2012-1	040～060	24.92
2011-7	020～040	17.18	2012-1	060～080	28.04
2011-7	040～060	19.20	2012-1	080～100	27.81
2011-7	060～080	16.72	2012-2	000～010	21.98
2011-7	080～100	15.42	2012-2	010～020	24.15
2011-8	000～010	21.71	2012-2	020～040	21.94
2011-8	010～020	21.62	2012-2	040～060	26.49
2011-8	020～040	20.93	2012-2	060～080	29.01
2011-8	040～060	23.12	2012-2	080～100	29.04
2011-8	060～080	24.87	2012-3	000～010	22.68
2011-8	080～100	25.84	2012-3	010～020	23.30
2011-9	000～010	27.36	2012-3	020～040	20.87
2011-9	010～020	27.83	2012-3	040～060	26.94
2011-9	020～040	25.60	2012-3	060～080	27.79
2011-9	040～060	27.31	2012-3	080～100	27.67
2011-9	060～080	27.59	2012-4	000～010	16.60
2011-9	080～100	27.09	2012-4	010～020	18.31
2011-10	000～010	22.56	2012-4	020～040	18.94
2011-10	010～020	24.37	2012-4	040～060	24.67
2011-10	020～040	23.67	2012-4	060～080	25.46
2011-10	040～060	27.74	2012-4	080～100	25.43
2011-10	060～080	28.34	2012-5	000～010	15.49
2011-10	080～100	29.29	2012-5	010～020	17.03
2011-11	000～010	23.79	2012-5	020～040	17.96
2011-11	010～020	24.54	2012-5	040～060	20.27
2011-11	020～040	24.04	2012-5	060～080	22.10
2011-11	040～060	28.71	2012-5	080～100	23.98
2011-11	060～080	28.66	2012-6	000～010	16.65
2011-11	080～100	27.49	2012-6	010～020	16.05
2011-12	000～010	26.77	2012-6	020～040	16.26
2011-12	010～020	25.01	2012-6	040～060	14.92
2011-12	020～040	23.23	2012-6	060～080	18.95
2011-12	040～060	28.24	2012-6	080～100	19.05
2011-12	060～080	28.80	2012-7	000～010	24.43
2011-12	080～100	29.58	2012-7	010～020	21.00

（续）

时间（年-月）	采样层次/cm	质量含水量/%	时间（年-月）	采样层次/cm	质量含水量/%
2012-7	020～040	18.99	2013-1	060～080	26.17
2012-7	040～060	21.09	2013-1	080～100	26.83
2012-7	060～080	25.06	2013-2	000～010	19.80
2012-7	080～100	24.85	2013-2	010～020	20.60
2012-8	000～010	22.86	2013-2	020～040	20.80
2012-8	010～020	20.36	2013-2	040～060	24.30
2012-8	020～040	18.92	2013-2	060～080	25.90
2012-8	040～060	21.22	2013-2	080～100	27.50
2012-8	060～080	25.74	2013-3	000～010	13.60
2012-8	080～100	24.06	2013-3	010～020	16.93
2012-9	000～010	21.33	2013-3	020～040	18.67
2012-9	010～020	18.39	2013-3	040～060	21.10
2012-9	020～040	19.86	2013-3	060～080	25.30
2012-9	040～060	20.59	2013-3	080～100	25.83
2012-9	060～080	25.68	2013-4	000～010	18.25
2012-9	080～100	27.74	2013-4	010～020	17.73
2012-10	000～010	19.60	2013-4	020～040	17.38
2012-10	010～020	20.62	2013-4	040～060	18.68
2012-10	020～040	20.63	2013-4	060～080	21.28
2012-10	040～060	24.53	2013-4	080～100	24.50
2012-10	060～080	26.78	2013-5	000～010	23.13
2012-10	080～100	27.53	2013-5	010～020	20.00
2012-11	000～010	20.07	2013-5	020～040	18.57
2012-11	010～020	19.48	2013-5	040～060	16.03
2012-11	020～040	19.36	2013-5	060～080	16.93
2012-11	040～060	22.75	2013-5	080～100	17.90
2012-11	060～080	25.98	2013-6	000～010	18.30
2012-11	080～100	26.94	2013-6	010～020	18.85
2012-12	000～010	20.26	2013-6	020～040	18.15
2012-12	010～020	20.62	2013-6	040～060	21.00
2012-12	020～040	20.49	2013-6	060～080	22.00
2012-12	040～060	25.02	2013-6	080～100	23.15
2012-12	060～080	26.82	2013-8	000～010	20.17
2012-12	080～100	27.51	2013-8	010～020	19.00
2013-1	000～010	25.47	2013-8	020～040	18.07
2013-1	010～020	21.17	2013-8	040～060	20.97
2013-1	020～040	20.50	2013-8	060～080	22.50
2013-1	040～060	23.23	2013-8	080～100	22.60

（续）

时间（年-月）	采样层次/cm	质量含水量/%	时间（年-月）	采样层次/cm	质量含水量/%
2013-9	000～010	18.90	2014-3	020～040	17.33
2013-9	010～020	18.55	2014-3	040～060	16.83
2013-9	020～040	16.70	2014-3	060～080	15.43
2013-9	040～060	13.60	2014-3	080～100	18.80
2013-9	060～080	14.40	2014-4	000～010	19.27
2013-9	080～100	16.85	2014-4	010～020	18.77
2013-10	000～010	18.77	2014-4	020～040	17.77
2013-10	010～020	17.57	2014-4	040～060	15.37
2013-10	020～040	17.30	2014-4	060～080	12.23
2013-10	040～060	15.07	2014-4	080～100	11.23
2013-10	060～080	14.87	2014-5	000～010	19.70
2013-10	080～100	15.93	2014-5	010～020	12.95
2013-11	000～010	22.93	2014-5	020～040	14.00
2013-11	010～020	20.83	2014-5	040～060	14.00
2013-11	020～040	18.87	2014-5	060～080	11.45
2013-11	040～060	16.10	2014-5	080～100	12.10
2013-11	060～080	11.77	2014-6	000～010	17.70
2013-11	080～100	14.23	2014-6	010～020	15.95
2013-12	000～010	20.50	2014-6	020～040	14.00
2013-12	010～020	19.78	2014-6	040～060	11.05
2013-12	020～040	19.20	2014-6	060～080	11.05
2013-12	040～060	14.58	2014-6	080～100	18.55
2013-12	060～080	13.55	2014-7	000～010	17.00
2013-12	080～100	18.70	2014-7	010～020	16.50
2014-1	000～010	17.67	2014-7	020～040	16.60
2014-1	010～020	18.43	2014-7	040～060	20.70
2014-1	020～040	18.93	2014-7	060～080	24.10
2014-1	040～060	17.13	2014-7	080～100	26.20
2014-1	060～080	16.27	2014-8	000～010	25.30
2014-1	080～100	16.47	2014-8	010～020	21.17
2014-2	000～010	26.10	2014-8	020～040	21.10
2014-2	010～020	23.60	2014-8	040～060	23.63
2014-2	020～040	18.90	2014-8	060～080	25.50
2014-2	040～060	18.20	2014-8	080～100	25.80
2014-2	060～080	15.70	2014-9	000～010	24.53
2014-2	080～100	20.00	2014-9	010～020	22.93
2014-3	000～010	15.20	2014-9	020～040	19.33
2014-3	010～020	16.80	2014-9	040～060	23.80

（续）

时间（年-月）	采样层次/cm	质量含水量/%	时间（年-月）	采样层次/cm	质量含水量/%
2014-9	060~080	24.30	2015-4	000~010	22.61
2014-9	080~100	25.85	2015-4	010~020	19.65
2014-10	000~010	25.95	2015-4	020~040	19.08
2014-10	010~020	21.50	2015-4	040~060	20.44
2014-10	020~040	20.15	2015-4	060~080	22.03
2014-10	040~060	24.20	2015-4	080~100	24.25
2014-10	060~080	27.20	2015-5	000~010	18.62
2014-10	080~100	27.50	2015-5	010~020	16.61
2014-11	000~010	22.10	2015-5	020~040	17.05
2014-11	010~020	20.33	2015-5	040~060	17.67
2014-11	020~040	21.77	2015-5	060~080	16.68
2014-11	040~060	25.97	2015-5	080~100	22.03
2014-11	060~080	26.00	2015-6	000~010	19.47
2014-11	080~100	28.37	2015-6	010~020	18.11
2014-12	000~010	22.87	2015-6	020~040	17.30
2014-12	010~020	20.60	2015-6	040~060	19.84
2014-12	020~040	20.30	2015-6	060~080	17.31
2014-12	040~060	24.03	2015-6	080~100	18.83
2014-12	060~080	26.37	2015-7	000~010	20.73
2014-12	080~100	28.03	2015-7	010~020	20.90
2015-1	000~010	20.66	2015-7	020~040	19.84
2015-1	010~020	19.44	2015-7	040~060	25.61
2015-1	020~040	19.40	2015-7	060~080	26.85
2015-1	040~060	21.93	2015-7	080~100	27.45
2015-1	060~080	24.46	2015-8	000~010	25.29
2015-1	080~100	26.88	2015-8	010~020	20.47
2015-2	000~010	20.18	2015-8	020~040	20.01
2015-2	010~020	20.99	2015-8	040~060	23.62
2015-2	020~040	19.66	2015-8	060~080	25.61
2015-2	040~060	20.65	2015-8	080~100	26.36
2015-2	060~080	22.92	2015-9	000~010	19.98
2015-2	080~100	25.76	2015-9	010~020	18.63
2015-3	000~010	24.32	2015-9	020~040	18.88
2015-3	010~020	20.63	2015-9	040~060	20.83
2015-3	020~040	19.33	2015-9	060~080	21.17
2015-3	040~060	19.87	2015-9	080~100	24.30
2015-3	060~080	20.24	2015-10	000~010	22.79
2015-3	080~100	21.29	2015-10	010~020	20.64

（续）

时间（年-月）	采样层次/cm	质量含水量/%	时间（年-月）	采样层次/cm	质量含水量/%
2015 - 10	020～040	20.29	2015 - 11	060～080	22.56
2015 - 10	040～060	20.14	2015 - 11	080～100	23.76
2015 - 10	060～080	20.00	2015 - 12	000～010	23.77
2015 - 10	080～100	24.53	2015 - 12	010～020	21.91
2015 - 11	000～010	26.84	2015 - 12	020～040	22.01
2015 - 11	010～020	22.43	2015 - 12	040～060	25.03
2015 - 11	020～040	19.61	2015 - 12	060～080	28.03
2015 - 11	040～060	21.94	2015 - 12	080～100	28.97

表 3 - 30　朱楼站区土壤质量含水量数据

时间（年-月）	采样层次/cm	质量含水量/%	时间（年-月）	采样层次/cm	质量含水量/%
2008 - 1	000～010	26.78	2008 - 6	000～010	22.43
2008 - 1	010～020	21.10	2008 - 6	010～020	19.89
2008 - 1	020～040	20.75	2008 - 6	020～040	18.70
2008 - 1	040～060	23.74	2008 - 6	040～060	23.46
2008 - 1	060～080	24.39	2008 - 6	080～100	23.68
2008 - 1	080～100	22.42	2008 - 7	000～010	26.40
2008 - 2	000～010	19.41	2008 - 7	010～020	22.16
2008 - 2	010～020	20.74	2008 - 7	020～040	20.37
2008 - 2	020～040	19.88	2008 - 7	040～060	25.20
2008 - 2	040～060	25.03	2008 - 7	080～100	25.26
2008 - 2	080～100	25.99	2008 - 8	000～010	24.39
2008 - 3	000～010	13.01	2008 - 8	010～020	21.53
2008 - 3	010～020	16.07	2008 - 8	020～040	21.46
2008 - 3	020～040	18.57	2008 - 8	040～060	26.13
2008 - 3	040～060	23.72	2008 - 8	080～100	27.30
2008 - 3	080～100	25.30	2008 - 9	000～010	26.53
2008 - 4	000～010	24.02	2008 - 9	010～020	22.42
2008 - 4	010～020	21.40	2008 - 9	020～040	20.39
2008 - 4	020～040	20.11	2008 - 9	040～060	25.59
2008 - 4	040～060	21.68	2008 - 9	080～100	26.28
2008 - 4	080～100	24.67	2008 - 10	000～010	21.48
2008 - 5	000～010	20.06	2008 - 10	010～020	20.85
2008 - 5	080～100	25.23	2008 - 10	020～040	20.76

（续）

时间（年-月）	采样层次/cm	质量含水量/%	时间（年-月）	采样层次/cm	质量含水量/%
2008-10	040～060	25.83	2009-5	010～020	18.43
2008-10	080～100	26.03	2009-5	020～040	19.48
2008-11	000～010	18.34	2009-5	040～060	23.91
2008-11	010～020	19.44	2009-5	080～100	25.76
2008-11	020～040	20.25	2009-6	000～010	26.11
2008-11	040～060	25.95	2009-6	010～020	23.49
2008-11	080～100	26.20	2009-6	020～040	22.28
2008-12	000～010	16.36	2009-6	040～060	26.14
2008-12	010～020	18.31	2009-6	080～100	26.60
2008-12	020～040	19.19	2009-7	000～010	19.28
2008-12	040～060	24.75	2009-7	010～020	18.62
2008-12	080～100	26.23	2009-7	020～040	18.20
2009-1	000～010	22.96	2009-7	040～060	23.69
2009-1	010～020	21.39	2009-7	080～100	25.51
2009-1	020～040	21.28	2009-8	000～010	24.22
2009-1	040～060	25.72	2009-8	010～020	22.44
2009-1	080～100	26.92	2009-8	020～040	21.64
2009-2	000～010	27.55	2009-8	040～060	26.30
2009-2	010～020	26.67	2009-8	080～100	26.86
2009-2	020～040	21.53	2009-9	000～010	22.42
2009-2	040～060	26.41	2009-9	010～020	20.15
2009-2	080～100	27.32	2009-9	020～040	20.42
2009-3	000～010	18.85	2009-9	040～060	24.67
2009-3	010～020	18.93	2009-9	080～100	25.93
2009-3	020～040	19.19	2009-10	000～010	22.61
2009-3	040～060	24.81	2009-10	010～020	21.29
2009-3	080～100	26.19	2009-10	020～040	21.25
2009-4	000～010	19.82	2009-10	040～060	26.63
2009-4	010～020	19.41	2009-10	080～100	26.99
2009-4	020～040	19.18	2009-11	000～010	23.70
2009-4	040～060	23.14	2009-11	010～020	22.89
2009-4	080～100	24.83	2009-11	020～040	21.45
2009-5	000～010	18.60	2009-11	040～060	25.97

（续）

时间（年-月）	采样层次/cm	质量含水量/%	时间（年-月）	采样层次/cm	质量含水量/%
2009-11	080～100	27.91	2010-5	040～060	22.41
2009-12	000～010	22.91	2010-5	060～080	22.22
2009-12	010～020	22.42	2010-5	080～100	24.35
2009-12	020～040	21.05	2010-6	000～010	19.66
2009-12	040～060	25.41	2010-6	010～020	18.10
2009-12	080～100	27.10	2010-6	020～040	16.25
2010-1	000～010	21.97	2010-6	040～060	16.77
2010-1	010～020	21.01	2010-6	060～080	19.01
2010-1	020～040	19.37	2010-6	080～100	19.82
2010-1	040～060	25.72	2010-7	000～010	20.53
2010-1	060～080	27.37	2010-7	010～020	18.44
2010-1	080～100	26.95	2010-7	020～040	18.14
2010-2	000～010	22.95	2010-7	040～060	20.44
2010-2	010～020	22.58	2010-7	060～080	21.91
2010-2	020～040	21.39	2010-7	080～100	22.36
2010-2	040～060	26.10	2010-8	000～010	23.26
2010-2	060～080	27.17	2010-8	010～020	20.91
2010-2	080～100	27.37	2010-8	020～040	19.27
2010-3	000～010	19.83	2010-8	040～060	24.21
2010-3	010～020	20.47	2010-8	060～080	27.01
2010-3	020～040	19.38	2010-8	080～100	25.67
2010-3	040～060	24.44	2010-9	000～010	26.40
2010-3	060～080	25.66	2010-9	010～020	23.60
2010-3	080～100	26.71	2010-9	020～040	22.78
2010-4	000～010	15.83	2010-9	040～060	29.00
2010-4	010～020	19.18	2010-9	060～080	28.62
2010-4	020～040	18.17	2010-9	080～100	27.02
2010-4	040～060	23.66	2010-10	000～010	19.13
2010-4	060～080	24.75	2010-10	010～020	20.14
2010-4	080～100	24.81	2010-10	020～040	21.11
2010-5	000～010	19.69	2010-10	040～060	25.88
2010-5	010～020	18.88	2010-10	060～080	27.83
2010-5	020～040	15.52	2010-10	080～100	26.97

（续）

时间（年-月）	采样层次/cm	质量含水量/%	时间（年-月）	采样层次/cm	质量含水量/%
2010-11	000～010	13.19	2011-4	040～060	21.00
2010-11	010～020	17.78	2011-4	060～080	24.82
2010-11	020～040	19.80	2011-4	080～100	24.57
2010-11	040～060	24.30	2011-5	000～010	18.40
2010-11	060～080	25.89	2011-5	010～020	17.69
2010-11	080～100	26.01	2011-5	020～040	14.17
2010-12	000～010	16.57	2011-5	040～060	15.07
2010-12	010～020	17.78	2011-5	060～080	21.56
2010-12	020～040	17.82	2011-5	080～100	21.27
2010-12	040～060	23.86	2011-6	000～010	18.89
2010-12	060～080	25.04	2011-6	010～020	17.84
2010-12	080～100	25.04	2011-6	020～040	16.20
2011-1	000～010	18.49	2011-6	040～060	17.24
2011-1	010～020	18.45	2011-6	060～080	21.07
2011-1	020～040	19.92	2011-6	080～100	17.91
2011-1	040～060	24.06	2011-7	000～010	16.66
2011-1	060～080	25.01	2011-7	010～020	16.39
2011-1	080～100	27.07	2011-7	020～040	16.72
2011-2	000～010	27.83	2011-7	040～060	20.39
2011-2	010～020	24.04	2011-7	060～080	21.87
2011-2	020～040	21.47	2011-7	080～100	17.57
2011-2	040～060	25.59	2011-8	000～010	26.12
2011-2	060～080	27.19	2011-8	010～020	21.58
2011-2	080～100	26.47	2011-8	020～040	19.48
2011-3	000～010	19.39	2011-8	040～060	23.98
2011-3	010～020	19.61	2011-8	060～080	24.87
2011-3	020～040	19.79	2011-8	080～100	23.34
2011-3	040～060	25.08	2011-9	000～010	29.76
2011-3	060～080	27.05	2011-9	010～020	24.32
2011-3	080～100	26.91	2011-9	020～040	22.58
2011-4	000～010	11.69	2011-9	040～060	25.39
2011-4	010～020	14.83	2011-9	060～080	27.34
2011-4	020～040	15.73	2011-9	080～100	26.44

（续）

时间（年-月）	采样层次/cm	质量含水量/%	时间（年-月）	采样层次/cm	质量含水量/%
2011-10	000～010	23.99	2012-3	040～060	25.59
2011-10	010～020	23.15	2012-3	060～080	26.77
2011-10	020～040	21.72	2012-3	080～100	26.30
2011-10	040～060	26.60	2012-4	000～010	14.06
2011-10	060～080	27.59	2012-4	010～020	16.09
2011-10	080～100	27.29	2012-4	020～040	17.06
2011-11	000～010	25.37	2012-4	040～060	25.46
2011-11	010～020	25.61	2012-4	060～080	27.19
2011-11	020～040	21.61	2012-4	080～100	25.36
2011-11	040～060	25.6	2012-5	000～010	14.41
2011-11	060～080	27.27	2012-5	010～020	15.13
2011-11	080～100	26.02	2012-5	020～040	13.89
2011-12	000～010	24.37	2012-5	040～060	21.14
2011-12	010～020	24.90	2012-5	060～080	21.04
2011-12	020～040	21.94	2012-5	080～100	20.04
2011-12	040～060	26.42	2012-6	000～010	17.21
2011-12	060～080	28.81	2012-6	010～020	18.83
2011-12	080～100	27.60	2012-6	020～040	16.76
2012-1	000～010	22.95	2012-6	040～060	22.67
2012-1	010～020	24.84	2012-6	060～080	21.87
2012-1	020～040	21.27	2012-6	080～100	21.27
2012-1	040～060	25.99	2012-7	000～010	20.54
2012-1	060～080	26.90	2012-7	010～020	19.10
2012-1	080～100	26.40	2012-7	020～040	16.83
2012-2	000～010	19.97	2012-7	040～060	21.07
2012-2	010～020	20.98	2012-7	060～080	26.37
2012-2	020～040	20.06	2012-7	080～100	26.56
2012-2	040～060	27.65	2012-8	000～010	23.51
2012-2	060～080	28.27	2012-8	010～020	20.65
2012-2	080～100	27.60	2012-8	020～040	18.07
2012-3	000～010	20.22	2012-8	040～060	22.48
2012-3	010～020	20.84	2012-8	060～080	23.94
2012-3	020～040	18.73	2012-8	080～100	23.97

（续）

时间（年-月）	采样层次/cm	质量含水量/%	时间（年-月）	采样层次/cm	质量含水量/%
2012-9	000～010	24.90	2013-2	040～060	22.60
2012-9	010～020	22.26	2013-2	060～080	26.00
2012-9	020～040	19.65	2013-2	080～100	26.90
2012-9	040～060	23.48	2013-3	000～010	16.47
2012-9	060～080	25.72	2013-3	010～020	17.87
2012-9	080～100	25.07	2013-3	020～040	17.13
2012-10	000～010	21.62	2013-3	040～060	23.83
2012-10	010～020	22.60	2013-3	060～080	25.90
2012-10	020～040	19.38	2013-3	080～100	25.63
2012-10	040～060	23.88	2013-4	000～010	15.73
2012-10	060～080	25.25	2013-4	010～020	16.40
2012-10	080～100	26.31	2013-4	020～040	16.03
2012-11	000～010	21.31	2013-4	040～060	21.23
2012-11	010～020	20.17	2013-4	060～080	24.88
2012-11	020～040	18.66	2013-4	080～100	23.88
2012-11	040～060	23.81	2013-5	000～010	21.60
2012-11	060～080	26.07	2013-5	010～020	21.43
2012-11	080～100	25.40	2013-5	020～040	20.13
2012-12	000～010	20.50	2013-5	040～060	25.17
2012-12	010～020	20.09	2013-5	060～080	24.47
2012-12	020～040	19.04	2013-5	080～100	19.43
2012-12	040～060	24.94	2013-6	000～010	17.85
2012-12	060～080	26.14	2013-6	010～020	22.90
2012-12	080～100	25.92	2013-6	020～040	18.55
2013-1	000～010	25.83	2013-6	040～060	23.10
2013-1	010～020	21.70	2013-6	060～080	25.15
2013-1	020～040	19.47	2013-6	080～100	22.75
2013-1	040～060	22.20	2013-8	000～010	21.47
2013-1	060～080	26.20	2013-8	010～020	18.77
2013-1	080～100	25.83	2013-8	020～040	18.77
2013-2	000～010	22.20	2013-8	040～060	22.97
2013-2	010～020	21.40	2013-8	060～080	26.07
2013-2	020～040	20.10	2013-8	080～100	24.93

（续）

时间（年-月）	采样层次/cm	质量含水量/%	时间（年-月）	采样层次/cm	质量含水量/%
2013-9	000～010	19.70	2014-2	040～060	21.80
2013-9	010～020	17.90	2014-2	060～080	25.80
2013-9	020～040	16.75	2014-2	080～100	21.40
2013-9	040～060	18.60	2014-3	000～010	13.87
2013-9	060～080	26.40	2014-3	010～020	16.00
2013-9	080～100	19.95	2014-3	020～040	17.07
2013-10	000～010	19.90	2014-3	040～060	24.37
2013-10	010～020	17.17	2014-3	060～080	17.43
2013-10	020～040	18.43	2014-3	080～100	16.00
2013-10	040～060	22.33	2014-4	000～010	20.20
2013-10	060～080	20.53	2014-4	010～020	19.13
2013-10	080～100	15.87	2014-4	020～040	23.23
2013-11	000～010	22.17	2014-4	040～060	24.77
2013-11	010～020	21.47	2014-4	060～080	21.27
2013-11	020～040	21.53	2014-4	080～100	19.90
2013-11	040～060	24.23	2014-5	000～010	13.27
2013-11	060～080	24.73	2014-5	010～020	14.27
2013-11	080～100	18.13	2014-5	020～040	17.27
2013-12	000～010	20.10	2014-5	040～060	21.37
2013-12	010～020	19.40	2014-5	060～080	22.30
2013-12	020～040	21.00	2014-5	080～100	18.70
2013-12	040～060	23.43	2014-6	000～010	21.65
2013-12	060～080	23.23	2014-6	010～020	17.80
2013-12	080～100	17.23	2014-6	020～040	19.85
2014-1	000～010	15.90	2014-6	040～060	23.40
2014-1	010～020	18.03	2014-6	060～080	17.45
2014-1	020～040	19.90	2014-6	080～100	15.55
2014-1	040～060	24.33	2014-7	000～010	16.60
2014-1	060～080	22.50	2014-7	010～020	13.70
2014-1	080～100	18.03	2014-7	020～040	17.80
2014-2	000～010	29.70	2014-7	040～060	22.70
2014-2	010～020	19.20	2014-7	060～080	20.90
2014-2	020～040	17.80	2014-7	080～100	23.20

（续）

时间（年-月）	采样层次/cm	质量含水量/%	时间（年-月）	采样层次/cm	质量含水量/%
2014-8	000～010	25.17	2015-1	040～060	26.00
2014-8	010～020	21.20	2015-1	060～080	24.65
2014-8	020～040	21.47	2015-1	080～100	23.73
2014-8	040～060	24.37	2015-2	000～010	18.50
2014-8	060～080	22.10	2015-2	010～020	18.21
2014-8	080～100	14.53	2015-2	020～040	23.56
2014-9	000～010	23.93	2015-2	040～060	27.52
2014-9	010～020	20.65	2015-2	060～080	24.50
2014-9	020～040	19.18	2015-2	080～100	23.54
2014-9	040～060	21.15	2015-3	000～010	23.38
2014-9	060～080	23.55	2015-3	010～020	19.50
2014-9	080～100	20.43	2015-3	020～040	22.95
2014-10	000～010	22.63	2015-3	040～060	25.65
2014-10	010～020	21.10	2015-3	060～080	25.03
2014-10	020～040	23.03	2015-3	080～100	25.85
2014-10	040～060	26.43	2015-4	000～010	24.83
2014-10	060～080	25.73	2015-4	010～020	20.78
2014-10	080～100	25.20	2015-4	020～040	20.70
2014-11	000～010	21.03	2015-4	040～060	26.02
2014-11	010～020	20.23	2015-4	060～080	27.12
2014-11	020～040	22.13	2015-4	080～100	26.19
2014-11	040～060	26.13	2015-5	000～010	16.74
2014-11	060～080	24.73	2015-5	010～020	15.76
2014-11	080～100	24.33	2015-5	020～040	18.27
2014-12	000～010	23.57	2015-5	040～060	22.48
2014-12	010～020	20.63	2015-5	060～080	24.62
2014-12	020～040	21.80	2015-5	080～100	25.07
2014-12	040～060	25.77	2015-6	000～010	19.87
2014-12	060～080	24.83	2015-6	010～020	18.93
2014-12	080～100	23.43	2015-6	020～040	23.15
2015-1	000～010	19.46	2015-6	040～060	25.24
2015-1	010～020	17.70	2015-6	060～080	24.00
2015-1	020～040	20.42	2015-6	080～100	23.13

（续）

时间（年-月）	采样层次/cm	质量含水量/%	时间（年-月）	采样层次/cm	质量含水量/%
2015-7	000～010	24.03	2015-10	000～010	24.43
2015-7	010～020	21.41	2015-10	010～020	20.20
2015-7	020～040	22.99	2015-10	020～040	19.75
2015-7	040～060	25.01	2015-10	040～060	24.10
2015-7	060～080	27.02	2015-10	060～080	26.90
2015-7	080～100	27.32	2015-10	080～100	25.97
2015-8	000～010	25.72	2015-11	000～010	30.89
2015-8	010～020	21.15	2015-11	010～020	22.38
2015-8	020～040	21.07	2015-11	020～040	21.56
2015-8	040～060	24.23	2015-11	040～060	24.61
2015-8	060～080	25.70	2015-11	060～080	25.96
2015-8	080～100	28.96	2015-11	080～100	25.16
2015-9	000～010	22.66	2015-12	000～010	24.50
2015-9	010～020	20.18	2015-12	010～020	22.28
2015-9	020～040	18.71	2015-12	020～040	20.93
2015-9	040～060	23.59	2015-12	040～060	26.18
2015-9	060～080	23.88	2015-12	060～080	27.78
2015-9	080～100	24.38	2015-12	080～100	27.50

表 3-31 陈菜园站区土壤质量含水量数据

时间（年-月）	采样层次/cm	质量含水量/%	时间（年-月）	采样层次/cm	质量含水量/%
2008-1	000～010	20.88	2008-3	000～010	14.31
2008-1	010～020	19.94	2008-3	010～020	17.52
2008-1	020～040	19.87	2008-3	020～040	16.10
2008-1	040～060	25.86	2008-3	040～060	23.20
2008-1	060～080	15.70	2008-3	060～080	27.53
2008-1	080～100	15.21	2008-3	080～100	26.67
2008-2	000～010	16.15	2008-4	000～010	22.95
2008-2	010～020	20.45	2008-4	010～020	21.22
2008-2	020～040	19.62	2008-4	020～040	19.18
2008-2	040～060	26.39	2008-4	040～060	22.32
2008-2	060～080	28.28	2008-4	060～080	25.84
2008-2	080～100	28.29	2008-4	080～100	26.11

（续）

时间（年-月）	采样层次/cm	质量含水量/%	时间（年-月）	采样层次/cm	质量含水量/%
2008-5	000～010	17.25	2008-10	040～060	27.57
2008-5	010～020	16.95	2008-10	060～080	27.93
2008-5	020～040	16.02	2008-10	080～100	29.16
2008-5	040～060	22.17	2008-11	000～010	18.62
2008-5	060～080	25.29	2008-11	010～020	18.78
2008-5	080～100	23.76	2008-11	020～040	26.58
2008-6	000～010	20.27	2008-11	040～060	25.89
2008-6	010～020	18.98	2008-11	060～080	28.63
2008-6	020～040	18.66	2008-11	080～100	28.36
2008-6	040～060	25.94	2008-12	000～010	18.03
2008-6	060～080	23.93	2008-12	010～020	19.34
2008-6	080～100	22.46	2008-12	020～040	20.29
2008-7	000～010	22.20	2008-12	040～060	25.20
2008-7	010～020	21.21	2008-12	060～080	28.18
2008-7	020～040	22.37	2008-12	080～100	27.33
2008-7	040～060	26.36	2009-1	000～010	15.82
2008-7	060～080	26.92	2009-1	010～020	18.92
2008-7	080～100	27.52	2009-1	020～040	19.17
2008-8	000～010	22.79	2009-1	040～060	26.09
2008-8	010～020	21.28	2009-1	060～080	28.65
2008-8	020～040	23.53	2009-1	080～100	27.44
2008-8	040～060	27.96	2009-2	000～010	23.89
2008-8	060～080	28.48	2009-2	010～020	23.77
2008-8	080～100	29.32	2009-2	020～040	22.74
2008-9	000～010	24.97	2009-2	040～060	29.38
2008-9	010～020	22.50	2009-2	060～080	30.70
2008-9	020～040	23.79	2009-2	080～100	28.18
2008-9	040～060	29.33	2009-3	000～010	17.28
2008-9	060～080	29.77	2009-3	010～020	18.93
2008-9	080～100	30.12	2009-3	020～040	17.63
2008-10	000～010	20.80	2009-3	040～060	24.78
2008-10	010～020	19.67	2009-3	060～080	28.08
2008-10	020～040	23.07	2009-3	080～100	27.78

（续）

时间（年-月）	采样层次/cm	质量含水量/%	时间（年-月）	采样层次/cm	质量含水量/%
2009-4	000～010	17.89	2009-9	040～060	27.58
2009-4	010～020	18.09	2009-9	060～080	28.71
2009-4	020～040	17.99	2009-9	080～100	29.04
2009-4	040～060	22.09	2009-10	000～010	18.82
2009-4	060～080	25.36	2009-10	010～020	20.14
2009-4	080～100	26.12	2009-10	020～040	23.01
2009-5	000～010	15.94	2009-10	040～060	29.19
2009-5	010～020	17.08	2009-10	060～080	29.62
2009-5	020～040	17.01	2009-10	080～100	30.33
2009-5	040～060	18.34	2009-11	000～010	21.19
2009-5	060～080	22.58	2009-11	010～020	22.02
2009-5	080～100	25.48	2009-11	020～040	23.39
2009-6	000～010	22.45	2009-11	040～060	28.52
2009-6	010～020	21.49	2009-11	060～080	29.28
2009-6	020～040	22.13	2009-11	080～100	30.47
2009-6	040～060	26.76	2009-12	000～010	21.88
2009-6	060～080	27.67	2009-12	010～020	20.51
2009-6	080～100	27.58	2009-12	020～040	23.69
2009-7	000～010	17.74	2009-12	040～060	29.48
2009-7	010～020	17.74	2009-12	060～080	28.37
2009-7	020～040	19.48	2009-12	080～100	29.38
2009-7	040～060	25.80	2010-1	000～010	18.66
2009-7	060～080	27.04	2010-1	010～020	19.81
2009-7	080～100	27.23	2010-1	020～040	21.62
2009-8	000～010	23.82	2010-1	040～060	26.33
2009-8	010～020	22.80	2010-1	060～080	28.38
2009-8	020～040	24.52	2010-1	080～100	29.75
2009-8	040～060	29.06	2010-2	000～010	20.53
2009-8	060～080	30.46	2010-2	010～020	21.70
2009-8	080～100	31.59	2010-2	020～040	22.68
2009-9	000～010	22.06	2010-2	040～060	27.74
2009-9	010～020	20.47	2010-2	060～080	29.14
2009-9	020～040	22.21	2010-2	080～100	29.02

（续）

时间（年-月）	采样层次/cm	质量含水量/%	时间（年-月）	采样层次/cm	质量含水量/%
2010-3	000~010	17.96	2010-8	040~060	28.35
2010-3	010~020	20.30	2010-8	060~080	28.67
2010-3	020~040	20.33	2010-8	080~100	28.91
2010-3	040~060	27.34	2010-9	000~010	25.91
2010-3	060~080	27.76	2010-9	010~020	21.84
2010-3	080~100	28.45	2010-9	020~040	25.02
2010-4	000~010	15.35	2010-9	040~060	31.46
2010-4	010~020	16.79	2010-9	060~080	27.98
2010-4	020~040	14.95	2010-9	080~100	28.55
2010-4	040~060	24.91	2010-10	000~010	20.46
2010-4	060~080	26.98	2010-10	010~020	21.12
2010-4	080~100	27.81	2010-10	020~040	22.04
2010-5	000~010	16.56	2010-10	040~060	29.02
2010-5	010~020	19.14	2010-10	060~080	28.94
2010-5	020~040	14.56	2010-10	080~100	31.56
2010-5	040~060	16.21	2010-11	000~010	18.64
2010-5	060~080	23.58	2010-11	010~020	18.57
2010-5	080~100	23.20	2010-11	020~040	21.08
2010-6	000~010	15.83	2010-11	040~060	27.01
2010-6	010~020	15.04	2010-11	060~080	27.67
2010-6	020~040	14.57	2010-11	080~100	28.61
2010-6	040~060	16.23	2010-12	000~010	18.48
2010-6	060~080	22.31	2010-12	010~020	18.66
2010-6	080~100	22.80	2010-12	020~040	20.07
2010-7	000~010	18.22	2010-12	040~060	27.92
2010-7	010~020	18.20	2010-12	060~080	27.51
2010-7	020~040	17.98	2010-12	080~100	29.50
2010-7	040~060	22.44	2011-1	000~010	19.52
2010-7	060~080	24.24	2011-1	010~020	18.09
2010-7	080~100	25.42	2011-1	020~040	19.41
2010-8	000~010	21.27	2011-1	040~060	26.17
2010-8	010~020	20.16	2011-1	060~080	27.05
2010-8	020~040	21.80	2011-1	080~100	28.06

（续）

时间（年-月）	采样层次/cm	质量含水量/%	时间（年-月）	采样层次/cm	质量含水量/%
2011-2	000～010	24.04	2011-7	040～060	23.25
2011-2	010～020	20.98	2011-7	060～080	20.28
2011-2	020～040	22.25	2011-7	080～100	20.49
2011-2	040～060	29.51	2011-8	000～010	22.51
2011-2	060～080	27.94	2011-8	010～020	19.74
2011-2	080～100	28.33	2011-8	020～040	20.09
2011-3	000～010	17.80	2011-8	040～060	25.88
2011-3	010～020	18.00	2011-8	060～080	26.92
2011-3	020～040	19.46	2011-8	080～100	27.11
2011-3	040～060	25.79	2011-9	000～010	29.81
2011-3	060～080	27.83	2011-9	010～020	22.51
2011-3	080～100	29.25	2011-9	020～040	22.42
2011-4	000～010	10.47	2011-9	040～060	23.76
2011-4	010～020	13.64	2011-9	060～080	26.14
2011-4	020～040	13.44	2011-9	080～100	27.12
2011-4	040～060	22.88	2011-10	000～010	25.25
2011-4	060～080	25.96	2011-10	010～020	22.76
2011-4	080～100	25.45	2011-10	020～040	23.45
2011-5	000～010	15.47	2011-10	040～060	29.43
2011-5	010～020	16.53	2011-10	060～080	28.75
2011-5	020～040	12.23	2011-10	080～100	28.83
2011-5	040～060	16.31	2011-11	000～010	24.15
2011-5	060～080	19.27	2011-11	010～020	25.10
2011-5	080～100	21.23	2011-11	020～040	23.11
2011-6	000～010	17.08	2011-11	040～060	27.90
2011-6	010～020	16.43	2011-11	060～080	29.44
2011-6	020～040	18.01	2011-11	080～100	29.33
2011-6	040～060	23.45	2011-12	000～010	28.67
2011-6	060～080	18.20	2011-12	010～020	27.59
2011-6	080～100	18.92	2011-12	020～040	22.85
2011-7	000～010	19.91	2011-12	040～060	28.36
2011-7	010～020	16.74	2011-12	060～080	29.17
2011-7	020～040	17.64	2011-12	080～100	29.57

（续）

时间（年-月）	采样层次/cm	质量含水量/%	时间（年-月）	采样层次/cm	质量含水量/%
2012-1	000～010	24.37	2012-6	040～060	22.23
2012-1	010～020	23.93	2012-6	060～080	19.70
2012-1	020～040	23.67	2012-6	080～100	18.59
2012-1	040～060	28.27	2012-7	000～010	22.40
2012-1	060～080	30.12	2012-7	010～020	19.02
2012-1	080～100	29.28	2012-7	020～040	17.28
2012-2	000～010	20.73	2012-7	040～060	23.68
2012-2	010～020	23.82	2012-7	060～080	27.76
2012-2	020～040	23.34	2012-7	080～100	28.28
2012-2	040～060	27.63	2012-8	000～010	21.79
2012-2	060～080	28.66	2012-8	010～020	18.65
2012-2	080～100	29.42	2012-8	020～040	18.93
2012-3	000～010	21.61	2012-8	040～060	21.52
2012-3	010～020	22.26	2012-8	060～080	24.18
2012-3	020～040	23.22	2012-8	080～100	23.76
2012-3	040～060	27.97	2012-9	000～010	22.12
2012-3	060～080	28.06	2012-9	010～020	20.36
2012-3	080～100	29.56	2012-9	020～040	19.71
2012-4	000～010	14.22	2012-9	040～060	22.32
2012-4	010～020	16.46	2012-9	060～080	24.76
2012-4	020～040	17.72	2012-9	080～100	25.98
2012-4	040～060	26.56	2012-10	000～010	19.76
2012-4	060～080	25.51	2012-10	010～020	20.06
2012-4	080～100	26.71	2012-10	020～040	18.61
2012-5	000～010	14.02	2012-10	040～060	24.17
2012-5	010～020	15.97	2012-10	060～080	24.89
2012-5	020～040	16.15	2012-10	080～100	27.91
2012-5	040～060	21.07	2012-11	000～010	19.57
2012-5	060～080	20.54	2012-11	010～020	19.42
2012-5	080～100	21.15	2012-11	020～040	18.68
2012-6	000～010	17.56	2012-11	040～060	20.35
2012-6	010～020	19.90	2012-11	060～080	22.92
2012-6	020～040	19.10	2012-11	080～100	24.27

（续）

时间（年-月）	采样层次/cm	质量含水量/%	时间（年-月）	采样层次/cm	质量含水量/%
2012-12	000～010	19.88	2013-5	040～060	25.27
2012-12	010～020	18.76	2013-5	060～080	19.63
2012-12	020～040	18.84	2013-5	080～100	21.60
2012-12	040～060	24.59	2013-6	000～010	13.55
2012-12	060～080	23.14	2013-6	010～020	16.70
2012-12	080～100	26.09	2013-6	020～040	18.40
2013-1	000～010	24.03	2013-6	040～060	19.30
2013-1	010～020	20.13	2013-6	060～080	20.10
2013-1	020～040	18.43	2013-6	080～100	24.00
2013-1	040～060	23.57	2013-8	000～010	19.60
2013-1	060～080	23.53	2013-8	010～020	18.30
2013-1	080～100	26.27	2013-8	020～040	17.53
2013-2	000～010	18.10	2013-8	040～060	19.13
2013-2	010～020	20.90	2013-8	060～080	26.17
2013-2	020～040	19.40	2013-8	080～100	23.87
2013-2	040～060	24.40	2013-9	000～010	20.70
2013-2	060～080	24.00	2013-9	010～020	18.25
2013-2	080～100	27.30	2013-9	020～040	16.10
2013-3	000～010	15.70	2013-9	040～060	19.25
2013-3	010～020	18.17	2013-9	060～080	22.15
2013-3	020～040	18.23	2013-9	080～100	22.85
2013-3	040～060	23.30	2013-10	000～010	16.77
2013-3	060～080	22.90	2013-10	010～020	16.63
2013-3	080～100	24.93	2013-10	020～040	16.23
2013-4	000～010	17.13	2013-10	040～060	18.63
2013-4	010～020	18.93	2013-10	060～080	18.57
2013-4	020～040	18.00	2013-10	080～100	21.63
2013-4	040～060	20.25	2013-11	000～010	23.33
2013-4	060～080	22.73	2013-11	010～020	20.47
2013-4	080～100	25.38	2013-11	020～040	19.00
2013-5	000～010	23.37	2013-11	040～060	22.10
2013-5	010～020	21.00	2013-11	060～080	19.43
2013-5	020～040	20.83	2013-11	080～100	21.83

（续）

时间（年-月）	采样层次/cm	质量含水量/%	时间（年-月）	采样层次/cm	质量含水量/%
2013-12	000～010	21.28	2014-5	040～060	14.83
2013-12	010～020	18.80	2014-5	060～080	9.60
2013-12	020～040	19.65	2014-5	080～100	19.40
2013-12	040～060	26.25	2014-6	000～010	9.95
2013-12	060～080	22.38	2014-6	010～020	14.65
2013-12	080～100	25.28	2014-6	020～040	12.40
2014-1	000～010	15.97	2014-6	040～060	11.70
2014-1	010～020	17.27	2014-6	060～080	13.60
2014-1	020～040	19.07	2014-6	080～100	12.55
2014-1	040～060	23.57	2014-7	000～010	18.00
2014-1	060～080	14.67	2014-7	010～020	14.90
2014-1	080～100	23.80	2014-7	020～040	14.10
2014-2	000～010	26.60	2014-7	040～060	21.10
2014-2	010～020	21.90	2014-7	060～080	18.20
2014-2	020～040	22.10	2014-7	080～100	11.80
2014-2	040～060	23.30	2014-8	000～010	22.67
2014-2	060～080	24.00	2014-8	010～020	21.17
2014-2	080～100	21.90	2014-8	020～040	20.27
2014-3	000～010	14.37	2014-8	040～060	22.07
2014-3	010～020	15.83	2014-8	060～080	24.43
2014-3	020～040	16.33	2014-8	080～100	14.97
2014-3	040～060	24.60	2014-9	000～010	21.50
2014-3	060～080	17.60	2014-9	010～020	19.58
2014-3	080～100	20.40	2014-9	020～040	17.23
2014-4	000～010	22.40	2014-9	040～060	21.30
2014-4	010～020	18.00	2014-9	060～080	23.40
2014-4	020～040	14.00	2014-9	080～100	17.73
2014-4	040～060	15.53	2014-10	000～010	22.43
2014-4	060～080	14.17	2014-10	010～020	20.70
2014-4	080～100	19.93	2014-10	020～040	20.87
2014-5	000～010	11.07	2014-10	040～060	25.30
2014-5	010～020	12.80	2014-10	060～080	23.97
2014-5	020～040	10.10	2014-10	080～100	25.43

（续）

时间（年-月）	采样层次/cm	质量含水量/%	时间（年-月）	采样层次/cm	质量含水量/%
2014-11	000～010	20.87	2015-4	040～060	21.08
2014-11	010～020	18.77	2015-4	060～080	23.55
2014-11	020～040	22.47	2015-4	080～100	22.10
2014-11	040～060	24.37	2015-5	000～010	16.10
2014-11	060～080	23.30	2015-5	010～020	14.62
2014-11	080～100	25.10	2015-5	020～040	14.16
2014-12	000～010	20.27	2015-5	040～060	18.70
2014-12	010～020	19.67	2015-5	060～080	20.35
2014-12	020～040	21.60	2015-5	080～100	23.25
2014-12	040～060	23.20	2015-6	000～010	16.84
2014-12	060～080	24.03	2015-6	010～020	16.21
2014-12	080～100	26.13	2015-6	020～040	16.87
2015-1	000～010	18.44	2015-6	040～060	21.74
2015-1	010～020	18.34	2015-6	060～080	18.24
2015-1	020～040	21.34	2015-6	080～100	16.74
2015-1	040～060	26.98	2015-7	000～010	23.62
2015-1	060～080	22.84	2015-7	010～020	20.50
2015-1	080～100	26.03	2015-7	020～040	23.25
2015-2	000～010	22.85	2015-7	040～060	25.21
2015-2	010～020	17.65	2015-7	060～080	27.54
2015-2	020～040	20.89	2015-7	080～100	27.93
2015-2	040～060	28.42	2015-8	000～010	22.74
2015-2	060～080	20.61	2015-8	010～020	19.65
2015-2	080～100	25.16	2015-8	020～040	21.45
2015-3	000～010	21.72	2015-8	040～060	26.75
2015-3	010～020	20.72	2015-8	060～080	28.64
2015-3	020～040	20.29	2015-8	080～100	28.85
2015-3	040～060	20.70	2015-9	000～010	17.67
2015-3	060～080	19.42	2015-9	010～020	19.17
2015-3	080～100	25.01	2015-9	020～040	18.12
2015-4	000～010	21.74	2015-9	040～060	26.71
2015-4	010～020	18.63	2015-9	060～080	25.41
2015-4	020～040	19.24	2015-9	080～100	28.38

（续）

时间（年-月）	采样层次/cm	质量含水量/%	时间（年-月）	采样层次/cm	质量含水量/%
2015 - 10	000～010	22.05	2015 - 11	040～060	24.13
2015 - 10	010～020	18.24	2015 - 11	060～080	23.76
2015 - 10	020～040	21.02	2015 - 11	080～100	28.79
2015 - 10	040～060	25.51	2015 - 12	000～010	22.79
2015 - 10	060～080	25.04	2015 - 12	010～020	20.12
2015 - 10	080～100	28.15	2015 - 12	020～040	21.23
2015 - 11	000～010	25.54	2015 - 12	040～060	27.35
2015 - 11	010～020	20.47	2015 - 12	060～080	27.24
2015 - 11	020～040	21.79	2015 - 12	080～100	28.44

表 3 - 32　关庄站区土壤质量含水量数据

时间（年-月）	采样层次/cm	质量含水量/%	时间（年-月）	采样层次/cm	质量含水量/%
2008 - 1	000～010	20.80	2008 - 4	040～060	20.49
2008 - 1	010～020	21.17	2008 - 4	060～080	20.19
2008 - 1	020～040	21.48	2008 - 4	080～100	24.42
2008 - 1	040～060	24.35	2008 - 5	000～010	21.64
2008 - 1	060～080	24.76	2008 - 5	010～020	17.36
2008 - 1	080～100	26.78	2008 - 5	020～040	19.40
2008 - 2	000～010	19.16	2008 - 5	040～060	20.17
2008 - 2	010～020	20.58	2008 - 5	060～080	23.81
2008 - 2	020～040	20.26	2008 - 5	080～100	25.74
2008 - 2	040～060	25.21	2008 - 6	000～010	20.31
2008 - 2	060～080	25.20	2008 - 6	010～020	19.62
2008 - 2	080～100	26.82	2008 - 6	020～040	18.17
2008 - 3	000～010	15.12	2008 - 6	040～060	22.12
2008 - 3	010～020	14.94	2008 - 6	060～080	15.72
2008 - 3	020～040	15.76	2008 - 6	080～100	15.10
2008 - 3	040～060	20.46	2008 - 7	000～010	24.66
2008 - 3	060～080	24.17	2008 - 7	010～020	22.04
2008 - 3	080～100	24.61	2008 - 7	020～040	23.58
2008 - 4	000～010	24.44	2008 - 7	040～060	26.23
2008 - 4	010～020	21.48	2008 - 7	060～080	22.78
2008 - 4	020～040	21.89	2008 - 7	080～100	25.18

（续）

时间（年-月）	采样层次/cm	质量含水量/%	时间（年-月）	采样层次/cm	质量含水量/%
2008 - 8	000～010	23.79	2009 - 1	040～060	21.26
2008 - 8	010～020	21.26	2009 - 1	060～080	22.01
2008 - 8	020～040	26.35	2009 - 1	080～100	22.63
2008 - 8	040～060	29.60	2009 - 2	000～010	26.22
2008 - 8	060～080	29.40	2009 - 2	010～020	23.49
2008 - 8	080～100	28.39	2009 - 2	020～040	22.68
2008 - 9	000～010	24.92	2009 - 2	040～060	23.05
2008 - 9	010～020	21.67	2009 - 2	060～080	26.19
2008 - 9	020～040	22.54	2009 - 2	080～100	30.02
2008 - 9	040～060	26.66	2009 - 3	000～010	18.83
2008 - 9	060～080	27.27	2009 - 3	010～020	18.42
2008 - 9	080～100	30.78	2009 - 3	020～040	18.71
2008 - 10	000～010	20.71	2009 - 3	040～060	21.35
2008 - 10	010～020	20.16	2009 - 3	060～080	21.84
2008 - 10	020～040	20.70	2009 - 3	080～100	25.52
2008 - 10	040～060	21.23	2009 - 4	000～010	18.89
2008 - 10	060～080	24.19	2009 - 4	010～020	17.67
2008 - 10	080～100	27.48	2009 - 4	020～040	16.55
2008 - 11	000～010	19.23	2009 - 4	040～060	16.99
2008 - 11	010～020	18.57	2009 - 4	060～080	19.54
2008 - 11	020～040	19.99	2009 - 4	080～100	22.49
2008 - 11	040～060	21.51	2009 - 5	000～010	17.38
2008 - 11	060～080	23.09	2009 - 5	010～020	16.86
2008 - 11	080～100	28.12	2009 - 5	020～040	15.8
2008 - 12	000～010	20.26	2009 - 5	040～060	17.00
2008 - 12	010～020	18.93	2009 - 5	060～080	17.70
2008 - 12	020～040	19.19	2009 - 5	080～100	18.36
2008 - 12	040～060	21.05	2009 - 6	000～010	23.35
2008 - 12	060～080	23.06	2009 - 6	010～020	21.97
2008 - 12	080～100	26.19	2009 - 6	020～040	22.88
2009 - 1	000～010	21.52	2009 - 6	040～060	22.87
2009 - 1	010～020	19.09	2009 - 6	060～080	24.83
2009 - 1	020～040	19.22	2009 - 6	080～100	26.08

（续）

时间（年-月）	采样层次/cm	质量含水量/%	时间（年-月）	采样层次/cm	质量含水量/%
2009 - 7	000～010	19.06	2009 - 12	040～060	22.42
2009 - 7	010～020	17.82	2009 - 12	060～080	23.85
2009 - 7	020～040	19.32	2009 - 12	080～100	24.28
2009 - 7	040～060	21.24	2010 - 1	000～010	22.75
2009 - 7	060～080	23.53	2010 - 1	010～020	20.13
2009 - 7	080～100	23.00	2010 - 1	020～040	21.00
2009 - 8	000～010	23.31	2010 - 1	040～060	21.85
2009 - 8	010～020	20.76	2010 - 1	060～080	22.89
2009 - 8	020～040	23.14	2010 - 1	080～100	23.80
2009 - 8	040～060	25.77	2010 - 2	000～010	22.58
2009 - 8	060～080	27.97	2010 - 2	010～020	21.59
2009 - 8	080～100	29.62	2010 - 2	020～040	21.74
2009 - 9	000～010	22.96	2010 - 2	040～060	22.39
2009 - 9	010～020	20.45	2010 - 2	060～080	23.52
2009 - 9	020～040	20.47	2010 - 2	080～100	23.90
2009 - 9	040～060	24.23	2010 - 3	000～010	18.67
2009 - 9	060～080	25.73	2010 - 3	010～020	19.77
2009 - 9	080～100	27.59	2010 - 3	020～040	19.41
2009 - 10	000～010	21.46	2010 - 3	040～060	23.14
2009 - 10	010～020	20.74	2010 - 3	060～080	22.04
2009 - 10	020～040	21.05	2010 - 3	080～100	23.28
2009 - 10	040～060	22.04	2010 - 4	000～010	14.60
2009 - 10	060～080	23.76	2010 - 4	010～020	15.54
2009 - 10	080～100	25.75	2010 - 4	020～040	14.88
2009 - 11	000～010	23.89	2010 - 4	040～060	16.27
2009 - 11	010～020	22.43	2010 - 4	060～080	18.76
2009 - 11	020～040	23.22	2010 - 4	080～100	20.00
2009 - 11	040～060	24.92	2010 - 5	000～010	18.58
2009 - 11	060～080	24.56	2010 - 5	010～020	18.05
2009 - 11	080～100	26.08	2010 - 5	020～040	15.12
2009 - 12	000～010	22.58	2010 - 5	040～060	15.12
2009 - 12	010～020	18.90	2010 - 5	060～080	16.39
2009 - 12	020～040	22.43	2010 - 5	080～100	17.78

（续）

时间（年-月）	采样层次/cm	质量含水量/%	时间（年-月）	采样层次/cm	质量含水量/%
2010 - 6	000～010	18.49	2010 - 11	040～060	21.26
2010 - 6	010～020	18.42	2010 - 11	060～080	22.01
2010 - 6	020～040	15.96	2010 - 11	080～100	23.73
2010 - 6	040～060	11.95	2010 - 12	000～010	19.20
2010 - 6	060～080	11.96	2010 - 12	010～020	18.39
2010 - 6	080～100	14.13	2010 - 12	020～040	18.02
2010 - 7	000～010	19.19	2010 - 12	040～060	20.96
2010 - 7	010～020	17.80	2010 - 12	060～080	21.21
2010 - 7	020～040	18.55	2010 - 12	080～100	22.70
2010 - 7	040～060	18.15	2011 - 1	000～010	20.12
2010 - 7	060～080	17.90	2011 - 1	010～020	19.24
2010 - 7	080～100	16.36	2011 - 1	020～040	18.56
2010 - 8	000～010	22.72	2011 - 1	040～060	20.46
2010 - 8	010～020	20.28	2011 - 1	060～080	21.93
2010 - 8	020～040	19.87	2011 - 1	080～100	22.89
2010 - 8	040～060	20.84	2011 - 2	000～010	25.26
2010 - 8	060～080	22.26	2011 - 2	010～020	23.26
2010 - 8	080～100	22.77	2011 - 2	020～040	21.92
2010 - 9	000～010	26.83	2011 - 2	040～060	23.28
2010 - 9	010～020	21.58	2011 - 2	060～080	23.49
2010 - 9	020～040	23.47	2011 - 2	080～100	23.74
2010 - 9	040～060	25.30	2011 - 3	000～010	18.88
2010 - 9	060～080	26.82	2011 - 3	010～020	19.39
2010 - 9	080～100	27.36	2011 - 3	020～040	19.44
2010 - 10	000～010	20.31	2011 - 3	040～060	21.45
2010 - 10	010～020	20.57	2011 - 3	060～080	22.87
2010 - 10	020～040	21.83	2011 - 3	080～100	24.29
2010 - 10	040～060	23.02	2011 - 4	000～010	11.51
2010 - 10	060～080	24.41	2011 - 4	010～020	14.06
2010 - 10	080～100	25.72	2011 - 4	020～040	13.02
2010 - 11	000～010	18.62	2011 - 4	040～060	14.88
2010 - 11	010～020	19.41	2011 - 4	060～080	17.41
2010 - 11	020～040	15.91	2011 - 4	080～100	20.93

（续）

时间（年-月）	采样层次/cm	质量含水量/%	时间（年-月）	采样层次/cm	质量含水量/%
2011-5	000～010	16.64	2011-10	040～060	25.88
2011-5	010～020	16.00	2011-10	060～080	30.31
2011-5	020～040	11.00	2011-10	080～100	30.94
2011-5	040～060	10.13	2011-11	000～010	24.17
2011-5	060～080	11.53	2011-11	010～020	24.59
2011-5	080～100	13.37	2011-11	020～040	22.24
2011-6	000～010	18.50	2011-11	040～060	26.24
2011-6	010～020	18.23	2011-11	060～080	27.45
2011-6	020～040	16.80	2011-11	080～100	29.39
2011-6	040～060	14.41	2011-12	000～010	24.28
2011-6	060～080	13.93	2011-12	010～020	24.04
2011-6	080～100	13.27	2011-12	020～040	23.62
2011-7	000～010	19.05	2011-12	040～060	25.02
2011-7	010～020	17.95	2011-12	060～080	28.90
2011-7	020～040	18.01	2011-12	080～100	29.94
2011-7	040～060	21.18	2012-1	000～010	26.32
2011-7	060～080	20.09	2012-1	010～020	24.66
2011-7	080～100	17.82	2012-1	020～040	22.70
2011-8	000～010	23.96	2012-1	040～060	24.93
2011-8	010～020	22.13	2012-1	060～080	27.86
2011-8	020～040	21.72	2012-1	080～100	29.12
2011-8	040～060	23.61	2012-2	000～010	22.86
2011-8	060～080	25.08	2012-2	010～020	23.78
2011-8	080～100	27.30	2012-2	020～040	22.43
2011-9	000～010	28.28	2012-2	040～060	23.89
2011-9	010～020	23.22	2012-2	060～080	26.53
2011-9	020～040	26.31	2012-2	080～100	28.02
2011-9	040～060	28.49	2012-3	000～010	20.99
2011-9	060～080	28.04	2012-3	010～020	24.01
2011-9	080～100	29.19	2012-3	020～040	20.12
2011-10	000～010	22.44	2012-3	040～060	22.12
2011-10	010～020	23.20	2012-3	060～080	23.72
2011-10	020～040	23.85	2012-3	080～100	25.70

（续）

时间（年-月）	采样层次/cm	质量含水量/%	时间（年-月）	采样层次/cm	质量含水量/%
2012-4	000～010	14.90	2012-9	040～060	26.97
2012-4	010～020	17.42	2012-9	060～080	23.80
2012-4	020～040	14.65	2012-9	080～100	26.46
2012-4	040～060	20.18	2012-10	000～010	18.26
2012-4	060～080	21.10	2012-10	010～020	21.53
2012-4	080～100	24.27	2012-10	020～040	20.56
2012-5	000～010	14.36	2012-10	040～060	26.21
2012-5	010～020	14.49	2012-10	060～080	27.04
2012-5	020～040	10.02	2012-10	080～100	28.16
2012-5	040～060	12.00	2012-11	000～010	21.85
2012-5	060～080	16.66	2012-11	010～020	21.58
2012-5	080～100	18.40	2012-11	020～040	20.26
2012-6	000～010	15.83	2012-11	040～060	25.72
2012-6	010～020	16.80	2012-11	060～080	24.98
2012-6	020～040	15.29	2012-11	080～100	25.65
2012-6	040～060	13.58	2012-12	000～010	22.55
2012-6	060～080	15.10	2012-12	010～020	22.23
2012-6	080～100	17.84	2012-12	020～040	19.59
2012-7	000～010	22.31	2012-12	040～060	22.13
2012-7	010～020	21.77	2012-12	060～080	24.26
2012-7	020～040	18.68	2012-12	080～100	25.28
2012-7	040～060	21.58	2013-1	000～010	23.67
2012-7	060～080	23.51	2013-1	010～020	22.17
2012-7	080～100	25.23	2013-1	020～040	19.63
2012-8	000～010	24.10	2013-1	040～060	22.03
2012-8	010～020	22.72	2013-1	060～080	24.83
2012-8	020～040	23.62	2013-1	080～100	26.37
2012-8	040～060	26.57	2013-2	000～010	22.10
2012-8	060～080	25.55	2013-2	010～020	21.00
2012-8	080～100	24.84	2013-2	020～040	20.80
2012-9	000～010	24.44	2013-2	040～060	21.50
2012-9	010～020	23.44	2013-2	060～080	23.70
2012-9	020～040	23.67	2013-2	080～100	24.40

（续）

时间（年-月）	采样层次/cm	质量含水量/%	时间（年-月）	采样层次/cm	质量含水量/%
2013-3	000~010	15.50	2013-9	040~060	20.55
2013-3	010~020	19.70	2013-9	060~080	18.10
2013-3	020~040	17.27	2013-9	080~100	19.10
2013-3	040~060	19.87	2013-10	000~010	21.13
2013-3	060~080	23.37	2013-10	010~020	19.47
2013-3	080~100	24.87	2013-10	020~040	16.70
2013-4	000~010	18.30	2013-10	040~060	17.37
2013-4	010~020	20.00	2013-10	060~080	17.87
2013-4	020~040	16.98	2013-10	080~100	19.83
2013-4	040~060	17.85	2013-11	000~010	25.47
2013-4	060~080	19.65	2013-11	010~020	20.50
2013-4	080~100	21.18	2013-11	020~040	19.37
2013-5	000~010	23.70	2013-11	040~060	21.33
2013-5	010~020	23.60	2013-11	060~080	21.03
2013-5	020~040	21.45	2013-11	080~100	22.77
2013-5	040~060	20.35	2013-12	000~010	22.80
2013-5	060~080	20.05	2013-12	010~020	19.58
2013-5	080~100	21.05	2013-12	020~040	18.83
2013-6	000~010	22.20	2013-12	040~060	19.45
2013-6	010~020	20.95	2013-12	060~080	19.63
2013-6	020~040	19.30	2013-12	080~100	20.88
2013-6	040~060	24.15	2014-1	000~010	18.00
2013-6	060~080	24.00	2014-1	010~020	18.10
2013-6	080~100	24.05	2014-1	020~040	17.17
2013-8	000~010	24.40	2014-1	040~060	19.17
2013-8	010~020	20.47	2014-1	060~080	19.80
2013-8	020~040	22.00	2014-1	080~100	22.73
2013-8	040~060	24.43	2014-2	000~010	29.60
2013-8	060~080	25.00	2014-2	010~020	23.70
2013-8	080~100	26.13	2014-2	020~040	19.90
2013-9	000~010	23.00	2014-2	040~060	25.00
2013-9	010~020	20.45	2014-2	060~080	26.40
2013-9	020~040	17.15	2014-2	080~100	22.90

（续）

时间（年-月）	采样层次/cm	质量含水量/%	时间（年-月）	采样层次/cm	质量含水量/%
2014-3	000～010	23.80	2014-8	040～060	27.47
2014-3	010～020	20.60	2014-8	060～080	26.03
2014-3	020～040	18.00	2014-8	080～100	23.73
2014-3	040～060	18.07	2014-9	000～010	24.78
2014-3	060～080	18.77	2014-9	010～020	20.28
2014-3	080～100	20.03	2014-9	020～040	21.48
2014-4	000～010	21.37	2014-9	040～060	25.13
2014-4	010～020	17.80	2014-9	060～080	25.28
2014-4	020～040	16.57	2014-9	080～100	25.78
2014-4	040～060	19.40	2014-10	000～010	23.27
2014-4	060～080	22.57	2014-10	010～020	22.43
2014-4	080～100	25.07	2014-10	020～040	21.90
2014-5	000～010	14.80	2014-10	040～060	24.00
2014-5	010～020	14.63	2014-10	060～080	25.13
2014-5	020～040	13.47	2014-10	080～100	27.67
2014-5	040～060	14.67	2014-11	000～010	23.63
2014-5	060～080	17.13	2014-11	010～020	21.07
2014-5	080～100	16.93	2014-11	020～040	23.03
2014-6	000～010	20.20	2014-11	040～060	26.57
2014-6	010～020	18.25	2014-11	060～080	24.40
2014-6	020～040	14.05	2014-11	080～100	26.43
2014-6	040～060	12.75	2014-12	000～010	23.90
2014-6	060～080	10.90	2014-12	010～020	21.73
2014-6	080～100	15.85	2014-12	020～040	20.23
2014-7	000～010	13.70	2014-12	040～060	21.93
2014-7	010～020	12.40	2014-12	060～080	23.53
2014-7	020～040	13.90	2014-12	080～100	25.30
2014-7	040～060	22.10	2015-1	000～010	21.51
2014-7	060～080	17.60	2015-1	010～020	19.71
2014-7	080～100	16.80	2015-1	020～040	19.96
2014-8	000～010	22.73	2015-1	040～060	24.84
2014-8	010～020	21.73	2015-1	060～080	24.29
2014-8	020～040	24.63	2015-1	080～100	25.58

（续）

时间（年-月）	采样层次/cm	质量含水量/%	时间（年-月）	采样层次/cm	质量含水量/%
2015 - 2	000～010	22.61	2015 - 7	040～060	24.48
2015 - 2	010～020	19.87	2015 - 7	060～080	26.68
2015 - 2	020～040	23.22	2015 - 7	080～100	28.56
2015 - 2	040～060	25.16	2015 - 8	000～010	24.42
2015 - 2	060～080	26.26	2015 - 8	010～020	20.70
2015 - 2	080～100	29.62	2015 - 8	020～040	24.57
2015 - 3	000～010	23.80	2015 - 8	040～060	27.17
2015 - 3	010～020	20.18	2015 - 8	060～080	27.09
2015 - 3	020～040	19.22	2015 - 8	080～100	29.04
2015 - 3	040～060	23.22	2015 - 9	000～010	22.11
2015 - 3	060～080	24.01	2015 - 9	010～020	19.39
2015 - 3	080～100	25.31	2015 - 9	020～040	19.04
2015 - 4	000～010	20.59	2015 - 9	040～060	21.99
2015 - 4	010～020	17.47	2015 - 9	060～080	23.30
2015 - 4	020～040	14.82	2015 - 9	080～100	23.30
2015 - 4	040～060	16.87	2015 - 10	000～010	22.52
2015 - 4	060～080	19.59	2015 - 10	010～020	20.76
2015 - 4	080～100	22.97	2015 - 10	020～040	20.00
2015 - 5	000～010	15.99	2015 - 10	040～060	20.29
2015 - 5	010～020	13.62	2015 - 10	060～080	21.96
2015 - 5	020～040	11.85	2015 - 10	080～100	24.56
2015 - 5	040～060	18.53	2015 - 11	000～010	26.14
2015 - 5	060～080	15.50	2015 - 11	010～020	21.85
2015 - 5	080～100	16.71	2015 - 11	020～040	21.40
2015 - 6	000～010	27.50	2015 - 11	040～060	21.94
2015 - 6	010～020	23.27	2015 - 11	060～080	24.71
2015 - 6	020～040	19.99	2015 - 11	080～100	25.63
2015 - 6	040～060	16.63	2015 - 12	000～010	24.55
2015 - 6	060～080	22.29	2015 - 12	010～020	21.41
2015 - 6	080～100	21.59	2015 - 12	020～040	24.51
2015 - 7	000～010	24.92	2015 - 12	040～060	25.64
2015 - 7	010～020	21.44	2015 - 12	060～080	27.59
2015 - 7	020～040	22.66	2015 - 12	080～100	29.28

表 3-33 王庄站区土壤质量含水量数据

时间（年-月）	采样层次/cm	质量含水量/%	时间（年-月）	采样层次/cm	质量含水量/%
2008-1	000～010	23.37	2008-6	040～060	24.57
2008-1	010～020	20.71	2008-6	060～080	25.80
2008-1	020～040	23.35	2008-6	080～100	26.10
2008-1	040～060	23.05	2008-7	000～010	23.31
2008-1	060～080	26.71	2008-7	010～020	21.21
2008-1	080～100	25.68	2008-7	020～040	23.90
2008-2	000～010	21.49	2008-7	040～060	27.40
2008-2	010～020	21.67	2008-7	060～080	26.16
2008-2	020～040	22.19	2008-7	080～100	27.49
2008-2	040～060	25.79	2008-8	000～010	22.17
2008-2	060～080	27.35	2008-8	010～020	20.70
2008-2	080～100	28.59	2008-8	020～040	23.77
2008-3	000～010	16.00	2008-8	040～060	26.75
2008-3	010～020	19.02	2008-8	060～080	27.08
2008-3	020～040	19.73	2008-8	080～100	28.39
2008-3	040～060	25.17	2008-9	000～010	23.65
2008-3	060～080	26.60	2008-9	010～020	21.84
2008-3	080～100	27.64	2008-9	020～040	24.02
2008-4	000～010	24.65	2008-9	040～060	26.90
2008-4	010～020	22.47	2008-9	060～080	26.69
2008-4	020～040	24.28	2008-9	080～100	27.80
2008-4	040～060	28.32	2008-10	000～010	16.85
2008-4	060～080	26.89	2008-10	010～020	20.49
2008-4	080～100	28.52	2008-10	020～040	22.52
2008-5	000～010	19.87	2008-10	040～060	26.53
2008-5	010～020	19.86	2008-10	060～080	27.26
2008-5	020～040	21.49	2008-10	080～100	28.02
2008-5	040～060	23.47	2008-11	000～010	19.40
2008-5	060～080	25.38	2008-11	010～020	20.34
2008-5	080～100	27.64	2008-11	020～040	22.63
2008-6	000～010	21.39	2008-11	040～060	27.54
2008-6	010～020	20.46	2008-11	060～080	27.20
2008-6	020～040	21.53	2008-11	080～100	27.72

（续）

时间（年-月）	采样层次/cm	质量含水量/%	时间（年-月）	采样层次/cm	质量含水量/%
2008-12	000～010	18.58	2009-5	040～060	22.58
2008-12	010～020	19.94	2009-5	060～080	23.90
2008-12	020～040	21.90	2009-5	080～100	23.43
2008-12	040～060	26.73	2009-6	000～010	22.75
2008-12	060～080	26.75	2009-6	010～020	20.61
2008-12	080～100	27.04	2009-6	020～040	22.90
2009-1	000～010	19.08	2009-6	040～060	25.21
2009-1	010～020	20.14	2009-6	060～080	26.21
2009-1	020～040	22.70	2009-6	080～100	26.15
2009-1	040～060	25.04	2009-7	000～010	19.44
2009-1	060～080	25.83	2009-7	010～020	18.66
2009-1	080～100	26.10	2009-7	020～040	21.12
2009-2	000～010	25.68	2009-7	040～060	25.84
2009-2	010～020	24.21	2009-7	060～080	25.80
2009-2	020～040	24.72	2009-7	080～100	26.62
2009-2	040～060	29.23	2009-8	000～010	23.62
2009-2	060～080	28.91	2009-8	010～020	21.10
2009-2	080～100	29.05	2009-8	020～040	24.07
2009-3	000～010	18.92	2009-8	040～060	27.62
2009-3	010～020	19.36	2009-8	060～080	27.85
2009-3	020～040	21.60	2009-8	080～100	27.69
2009-3	040～060	23.37	2009-9	000～010	21.76
2009-3	060～080	26.11	2009-9	010～020	20.38
2009-3	080～100	27.70	2009-9	020～040	23.59
2009-4	000～010	19.03	2009-9	040～060	27.41
2009-4	010～020	18.91	2009-9	060～080	26.72
2009-4	020～040	19.83	2009-9	080～100	28.34
2009-4	040～060	22.88	2009-10	000～010	16.62
2009-4	060～080	23.60	2009-10	010～020	20.00
2009-4	080～100	24.65	2009-10	020～040	25.09
2009-5	000～010	16.02	2009-10	040～060	27.58
2009-5	010～020	17.34	2009-10	060～080	27.19
2009-5	020～040	19.25	2009-10	080～100	28.99

（续）

时间（年-月）	采样层次/cm	质量含水量/%	时间（年-月）	采样层次/cm	质量含水量/%
2009-11	000～010	22.34	2010-4	040～060	23.08
2009-11	010～020	22.97	2010-4	060～080	26.11
2009-11	020～040	24.63	2010-4	080～100	26.67
2009-11	040～060	27.56	2010-5	000～010	16.53
2009-11	060～080	27.06	2010-5	010～020	15.52
2009-11	080～100	28.95	2010-5	020～040	18.54
2009-12	000～010	22.01	2010-5	040～060	23.22
2009-12	010～020	21.05	2010-5	060～080	24.05
2009-12	020～040	27.30	2010-5	080～100	26.08
2009-12	040～060	29.42	2010-6	000～010	15.97
2009-12	060～080	27.88	2010-6	010～020	17.94
2009-12	080～100	29.9	2010-6	020～040	18.60
2010-1	000～010	22.03	2010-6	040～060	19.33
2010-1	010～020	21.68	2010-6	060～080	19.42
2010-1	020～040	26.18	2010-6	080～100	23.36
2010-1	040～060	29.04	2010-7	000～010	20.22
2010-1	060～080	27.13	2010-7	010～020	21.40
2010-1	080～100	26.79	2010-7	020～040	21.41
2010-2	000～010	21.13	2010-7	040～060	23.59
2010-2	010～020	21.90	2010-7	060～080	24.13
2010-2	020～040	25.17	2010-7	080～100	22.81
2010-2	040～060	28.46	2010-8	000～010	21.51
2010-2	060～080	27.42	2010-8	010～020	20.83
2010-2	080～100	29.08	2010-8	020～040	23.38
2010-3	000～010	22.96	2010-8	040～060	26.17
2010-3	010～020	22.77	2010-8	060～080	26.93
2010-3	020～040	24.95	2010-8	080～100	28.65
2010-3	040～060	26.76	2010-9	000～010	27.25
2010-3	060～080	25.42	2010-9	010～020	22.42
2010-3	080～100	24.17	2010-9	020～040	25.78
2010-4	000～010	13.48	2010-9	040～060	28.25
2010-4	010～020	16.75	2010-9	060～080	27.36
2010-4	020～040	20.59	2010-9	080～100	27.82

（续）

时间（年-月）	采样层次/cm	质量含水量/%	时间（年-月）	采样层次/cm	质量含水量/%
2010-10	000～010	19.35	2011-3	040～060	27.24
2010-10	010～020	20.97	2011-3	060～080	26.54
2010-10	020～040	22.88	2011-3	080～100	27.85
2010-10	040～060	27.25	2011-4	000～010	11.60
2010-10	060～080	27.32	2011-4	010～020	16.07
2010-10	080～100	28.26	2011-4	020～040	18.93
2010-11	000～010	18.44	2011-4	040～060	20.24
2010-11	010～020	21.46	2011-4	060～080	23.31
2010-11	020～040	23.75	2011-4	080～100	21.34
2010-11	040～060	27.27	2011-5	000～010	17.58
2010-11	060～080	26.58	2011-5	010～020	18.76
2010-11	080～100	27.66	2011-5	020～040	17.31
2010-12	000～010	20.14	2011-5	040～060	14.70
2010-12	010～020	22.12	2011-5	060～080	20.49
2010-12	020～040	23.26	2011-5	080～100	16.71
2010-12	040～060	25.73	2011-6	000～010	17.04
2010-12	060～080	26.30	2011-6	010～020	18.36
2010-12	080～100	27.78	2011-6	020～040	17.57
2011-1	000～010	20.66	2011-6	040～060	14.26
2011-1	010～020	20.52	2011-6	060～080	15.66
2011-1	020～040	23.42	2011-6	080～100	17.33
2011-1	040～060	26.24	2011-7	000～010	15.91
2011-1	060～080	26.72	2011-7	010～020	16.67
2011-1	080～100	26.80	2011-7	020～040	17.83
2011-2	000～010	26.13	2011-7	040～060	17.71
2011-2	010～020	23.83	2011-7	060～080	17.30
2011-2	020～040	23.57	2011-7	080～100	16.52
2011-2	040～060	27.49	2011-8	000～010	23.82
2011-2	060～080	27.68	2011-8	010～020	21.16
2011-2	080～100	27.22	2011-8	020～040	21.65
2011-3	000～010	19.50	2011-8	040～060	25.33
2011-3	010～020	20.96	2011-8	060～080	27.11
2011-3	020～040	22.60	2011-8	080～100	26.59

（续）

时间（年-月）	采样层次/cm	质量含水量/%	时间（年-月）	采样层次/cm	质量含水量/%
2011-9	000～010	25.42	2012-2	040～060	27.54
2011-9	010～020	23.07	2012-2	060～080	28.90
2011-9	020～040	22.04	2012-2	080～100	28.30
2011-9	040～060	26.82	2012-3	000～010	22.45
2011-9	060～080	26.65	2012-3	010～020	24.06
2011-9	080～100	27.37	2012-3	020～040	22.77
2011-10	000～010	22.96	2012-3	040～060	27.28
2011-10	010～020	23.42	2012-3	060～080	27.81
2011-10	020～040	22.55	2012-3	080～100	28.34
2011-10	040～060	27.54	2012-4	000～010	20.36
2011-10	060～080	28.63	2012-4	010～020	20.32
2011-10	080～100	28.02	2012-4	020～040	21.23
2011-11	000～010	23.20	2012-4	040～060	25.77
2011-11	010～020	23.52	2012-4	060～080	25.51
2011-11	020～040	25.34	2012-4	080～100	25.61
2011-11	040～060	27.65	2012-5	000～010	19.41
2011-11	060～080	28.04	2012-5	010～020	19.59
2011-11	080～100	26.88	2012-5	020～040	18.31
2011-12	000～010	26.34	2012-5	040～060	19.43
2011-12	010～020	24.29	2012-5	060～080	22.54
2011-12	020～040	24.27	2012-5	080～100	25.98
2011-12	040～060	26.70	2012-6	000～010	27.21
2011-12	060～080	28.17	2012-6	010～020	23.84
2011-12	080～100	28.04	2012-6	020～040	22.45
2012-1	000～010	23.74	2012-6	040～060	24.78
2012-1	010～020	23.50	2012-6	060～080	25.53
2012-1	020～040	23.19	2012-6	080～100	25.89
2012-1	040～060	27.54	2012-7	000～010	21.66
2012-1	060～080	28.05	2012-7	010～020	21.24
2012-1	080～100	27.24	2012-7	020～040	19.49
2012-2	000～010	21.92	2012-7	040～060	25.06
2012-2	010～020	24.35	2012-7	060～080	25.20
2012-2	020～040	22.92	2012-7	080～100	27.05

（续）

时间（年-月）	采样层次/cm	质量含水量/%	时间（年-月）	采样层次/cm	质量含水量/%
2012-8	000～010	24.99	2013-1	040～060	24.10
2012-8	010～020	25.88	2013-1	060～080	26.57
2012-8	020～040	21.70	2013-1	080～100	29.17
2012-8	040～060	25.05	2013-2	000～010	19.70
2012-8	060～080	26.52	2013-2	010～020	22.50
2012-8	080～100	27.04	2013-2	020～040	20.70
2012-9	000～010	24.59	2013-2	040～060	25.30
2012-9	010～020	22.42	2013-2	060～080	26.10
2012-9	020～040	22.50	2013-2	080～100	27.40
2012-9	040～060	26.18	2013-3	000～010	16.77
2012-9	060～080	27.58	2013-3	010～020	20.27
2012-9	080～100	27.46	2013-3	020～040	21.73
2012-10	000～010	22.79	2013-3	040～060	22.17
2012-10	010～020	23.17	2013-3	060～080	25.70
2012-10	020～040	24.86	2013-3	080～100	26.43
2012-10	040～060	25.59	2013-4	000～010	19.45
2012-10	060～080	25.40	2013-4	010～020	21.48
2012-10	080～100	26.41	2013-4	020～040	21.93
2012-11	000～010	22.95	2013-4	040～060	20.85
2012-11	010～020	21.65	2013-4	060～080	23.90
2012-11	020～040	22.86	2013-4	080～100	27.43
2012-11	040～060	25.65	2013-5	000～010	26.23
2012-11	060～080	27.56	2013-5	010～020	23.53
2012-11	080～100	27.81	2013-5	020～040	22.37
2012-12	000～010	25.04	2013-5	040～060	23.60
2012-12	010～020	22.81	2013-5	060～080	26.40
2012-12	020～040	24.04	2013-5	080～100	26.93
2012-12	040～060	25.65	2013-6	000～010	20.30
2012-12	060～080	28.81	2013-6	010～020	20.00
2012-12	080～100	29.57	2013-6	020～040	23.75
2013-1	000～010	24.90	2013-6	040～060	25.40
2013-1	010～020	23.37	2013-6	060～080	27.85
2013-1	020～040	23.53	2013-6	080～100	28.05

（续）

时间（年-月）	采样层次/cm	质量含水量/%	时间（年-月）	采样层次/cm	质量含水量/%
2013-8	000～010	21.23	2014-1	040～060	16.30
2013-8	010～020	20.77	2014-1	060～080	18.17
2013-8	020～040	21.17	2014-1	080～100	24.23
2013-8	040～060	21.50	2014-2	000～010	27.50
2013-8	060～080	24.40	2014-2	010～020	23.80
2013-8	080～100	27.00	2014-2	020～040	20.80
2013-9	000～010	20.25	2014-2	040～060	22.40
2013-9	010～020	20.55	2014-2	060～080	25.50
2013-9	020～040	19.50	2014-2	080～100	28.70
2013-9	040～060	16.60	2014-3	000～010	20.23
2013-9	060～080	19.35	2014-3	010～020	20.80
2013-9	080～100	25.30	2014-3	020～040	20.70
2013-10	000～010	17.67	2014-3	040～060	18.10
2013-10	010～020	19.47	2014-3	060～080	22.07
2013-10	020～040	20.13	2014-3	080～100	18.73
2013-10	040～060	17.40	2014-4	000～010	20.20
2013-10	060～080	22.73	2014-4	010～020	18.47
2013-10	080～100	25.17	2014-4	020～040	18.80
2013-11	000～010	21.90	2014-4	040～060	15.60
2013-11	010～020	19.73	2014-4	060～080	19.20
2013-11	020～040	19.40	2014-4	080～100	23.33
2013-11	040～060	18.60	2014-5	000～010	11.97
2013-11	060～080	21.97	2014-5	010～020	14.60
2013-11	080～100	22.67	2014-5	020～040	13.93
2013-12	000～010	19.15	2014-5	040～060	15.63
2013-12	010～020	19.50	2014-5	060～080	18.00
2013-12	020～040	20.05	2014-5	080～100	17.90
2013-12	040～060	18.23	2014-6	000～010	21.20
2013-12	060～080	22.28	2014-6	010～020	17.55
2013-12	080～100	22.05	2014-6	020～040	14.05
2014-1	000～010	16.23	2014-6	040～060	11.90
2014-1	010～020	19.00	2014-6	060～080	18.80
2014-1	020～040	19.73	2014-6	080～100	19.90

（续）

时间（年-月）	采样层次/cm	质量含水量/%	时间（年-月）	采样层次/cm	质量含水量/%
2014-7	000～010	13.30	2014-12	040～060	26.80
2014-7	010～020	14.80	2014-12	060～080	28.07
2014-7	020～040	14.90	2014-12	080～100	30.27
2014-7	040～060	11.40	2015-1	000～010	19.78
2014-7	060～080	21.00	2015-1	010～020	22.22
2014-7	080～100	13.20	2015-1	020～040	23.64
2014-8	000～010	22.50	2015-1	040～060	25.39
2014-8	010～020	19.60	2015-1	060～080	27.38
2014-8	020～040	19.07	2015-1	080～100	29.18
2014-8	040～060	19.23	2015-2	000～010	18.20
2014-8	060～080	22.27	2015-2	010～020	21.17
2014-8	080～100	19.17	2015-2	020～040	23.98
2014-9	000～010	24.13	2015-2	040～060	24.53
2014-9	010～020	20.63	2015-2	060～080	26.07
2014-9	020～040	21.37	2015-2	080～100	29.89
2014-9	040～060	22.83	2015-3	000～010	24.45
2014-9	060～080	24.03	2015-3	010～020	24.03
2014-9	080～100	23.50	2015-3	020～040	22.26
2014-10	000～010	21.87	2015-3	040～060	24.16
2014-10	010～020	21.87	2015-3	060～080	26.32
2014-10	020～040	22.07	2015-3	080～100	27.76
2014-10	040～060	26.03	2015-4	000～010	22.94
2014-10	060～080	27.53	2015-4	010～020	23.55
2014-10	080～100	28.57	2015-4	020～040	25.97
2014-11	000～010	21.40	2015-4	040～060	28.54
2014-11	010～020	22.17	2015-4	060～080	28.58
2014-11	020～040	22.50	2015-4	080～100	30.25
2014-11	040～060	25.30	2015-5	000～010	17.79
2014-11	060～080	28.57	2015-5	010～020	21.48
2014-11	080～100	28.13	2015-5	020～040	25.21
2014-12	000～010	21.80	2015-5	040～060	23.75
2014-12	010～020	24.10	2015-5	060～080	26.74
2014-12	020～040	24.97	2015-5	080～100	29.41

（续）

时间（年-月）	采样层次/cm	质量含水量/%	时间（年-月）	采样层次/cm	质量含水量/%
2015 - 6	000～010	16.05	2015 - 9	040～060	23.25
2015 - 6	010～020	17.19	2015 - 9	060～080	25.90
2015 - 6	020～040	19.27	2015 - 9	080～100	27.26
2015 - 6	040～060	23.77	2015 - 10	000～010	22.43
2015 - 6	060～080	23.41	2015 - 10	010～020	22.30
2015 - 6	080～100	25.65	2015 - 10	020～040	22.78
2015 - 7	000～010	21.03	2015 - 10	040～060	24.58
2015 - 7	010～020	22.19	2015 - 10	060～080	24.13
2015 - 7	020～040	25.92	2015 - 10	080～100	28.55
2015 - 7	040～060	27.09	2015 - 11	000～010	27.29
2015 - 7	060～080	27.07	2015 - 11	010～020	23.70
2015 - 7	080～100	28.25	2015 - 11	020～040	24.06
2015 - 8	000～010	23.37	2015 - 11	040～060	25.07
2015 - 8	010～020	21.42	2015 - 11	060～080	26.06
2015 - 8	020～040	24.58	2015 - 11	080～100	29.34
2015 - 8	040～060	24.87	2015 - 12	000～010	26.01
2015 - 8	060～080	27.87	2015 - 12	010～020	21.82
2015 - 8	080～100	29.31	2015 - 12	020～040	27.89
2015 - 9	000～010	22.79	2015 - 12	040～060	28.24
2015 - 9	010～020	22.70	2015 - 12	060～080	29.61
2015 - 9	020～040	21.75	2015 - 12	080～100	31.31

表 3 - 34　张大庄站区土壤质量含水量数据

时间（年-月）	采样层次/cm	质量含水量/%	时间（年-月）	采样层次/cm	质量含水量/%
2008 - 1	000～010	25.60	2008 - 2	040～060	20.52
2008 - 1	010～020	23.79	2008 - 2	060～080	27.31
2008 - 1	020～040	22.86	2008 - 2	080～100	33.20
2008 - 1	040～060	26.84	2008 - 3	000～010	15.19
2008 - 1	060～080	27.23	2008 - 3	010～020	18.77
2008 - 1	080～100	28.27	2008 - 3	020～040	20.38
2008 - 2	000～010	19.91	2008 - 3	040～060	23.85
2008 - 2	010～020	20.39	2008 - 3	060～080	24.18
2008 - 2	020～040	21.85	2008 - 3	080～100	26.03

（续）

时间（年-月）	采样层次/cm	质量含水量/%	时间（年-月）	采样层次/cm	质量含水量/%
2008-4	000～010	23.42	2008-9	040～060	27.05
2008-4	010～020	21.69	2008-9	060～080	27.43
2008-4	020～040	22.88	2008-9	080～100	28.00
2008-4	040～060	25.12	2008-10	000～010	19.70
2008-4	060～080	23.20	2008-10	010～020	20.60
2008-4	080～100	22.61	2008-10	020～040	23.29
2008-5	000～010	20.50	2008-10	040～060	27.23
2008-5	010～020	19.55	2008-10	060～080	27.70
2008-5	020～040	21.32	2008-10	080～100	29.60
2008-5	040～060	20.55	2008-11	000～010	19.87
2008-5	060～080	22.88	2008-11	010～020	21.24
2008-5	080～100	23.10	2008-11	020～040	21.15
2008-6	000～010	20.33	2008-11	040～060	26.68
2008-6	010～020	21.37	2008-11	060～080	26.02
2008-6	020～040	20.43	2008-11	080～100	29.52
2008-6	040～060	23.13	2008-12	000～010	19.42
2008-6	060～080	21.49	2008-12	010～020	21.48
2008-6	080～100	25.90	2008-12	020～040	22.69
2008-7	000～010	22.78	2008-12	040～060	26.66
2008-7	010～020	21.65	2008-12	060～080	26.11
2008-7	020～040	22.47	2008-12	080～100	28.06
2008-7	040～060	25.79	2009-1	000～010	23.07
2008-7	060～080	26.13	2009-1	010～020	22.89
2008-7	080～100	28.28	2009-1	020～040	22.51
2008-8	000～010	22.29	2009-1	040～060	26.75
2008-8	010～020	21.14	2009-1	060～080	27.36
2008-8	020～040	21.63	2009-1	080～100	28.75
2008-8	040～060	25.47	2009-2	000～010	28.43
2008-8	060～080	27.50	2009-2	010～020	24.01
2008-8	080～100	27.36	2009-2	020～040	23.99
2008-9	000～010	24.61	2009-2	040～060	25.04
2008-9	010～020	22.55	2009-2	060～080	28.52
2008-9	020～040	23.18	2009-2	080～100	30.74

（续）

时间（年-月）	采样层次/cm	质量含水量/%	时间（年-月）	采样层次/cm	质量含水量/%
2009-3	000～010	19.75	2009-8	040～060	27.11
2009-3	010～020	20.21	2009-8	060～080	28.33
2009-3	020～040	20.89	2009-8	080～100	29.15
2009-3	040～060	25.20	2009-9	000～010	23.14
2009-3	060～080	25.71	2009-9	010～020	20.42
2009-3	080～100	28.46	2009-9	020～040	21.13
2009-4	000～010	19.71	2009-9	040～060	23.97
2009-4	010～020	20.15	2009-9	060～080	27.66
2009-4	020～040	21.45	2009-9	080～100	28.31
2009-4	040～060	24.18	2009-10	000～010	17.98
2009-4	060～080	21.38	2009-10	010～020	19.99
2009-4	080～100	25.20	2009-10	020～040	23.26
2009-5	000～010	17.71	2009-10	040～060	28.61
2009-5	010～020	19.02	2009-10	060～080	28.23
2009-5	020～040	20.62	2009-10	080～100	28.63
2009-5	040～060	20.99	2009-11	000～010	20.94
2009-5	060～080	22.54	2009-11	010～020	22.15
2009-5	080～100	24.22	2009-11	020～040	22.44
2009-6	000～010	23.48	2009-11	040～060	26.29
2009-6	010～020	21.57	2009-11	060～080	27.76
2009-6	020～040	22.57	2009-11	080～100	30.07
2009-6	040～060	26.82	2009-12	000～010	21.48
2009-6	060～080	27.33	2009-12	010～020	22.42
2009-6	080～100	28.22	2009-12	020～040	23.02
2009-7	000～010	18.63	2009-12	040～060	28.22
2009-7	010～020	18.48	2009-12	060～080	28.35
2009-7	020～040	19.74	2009-12	080～100	29.00
2009-7	040～060	25.11	2010-1	000～010	20.07
2009-7	060～080	25.04	2010-1	010～020	20.60
2009-7	080～100	26.78	2010-1	020～040	22.39
2009-8	000～010	24.60	2010-1	040～060	27.94
2009-8	010～020	20.91	2010-1	060～080	29.52
2009-8	020～040	22.78	2010-1	080～100	29.31

（续）

时间（年-月）	采样层次/cm	质量含水量/%	时间（年-月）	采样层次/cm	质量含水量/%
2010-2	000～010	21.32	2010-7	040～060	25.36
2010-2	010～020	22.30	2010-7	060～080	26.74
2010-2	020～040	22.67	2010-7	080～100	26.97
2010-2	040～060	26.60	2010-8	000～010	23.25
2010-2	060～080	28.35	2010-8	010～020	22.97
2010-2	080～100	30.27	2010-8	020～040	22.98
2010-3	000～010	18.46	2010-8	040～060	27.59
2010-3	010～020	21.67	2010-8	060～080	27.64
2010-3	020～040	21.51	2010-8	080～100	28.44
2010-3	040～060	26.40	2010-9	000～010	23.41
2010-3	060～080	28.99	2010-9	010～020	22.95
2010-3	080～100	29.84	2010-9	020～040	24.31
2010-4	000～010	13.00	2010-9	040～060	27.31
2010-4	010～020	18.57	2010-9	060～080	28.15
2010-4	020～040	19.19	2010-9	080～100	27.41
2010-4	040～060	21.83	2010-10	000～010	21.60
2010-4	060～080	21.76	2010-10	010～020	21.62
2010-4	080～100	22.82	2010-10	020～040	22.48
2010-5	000～010	16.38	2010-10	040～060	26.13
2010-5	010～020	18.97	2010-10	060～080	28.29
2010-5	020～040	20.24	2010-10	080～100	28.97
2010-5	040～060	21.29	2010-11	000～010	16.12
2010-5	060～080	21.20	2010-11	010～020	20.80
2010-5	080～100	23.66	2010-11	020～040	20.49
2010-6	000～010	17.04	2010-11	040～060	23.91
2010-6	010～020	18.88	2010-11	060～080	27.20
2010-6	020～040	19.88	2010-11	080～100	28.43
2010-6	040～060	19.82	2010-12	000～010	17.90
2010-6	060～080	14.33	2010-12	010～020	20.28
2010-6	080～100	17.62	2010-12	020～040	20.67
2010-7	000～010	20.13	2010-12	040～060	21.64
2010-7	010～020	20.36	2010-12	060～080	25.45
2010-7	020～040	21.45	2010-12	080～100	29.08

（续）

时间（年-月）	采样层次/cm	质量含水量/%	时间（年-月）	采样层次/cm	质量含水量/%
2011-1	000～010	18.98	2011-6	040～060	21.91
2011-1	010～020	20.75	2011-6	060～080	21.16
2011-1	020～040	21.61	2011-6	080～100	22.48
2011-1	040～060	24.74	2011-7	000～010	23.21
2011-1	060～080	26.48	2011-7	010～020	20.16
2011-1	080～100	28.69	2011-7	020～040	20.91
2011-2	000～010	25.74	2011-7	040～060	24.68
2011-2	010～020	22.94	2011-7	060～080	25.15
2011-2	020～040	22.41	2011-7	080～100	25.53
2011-2	040～060	22.11	2011-8	000～010	25.36
2011-2	060～080	25.61	2011-8	010～020	24.13
2011-2	080～100	27.29	2011-8	020～040	21.46
2011-3	000～010	19.40	2011-8	040～060	24.00
2011-3	010～020	20.56	2011-8	060～080	25.77
2011-3	020～040	22.00	2011-8	080～100	26.54
2011-3	040～060	26.41	2011-9	000～010	26.33
2011-3	060～080	27.52	2011-9	010～020	24.15
2011-3	080～100	28.05	2011-9	020～040	24.30
2011-4	000～010	18.09	2011-9	040～060	27.71
2011-4	010～020	19.06	2011-9	060～080	27.84
2011-4	020～040	19.46	2011-9	080～100	28.29
2011-4	040～060	21.82	2011-10	000～010	24.29
2011-4	060～080	21.01	2011-10	010～020	23.66
2011-4	080～100	22.89	2011-10	020～040	22.65
2011-5	000～010	21.86	2011-10	040～060	25.25
2011-5	010～020	19.92	2011-10	060～080	27.70
2011-5	020～040	19.08	2011-10	080～100	27.89
2011-5	040～060	18.92	2011-11	000～010	25.52
2011-5	060～080	16.93	2011-11	010～020	24.05
2011-5	080～100	18.07	2011-11	020～040	23.04
2011-6	000～010	22.58	2011-11	040～060	28.45
2011-6	010～020	19.90	2011-11	060～080	28.93
2011-6	020～040	19.05	2011-11	080～100	29.49

（续）

时间（年-月）	采样层次/cm	质量含水量/%	时间（年-月）	采样层次/cm	质量含水量/%
2011-12	000～010	27.00	2012-5	040～060	21.53
2011-12	010～020	25.25	2012-5	060～080	19.95
2011-12	020～040	23.21	2012-5	080～100	21.13
2011-12	040～060	26.25	2012-6	000～010	16.41
2011-12	060～080	28.39	2012-6	010～020	18.30
2011-12	080～100	28.72	2012-6	020～040	19.50
2012-1	000～010	25.02	2012-6	040～060	19.48
2012-1	010～020	24.37	2012-6	060～080	18.60
2012-1	020～040	24.79	2012-6	080～100	18.14
2012-1	040～060	27.87	2012-7	000～010	23.57
2012-1	060～080	29.21	2012-7	010～020	19.70
2012-1	080～100	29.77	2012-7	020～040	19.56
2012-2	000～010	22.51	2012-7	040～060	24.00
2012-2	010～020	22.85	2012-7	060～080	25.05
2012-2	020～040	22.47	2012-7	080～100	25.12
2012-2	040～060	26.84	2012-8	000～010	24.02
2012-2	060～080	27.51	2012-8	010～020	23.45
2012-2	080～100	27.93	2012-8	020～040	22.10
2012-3	000～010	21.27	2012-8	040～060	23.32
2012-3	010～020	22.41	2012-8	060～080	24.78
2012-3	020～040	20.88	2012-8	080～100	25.25
2012-3	040～060	26.52	2012-9	000～010	26.22
2012-3	060～080	28.43	2012-9	010～020	24.79
2012-3	080～100	28.91	2012-9	020～040	24.07
2012-4	000～010	16.28	2012-9	040～060	24.88
2012-4	010～020	19.21	2012-9	060～080	27.20
2012-4	020～040	20.75	2012-9	080～100	28.26
2012-4	040～060	26.13	2012-10	000～010	21.51
2012-4	060～080	24.03	2012-10	010～020	21.56
2012-4	080～100	25.70	2012-10	020～040	21.29
2012-5	000～010	13.80	2012-10	040～060	23.43
2012-5	010～020	14.76	2012-10	060～080	25.64
2012-5	020～040	16.01	2012-10	080～100	26.29

（续）

时间（年-月）	采样层次/cm	质量含水量/%	时间（年-月）	采样层次/cm	质量含水量/%
2012 - 11	000～010	22.29	2013 - 4	040～060	21.63
2012 - 11	010～020	21.95	2013 - 4	060～080	19.85
2012 - 11	020～040	21.16	2013 - 4	080～100	17.33
2012 - 11	040～060	25.68	2013 - 5	000～010	24.80
2012 - 11	060～080	27.14	2013 - 5	010～020	21.83
2012 - 11	080～100	27.88	2013 - 5	020～040	21.33
2012 - 12	000～010	22.07	2013 - 5	040～060	23.80
2012 - 12	010～020	21.80	2013 - 5	060～080	20.53
2012 - 12	020～040	21.28	2013 - 5	080～100	18.27
2012 - 12	040～060	26.33	2013 - 6	000～010	22.45
2012 - 12	060～080	28.60	2013 - 6	010～020	19.55
2012 - 12	080～100	27.11	2013 - 6	020～040	20.40
2013 - 1	000～010	24.73	2013 - 6	040～060	23.55
2013 - 1	010～020	22.27	2013 - 6	060～080	24.35
2013 - 1	020～040	22.30	2013 - 6	080～100	25.85
2013 - 1	040～060	27.23	2013 - 8	000～010	21.33
2013 - 1	060～080	28.27	2013 - 8	010～020	19.27
2013 - 1	080～100	28.27	2013 - 8	020～040	20.80
2013 - 2	000～010	21.60	2013 - 8	040～060	24.60
2013 - 2	010～020	21.40	2013 - 8	060～080	25.83
2013 - 2	020～040	21.80	2013 - 8	080～100	26.07
2013 - 2	040～060	25.70	2013 - 9	000～010	22.90
2013 - 2	060～080	26.90	2013 - 9	010～020	19.75
2013 - 2	080～100	28.10	2013 - 9	020～040	18.50
2013 - 3	000～010	15.70	2013 - 9	040～060	23.55
2013 - 3	010～020	18.87	2013 - 9	060～080	19.70
2013 - 3	020～040	20.00	2013 - 9	080～100	25.15
2013 - 3	040～060	24.97	2013 - 10	000～010	20.33
2013 - 3	060～080	26.37	2013 - 10	010～020	20.97
2013 - 3	080～100	26.17	2013 - 10	020～040	19.97
2013 - 4	000～010	17.23	2013 - 10	040～060	23.27
2013 - 4	010～020	15.05	2013 - 10	060～080	18.87
2013 - 4	020～040	18.95	2013 - 10	080～100	22.07

（续）

时间（年-月）	采样层次/cm	质量含水量/%	时间（年-月）	采样层次/cm	质量含水量/%
2013 - 11	000～010	24.73	2014 - 4	040～060	18.50
2013 - 11	010～020	21.40	2014 - 4	060～080	17.40
2013 - 11	020～040	20.90	2014 - 4	080～100	11.67
2013 - 11	040～060	22.63	2014 - 5	000～010	11.93
2013 - 11	060～080	23.03	2014 - 5	010～020	13.63
2013 - 11	080～100	18.43	2014 - 5	020～040	14.37
2013 - 12	000～010	20.28	2014 - 5	040～060	13.63
2013 - 12	010～020	20.33	2014 - 5	060～080	12.93
2013 - 12	020～040	20.13	2014 - 5	080～100	13.07
2013 - 12	040～060	22.73	2014 - 6	000～010	24.05
2013 - 12	060～080	20.80	2014 - 6	010～020	19.65
2013 - 12	080～100	19.70	2014 - 6	020～040	17.10
2014 - 1	000～010	19.53	2014 - 6	040～060	16.80
2014 - 1	010～020	19.00	2014 - 6	060～080	12.10
2014 - 1	020～040	19.77	2014 - 6	080～100	12.70
2014 - 1	040～060	21.73	2014 - 7	000～010	14.20
2014 - 1	060～080	22.53	2014 - 7	010～020	13.00
2014 - 1	080～100	21.27	2014 - 7	020～040	16.70
2014 - 2	000～010	27.20	2014 - 7	040～060	17.10
2014 - 2	010～020	23.70	2014 - 7	060～080	13.30
2014 - 2	020～040	23.10	2014 - 7	080～100	15.10
2014 - 2	040～060	25.70	2014 - 8	000～010	22.23
2014 - 2	060～080	22.20	2014 - 8	010～020	20.40
2014 - 2	080～100	18.70	2014 - 8	020～040	21.07
2014 - 3	000～010	19.53	2014 - 8	040～060	25.37
2014 - 3	010～020	18.50	2014 - 8	060～080	23.93
2014 - 3	020～040	19.03	2014 - 8	080～100	24.43
2014 - 3	040～060	18.57	2014 - 9	000～010	24.63
2014 - 3	060～080	17.07	2014 - 9	010～020	21.53
2014 - 3	080～100	17.70	2014 - 9	020～040	21.77
2014 - 4	000～010	21.00	2014 - 9	040～060	26.50
2014 - 4	010～020	18.73	2014 - 9	060～080	24.03
2014 - 4	020～040	17.93	2014 - 9	080～100	25.63

（续）

时间（年-月）	采样层次/cm	质量含水量/%	时间（年-月）	采样层次/cm	质量含水量/%
2014-10	000～010	23.00	2015-3	040～060	25.54
2014-10	010～020	24.07	2015-3	060～080	26.16
2014-10	020～040	23.83	2015-3	080～100	26.91
2014-10	040～060	28.87	2015-4	000～010	21.71
2014-10	060～080	27.83	2015-4	010～020	21.52
2014-10	080～100	28.40	2015-4	020～040	23.14
2014-11	000～010	23.57	2015-4	040～060	27.93
2014-11	010～020	23.20	2015-4	060～080	28.79
2014-11	020～040	22.53	2015-4	080～100	28.72
2014-11	040～060	27.87	2015-5	000～010	16.86
2014-11	060～080	29.87	2015-5	010～020	17.09
2014-11	080～100	28.13	2015-5	020～040	21.25
2014-12	000～010	22.27	2015-5	040～060	24.06
2014-12	010～020	21.47	2015-5	060～080	25.59
2014-12	020～040	22.33	2015-5	080～100	23.57
2014-12	040～060	27.10	2015-6	000～010	18.98
2014-12	060～080	28.33	2015-6	010～020	22.32
2014-12	080～100	26.83	2015-6	020～040	18.51
2015-1	000～010	21.52	2015-6	040～060	22.19
2015-1	010～020	20.32	2015-6	060～080	20.14
2015-1	020～040	22.16	2015-6	080～100	25.32
2015-1	040～060	27.56	2015-7	000～010	24.27
2015-1	060～080	28.36	2015-7	010～020	21.43
2015-1	080～100	23.40	2015-7	020～040	22.03
2015-2	000～010	19.57	2015-7	040～060	23.98
2015-2	010～020	22.14	2015-7	060～080	25.34
2015-2	020～040	22.16	2015-7	080～100	25.88
2015-2	040～060	24.64	2015-8	000～010	23.96
2015-2	060～080	28.13	2015-8	010～020	23.48
2015-2	080～100	27.68	2015-8	020～040	23.49
2015-3	000～010	22.10	2015-8	040～060	26.88
2015-3	010～020	23.57	2015-8	060～080	26.23
2015-3	020～040	21.92	2015-8	080～100	29.66

（续）

时间（年-月）	采样层次/cm	质量含水量/%	时间（年-月）	采样层次/cm	质量含水量/%
2015-9	000～010	20.83	2015-11	000～010	28.08
2015-9	010～020	20.22	2015-11	010～020	24.99
2015-9	020～040	21.07	2015-11	020～040	22.73
2015-9	040～060	24.37	2015-11	040～060	25.84
2015-9	060～080	25.18	2015-11	060～080	27.31
2015-9	080～100	25.90	2015-11	080～100	25.75
2015-10	000～010	25.63	2015-12	000～010	24.87
2015-10	010～020	24.09	2015-12	010～020	23.14
2015-10	020～040	21.17	2015-12	020～040	23.18
2015-10	040～060	23.44	2015-12	040～060	27.18
2015-10	060～080	25.08	2015-12	060～080	29.29
2015-10	080～100	24.67	2015-12	080～100	29.09

3.3.3 地表水、地下水水质数据集

3.3.3.1 概述

本数据集包含商丘站辅助观测场（水井）（SQAZH03，115°35′31.9″E，34°31′13.3″N），商丘站生物、土壤监测朱楼站区调查点（SQAZQ01，115°34′07″E，34°31′30″N）、商丘站生物、土壤监测陈菜园站区调查点（SQAZQ02，115°35′48″E，34°30′20″N）、商丘站生物、土壤监测关庄站区调查点（SQAZQ03，115°35′07″E，34°30′30″N），商丘站生物、土壤监测王庄站区调查点（SQAZQ04，115°36′03″E，34°30′51″N）和商丘站生物、土壤监测张大庄站区调查点（SQAZQ05，115°36′05″E，34°30′50″N）、商丘站郑阁流动地表水调查点（SQAZQ05，115°32′43.4″E，34°33′45″N）和商丘站邓斌口流动地表水调查点（SQAF06，115°35′39.1″E，34°29′39.1″N）8个样地2008—2015年地表水、地下水水质数据，数据项目包括水温、pH、Ca^{2+}、Mg^{2+}、K^{+}、Na^{+}、CO_3^{2-}、HCO_3^{-}、Cl^{-}、SO_4^{2-}、矿化度、COD、DO、总氮、总磷、电导率等。

3.3.3.2 数据采集和处理方法

采样时间为每年的旱季、雨季各取样一次并进行分析化验工作。观测频率2次/年。

专用取样水桶取水，现场测量温度，随后置入干净塑料瓶中，于3小时内放入冷库（4℃）待测。水质各指标测定方法见表3-35。

表3-35 水质指标测定方法

指标名称	单位	小数位数	数据获取方法
水温	℃	2	电子温度计
pH	无量纲	2	电极法-pH计
钙离子（Ca^{2+}）	mg/L	3	EDTA络合滴定法
镁离子（Mg^{2+}）	mg/L	3	EDTA络合滴定法

（续）

指标名称	单位	小数位数	数据获取方法
钾离子（K^{+}）	mg/L	3	火焰光度法-火焰光度计
钠离子（Na^{+}）	mg/L	3	火焰光度法-火焰光度计
碳酸根离子（CO_3^{2-}）	mg/L	4	双指示剂-中和滴定法
重碳酸根离子（HCO_3^{-}）	mg/L	4	双指示剂-中和滴定法
氯化物（Cl^{-}）	mg/L	4	硝酸银滴定法
硫酸根离子（SO_4^{2-}）	mg/L	4	EDTA 间接滴定法
磷酸根离子（PO_4^{3-}）	mg/L	4	钼酸铵分光光度法
硝酸根（NO_3^{-}）	mg/L	4	紫外分光光度比色法
化学需氧量	mg/L	4	酸性高锰酸钾滴定法、重铬酸钾法
水中溶解氧（DO）	mg/L	2	生物膜法-溶解氧仪
矿化度	mg/L	2	电导法-电导仪
总氮（N）	mg/L	4	过硫酸钾消解-紫外分光光度法
总磷（P）	mg/L	4	过硫酸钾氧化-钼蓝比色法
电导率	mS/cm	3	电导法-电导仪
电导率与矿化度换算系数	无量纲	4	计算

3.3.3.3 数据质量控制与评估

（1）取水后低温存放，尽快化验，减少样品变化。

（2）室内分析严格控制化验质量标准，包括实验环境条件、仪器和耗材的性能和状态、试剂和药品纯度、分析人员的专业素质、所采取的分析方法等。

（3）查看标准曲线，由项目负责人判断数据是否合格。

（4）数据及时录入，严格避免原始数据录入报表过程产生的误差。严格统计、分析数据，检查、筛选异常值，比较样地之间数据，对于明显异常数据进行补测。

（5）观测员将所获取的数据与各项辅助信息数据以及历史数据信息进行比较，对存在疑问的数据核查。确定的错误数据而又不能补测的则遗弃。项目负责人和质量控制委员会对初步的报表数据开展进一步审核认定工作。

3.3.3.4 数据价值/数据使用方法和建议

地表水、地下水水质描述生态区水质状况与灌溉用水质量，本数据集适合农田水利、农学、农业生态、农业生产等相关领域直接应用，或政府水资源管理部门进行参考。

3.3.3.5 地表水地下水水质数据表

具体数据见表 3-36。

表 3-36 地表水、地下水水质数据

样地代码	采样日期	水温/℃	pH	Ca^{2+}/(mg/L)	Mg^{+}/(mg/L)	K^{+}/(mg/L)	Na^{+}/(mg/L)	CO_3^{2-}/(mg/L)	HCO_3^{-}/(mg/L)	Cl^{-}/(mg/L)	SO_4^{2-}/(mg/L)	矿化度/(g/L)	CODCr/(mg/L)	CODMn/(mg/L)	DO/(mg/L)	总氮/(mg/L)	总磷/(mg/L)	电导率/(mS/cm)
SQAFZ05	2008-6-12	—	7.49	22.527	29.691	4.7	129.7		90.475 0	68.669 8	155.168 0	0.571 4	—	—	8.32	1.352 4	0.063 3	0.800 0
SQAFZ06	2008-6-12	—	7.50	24.743	35.452	8.4	144.1		108.457 6	66.813 8	168.115 0	0.110 8	—	—	8.12	1.628 5	0.052 2	0.155 2
SQAFZ03	2009-8-8	—	7.79	77.046	87.461	0.5	307.0		310.949 9	150.132 1	685.298 7	1.231 4	—	—	9.06	0.534 3	0.012 7	1.724 0
SQAFZ05	2009-8-8	—	8.21	40.982	35.282	4.0	155.1		95.050 2	150.132 1	245.582 4	0.607 1	—	—	9.12	0.345 5	0.107 6	0.850 0
SQAFZ06	2009-8-8	—	7.84	38.523	32.798	7.7	118.8		14.936 5	92.674 1	337.781 0	0.518 6	—	—	9.13	0.876 1	0.546 8	0.726 0
SQAZQ01	2009-8-8	—	8.16	100.815	134.172	1.6	203.8		355.759 3	218.711 0	556.584 8	1.232 1	—	—	9.08	0.300 2	未检出	1.725 0
SQAZQ02	2009-8-8	—	8.14	92.619	143.117	5.4	595.6		555.364 7	409.619 7	1032.966 1	2.071 4	—	—	9.01	0.871 1	0.477 4	2.900 0
SQAZQ03	2009-8-8	—	8.21	120.486	115.786	14.8	212.4		244.414 8	163.106 5	773.267 6	1.230 7	—	—	8.79	0.656 9	未检出	1.723 0
SQAZQ04	2009-8-8	—	8.19	77.865	93.424	7.7	296.9		420.936 6	163.106 5	607.155 0	1.162 1	—	—	9.32	0.676 1	0.296 9	1.627 0
SQAZQ05	2009-8-8	—	7.75	100.815	74.043	3.4	170.7		594.742 7	126.036 8	193.984 3	0.976 4	—	—	9.07	0.065 0	0.003 1	1.367 0
SQAFZ03	2010-5-27	—	7.12	116.565	245.418	2.3	57.6	21.810 4	717.324 6	116.570 1	627.590 0	1.244 5	—	5.25	3.44	0.338 8	0.124 1	1.742 3
SQAFZ05	2010-5-27	—	7.73	110.430	85.123	4.1	16.8	未检出	190.695 2	52.986 4	423.888 6	0.472 1	—	7.59	7.66	未检出	未检出	0.660 9
SQAFZ06	2010-5-27	—	8.36	130.880	111.654	5.0	18.8	10.905 2	175.173 5	60.051 3	569.631 6	0.535 1	—	10.66	8.02	未检出	未检出	0.749 1
SQAZQ01	2010-5-27	—	7.08	110.430	304.009	1.7	23.8	未检出	733.955 0	86.191 2	838.728 1	0.953 1	—	5.54	5.70	0.160 0	0.036 6	1.334 3
SQAZQ02	2010-5-27	—	7.04	110.430	372.549	1.4	47.6	未检出	716.215 9	148.362 0	1092.071 0	1.352 8	—	3.92	4.35	未检出	未检出	1.893 9
SQAZQ03	2010-5-27	—	7.08	94.070	334.963	8.1	31.3	27.263 0	828.193 9	78.419 9	839.639 6	0.993 4	—	3.27	4.15	0.272 8	0.093 9	1.390 8
SQAZQ04	2010-5-27	—	7.23	124.745	257.579	2.6	45.6	17.448 3	681.846 4	101.733 9	726.027 7	1.160 8	—	3.75	5.58	0.008 6	0.125 9	1.625 1
SQAZQ05	2010-5-27	—	7.37	216.770	164.718	4.4	22.8	37.077 6	616.433 5	51.220 2	618.502 4	0.735 5	—	4.01	37.73	0.428 0	0.238 1	1.029 7
SQAFZ03	2010-8-12	—	7.10	130.880	205.621	1.5	49.6	未检出	764.998 4	180.860 3	395.366 8	2.169 6	—	3.15	6.77	0.848 0	0.001 0	3.037 4
SQAFZ05	2010-8-12	—	7.66	30.675	32.059	5.3	10.2	未检出	65.412 9	45.568 3	116.547 7	0.553 6	—	8.00	7.59	0.286 0	0.044 4	0.775 0
SQAFZ06	2010-8-12	—	9.21	24.131	31.175	6.2	8.4	39.258 6	未检出	41.329 4	146.635 3	0.500 5	—	8.36	7.70	0.426 0	0.085 8	0.700 7
SQAZQ01	2010-8-12	—	7.24	96.524	91.977	1.2	27.2	10.905 2	523.303 2	67.469 4	137.345 0	1.169 3	—	2.70	7.02	0.484 0	0.095 0	1.637 0

（续）

样地代码	采样日期	水温/℃	pH	Ca^{2+}/(mg/L)	Mg^{+}/(mg/L)	K^{+}/(mg/L)	Na^{+}/(mg/L)	CO_3^{2-}/(mg/L)	HCO_3^{-}/(mg/L)	Cl^{-}/(mg/L)	SO_4^{2-}/(mg/L)	矿化度/(g/L)	CODCr/(mg/L)	CODMn/(mg/L)	DO/(mg/L)	总氮/(mg/L)	总磷/(mg/L)	电导率/(mS/cm)
SQAZQ02	2010-8-12	—	7.38	156.238	129.563	1.5	36.9	35.987 1	570.977 0	129.640 1	289.978 8	1.664 0	—	3.37	7.21	3.682 0	0.060 0	2.329 6
SQAZQ03	2010-8-12	—	7.41	122.291	36.702	3.7	19.9	17.448 3	529.955 4	39.563 2		0.884 5	—	3.37	6.94	0.298 0	0.039 4	1.238 3
SQAZQ04	2010-8-12	—	7.50	112.475	32.059	4.3	21.7	10.905 2	406.890 4	36.737 2	61.587 0	0.885 8	—	5.39	7.22	1.848 0	0.093 6	1.240 1
SQAZQ05	2010-8-12	—	7.39	103.886	63.234	4.0	16.9	26.172 4	471.194 7	41.682 6	73.423 4	0.944 6	—	4.31	5.99	1.170 0	0.233 4	1.322 5
SQAFZ03	2011-4-18	—	7.14	257.670	130.448	0.2	47.1	未检出	433.499 1	173.088 9	682.253 3	3.212 3	18.10	21.49	4.04	0.012 0	未检出	4.497 2
SQAFZ05	2011-4-18	—	8.23	42.536	3.538	3.2	14.4	65.431 1	49.891 2	45.215 1		0.845 8	34.20	12.31	9.61		未检出	1.184 2
SQAFZ06	2011-4-18	—	8.18	47.444	11.939	3.8	21.2	未检出	115.304 1	65.703 2	31.135 9	1.154 3	32.60	14.94	7.62	0.046 5	未检出	1.616 1
SQAZQ01	2011-4-18	—	7.38	120.246	68.540	0.5	28.5	未检出	390.260 0	105.266 3	185.058 5	1.908 9	21.30	5.25	3.43	0.069 5	未检出	2.672 4
SQAZQ02	2011-4-18	—	7.29	200.410	97.283	0.2	44.0	未检出	432.390 4	136.351 7	437.881 8	2.646 1		16.59	3.74	3.827 0	未检出	3.704 5
SQAZQ03	2011-4-18	—	7.27	136.606	104.358	11.4	37.8	未检出	518.868 5	100.320 9	283.162 1	2.299 4	27.20	22.44	4.11	1.947 5	未检出	3.219 2
SQAZQ04	2011-4-18	—	7.50	116.974	34.049	1.1	37.8	未检出	409.107 8	203.467 8		1.710 1	35.40	7.56	4.21	0.041 0	未检出	2.394 2
SQAZQ05	2011-4-18	—	7.35	112.884	40.682	2.3	21.2	未检出	389.151 3	52.986 4	94.411 7	1.474 4	29.20	11.36	4.77	0.020 0	未检出	2.064 2
SQAFZ03	2011-9-17	—	8.31	9.649	68.289	2.3	1176.6	12.500 0	21.604 2	101.388 0	120.352 3	1.088 4	—	5.36	9.81	9.767 5	未检出	1.523 7
SQAFZ05	2011-9-17	—	8.10	4.371	28.206	5.1	299.2	未检出	6.354 2	67.592 0	17.698 9	0.395 6	—	17.52	8.44	0.529 3	未检出	0.553 9
SQAFZ06	2011-9-17	—	8.29	7.670	34.639	8.0	538.2	未检出	11.437 5	121.665 6	5.309 7	0.698 7	—	4.62	9.28	2.102 8	未检出	0.978 2
SQAZQ01	2011-9-17	—	8.26	7.835	101.443	1.7	424.5	14.166 7	21.434 7	141.943 2	118.582 4	0.813 1	—	4.74	9.46	0.750 3	未检出	1.138 3
SQAZQ02	2011-9-17	—	7.95	13.361	87.093	8.4	1497.4	8.333 3	19.062 5	283.886 4	76.105 1	1.519 3	—	11.73	9.39	5.272 8	未检出	2.127 1
SQAZQ03	2011-9-17	—	8.36	9.732	134.598	35.6	1621.2	25.000 0	33.888 9	275.775 4	132.741 5	1.745 0	—	4.06	10.20	20.201 3	未检出	2.443 0
SQAZQ04	2011-9-17	—	7.72	15.175	163.794	4.0	3142.1	15.000 0	33.211 1	452.866 4	221.235 8	2.564 8	—	7.12	8.82	13.639 5	未检出	3.590 7
SQAZQ05	2011-9-17	—	7.96	21.856	155.876	5.2	1397.2	16.666 7	27.111 1	392.033 6	217.696 0	1.857 8	—	4.05	10.24	7.375 5	未检出	2.600 9
SQAFZ03	2012-3-4	15.8	7.83	188.046	205.766	3.0	172.0	**70.383 4**	703.833 7	528.814 7	1023.459 8	—	10.01	—	—	0.427 0	未检出	—
SQAFZ05	2012-3-4	9.9	8.51	28.616	367.404	2.9	100.0	**41.782 4**	417.823 5	68.234 2	1474.675 2	—	4.88	—	—	0.118 5	未检出	—

（续）

样地代码	采样日期	水温/℃	pH	Ca^{2+}/(mg/L)	Mg^{+}/(mg/L)	K^{+}/(mg/L)	Na^{+}/(mg/L)	CO_3^{2-}/(mg/L)	HCO_3^-/(mg/L)	Cl^-/(mg/L)	SO_4^{2-}/(mg/L)	矿化度/(g/L)	CODCr/(mg/L)	CODMn/(mg/L)	DO/(mg/L)	总氮/(mg/L)	总磷/(mg/L)	电导率/(mS/cm)
SQAFZ06	2012-3-4	12.2	8.40	28.616	34.212	7.6	124.0	**22.880 8**	228.808 1	122.252 9	171.555 8	—	9.49	—	—	0.764 0	未检出	—
SQAZQ01	2012-3-4	14.9	8.12	77.671	89.744	2.3	86.0	**65.658**	656.579 8	122.252 9	438.681 6	—	3.90	—	—	0.052 0	未检出	—
SQAZQ02	2012-3-4	14.8	7.87	165.153	153.209	3.3	158.0	**74.113 9**	741.139 3	372.444 8	808.035 8	—	8.11	—	—	1.706 8	未检出	—
SQAZQ03	2012-3-4	14.7	8.00	65.407	106.602	10.5	117.0	**79.088**	790.880 2	127.939 1	475.107 8	—	7.82	—	—	0.186 3	未检出	—
SQAZQ04	2012-3-4	14.4	7.76	49.055	94.206	4.0	174.0	**64.663 2**	646.631 6	163.477 7	402.647 0	—	9.15	—	—	0.411 5	未检出	—
SQAZQ05	2012-3-4	14.6	8.08	100.564	156.680	4.4	131.0	**60.435 2**	604.351 9	174.850 0	749.283 8	—	7.07	—	—	0.238 3	未检出	—
SQAFZ03	2012-9-27	22.0	8.13	99.549	116.037	0.1	50.2	60.374 4	763.449 5	111.947 4	2144.979 4	1.178 8	—	11.58	9.23	2.415 5	未检出	1.650 3
SQAFZ05	2012-9-27	22.8	8.04	56.885	55.666	7.4	16.6	未检出	160.726 2	126.873 7		0.524 4	—	11.78	9.31	0.429 8	未检出	0.734 2
SQAFZ06	2012-9-27	23.1	8.01	64.642	66.643	8.2	21.6	未检出	212.069 3	101.498 9	503.735 0	0.579 9	—	16.52	8.75	0.577 0	未检出	0.811 9
SQAZQ01	2012-9-27	18.4	7.68	148.676	184.248	0.5	42.7	7.135 2	625.046 3	208.968 4	2048.672 9	1.251 8	—	13.73	8.35	0.463 5	未检出	1.752 6
SQAZQ02	2012-9-27	19.0	8.16	277.960	254.810	6.5	51.4	8.232 9	640.672 5	492.568 4	786.142 4	1.811 3	—	3.48	7.89	16.148 8	未检出	2.535 8
SQAZQ03	2012-9-27	18.5	8.40	109.891	125.445	12.9	32.8	8.232 9	517.895 5	129.858 9	1453.861 5	0.927 6	—	9.82	9.05	6.307 3	未检出	1.298 6
SQAZQ04	2012-9-27	19.0	8.19	142.212	113.685	6.5	44.0	10.977 2	524.592 5	153.741 1	1823.359 6	1.145 9	—	11.52	8.63	2.615 8	未检出	1.604 3
SQAZQ05	2012-9-27	19.8	8.21	161.605	137.206	3.5	26.6	8.232 9	502.269 4	182.101 1	1679.026 7	1.027 6	—	14.68	8.58	4.558 0	未检出	1.438 7
SQAZQ02	2013-3-4	14.8	—	165.153	153.209	3.3	158.0	22.013 7	741.139 3	372.444 8	808.035 8	2.458 0	—	8.11	8.86	1.706 8	未检出	3.441 1
SQAFZ06	2013-3-4	12.2	—	28.616	34.212	7.6	124.0	8.560 9	228.808 1	122.252 9	171.555 8	0.981 5	—	9.49	8.83	0.764 0	未检出	1.374 1
SQAZQ03	2013-3-4	14.7	—	65.407	106.602	10.5	117.0	20.790 7	790.880 2	127.939 1	475.107 8	1.476 5	—	7.82	9.00	0.186 3	未检出	2.067 1
SQAFZ03	2013-3-4	15.8	—	188.046	205.766	3.0	172.0	26.905 6	703.833 7	528.814 7	1023.459 8	2.886 2	—	10.01	9.01	0.427 0	未检出	4.040 6
SQAZQ04	2013-3-4	14.4	—	49.055	94.206	4.0	174.0	12.229 8	646.631 6	163.477 7	402.647 0	1.476 5	—	9.15	8.98	0.411 5	未检出	2.067 1
SQAZQ05	2013-3-4	14.6	—	100.564	156.680	4.4	131.0	29.351 6	604.351 9	174.850 0	749.283 8	1.532 2	—	7.07	9.23	0.238 3	未检出	2.145 0
SQAFZ05	2013-3-4	9.9	—	28.616	367.404	2.9	100.0	20.790 7	417.823 5	68.234 2	1474.675 2	0.879 6	—	4.88	9.14	0.118 5	未检出	1.231 4
SQAZQ01	2013-3-4	14.9	—	77.671	89.744	2.3	86.0	14.675 8	656.579 8	122.252 9	438.681 6	1.272 7	—	3.90	9.06	0.052 0	未检出	1.781 7

（续）

样地代码	采样日期	水温/℃	pH	Ca^{2+}/(mg/L)	Mg^{+}/(mg/L)	K^{+}/(mg/L)	Na^{+}/(mg/L)	CO_3^{2-}/(mg/L)	HCO_3^{-}/(mg/L)	Cl^{-}/(mg/L)	SO_4^{2-}/(mg/L)	矿化度/(g/L)	CODCr/(mg/L)	CODMn/(mg/L)	DO/(mg/L)	总氮/(mg/L)	总磷/(mg/L)	电导率/(mS/cm)
SQAZQ02	2013-9-26	17.0	—	73.583	86.769	0.2	64.3	6.114 9	713.781 8	234.554 9	415.180 8	1.713 5	—	—	9.20	—	—	2.398 9
SQAFZ06	2013-9-26	20.9	—	24.528	28.758	4.9	22.5	未检出	161.657 9	110.880 5	135.129 6	0.590 1	—	—	9.00	—	—	0.826 2
SQAZQ03	2013-9-26	16.0	—	72.766	92.223	6.2	40.7	未检出	850.569 3	116.566 7	430.848 0	1.181 7	—	—	9.07	—	—	1.654 4
SQAFZ03	2013-9-26	16.7	—	268.170	237.499	1.1	48.0	6.114 9	895.336 1	548.716 4	1255.334 4	2.444 7	—	—	9.69	—	—	3.422 5
SQAZQ04	2013-9-26	16.3	—	113.645	64.953	2.0	40.7	未检出	753.574 6	115.145 1	424.972 8	1.201 7	—	—	8.78	—	—	1.682 3
SQAZQ05	2013-9-26	16.3	—	88.300	74.373	2.2	23.1	未检出	626.735 3	99.508 2	397.946 9	0.893 7	—	—	10.28	—	—	1.251 1
SQAFZ05	2013-9-26	22.6	—	26.163	35.699	4.4	24.2	未检出	129.326 3	120.831 3	175.864 3	0.607 1	—	—	8.61	—	—	0.849 9
SQAZQ01	2013-9-26	16.7	—	87.482	103.131	1.2	39.8	6.114 9	678.963 2	166.320 8	503.700 5	1.231 2	—	—	8.65	—	—	1.723 7
SQAFZ03	2014-3-11	15.8	6.90	88.906	64.899	3.1	57.3		273.520 0	133.557 2	—	0.697 6	—	—	—	—	—	0.976 7
SQAFZ05	2014-3-11	10.5	8.04	18.934	25.460	1.2	36.5		118.921 7	75.728 3	—	0.366 2	—	—	—	1.233 0	未检出	0.512 6
SQAFZ06	2014-3-11	11.2	7.65	18.934	19.969	0.0	37.0		71.353 0	59.205 8	—	0.347 3	—	—	—	9.831 0	未检出	0.486 2
SQAZQ01	2014-3-11	15.1	7.24	54.331	78.378	1.3	26.5		556.553 8	112.904 0	—	0.853 2	—	—	—	0.523 3	未检出	1.194 4
SQAZQ02	2014-3-11	14.3	7.78	37.867	56.912	0.3	53.1		385.306 4	172.109 8	—	0.888 6	—	—	—	1.520 8	未检出	1.244 1
SQAZQ03	2014-3-11	15.1	7.44	39.514	70.890	2.0	28.3		494.714 5	92.250 8	—	0.717 3	—	—	—	1.635 3	未检出	1.004 2
SQAZQ04	2014-3-11	14.9	7.26	61.740	59.907	0.0	43.8		563.689 1	144.572 2	—	1.200 5	—	—	—	1.132 0	未检出	1.680 6
SQAZQ05	2014-3-11	15.0	7.72	37.044	34.946	1.3	15.4		268.763 1	71.597 7	—	0.366 2	—	—	—	2.767 3	未检出	0.512 6
SQAFZ03	2014-9-28	18.5	7.13	124.304	88.363	11.1	154.0	11.695 7	189.085 6	227.184 9	506.821 6	1.729 0	—	—	9.01	2.582 0	未检出	2.420 5
SQAFZ05	2014-9-28	19.1	7.56	37.044	26.459	1.0	370.0	未检出	74.920 7	128.049 7	734.658 3	0.507 4	—	—	9.33	2.639 5	未检出	0.710 3
SQAFZ06	2014-9-28	19.1	7.48	32.105	30.952	4.9	104.5	未检出	78.488 4	123.919 0	193.820 2	0.506 6	—	—	9.43	2.494 0	未检出	0.709 2
SQAZQ01	2014-9-28	18.4	7.02	72.442	84.868	4.5	350.0	17.543 6	235.465 1	119.788 4	869.517 4	0.740 7	—	—	9.05	2.357 0	未检出	1.036 9
SQAZQ02	2014-9-28	19.2	7.32	76.558	113.324	16.3	183.5	11.695 7	304.439 7	196.893 6	509.265 0	0.954 3	—	—	8.97	2.807 0	未检出	1.336 0
SQAZQ03	2014-9-28	17.9	7.23	55.978	62.403	16.3	229.0	未检出	300.872 0	96.381 5	511.451 5	1.147 6	—	—	8.10	2.672 5	未检出	1.606 6

（续）

样地代码	采样日期	水温/℃	pH	Ca^{2+}/(mg/L)	Mg^{+}/(mg/L)	K^{+}/(mg/L)	Na^{+}/(mg/L)	CO_3^{2-}/(mg/L)	HCO_3^{-}/(mg/L)	Cl^{-}/(mg/L)	SO_4^{2-}/(mg/L)	矿化度/(g/L)	CODCr/(mg/L)	CODMn/(mg/L)	DO/(mg/L)	总氮/(mg/L)	总磷/(mg/L)	电导率/(mS/cm)
SQAZQ04	2014-9-28	19.5	7.36	80.674	97.349	13.6	246.0	11.695 7	410.280 0	399.294 6	225.904 5	2.008 3	—	—	6.09	2.998 0	未检出	2.811 6
SQAZQ05	2014-9-28	18.8	7.47	64.210	59.907	1.3	367.5	5.847 9	225.951 3	89.497 1	851.025 6	0.635 7	—	—	9.48	2.883 0	未检出	0.890 0
SQAFZ03	2015-3-22	15.9	7.12	195.922	217.163	1.9	177.0	17.543 6	249.735 7	312.551 3	1051.207 0	1.860 7	—	—	—	0.704 5	未检出	2.604 9
SQAFZ05	2015-3-22	14.7	8.05	45.276	18.471	6.0	113.0	未检出	78.488 4	89.497 1	241.778 9	0.741 5	—	—	—	0.868 0	未检出	1.038 0
SQAFZ06	2015-3-22	13.9	7.58	47.746	10.983	5.7	131.5	未检出	73.731 5	107.396 5	235.880 0	0.865 8	—	—	—	2.185 3	未检出	1.212 1
SQAZQ01	2015-3-22	15.2	7.08	55.155	76.381	0.6	130.5	5.847 9	273.520 0	72.974 5	383.673 9	0.009 1	—	—	—	0.629 5	未检出	0.012 7
SQAZQ02	2015-3-22	15.3	7.39	68.326	80.874	0.8	233.0	11.695 7	234.275 8	223.054 2	465.527 6	2.059 6	—	—	—	0.219 3	未检出	2.883 4
SQAZQ03	2015-3-22	15.1	8.14	37.044	57.411	1.4	133.5	5.847 9	228.329 7	55.075 1	332.395 2	0.852 7	—	—	—	0.319 8	未检出	1.193 8
SQAZQ04	2015-3-22	15.2	7.53	47.746	55.913	2.6	208.0	未检出	248.546 4	106.019 6	433.604 2	1.153 8	—	—	—	1.833 0	未检出	1.615 3
SQAZQ05	2015-3-22	15.1	7.78	41.983	59.408	3.0	113.5	未检出	183.139 5	55.075 1	357.225 6	0.746 7	—	—	—	1.075 0	未检出	1.045 4
SQAZQ01	2015-9-15	16.0	8.81	18.666	28.929	1.5	31.1	14.384 5	182.013 6	119.565 8	202.650 0	0.710 7	—	—	8.96	1.200 0	0.632 3	0.995 0
SQAZQ02	2015-9-15	15.8	8.63	98.724	109.427	0.9	55.8	14.917 3	231.309 0	272.891 3	210.972 8	1.200 9	—	—	9.25	0.200 0	1.991 6	1.681 3
SQAZQ03	2015-9-15	16.1	8.96	20.740	8.050	2.8	31.2	31.965 5	190.139 2	94.949 3	179.220 0	0.693 6	—	—	8.78	4.600 0	1.580 6	0.971 0
SQAZQ04	2015-9-15	16.1	8.50	34.429	40.752	2.5	37.1	6.925 9	150.052 9	161.765 4	124.830 0	0.822 5	—	—	8.84	3.200 0	0.916 8	1.151 5
SQAZQ05	2015-9-15	16.5	8.78	22.400	9.056	6.9	38.3	5.327 6	82.881 2	355.180 6	376.650 0	0.995 3	—	—	8.99	1.300 0	0.600 6	1.393 4
SQAFZ03	2015-9-15	16.7	8.51	27.792	38.488	2.6	51.8	8.524 1	146.260 9	283.441 2	182.550 0	1.199 5	—	—	8.68	1.100 0	1.485 8	1.679 2
SQAFZ05	2015-9-15	24.5	8.40	24.059	28.174	5.5	18.7	未检出	84.506 3	73.849 4	48.235 3	0.397 1	—	—	9.56	1.800 0	1.327 7	0.555 9
SQAFZ06	2015-9-15	25.6	8.72	24.059	5.534	8.2	65.8	13.851 7	169.554 3	433.953 4	516.200 0	1.439 3	—	—	9.12	0.600 0	1.106 5	2.015 1

3.3.4 地下水位数据集

3.3.4.1 概述

本数据集包含商丘站辅助观测场（水井）（SQAFZ03，115°35′31.9″E，34°31′13.3″N），商丘站生物、土壤监测朱楼站区调查点（SQAZQ01，115°34′07″E，34°31′30″N），商丘站生物、土壤监测陈菜园站区调查点（SQAZQ02，115°35′48″E，34°30′20″N），商丘站生物、土壤监测关庄站区调查点（SQAZQ03，115°35′07″E，34°30′30″N），商丘站生物、土壤监测王庄站区调查点（SQAZQ04，115°36′03″E，34°30′51″N）和商丘站生物、土壤监测张大庄站区调查点（SQAZQ05，115°36′05″E，34°30′50″N）等 6 个样地 2008—2015 年地下水位数据，数据项目包括观测点名称、植被名称、地下水埋深等。

3.3.4.2 数据采集和处理方法

于野外农田观测点采用测量绳、测量尺进行测量，观测频率 3 次/月。人工记载数据。根据质控后的数据按样地的观测点计算月平均数据，并作为本数据产品的结果数据，同时标明样本数及标准差。

3.3.4.3 数据质量控制与评估

（1）根据任务制定观测计划，按《商丘站观测规范》开展观测，保持人员队伍的相对稳定，对新参与调查工作的人员进行岗前培训，调查时以老带新，保障调查质量。

（2）观测员将所获取的数据与各项辅助信息数据以及历史数据信息（主要各样地与上次测量的差值）进行比较，对存在疑问的数据进行核查、补测，确定的错误数据而不能补测的则遗弃。项目负责人和质量控制委员会对初步的报表数据开展进一步审核认定工作。

3.3.4.4 数据价值/数据使用方法和建议

地下水是黄淮海平原重要的水资源，是黄淮海平原农田灌溉的主要水源；地下水还可以为作物直接提供部分水分供应。但是，黄淮海平原水分蒸发较大，过高的地下水位容易引起土壤次生盐碱化。地下水位监测对于农田生态、农业生产具有重要意义。本数据集适合农田水利、农学、农业生态、农业生产等相关领域直接应用。

3.3.4.5 地下水位数据

具体数据见表 3-37～表 3-42。

表 3-37 辅助观测场（水井）地下水位数据

时间（年-月）	植被名称	地下水埋深/m	标准差	有效数据/条	时间（年-月）	植被名称	地下水埋深/m	标准差	有效数据/条
2008-1	小麦	2.08	0.03	3	2008-12	小麦	2.04	0.05	3
2008-2	小麦	2.09	0.05	3	2009-1	小麦	3.05	1.34	2
2008-3	小麦	2.31	0.12	3	2009-2	小麦	3.38	0.50	3
2008-4	小麦	2.25	0.14	3	2009-3	小麦	2.82	0.06	3
2008-5	小麦	2.52	0.23	3	2009-4	小麦	2.58	0.10	3
2008-6	玉米	2.78	0.08	3	2009-5	小麦	2.36	0.33	3
2008-7	玉米	2.28	0.63	3	2009-6	玉米	2.01	0.20	3
2008-8	玉米	1.15	0.61	3	2009-7	玉米	1.69	0.57	3
2008-9	玉米	1.27	0.08	3	2009-8	玉米	1.05	0.09	3
2008-10	小麦	1.69	0.21	3	2009-9	玉米	1.26	0.07	3
2008-11	小麦	2.17	0.26	3	2009-10	小麦	1.52	0.18	3

（续）

时间（年-月）	植被名称	地下水埋深/m	标准差	有效数据/条	时间（年-月）	植被名称	地下水埋深/m	标准差	有效数据/条
2009-11	小麦	1.56	0.04	3	2012-5	小麦	2.72	0.35	3
2009-12	小麦	1.61	0.04	3	2012-6	玉米	4.85	0.78	2
2010-1	小麦	1.90	0.05	3	2012-7	玉米	1.54	0.18	3
2010-2	小麦	1.78	0.04	2	2012-8	玉米	1.91	0.22	2
2010-3	小麦	1.82	0.11	3	2012-9	玉米	1.77	0.04	2
2010-4	小麦	2.11	0.10	3	2012-10	小麦	2.09	0.01	2
2010-5	小麦	2.61	0.28	2	2014-1	小麦	3.22	0.09	3
2010-6	玉米	3.16	0.65	3	2014-2	小麦	3.13	0.09	3
2010-7	玉米	2.76	0.58	3	2014-3	小麦	3.79	0.65	3
2010-8	玉米	1.52	1.07	2	2014-4	小麦	4.88	0.57	3
2010-9	玉米	0.62	0.28	2	2014-5	小麦	4.39	0.23	3
2010-10	小麦	1.46	0.28	3	2014-6	棉花	5.35	0.95	3
2010-11	小麦	1.62	0.05	2	2014-8	棉花	6.06	0.12	3
2010-12	小麦	1.93	0.09	3	2014-9	棉花	5.21	0.60	3
2011-1	小麦	2.14	0.02	2	2014-10	小麦	4.44	0.25	3
2011-2	小麦	2.46	0.25	2	2014-11	小麦	3.85	0.12	3
2011-3	小麦	2.10	0.14	3	2014-12	小麦	3.52	0.06	3
2011-4	小麦	2.85	0.50	3	2015-1	小麦	3.52	0.15	3
2011-5	小麦	3.56	0.13	2	2015-2	小麦	3.43	0.04	2
2011-6	玉米	5.19	1.25	3	2015-3	小麦	3.94	0.37	3
2011-7	玉米	5.68	0.95	2	2015-4	小麦	3.69	0.04	3
2011-8	玉米	3.33	1.75	3	2015-5	小麦	3.34	0.21	2
2011-9	玉米	1.34	0.85	3	2015-6	棉花	8.17	0.04	2
2011-10	小麦	1.19	0.07	3	2015-7	棉花	5.04	0.63	3
2011-11	小麦	1.03	0.25	3	2015-8	棉花	3.82	0.19	3
2011-12	小麦	0.90	0.15	3	2015-9	棉花	4.22	0.27	3
2012-1	小麦	1.17	0.06	3	2015-10	小麦	4.96	0.06	3
2012-2	小麦	1.56	0.34	3	2015-11	小麦	4.43	0.30	2
2012-3	小麦	1.54	0.09	3	2015-12	小麦	3.93	0.04	2
2012-4	小麦	2.18	0.01	2					

注：地面高程52.16 m。

表 3-38 朱楼站区地下水位数据

时间（年-月）	植被名称	地下水埋深/m	标准差	有效数据/条	时间（年-月）	植被名称	地下水埋深/m	标准差	有效数据/条
2008-1	杨树	2.50	0.05	3	2010-10	杨树	1.51	0.23	3
2008-2	杨树	2.47	0.02	3	2010-11	杨树	2.12	0.17	3
2008-3	杨树	2.55	0.05	3	2010-12	杨树	2.52	0.11	3
2008-4	杨树	2.51	0.03	3	2011-1	杨树	2.50	0.05	3
2008-5	杨树	2.70	0.11	3	2011-2	杨树	2.63	0.21	2
2008-6	杨树	3.08	0.07	3	2011-3	杨树	2.28	0.21	3
2008-7	杨树	2.85	0.55	3	2011-4	杨树	2.63	0.13	3
2008-8	杨树	1.64	0.66	3	2011-5	杨树	3.47	0.72	2
2008-9	杨树	1.89	0.30	3	2011-6	杨树	3.85	1.08	2
2008-10	杨树	2.19	0.07	3	2011-7	杨树	5.82		1
2008-11	杨树	2.38	0.06	3	2011-8	杨树	3.52	1.53	3
2008-12	杨树	2.60	0.09	3	2011-9	杨树	1.34	1.09	3
2019-1	杨树	2.72	0.01	2	2011-10	杨树	1.21	0.11	3
2019-2	杨树	3.32	0.31	3	2011-11	杨树	1.05	0.31	3
2019-3	杨树	2.86	0.03	3	2011-12	杨树	1.15	0.25	3
2019-4	杨树	2.71	0.06	3	2012-1	杨树	1.42	0.13	3
2019-5	杨树	2.72	0.29	2	2012-2	杨树	1.83	0.09	3
2019-6	杨树	2.56	0.12	3	2012-3	杨树	2.06	0.06	3
2019-7	杨树	2.20	0.58	3	2012-4	杨树	2.32	0.10	3
2019-8	杨树	1.42	0.05	3	2012-5	杨树	2.66	0.16	3
2019-9	杨树	1.78	0.16	3	2012-6	杨树	5.22	2.12	3
2019-10	杨树	1.95	0.13	3	2012-7	杨树	1.82	0.68	2
2019-11	杨树	2.01	0.10	3	2012-8	杨树	2.63	0.13	3
2019-12	杨树	2.02	0.05	3	2012-9	杨树	2.75	0.05	3
2010-1	杨树	2.24	0.03	3	2012-10	杨树	3.01	0.35	3
2010-2	杨树	2.14	0.05	2	2012-11	杨树	2.91	0.04	3
2010-3	杨树	2.24	0.08	3	2012-12	杨树	3.03	0.07	3
2010-4	杨树	2.51	0.05	3	2013-1	杨树	3.03	0.02	3
2010-5	杨树	2.74	0.15	3	2013-2	杨树	3.05	0.00	2
2010-6	杨树	3.19	0.27	3	2013-3	杨树	3.21	0.07	3
2010-7	杨树	3.29	0.22	3	2013-4	杨树	4.27	0.58	3
2010-8	杨树	2.32	1.19	2	2013-5	杨树	4.52	0.28	3
2010-9	杨树	0.79	0.27	3	2013-6	杨树	4.22	0.13	3

（续）

时间（年-月）	植被名称	地下水埋深/m	标准差	有效数据/条	时间（年-月）	植被名称	地下水埋深/m	标准差	有效数据/条
2013-7	杨树	3.55	0.30	3	2014-10	杨树	5.42	0.23	3
2013-8	杨树	3.52	0.10	3	2014-11	杨树	5.18	0.04	2
2013-9	杨树	3.75	0.05	3	2014-12	杨树	4.46	0.20	3
2013-10	杨树	5.05	0.49	2	2015-1	杨树	4.44	0.12	2
2013-11	杨树	4.38	0.09	3	2015-2	杨树	4.75	0.42	2
2013-12	杨树	4.33	0.05	3	2015-3	杨树	4.87	0.18	3
2014-1	杨树	5.09	0.02	3	2015-4	杨树	4.28	0.15	3
2014-2	杨树	5.08	0.07	3	2015-5	杨树	4.19	0.09	2
2014-3	杨树	4.87	0.03	3	2015-6	杨树	5.23	0.74	3
2014-4	杨树	5.48	0.80	3	2015-7	杨树	4.38	0.42	3
2014-5	杨树	5.18		1	2015-8	杨树	4.03	0.24	3
2014-6	杨树	6.15	0.99	3	2015-9	杨树	4.49	0.28	3
2014-7	杨树	7.23	0.66	2	2015-10	杨树	4.84	0.08	3
2014-8	杨树	6.49	0.16	2	2015-11	杨树	4.44	0.16	2
2014-9	杨树	5.89	0.34	3	2015-12	杨树	4.02	0.04	2

注：地面高程 52.13m。

表 3-39 陈菜园站区地下水位数据

时间（年-月）	植被名称	地下水埋深/m	标准差	有效数据/条	时间（年-月）	植被名称	地下水埋深/m	标准差	有效数据/条
2008-1	小麦	1.77	0.02	3	2019-3	小麦	2.00	0.03	3
2008-2	小麦	1.76	0.02	3	2019-4	小麦	2.03	0.16	3
2008-3	小麦	1.81	0.10	3	2019-5	小麦	2.03	0.15	3
2008-4	小麦	1.73	0.08	3	2019-6	玉米	1.93	0.05	3
2008-5	小麦	1.88	0.07	3	2019-7	玉米	1.57	0.50	3
2008-6	玉米	2.24	0.05	3	2019-8	玉米	0.71	0.10	3
2008-7	玉米	1.80	0.57	3	2019-9	玉米	0.84	0.09	3
2008-8	玉米	0.98	0.46	3	2019-10	小麦	1.06	0.13	3
2008-9	玉米	1.07	0.14	3	2019-11	小麦	1.10	0.10	3
2008-10	小麦	1.21	0.09	3	2019-12	小麦	1.13	0.03	3
2008-11	小麦	1.45	0.10	3	2010-1	小麦	1.36	0.04	3
2008-12	小麦	1.73	0.11	3	2010-2	小麦	1.29	0.05	2
2019-1	小麦	1.93	0.05	2	2010-3	小麦	1.43	0.14	3
2019-2	小麦	2.56	0.63	3	2010-4	小麦	1.79	0.05	3

（续）

时间（年-月）	植被名称	地下水埋深/m	标准差	有效数据/条	时间（年-月）	植被名称	地下水埋深/m	标准差	有效数据/条
2010-5	小麦	2.02	0.19	3	2013-3	小麦	2.91	0.24	3
2010-6	玉米	2.66	0.68	3	2013-4	小麦	4.47	0.78	3
2010-7	玉米	2.34	0.14	3	2013-5	小麦	3.91	0.23	3
2010-8	玉米	2.12	1.73	2	2013-6	玉米	4.00	0.42	2
2010-9	玉米	0.42	0.21	3	2013-7	玉米	3.28	0.16	3
2010-10	小麦	1.00	0.18	3	2013-8	玉米	3.28	0.38	3
2010-11	小麦	1.44	0.13	3	2013-9	玉米	3.45	0.10	3
2010-12	小麦	1.78	0.09	3	2013-10	小麦	5.60	1.08	3
2011-1	小麦	2.01	0.06	3	2013-11	小麦	4.43	0.08	3
2011-2	小麦	2.48	0.70	2	2013-12	小麦	4.31	0.12	3
2011-3	小麦	1.61	0.43	3	2014-1	小麦	4.37	0.15	3
2011-4	小麦	2.08	0.09	3	2014-2	小麦	4.10	0.13	3
2011-5	小麦	2.25	0.01	2	2014-3	小麦	4.05	0.38	3
2011-6	玉米	3.63	0.52	2	2014-4	小麦	4.59	0.16	2
2011-7	玉米	4.51	0.30	2	2014-5	小麦	4.53	0.11	3
2011-8	玉米	2.62	1.06	3	2014-6	玉米	5.62	1.46	2
2011-9	玉米	0.92	0.96	3	2014-7	玉米	7.40	1.13	2
2011-10	小麦	0.79	0.08	3	2014-8	玉米	6.38	0.30	3
2011-11	小麦	0.54	0.31	3	2014-9	玉米	6.01	0.23	3
2011-12	小麦	0.42	0.22	3	2014-10	小麦	5.56	0.09	3
2012-1	小麦	0.81	0.05	3	2014-11	小麦	5.51	0.21	3
2012-2	小麦	1.12	0.07	3	2014-12	小麦	4.96	0.07	3
2012-3	小麦	1.39	0.10	3	2015-1	小麦	4.87	0.01	3
2012-4	小麦	1.79	0.10	3	2015-2	小麦	5.06	0.32	2
2012-5	小麦	2.08	0.11	3	2015-3	小麦	5.15	0.15	2
2012-6	玉米	6.03	2.09	2	2015-4	小麦	4.83	0.15	3
2012-7	玉米	1.59	0.30	3	2015-5	小麦	4.82	0.16	2
2012-8	玉米	2.10	0.13	3	2015-6	玉米	6.17	0.99	3
2012-9	玉米	2.28	0.08	3	2015-7	玉米	5.00	0.31	3
2012-10	小麦	2.38	0.04	3	2015-8	玉米	4.58	0.03	3
2012-11	小麦	2.43	0.03	3	2015-9	玉米	4.79	0.10	3
2012-12	小麦	2.49	0.01	3	2015-10	小麦	4.84	0.05	3
2013-1	小麦	2.45	0.11	3	2015-11	小麦	4.61	0.10	2
2013-2	小麦	2.65	0.00	2	2015-12	小麦	4.39	0.09	2

注：地面高程 51.72 m。

表3-40 关庄站区地下水位数据

时间（年-月）	植被名称	地下水埋深/m	标准差	有效数据/条	时间（年-月）	植被名称	地下水埋深/m	标准差	有效数据/条
2008-1	小麦	2.86	0.06	3	2010-10	小麦	2.00	0.21	3
2008-2	小麦	2.94	0.04	3	2010-11	小麦	2.30	0.08	3
2008-3	小麦	3.06	0.17	3	2010-12	小麦	2.63	0.10	3
2008-4	小麦	3.00	0.14	3	2011-1	小麦	3.14	0.25	2
2008-5	小麦	3.36	0.25	3	2011-2	小麦	4.00	0.65	2
2008-6	玉米	3.97	0.10	3	2011-3	小麦	2.90	0.17	3
2008-7	玉米	3.66	0.57	3	2011-4	小麦	3.51	0.27	3
2008-8	玉米	2.31	0.66	3	2011-5	小麦	4.18	0.14	2
2008-9	玉米	2.37	0.19	3	2011-6	玉米	6.88	1.88	3
2008-10	小麦	2.60	0.06	3	2011-7	玉米	7.24	0.45	2
2008-11	小麦	2.77	0.03	3	2011-8	玉米	3.56	1.65	3
2008-12	小麦	3.00	0.12	3	2011-9	玉米	1.66	0.75	3
2019-1	小麦	4.31	1.10	2	2011-10	小麦	1.70	0.08	3
2019-2	小麦	4.57	0.69	3	2011-11	小麦	1.40	0.28	3
2019-3	小麦	3.65	0.16	3	2011-12	小麦	1.47	0.23	3
2019-4	小麦	3.16	0.18	3	2012-1	小麦	1.65	0.12	3
2019-5	小麦	3.34	0.21	3	2012-2	小麦	1.98	0.07	3
2019-6	玉米	3.08	0.20	3	2012-3	小麦	2.25	0.10	3
2019-7	玉米	2.75	0.57	3	2012-4	小麦	2.66	0.14	3
2019-8	玉米	1.99	0.13	3	2012-5	小麦	3.27	0.28	3
2019-9	玉米	2.14	0.11	3	2012-6	玉米	7.50	1.27	2
2019-10	小麦	2.44	0.24	3	2012-7	玉米	2.34	0.46	3
2019-11	小麦	2.39	0.02	3	2012-8	玉米	2.60	0.23	3
2019-12	小麦	2.40	0.03	3	2012-9	玉米	2.87	0.03	3
2010-1	小麦	2.52	0.03	3	2012-10	小麦	2.73	0.50	3
2010-2	小麦	2.49		1	2012-11	小麦	3.32	0.03	3
2010-3	小麦	2.54	0.07	3	2012-12	小麦	3.37	0.03	3
2010-4	小麦	2.86	0.01	2	2013-1	小麦	3.52	0.06	3
2010-5	小麦	3.21	0.28	3	2013-2	小麦	3.50	0.00	2
2010-6	玉米	4.43	1.01	3	2013-3	小麦	4.08	0.23	3
2010-7	玉米	4.07	0.49	3	2013-4	小麦	5.88	0.03	2
2010-8	玉米	2.68	1.43	2	2013-5	小麦	5.10	0.57	2
2010-9	玉米	0.86	0.69	3	2013-6	玉米	6.38	1.50	3

（续）

时间（年-月）	植被名称	地下水埋深/m	标准差	有效数据/条	时间（年-月）	植被名称	地下水埋深/m	标准差	有效数据/条
2013-7	玉米	5.38	0.33	3	2014-10	小麦	5.80	0.22	3
2013-8	玉米	4.52	0.11	3	2014-11	小麦	5.31	0.20	3
2013-9	玉米	4.87	0.08	3	2014-12	小麦	5.03	0.10	3
2013-10	小麦	7.00	0.57	2	2015-1	小麦	5.03	0.10	3
2013-11	小麦	6.02	0.19	3	2015-2	小麦	5.20	0.14	2
2013-12	小麦	5.97	0.57	3	2015-3	小麦	5.12	0.03	3
2014-1	小麦	5.81	0.56	3	2015-4	小麦	4.87	0.05	2
2014-2	小麦	5.53	0.06	3	2015-5	小麦	6.34	2.04	2
2014-3	小麦	5.80	0.35	2	2015-6	玉米	7.33	1.38	2
2014-4	小麦	7.36	0.84	3	2015-7	玉米	4.50		1
2014-5	小麦	6.50	0.13	3	2015-8	玉米	4.40	0.18	3
2014-6	玉米	7.74	1.48	3	2015-9	玉米	4.78	0.19	3
2014-7	玉米	8.40	0.78	2	2015-10	小麦	5.27	0.20	3
2014-8	玉米	7.25	0.41	3	2015-11	小麦	4.65	0.21	2
2014-9	玉米	6.43	0.33	3	2015-12	小麦	4.19	0.12	2

注：地面高程 52.05 m。

表 3-41　王庄站区地下水位数据

时间（年-月）	植被名称	地下水埋深/m	标准差	有效数据/条	时间（年-月）	植被名称	地下水埋深/m	标准差	有效数据/条
2008-1	小麦	2.31	0.01	3	2019-3	小麦	2.92	0.06	3
2008-2	小麦	2.24	0.05	3	2019-4	小麦	2.95	0.01	3
2008-3	小麦	2.45	0.13	3	2019-5	小麦	2.98	0.23	3
2008-4	小麦	2.47	0.11	3	2019-6	玉米	2.81	0.14	3
2008-5	小麦	2.92	0.24	3	2019-7	玉米	2.59	0.60	3
2008-6	玉米	3.27	0.04	3	2019-8	玉米	1.63	0.09	3
2008-7	玉米	2.85	0.58	3	2019-9	玉米	2.04	0.68	3
2008-8	玉米	1.69	0.58	3	2019-10	小麦	1.95	0.20	3
2008-9	玉米	1.89	0.12	3	2019-11	小麦	1.95	0.13	3
2008-10	小麦	2.04	0.10	3	2019-12	小麦	1.95	0.02	3
2008-11	小麦	2.27	0.06	3	2010-1	小麦	2.15	0.03	3
2008-12	小麦	2.56	0.15	3	2010-2	小麦	2.05	0.05	2
2019-1	小麦	2.84	0.04	2	2010-3	小麦	2.11	0.09	3
2019-2	小麦	3.71	1.01	3	2010-4	小麦	2.46	0.12	3

（续）

时间（年-月）	植被名称	地下水埋深/m	标准差	有效数据/条	时间（年-月）	植被名称	地下水埋深/m	标准差	有效数据/条
2010-5	小麦	2.90	0.32	3	2013-3	小麦	3.45	0.44	3
2010-6	玉米	3.56	0.46	3	2013-4	小麦	5.33	0.32	2
2010-7	玉米	3.21	0.48	3	2013-5	小麦	4.72	0.68	3
2010-8	玉米	1.78	1.22	2	2013-6	玉米	5.25	1.84	2
2010-9	玉米	1.01	0.31	3	2013-7	玉米	5.37	0.58	3
2010-10	小麦	1.60	0.14	3	2013-8	玉米	3.81	0.85	3
2010-11	小麦	2.02	0.14	3	2013-9	玉米	4.60	0.05	3
2010-12	小麦	2.34	0.12	3	2013-10	小麦	6.15	0.21	2
2011-1	小麦	2.57	0.02	2	2013-11	小麦	5.43	0.28	3
2011-2	小麦	3.25	1.05	2	2013-12	小麦	5.02	0.10	3
2011-3	小麦	2.20	0.22	3	2014-1	小麦	4.96	0.07	3
2011-4	小麦	3.03	0.47	3	2014-2	小麦	4.92	0.08	3
2011-5	小麦	3.66	0.15	2	2014-3	小麦	5.97	1.24	3
2011-6	玉米	5.15	1.71	2	2014-4	小麦	6.64	0.23	2
2011-7	玉米	6.09	0.09	2	2014-5	小麦	6.22	0.06	3
2011-8	玉米	3.82	2.24	3	2014-6	玉米	6.48	0.18	2
2011-9	玉米	1.35	0.94	3	2014-7	玉米	7.89	0.05	2
2011-10	小麦	1.34	0.06	3	2014-8	玉米	7.12	0.19	3
2011-11	小麦	1.01	0.25	3	2014-9	玉米	6.35	0.28	3
2011-12	小麦	0.93	0.20	3	2014-10	小麦	5.49	0.29	3
2012-1	小麦	1.35	0.13	3	2014-11	小麦	5.06	0.15	3
2012-2	小麦	1.70	0.10	3	2014-12	小麦	4.72	0.06	3
2012-3	小麦	1.93	0.11	3	2015-1	小麦	4.68	0.06	3
2012-4	小麦	2.35	0.13	3	2015-2	小麦	4.73	0.32	2
2012-5	小麦	2.99	0.36	3	2015-3	小麦	5.30	0.53	3
2012-6	玉米	6.25		1	2015-4	小麦	4.95	0.13	3
2012-7	玉米	1.80	0.02	3	2015-5	小麦	4.80	0.14	2
2012-8	玉米	2.11	0.13	2	2015-6	玉米	7.65	1.34	2
2012-9	玉米	2.35	0.13	3	2015-7	玉米	5.62	0.73	3
2012-10	小麦	2.50	0.10	3	2015-8	玉米	4.37	0.21	3
2012-11	小麦	2.67	0.10	3	2015-9	玉米	4.67	0.19	3
2012-12	小麦	2.90	0.00	3	2015-10	小麦	5.22	0.08	3
2013-1	小麦	2.99	0.06	3	2015-11	小麦	4.50	0.35	2
2013-2	小麦	2.90	0.07	2	2015-12	小麦	4.10	0.21	2

注：地面高程 52.36 m。

表 3-42 张大庄站区地下水位数据

时间（年-月）	植被名称	地下水埋深/m	标准差	有效数据/条	时间（年-月）	植被名称	地下水埋深/m	标准差	有效数据/条
2008-1	小麦	2.49	0.01	3	2010-11	小麦	2.24	0.14	3
2008-2	小麦	2.50	0.15	3	2010-12	小麦	2.55	0.12	3
2008-3	小麦	2.64	0.11	3	2011-1	小麦	2.77	0.01	2
2008-4	小麦	2.67	0.03	3	2011-2	小麦	3.39	1.05	2
2008-5	小麦	3.15	0.23	3	2011-3	小麦	2.37	0.28	3
2008-7	玉米	2.82	0.63	2	2011-4	小麦	3.23	0.47	3
2008-8	玉米	1.86	0.54	3	2011-5	小麦	3.81	0.16	2
2008-9	玉米	2.10	0.12	3	2011-6	玉米	6.49	2.41	3
2008-10	小麦	2.22	0.08	3	2011-7	玉米	7.25	1.13	3
2008-11	小麦	2.45	0.07	3	2011-8	玉米	3.98	2.32	3
2008-12	小麦	2.75	0.13	3	2011-9	玉米	1.51	0.91	3
2019-1	小麦	3.20	0.38	3	2011-10	小麦	1.51	0.04	3
2019-2	小麦	3.74	0.70	3	2011-11	小麦	1.16	0.25	3
2019-3	小麦	2.97	0.12	3	2011-12	小麦	1.37	0.31	3
2019-4	小麦	3.15	0.04	3	2012-1	小麦	1.54	0.12	3
2019-5	小麦	3.21	0.18	3	2012-2	小麦	1.92	0.10	3
2019-6	玉米	3.06	0.11	3	2012-3	小麦	2.14	0.10	3
2019-7	玉米	2.78	0.66	3	2012-4	小麦	2.54	0.14	3
2019-8	玉米	1.82	0.13	3	2012-5	小麦	3.16	0.33	3
2019-9	玉米	1.92	0.17	3	2012-6	玉米	6.05		1
2019-10	小麦	2.09	0.13	3	2012-7	玉米	1.93	0.13	3
2019-11	小麦	2.14	0.15	3	2012-8	玉米	2.31	0.13	2
2019-12	小麦	2.15	0.04	3	2012-9	玉米	2.28	0.11	3
2010-1	小麦	2.34	0.03	3	2012-10	小麦	2.68	0.08	3
2010-2	小麦	2.30	0.01	2	2012-11	小麦	2.87	0.10	3
2010-3	小麦	2.37	0.09	3	2012-12	小麦	3.10	0.00	3
2010-4	小麦	2.68	0.07	3	2013-1	小麦	3.17	0.04	3
2010-5	小麦	3.12	0.30	3	2013-2	小麦	3.11	0.10	2
2010-6	玉米	3.71	0.37	3	2013-3	小麦	3.60	0.34	3
2010-7	玉米	3.38	0.49	3	2013-4	小麦	5.45	0.36	2
2010-8	玉米	1.96	1.20	2	2013-5	小麦	4.80	0.53	3
2010-9	玉米	1.21	0.35	3	2013-6	玉米	5.38	1.94	2
2010-10	小麦	1.84	0.10	3	2013-7	玉米	5.43	0.51	3
					2013-8	玉米	4.28	0.22	3
					2013-9	玉米	4.73	0.14	3

（续）

时间（年-月）	植被名称	地下水埋深/m	标准差	有效数据/条	时间（年-月）	植被名称	地下水埋深/m	标准差	有效数据/条
2013-10	小麦	6.28	0.18	2	2014-12	小麦	4.84	0.07	3
2013-11	小麦	5.55	0.25	3	2015-1	小麦	4.70	0.10	3
2013-12	小麦	5.22	0.07	3	2015-2	小麦	4.85	0.35	2
2014-1	小麦	5.15	0.06	3	2015-3	小麦	5.58	0.50	3
2014-2	小麦	5.03	0.03	3	2015-4	小麦	5.05	0.13	3
2014-3	小麦	6.07	1.11	3	2015-5	小麦	4.98	0.18	2
2014-4	小麦	7.27	0.69	3	2015-6	玉米	9.10	0.00	2
2014-5	小麦	6.68	0.49	3	2015-7	玉米	5.85	0.68	3
2014-6	玉米	7.72	1.98	3	2015-8	玉米	4.48	0.14	3
2014-7	玉米	8.10	0.07	2	2015-9	玉米	4.73	0.22	3
2014-8	玉米	7.33	0.26	3	2015-10	小麦	5.32	0.08	3
2014-9	玉米	6.47	0.33	3	2015-11	小麦	4.66	0.34	2
2014-10	小麦	5.54	0.30	3	2015-12	小麦	4.06	0.00	2
2014-11	小麦	5.17	0.13	3					

注：地面高程52.55 m。

3.3.5 土壤水分常数数据集

3.3.5.1 概述

本数据集包含商丘站综合观测场（SQAZH01，115°35′30″E，34°31′14″N）2017年土壤水分常数数据，数据项目包括取样层次（cm）、土壤类型、土壤质地、土壤完全持水量、土壤田间持水量、土壤凋萎含水量、土壤孔隙度、容重、水分特征曲线方程等。

3.3.5.2 数据采集和处理方法

2017年秋季作物（玉米）收获后，在综合观测场采样区内开挖长1 m，宽1 m，深1.1 m的土壤剖面，根据剖面划分取样层次，用环刀和小铁铲分层取样。土壤质地采用田间手测（湿测）法测量；土壤完全持水量和土壤田间持水量采用环刀法（室内）测量；土壤萎蔫含水量采用最大吸湿法测量；土壤孔隙度总量通过计算取得；容重采用环刀法（室内）测量；水分特征曲线方程采用离心法（仪器为HITACHI CR22GⅢ高速冷冻离心机）测量体积含水量与水势，根据Van Genuchten公式，利用专用软件RETC拟合。

3.3.5.3 数据质量控制与评估

（1）测量前检查标定仪器、量具，并熟悉测量规范。

（2）测量最少重复3次。

（3）数据及时录入，严格避免原始数据录入报表过程产生的误差。严格统计、分析数据，检查、筛选异常值，对于明显异常数据进行补测。

（4）观测员将所获取的数据与各项辅助信息数据以及历史数据信息进行比较，对存在疑问的数据核查。确定为错误数据而又不能补测的则遗弃。项目负责人和质量控制委员会对初步的报表数据开展进一步审核认定工作。

3.3.5.4 数据价值/数据使用方法和建议

土壤水分常数描述土壤的物理性状，是土壤水肥保持能力重要指标。本数据集适合农田水利、农学、土壤、农业生态、农业生产等相关领域参考应用。

3.3.5.5 土壤水分常数数据

具体数据见表 3-43。

表 3-43 土壤水分常数数据

采样深度/cm	土壤质地	土壤完全持水量/%	土壤田间持水量/%	土壤凋萎含水量/%	土壤孔隙度总量/%	容重	水分特征曲线方程
0～15	轻壤土	36.86	27.44	13.26	46.79	1.41	$\theta=0.0005+\frac{0.3817-0.0005}{(1+\lvert 0.0203h\rvert^{1.0729})^{0.0679}}$
15～31	轻壤土	33.99	26.14	13.38	44.91	1.46	$\theta=0.0006+\frac{0.3927-0.0006}{(1+\lvert 0.0147h\rvert^{1.0793})^{0.0735}}$
31～49	砂壤土	34.26	26.02	11.18	43.77	1.49	$\theta=0.0004+\frac{0.4046-0.0004}{(1+\lvert 0.0185h\rvert^{1.1132})^{0.1017}}$
49～67	砂壤土	36.07	28.82	10.11	46.42	1.42	$\theta=0.1258+\frac{0.4391-0.1258}{(1+\lvert 0.01h\rvert^{1.4629})^{0.3164}}$
67～78	砂壤土	37.07	28.90	9.43	47.55	1.39	$\theta=0.0872+\frac{0.4329-0.0872}{(1-\lvert 0.005h\rvert^{1.7018})^{0.4124}}$
79～100	砂壤土	35.84	27.18	9.90	46.04	1.43	$\theta=0.0929+\frac{0.426-0.0929}{(1-\lvert 0.003h\rvert^{1.9136})^{0.4774}}$

3.3.6 水面蒸发数据集

3.3.6.1 概述

本数据集包含气象观测场 E601 蒸发皿样地 2012—2015 年观测的水面蒸发数据，数据项目为月蒸发量。

3.3.6.2 数据采集和处理方法

每天晚上 20 时采用蒸发测针进行人工测量水面水位，与初始水位（前一日 20 时）的水位差，减去降水量（有降雨时）即水面蒸发量。平时每天观测 1 次，结冰季节（商丘站一般为 11 月～翌年 3 月）不观测（观测小型蒸发皿供参考）。根据质控后的数据计算月平均数据，作为本数据产品的结果数据。

3.3.6.3 数据质量控制与评估

（1）严格执行 E601 蒸发器的维护与管理要求，规范测量操作。

（2）每天测量后立即输入电脑，及时分析数据，通过自制数据检测模块自动检查数据是否异常，若有异常则重新观测。

（3）观测员将所获取的数据与各项辅助信息数据以及历史数据信息进行比较，对存在疑问的数据进行核查。确定的错误数据而又不能补测的数据则遗弃。项目负责人和质量控制委员会对初步的报表数据开展进一步审核认定工作。

3.3.6.4 数据价值/数据使用方法和建议

蒸发是水文循环中的重要一环，水面蒸发量反映当地的蒸发能力，也反映水体的蒸发损失。水面蒸发监测对水资源和农田生态研究具有重要意义。本数据集缺少结冰季节数据，因此数据在使用时需特别加以注意。本数据集适合于水利、农学、农业生态、农业生产等相关领域直接应用或进行参考。

3.3.6.5 水面蒸发数据

具体数据见表 3-44。

表 3-44 水面蒸发数据

时间（年-月）	样地代码	月蒸发量/mm	时间（年-月）	样地代码	月蒸发量/mm
2012-4	SQAQX01	126.5	2014-2	SQAQX01	11.6
2012-5	SQAQX01	81.8	2014-3	SQAQX01	11.0
2012-6	SQAQX01	109.5	2014-4	SQAQX01	78.6
2012-7	SQAQX01	70.2	2014-5	SQAQX01	119.8
2012-8	SQAQX01	92.9	2014-6	SQAQX01	106.9
2012-9	SQAQX01	86.0	2014-7	SQAQX01	121.6
2012-10	SQAQX01	66.7	2014-8	SQAQX01	95.0
2012-11	SQAQX01	42.3	2014-9	SQAQX01	64.6
2013-3	SQAQX01	74.0	2014-10	SQAQX01	83.5
2013-4	SQAQX01	85.1	2014-11	SQAQX01	46.8
2013-5	SQAQX01	87.8	2015-4	SQAQX01	76.1
2013-6	SQAQX01	105.7	2015-5	SQAQX01	89.0
2013-7	SQAQX01	103.4	2015-6	SQAQX01	113.1
2013-8	SQAQX01	110.6	2015-7	SQAQX01	110.9
2013-9	SQAQX01	89.3	2015-8	SQAQX01	115.1
2013-10	SQAQX01	84.6	2015-9	SQAQX01	81.6
2013-11	SQAQX01	49.6	2015-10	SQAQX01	93.5
2013-12	SQAQX01	27.9			

3.4 气象观测数据

3.4.1 气温数据集

3.4.1.1 概述

本数据集包含商丘站气象观测场（SQAQX01，115°35′32″E，34°31′12″N）2008—2015 年气温数据，数据项目包括气温、有效数据等。

3.4.1.2 数据采集和处理方法

数据通过 VAISALA Milos520 自动气象站 HMP45D 温度传感器观测获得。设备观测频率为每 10 s采测 1 个温度值，每分钟采测 6 个温度值，对于每分钟的 6 个温度值去除一个最大值和一个最小值后的数据取平均值，作为每分钟的温度值存储。正点时采测的温度值作为正点数据存储，利用中国生态系统研究网络（CERN）大气分中心开发的“生态气象工作站”软件下载、处理数据。用质控后的日均值的合计值除以日数获得月平均值。

3.4.1.3 数据质量控制与评估

（1）超出气候学界限值域－80～60 ℃的数据为错误数据。

（2）1 min 内允许的最大变化值为 3 ℃，1 h 内变化幅度的最小值为 0.1 ℃。

（3）定时气温大于等于日最低地温且小于等于日最高气温。

（4）气温大于等于露点温度。

（5）24 小时气温变化范围小于 50 ℃。

（6）与人工观测值比较，如果超出阈值即认为观测数据可疑。

（7）某一定时气温缺测时，采用前、后两个定时数据内插求得，按正常数据统计，若连续两个或两个以上定时数据缺测时，不能内插，仍按数据缺测处理。

（8）一天中 24 次定时观测记录有缺测时，该日按照 02、08、14、20 时 4 次定时记录做日平均，若 4 次定时记录缺测 1 次或以上，但该日各定时记录缺测 5 次或以下时，按实有记录做日统计，缺测 6 次或以上时，则采用设施相邻的 Davis 自动气象站气温数据统计日平均值。

3.4.1.4 气温数据

具体数据见表 3-45。

表 3-45 气温数据

时间（年-月）	气温/℃	有效数据/条	时间（年-月）	气温/℃	有效数据/条
2008-1	−1.7	31	2009-12	1.9	31
2008-2	1.7	29	2010-1	0.4	29
2008-3	10.3	31	2010-2	4.1	28
2008-4	15.0	30	2010-3	7.8	28
2008-5	21.3	28	2010-4	12.8	30
2008-6	23.9	30	2010-5	21.0	31
2008-7	25.8	31	2010-6	25.1	29
2008-8	25.4	27	2010-7	27.5	28
2008-9	21.1	30	2010-8	26.4	28
2008-10	16.9	29	2010-9	21.7	30
2008-11	9.4	27	2010-10	15.3	31
2008-12	2.3	29	2010-11	9.9	28
2009-1	0.0	31	2010-12	3.7	30
2009-2	6.2	28	2011-1	−1.9	31
2009-3	9.0	30	2011-2	2.8	28
2009-4	15.3	30	2011-3	8.5	31
2009-5	20.1	31	2011-4	15.3	30
2009-6	26.4	30	2011-5	20.0	31
2009-7	26.7	31	2011-6	26.0	25
2009-8	25.1	31	2011-7	27.6	31
2009-9	20.5	30	2011-8	24.8	31
2009-10	17.9	31	2011-9	19.2	30
2009-11	4.7	30	2011-10	15.4	31

（续）

时间（年-月）	气温/℃	有效数据/条	时间（年-月）	气温/℃	有效数据/条
2011-11	9.7	28	2013-12	1.7	30
2011-12	1.4	28	2014-1	2.6	28
2012-1	−0.3	31	2014-2	2.3	27
2012-2	2.1	28	2014-3	11.3	31
2012-3	7.9	31	2014-4	16.0	30
2012-4	16.6	28	2014-5	22.3	30
2012-5	22.1	31	2014-6	25.1	30
2012-6	25.9	30	2014-7	27.4	30
2012-7	28.0	31	2014-8	24.8	31
2012-8	25.3	30	2014-9	21.0	30
2012-9	20.8	30	2014-10	16.9	31
2012-10	16.6	31	2014-11	8.9	30
2012-11	7.5	30	2014-12	1.9	31
2012-12	−0.1	31	2015-1	2.3	29
2013-1	−0.4	31	2015-2	4.1	28
2013-2	3.0	28	2015-3	9.4	27
2013-3	10.0	31	2015-4	14.5	27
2013-4	14.4	30	2015-5	20.7	31
2013-5	21.0	31	2015-6	25.0	30
2013-6	26.5	29	2015-7	26.6	30
2013-7	29.0	31	2015-8	25.9	30
2013-8	28.7	31	2015-9	21.5	30
2013-9	22.0	29	2015-10	16.6	30
2013-10	15.8	31	2015-11	6.7	30
2013-11	8.4	30	2015-12	2.9	31

3.4.2 相对湿度数据集

3.4.2.1 概述

本数据集包含商丘站气象观测场（SQAQX01，115°35′32″E、34°31′12″N）2008—2015年相对湿度数据，数据项目包括相对湿度、有效数据等。

3.4.2.2 数据采集和处理方法

数据采用VAISALA Milos520自动气象站HMP45D湿度传感器观测。每10 s采测1个湿度值，每分钟采测6个湿度值，对于每分钟的6个数据去除一个最大值和一个最小值后取平均值，作为每分钟的湿度值存储。正点时采测的湿度值作为正点数据存储，中国生态系统研究网络（CERN）大气分中心开发的“生态气象工作站”软件下载、处理数据。采用质控后的日均值的合计值除以日数获得月平均值。

3.4.2.3 数据质量控制与评估

（1）相对湿度介于0%～100%之间。

（2）定时相对湿度大于等于日最小相对湿度。

（3）某一定时相对湿度缺测时，采用该时前、后两个定时数据内插求得，按正常数据统计分析；连续两个或两个以上定时数据缺测时，则不能内插，仍按数据缺测处理。

（4）一日中24次定时观测记录有缺测数据时，该日按照02、08、14、20时4次定时记录做日平均；若4次定时记录缺测1次或以上，但该日各定时记录缺测5次或以下时，按实有记录做日统计；缺测6次或以上时，则采用设施相邻的Davis自动气象站相对湿度数据统计日平均。

3.4.2.4 相对湿度数据

具体数据见表3-46。

表3-46 相对湿度数据

时间（年-月）	相对湿度/%	有效数据/条	时间（年-月）	相对湿度/%	有效数据/条
2008-1	68	31	2009-12	65	31
2008-2	56	29	2010-1	52	29
2008-3	55	31	2010-2	67	28
2008-4	68	30	2010-3	58	28
2008-5	69	28	2010-4	61	30
2008-6	72	30	2010-5	64	31
2008-7	86	31	2010-6	65	29
2008-8	82	27	2010-7	80	28
2008-9	79	30	2010-8	86	28
2008-10	70	29	2010-9	79	30
2008-11	67	27	2010-10	64	31
2008-12	54	29	2010-11	55	28
2009-1	51	31	2010-12	48	30
2009-2	75	28	2011-1	38	31
2009-3	63	30	2011-2	56	28
2009-4	63	30	2011-3	47	31
2009-5	66	31	2011-4	52	30
2009-6	63	30	2011-5	64	31
2009-7	78	31	2011-6	62	25
2009-8	84	31	2011-7	75	31
2009-9	82	30	2011-8	90	31
2009-10	62	31	2011-9	87	30
2009-11	71	30	2011-10	79	31

（续）

时间（年-月）	相对湿度/%	有效数据/条	时间（年-月）	相对湿度/%	有效数据/条
2011 - 11	84	28	2013 - 12	62	30
2011 - 12	75	28	2014 - 1	56	28
2012 - 1	77	31	2014 - 2	81	27
2012 - 2	51	28	2014 - 3	63	31
2012 - 3	60	31	2014 - 4	75	30
2012 - 4	65	28	2014 - 5	53	30
2012 - 5	70	31	2014 - 6	68	30
2012 - 6	59	30	2014 - 7	72	30
2012 - 7	86	31	2014 - 8	80	31
2012 - 8	91	30	2014 - 9	86	30
2012 - 9	80	30	2014 - 10	72	31
2012 - 10	71	31	2014 - 11	66	30
2012 - 11	68	30	2014 - 12	43	31
2012 - 12	62	31	2015 - 1	50	29
2013 - 1	78	31	2015 - 2	45	28
2013 - 2	81	28	2015 - 3	66	27
2013 - 3	64	31	2015 - 4	54	27
2013 - 4	63	30	2015 - 5	61	31
2013 - 5	80	31	2015 - 6	69	30
2013 - 6	65	29	2015 - 7	67	30
2013 - 7	83	31	2015 - 8	81	30
2013 - 8	81	31	2015 - 9	80	30
2013 - 9	84	29	2015 - 10	66	30
2013 - 10	67	31	2015 - 11	54	30
2013 - 11	65	30	2015 - 12	41	31

3.4.3 气压数据集

3.4.3.1 概述

本数据集包含商丘站气象观测场（SQAQX01，115°35′32″E，34°31′12″N）2008—2015 年气压数据，数据项目包括气压、有效数据等。

3.4.3.2 数据采集和处理方法

数据通过 VAISALA Milos520 自动气象站 DPA501 数字气压表观测获取。设备每 10 s 采测 1 个气压值，每分钟采测 6 个气压值，对于每分钟的 6 个数据去除一个最大值和一个最小值后取平均值，作为每分钟的气压值，正点时采测的气压值作为正点数据存储。采用中国生态系统研究网络

(CERN) 大气分中心开发的“生态气象工作站”软件下载、处理数据。采用质控后的日均值的合计值除以日数获得月平均值。

3.4.3.3 数据质量控制与评估

(1) 超出气候学界限值域300～1 100 hPa的数据为错误数据。

(2) 所观测的气压不小于日最低气压且不大于日最高气压，台站气压小于海平面气压；

(3) 24小时变压的绝对值小于50 hPa。

(4) 1 min内允许的最大变化值为1.0 hPa，1 h内变化幅度的最小值为0.1 hPa。

(5) 某一定时气压缺测时，用该时前、后两个定时数据内插求得，按正常数据统计；若连续两个或两个以上定时数据缺测时，则不能内插，仍按数据缺测处理。

(6) 一日中24次定时观测记录有缺测时，该日按照02、08、14、20时4次定时记录做日平均；若4次定时记录缺测1次或以上，但该日各定时记录缺测5次或以下时，按实有记录做日统计；缺测6次或以上时，用设施相邻的Davis自动气象站气压数据统计日平均。

3.4.3.4 气压数据

具体数据见表3-47。

表3-47 气压数据

时间（年-月）	气压/hPa	有效数据/条	时间（年-月）	气压/hPa	有效数据/条
2008-1	1 025.3	31	2009-10	1 011.7	31
2008-2	1 023.9	29	2009-11	1 020.5	30
2008-3	1 013.4	31	2009-12	1 020.0	31
2008-4	1 008.1	30	2010-1	1 020.1	29
2008-5	1 002.2	28	2010-2	1 015.7	28
2008-6	999.5	30	2010-3	1 015.0	28
2008-7	997.1	31	2010-4	1 012.3	30
2008-8	1 000.7	27	2010-5	1 003.7	31
2008-9	1 007.8	30	2010-6	1 001.5	29
2008-10	1 013.3	29	2010-7	999.2	28
2008-11	1 018.2	27	2010-8	1 001.9	28
2008-12	1 020.1	29	2010-9	1 007.8	30
2009-1	1 022.5	31	2010-10	1 015.1	31
2009-2	1 014.7	28	2010-11	1 015.9	28
2009-3	1 013.8	30	2010-12	1 014.8	30
2009-4	1 009.2	30	2011-1	1 026.1	31
2009-5	1 006.3	31	2011-2	1 017.0	28
2009-6	996.1	30	2011-3	1 017.7	31
2009-7	997.6	31	2011-4	1 008.9	30
2009-8	1 002.1	31	2011-5	1 004.3	31
2009-9	1 008.2	30	2011-6	998.5	25

（续）

时间（年-月）	气压/hPa	有效数据/条	时间（年-月）	气压/hPa	有效数据/条
2011-7	997.0	31	2013-10	1 015.2	31
2011-8	1 001.0	31	2013-11	1 017.6	30
2011-9	1 008.9	30	2013-12	1 020.5	30
2011-10	1 015.1	31	2014-1	1 019.8	28
2011-11	1 017.6	28	2014-2	1 020.9	27
2011-12	1 024.4	28	2014-3	1 012.4	31
2012-1	1 022.7	31	2014-4	1 009.2	30
2012-2	1 020.0	28	2014-5	1 003.1	30
2012-3	1 015.2	31	2014-6	999.5	30
2012-4	1 005.6	28	2014-7	999.0	30
2012-5	1 004.0	31	2014-8	1 002.5	31
2012-6	997.6	30	2014-9	1 007.6	30
2012-7	996.4	31	2014-10	1 012.4	31
2012-8	1 001.5	30	2014-11	1 017.7	30
2012-9	1 008.9	30	2014-12	1 022.7	31
2012-10	1 012.9	31	2015-1	1 021.5	29
2012-11	1 015.4	30	2015-2	1 018.3	28
2012-12	1 021.4	31	2015-3	1 015.4	27
2013-1	1 021.5	31	2015-4	1 010.2	27
2013-2	1 019.5	28	2015-5	1 003.0	31
2013-3	1 011.0	31	2015-6	999.1	30
2013-4	1 006.8	30	2015-7	999.2	30
2013-5	1 002.8	31	2015-8	1 001.7	30
2013-6	999.4	29	2015-9	1 008.7	30
2013-7	995.5	31	2015-10	1 014.1	30
2013-8	998.8	31	2015-11	1 019.4	30
2013-9	1 008.5	29	2015-12	1 022.3	31

3.4.4 平均风速（10 min）数据集

3.4.4.1 概述

本数据集包含商丘站气象观测场（SQAQX01，115°35′32″E，34°31′12″N）2008—2015年10 min平均风速数据，数据项目包括平均风速、有效数据等。

3.4.4.2 数据采集和处理方法

数据通过VAISALA Milos520自动气象站WAC151风速传感器观测获得。每秒采测1次风速数据，以 1 s 为步长求 3 s 滑动平均值，随后以 3 s 为步长求 1 min 滑动平均风速，再以 1 min 为步长求 10 min 滑动平均风速。正点时存储的 10 min 平均风速值。采用中国生态系统研究网络（CERN）大气分中心开发的“生态气象工作站”软件下载、处理数据。采用质控后的日均值的合计值除以日数获得月平均值。

3.4.4.3 数据质量控制与评估

（1）超出气候学界限值域 0～75 m/s 的数据为错误数据。

（2）10 min 平均风速小于最大风速。

（3）一日中 24 次定时观测记录有缺测时，该日按照 02、08、14、20 时 4 次定时记录做日平均；4 次定时记录缺测 1 次或以上，但该日各定时记录缺测 5 次或以下时，按实有记录做日统计；缺测 6 次或以上时，则采用设施相邻的 Davis 自动气象站 2 m 风速除以 0.747 8 转换成 10 m 风速数据统计日平均。

3.4.4.4 平均风速（10min）数据

具体数据见表 3-48。

表 3-48 平均风速（10 min）数据

时间（年-月）	10min 平均风速（m/s）	有效数据（条）	时间（年-月）	10min 平均风速（m/s）	有效数据（条）
2008-1	1.1	31	2009-11	1.6	30
2008-2	1.3	29	2009-12	1.0	31
2008-3	1.7	31	2010-1	1.2	29
2008-4	1.7	30	2010-2	1.5	28
2008-5	1.2	28	2010-3	1.8	28
2008-6	1.3	30	2010-4	1.7	30
2008-7	1.2	31	2010-5	1.4	31
2008-8	0.7	27	2010-6	0.7	29
2008-9	0.7	30	2010-7	0.5	28
2008-10	0.8	29	2010-8	0.7	28
2008-11	1.1	27	2010-9	0.9	30
2008-12	1.4	29	2010-10	1.0	31
2009-1	1.2	31	2010-11	1.2	28
2009-2	1.4	28	2010-12	1.5	30
2009-3	2.0	30	2011-1	1.1	31
2009-4	1.0	30	2011-2	1.3	28
2009-5	0.9	31	2011-3	1.4	31
2009-6	0.9	30	2011-4	1.4	30
2009-7	0.9	31	2011-5	1.1	31
2009-8	1.1	31	2011-6	0.8	25
2009-9	0.6	30	2011-7	0.7	31
2009-10	0.9	31	2011-8	0.6	31

（续）

时间（年-月）	10min 平均风速（m/s）	有效数据（条）	时间（年-月）	10min 平均风速（m/s）	有效数据（条）
2011-9	0.7	30	2013-11	0.9	30
2011-10	0.6	31	2013-12	1.0	30
2011-11	1.2	28	2014-1	1.3	28
2011-12	1.0	28	2014-2	1.3	27
2012-1	0.7	31	2014-3	1.5	31
2012-2	1.3	28	2014-4	0.8	30
2012-3	1.4	31	2014-5	1.0	30
2012-4	1.4	28	2014-6	0.9	30
2012-5	0.6	31	2014-7	1.0	30
2012-6	0.7	30	2014-8	0.6	31
2012-7	0.7	31	2014-9	0.7	30
2012-8	0.7	30	2014-10	1.3	31
2012-9	0.5	30	2014-11	0.9	30
2012-10	0.7	31	2014-12	1.1	31
2012-11	1.1	30	2015-1	1.1	29
2012-12	1.3	31	2015-2	1.3	28
2013-1	1.1	31	2015-3	1.4	27
2013-2	1.4	28	2015-4	1.3	27
2013-3	2.0	31	2015-5	0.8	31
2013-4	1.5	30	2015-6	0.9	30
2013-5	1.0	31	2015-7	0.6	30
2013-6	0.9	29	2015-8	0.6	30
2013-7	0.8	31	2015-9	0.7	30
2013-8	0.7	31	2015-10	0.8	30
2013-9	0.6	29	2015-11	1.2	30
2013-10	0.7	31	2015-12	0.9	31

3.4.5 降水（人工观测）数据集

3.4.5.1 概述

本数据集包含商丘站气象观测场（SQAQX01，115°35′32″E，34°31′12″N）雨量筒人工观测降水数据，数据项目包括月累计降水量、有效数据等。

3.4.5.2 数据采集和处理方法

数据利用雨量器于每天08时和20时观测该时间点前12小时的累计降水量。降水量的日总量由该日降水量各时（08 时、20 时观测）值累加获得，月累计降水量由日总量累加而得。

3.4.5.3 数据质量控制与评估

经常保持雨量器清洁，在巡视仪器时，注意雨量器完好，尤其是注意清除盛水器、储水瓶内的昆虫、尘土、落叶等杂物。

人工气象观测固定专人观测，观测员不能观测的情况下，则由经过培训的相对固定的备选观测人员观测，以确保降水及其他相关人工气象观测数据不缺测。

3.4.5.4 降水（人工观测）数据

具体数据见表 3-49。

表 3-49 降水（人工观测）数据

时间（年-月）	月累计降水量/mm	有效数据/条	时间（年-月）	月累计降水量/mm	有效数据/条
2008-1	30.7	31	2010-3	15.9	31
2008-2	4.4	29	2010-4	56.1	30
2008-3	3.6	31	2010-5	35.4	31
2008-4	92.4	30	2010-6	54.0	30
2008-5	78.4	31	2010-7	178.9	31
2008-6	76.6	30	2010-8	273.3	31
2008-7	75.2	31	2010-9	161.7	30
2008-8	75.6	31	2010-10	0.0	31
2008-9	25.0	30	2010-11	0.0	30
2008-10	14.1	31	2010-12	0.0	31
2008-11	3.3	30	2011-1	0.0	31
2008-12	0.8	30	2011-2	42.6	28
2009-1	0.0	31	2011-3	8.8	31
2009-2	23.7	28	2011-4	12.8	30
2009-3	19.7	31	2011-5	49.5	31
2009-4	49.6	30	2011-6	27.4	30
2009-5	106.2	31	2011-7	51.5	31
2009-6	124.6	30	2011-8	306.6	31
2009-7	127.6	31	2011-9	164.2	30
2009-8	210.6	31	2011-10	3.0	31
2009-9	47.6	30	2011-11	37.0	30
2009-10	10.4	31	2011-12	1.4	31
2009-11	31.6	30	2012-1	1.7	31
2009-12	5.4	31	2012-2	2.6	29
2010-1	0.2	31	2012-3	30.1	31
2010-2	21.2	28	2012-4	30.0	30

（续）

时间（年-月）	月累计降水量/mm	有效数据/条	时间（年-月）	月累计降水量/mm	有效数据/条
2012-5	6.6	31	2014-3	11.0	31
2012-6	37.5	30	2014-4	45.1	30
2012-7	333.1	31	2014-5	31.0	31
2012-8	119.3	31	2014-6	41.6	30
2012-9	51.5	30	2014-7	182.1	31
2012-10	24.2	31	2014-8	38.5	31
2012-11	8.5	30	2014-9	175.8	30
2012-12	19.7	31	2014-10	46.8	31
2013-1	1.8	31	2014-11	36.6	30
2013-2	17.5	28	2014-12	0.0	31
2013-3	8.1	31	2015-1	14.2	31
2013-4	25.7	30	2015-2	24.6	28
2013-5	180.8	31	2015-3	26.9	31
2013-6	3.7	30	2015-4	87.1	30
2013-7	134.1	31	2015-5	25.6	31
2013-8	101.5	31	2015-6	161.9	30
2013-9	24.5	30	2015-7	142.8	31
2013-10	12.2	31	2015-8	63.6	31
2013-11	42.9	30	2015-9	61.8	30
2013-12	0.0	31	2015-10	36.5	31
2014-1	0.0	31	2015-11	88.2	30
2014-2	11.6	28	2015-12	1.1	31

3.4.6 地表温度数据集

3.4.6.1 概述

本数据集包含商丘站气象观测场（SQAQX01，115°35′32″E，34°31′12″N）2008—2015年地表温度数据，数据项目包括地表温度、有效数据等。

3.4.6.2 数据采集和处理方法

数据通过VAISALA Milos520自动气象站QMT110地温传感器观测获得。每10 s采测1个温度值，每分钟采测6个地温值，对于每分钟的6个数据去除一个最大值和一个最小值后取平均值，作为每分钟的地表温度值存储。正点时采测的地表温度值作为正点数据存储，采用中国生态系统研究网络（CERN）大气分中心开发的“生态气象工作站”软件下载、处理数据。对于质控后的日均值的合计值除以日数获得月平均值。

3.4.6.3 数据质量控制与评估

（1）超出气候学界限值域－90～90 ℃的数据为错误数据。

（2）1 min 内允许的最大变化值为 5 ℃，1 h 内变化幅度的最小值为 0.1 ℃。

（3）定时观测地表温度大于等于日地表最低温度且小于等于日地表最高温度。

（4）地表温度 24 小时变化范围小于 60 ℃。

（5）某一定时地表温度缺测时，采用该时前、后两个定时数据内插求得，按正常数据统计；连续两个或两个以上定时数据缺测时，则不能内插，仍按缺测处理。

（6）一日中 24 次定时观测记录有缺测时，该日按照 02、08、14、20 时 4 次定时记录做日平均；4 次定时记录缺测 1 次或以上，但该日各定时记录缺测 5 次或以下时，按实有记录做日统计；缺测 6 次及以上时，采用安装在气象场的土壤温湿度记录仪的地表温度数据统计日平均数据。

3.4.6.4 地表温度数据

具体数据见表 3-50。

表 3-50 地表温度数据

时间（年-月）	地表温度/℃	有效数据/条	时间（年-月）	地表温度/℃	有效数据/条
2008-1	−0.4	31	2010-2	4.3	28
2008-2	2.5	29	2010-3	9.5	28
2008-3	13.0	31	2010-4	15.2	30
2008-4	17.7	30	2010-5	24.5	31
2008-5	23.2	28	2010-6	28.8	29
2008-6	26.2	30	2010-7	31.0	28
2008-7	27.2	31	2010-8	28.5	28
2008-8	25.0	27	2010-9	23.4	30
2008-9	22.8	30	2010-10	17.3	31
2008-10	18.1	29	2010-11	10.1	28
2008-11	10.0	27	2010-12	3.3	30
2008-12	2.2	29	2011-1	−2.2	31
2009-1	0.1	31	2011-2	4.0	28
2009-2	7.0	28	2011-3	10.3	31
2009-3	11.3	30	2011-4	20.2	30
2009-4	19.4	30	2011-5	24.3	31
2009-5	24.1	31	2011-6	31.2	25
2009-6	29.1	30	2011-7	33.4	31
2009-7	31.3	31	2011-8	26.7	31
2009-8	28.4	31	2011-9	21.4	30
2009-9	21.9	30	2011-10	16.3	31
2009-10	18.4	31	2011-11	10.3	28
2009-11	5.4	30	2011-12	1.9	28
2009-12	1.8	31	2012-1	0.2	31
2010-1	0.3	29	2012-2	3.9	28

（续）

时间（年-月）	地表温度/℃	有效数据/条	时间（年-月）	地表温度/℃	有效数据/条
2012-3	9.7	31	2014-2	3.4	27
2012-4	19.9	28	2014-3	13.5	31
2012-5	28.7	31	2014-4	19.1	30
2012-6	29.6	30	2014-5	24.9	30
2012-7	30.8	31	2014-6	28.7	30
2012-8	28.0	30	2014-7	31.5	30
2012-9	23.1	30	2014-8	27.6	31
2012-10	17.1	31	2014-9	22.8	30
2012-11	7.7	30	2014-10	18.0	31
2012-12	0.4	31	2014-11	9.0	30
2013-1	0.2	31	2014-12	0.9	31
2013-2	3.8	28	2015-1	2.3	29
2013-3	12.8	31	2015-2	4.9	28
2013-4	19.4	30	2015-3	11.6	27
2013-5	25.4	31	2015-4	16.6	27
2013-6	31.0	29	2015-5	24.3	31
2013-7	32.9	31	2015-6	28.9	30
2013-8	32.5	31	2015-7	30.3	30
2013-9	24.4	29	2015-8	29.2	30
2013-10	17.2	31	2015-9	24.4	30
2013-11	8.0	30	2015-10	17.5	30
2013-12	0.8	30	2015-11	7.8	30
2014-1	1.7	28	2015-12	2.5	31

3.4.7　土壤温度（5 cm）数据集

3.4.7.1　概述

本数据集包含商丘站气象观测场（SQAQX01，115°35′32″E，34°31′12″N）2008—2015 年土壤温度（5 cm）数据，数据项目包括土壤温度（5 cm）、有效数据等。

3.4.7.2　数据采集和处理方法

数据通过 VAISALA Milos520 自动气象站 QMT110 地温传感器观测获取。每 10 s 采测 1 个温度值，每分钟采测 6 个地温值，对于每分钟的 6 个数据去除一个最大值和一个最小值后取平均值，作为每分钟的地温值存储。正点时采测的地温值作为正点数据存储，利用中国生态系统研究网络（CERN）大气分中心开发的“生态气象工作站”软件下载、处理数据。对质控后的日均值的合计值除以日数获得月平均值。

3.4.7.3 数据质量控制与评估

（1）超出气候学界限值域−80～80 ℃的数据为错误数据。

（2）1 min 内允许的最大变化值为 1 ℃，2 h 内变化幅度的最小值为 0.1 ℃。

（3）5 cm 地温 24 小时变化范围小于 40 ℃。

（4）某一定时土壤温度（5 cm）缺测时，采用该时前、后两个定时数据内插求得，按正常数据统计；连续两个或以上定时数据缺测时，不能内插，仍按缺测处理。

（5）一日中 24 次定时观测记录有缺测时，该日按照 02、08、14、20 时 4 次定时记录做日平均；4 次定时记录缺测 1 次或以上，但该日各定时记录缺测 5 次或以下时，按实有记录做日统计；缺测 6 次或以上时，不做日平均，由安装在气象场的土壤温湿度记录仪所取得的土壤温度（5 cm）数据统计日平均数据。

3.4.7.4 土壤温度（5cm）数据

具体数据见表 3-51。

表 3-51 土壤温度（5 cm）数据

时间（年-月）	土壤温度（5 cm）/℃	有效数据/条	时间（年-月）	土壤温度（5 cm）/℃	有效数据/条
2008-1	−0.2	31	2009-12	3.3	31
2008-2	1.9	29	2010-1	1.0	29
2008-3	11.0	31	2010-2	4.7	28
2008-4	15.9	30	2010-3	8.6	28
2008-5	22.1	28	2010-4	14.2	30
2008-6	24.4	30	2010-5	22.3	31
2008-7	25.6	31	2010-6	26.2	29
2008-8	24.8	27	2010-7	29.2	28
2008-9	22.6	30	2010-8	28.3	28
2008-10	18.0	29	2010-9	23.1	30
2008-11	10.9	27	2010-10	17.2	31
2008-12	3.7	29	2010-11	10.9	28
2009-1	1.0	31	2010-12	4.7	30
2009-2	6.0	28	2011-1	−1.0	31
2009-3	10.3	30	2011-2	3.8	28
2009-4	16.9	30	2011-3	9.4	31
2009-5	22.0	31	2011-4	17.4	30
2009-6	27.3	30	2011-5	22.1	31
2009-7	26.8	31	2011-6	27.9	25
2009-8	26.3	31	2011-7	30.3	31
2009-9	22.0	30	2011-8	26.5	31
2009-10	18.1	31	2011-9	21.5	30
2009-11	7.0	30	2011-10	16.7	31

（续）

时间（年-月）	土壤温度（5 cm）/℃	有效数据/条	时间（年-月）	土壤温度（5 cm）/℃	有效数据/条
2011 - 11	11.0	28	2013 - 12	2.5	30
2011 - 12	3.2	28	2014 - 1	2.8	28
2012 - 1	0.2	31	2014 - 2	4.0	27
2012 - 2	3.5	28	2014 - 3	12.4	31
2012 - 3	8.4	31	2014 - 4	16.4	30
2012 - 4	16.7	28	2014 - 5	23.2	30
2012 - 5	24.3	31	2014 - 6	25.7	30
2012 - 6	27.3	30	2014 - 7	28.6	30
2012 - 7	29.1	31	2014 - 8	26.8	31
2012 - 8	27.2	30	2014 - 9	22.8	30
2012 - 9	23.3	30	2014 - 10	18.2	31
2012 - 10	17.7	31	2014 - 11	10.5	30
2012 - 11	8.6	30	2014 - 12	3.1	31
2012 - 12	1.7	31	2015 - 1	3.1	29
2013 - 1	0.7	31	2015 - 2	4.9	28
2013 - 2	4.1	28	2015 - 3	10.1	27
2013 - 3	10.9	31	2015 - 4	15.8	27
2013 - 4	17.1	30	2015 - 5	23.0	31
2013 - 5	22.4	31	2015 - 6	26.7	30
2013 - 6	27.1	29	2015 - 7	28.5	30
2013 - 7	30.3	31	2015 - 8	28.5	30
2013 - 8	30.2	31	2015 - 9	23.9	30
2013 - 9	24.7	29	2015 - 10	18.1	30
2013 - 10	17.9	31	2015 - 11	9.2	30
2013 - 11	9.6	30	2015 - 12	4.0	31

3.4.8 土壤温度（10 cm）数据集

3.4.8.1 概述

本数据集包含商丘站气象观测场（SQAQX01，115°35′32″E、34°31′12″N）2008—2015 年土壤温度（10 cm）数据，数据项目包括土壤温度（10 cm）、有效数据等。

3.4.8.2 数据采集和处理方法

数据通过 VAISALA Milos520 自动气象站 QMT110 地温传感器观测获得。每 10 s 采测 1 个温度值，每分钟采测 6 个地温值，对于每分钟的 6 个数据去除一个最大值和一个最小值后取平均值，作为每分钟的地温值存储。正点时采测的地温值作为正点数据存储，利用中国生态系统研究网络（CERN）大气分中心开发的“生态气象工作站”软件下载、处理数据。对质控后的日均值的合计值除以日数获得月平均值。

3.4.8.3 数据质量控制与评估

（1）超出气候学界限值域−70～70 ℃的数据为错误数据。

（2）1 min 内允许的最大变化值为 1 ℃，2 h 内变化幅度的最小值为 0.1 ℃。

（3）10 cm 地温 24 小时变化范围小于 40 ℃。

（4）某一定时土壤温度（10 cm）缺测时，采用该时前、后两个定时数据内插求得，按正常数据统计，对于连续两个或以上定时数据缺测时，不能内插，仍按缺测处理。

（5）一日中 24 次定时观测记录有缺测时，该日按照 02、08、14、20 时 4 次定时记录做日平均；4 次定时记录缺测 1 次或以上，但该日各定时记录缺测 5 次或以下时，按实有记录做日统计；缺测 6 次或以上时，由安装在气象场的土壤温湿度记录仪土壤温度（10 cm）数据统计日平均数据。

3.4.8.4 土壤温度（10 cm）数据

具体数据见表 3 - 52。

表 3 - 52 土壤温度（10 cm）数据

时间（年-月）	土壤温度（10cm）/℃	有效数据/条	时间（年-月）	土壤温度（10cm）/℃	有效数据/条
2008 - 1	0.7	31	2009 - 10	18.3	31
2008 - 2	2.3	29	2009 - 11	7.7	30
2008 - 3	11.5	31	2009 - 12	3.8	31
2008 - 4	16.1	30	2010 - 1	1.3	29
2008 - 5	22.0	28	2010 - 2	4.8	28
2008 - 6	25.2	30	2010 - 3	8.6	28
2008 - 7	26.7	31	2010 - 4	14.1	30
2008 - 8	24.9	27	2010 - 5	21.9	31
2008 - 9	22.8	30	2010 - 6	25.8	29
2008 - 10	18.2	29	2010 - 7	28.9	28
2008 - 11	11.3	27	2010 - 8	28.2	28
2008 - 12	4.2	29	2010 - 9	23.2	30
2009 - 1	1.4	31	2010 - 10	17.6	31
2009 - 2	7.0	28	2010 - 11	11.3	28
2009 - 3	10.3	30	2010 - 12	5.2	30
2009 - 4	16.7	30	2011 - 1	−0.4	31
2009 - 5	21.7	31	2011 - 2	4.0	28
2009 - 6	27.0	30	2011 - 3	9.3	31
2009 - 7	29.4	31	2011 - 4	17.0	30
2009 - 8	27.3	31	2011 - 5	21.8	31
2009 - 9	22.2	30	2011 - 6	27.3	25

（续）

时间（年-月）	土壤温度（10cm）/℃	有效数据/条	时间（年-月）	土壤温度（10cm）/℃	有效数据/条
2011-7	29.9	31	2013-10	18.2	31
2011-8	26.5	31	2013-11	10.2	30
2011-9	21.7	30	2013-12	3.1	30
2011-10	17.0	31	2014-1	3.1	28
2011-11	11.5	28	2014-2	4.3	27
2011-12	3.7	28	2014-3	11.5	31
2012-1	0.6	31	2014-4	16.2	30
2012-2	3.7	28	2014-5	22.9	30
2012-3	8.4	31	2014-6	25.6	30
2012-4	16.5	28	2014-7	28.5	30
2012-5	23.9	31	2014-8	26.8	31
2012-6	26.9	30	2014-9	22.9	30
2012-7	28.8	31	2014-10	18.1	31
2012-8	27.3	30	2014-11	10.9	30
2012-9	23.5	30	2014-12	3.6	31
2012-10	18.0	31	2015-1	3.4	29
2012-11	9.1	30	2015-2	5.0	28
2012-12	2.3	31	2015-3	10.1	27
2013-1	1.0	31	2015-4	15.6	27
2013-2	4.2	28	2015-5	22.8	31
2013-3	10.7	31	2015-6	26.5	30
2013-4	16.8	30	2015-7	28.3	30
2013-5	22.1	31	2015-8	28.4	30
2013-6	26.8	29	2015-9	24.0	30
2013-7	30.2	31	2015-10	18.4	30
2013-8	30.3	31	2015-11	9.7	30
2013-9	24.8	29	2015-12	4.4	31

3.4.9 土壤温度（15 cm）数据集

3.4.9.1 概述

本数据集包含商丘站气象观测场（SQAQX01，115°35′32″E，34°31′12″N）2008—2015年土壤温度（15 cm）数据，数据项目包括土壤温度（15 cm）、有效数据等。

3.4.9.2 数据采集和处理方法

数据通过 VAISALA Milos520 自动气象站 QMT110 地温传感器观测获取。每 10 s 采测 1 个温度值，每分钟采测 6 个地温值，对于每分钟采测的 6 个数据去除一个最大值和一个最小值后取平均值，作为每分钟的地温值存储。正点时采测的地温值作为正点数据存储，利用中国生态系统研究网络（CERN）大气分中心开发的“生态气象工作站”软件下载、处理数据。对质控后的日均值的合计值除以日数获得月平均值。日平均值缺测六次及其以上时，不做月统计。

3.4.9.3 数据质量控制与评估

（1）超出气候学界限值域－60～60 ℃的数据为错误数据。

（2）1 min 内允许的最大变化值为 1 ℃，2 h 内变化幅度的最小值为 0.1 ℃。

（3）15 cm 地温 24 小时变化范围小于 40 ℃。

（4）某一定时土壤温度（15 cm）缺测时，采用前、后两个定时数据内插求得，按正常数据统计，连续两个或以上定时数据缺测时，不能内插，仍按缺测处理。

（5）一日中 24 次定时观测记录有缺测时，该日按照 02、08、14、20 时 4 次定时记录做日平均；4 次定时记录缺测 1 次或以上，但该日各定时记录缺测 5 次或以下时，按实有记录做日统计；缺测 6 次或以上时，则由安装在气象场的土壤温湿度记录仪土壤温度（15 cm）数据统计日平均数据。

3.4.9.4 土壤温度（15 cm）数据

具体数据见表 3-53。

表 3-53 土壤温度（15 cm）数据

时间（年-月）	土壤温度（15cm）/℃	有效数据/条	时间（年-月）	土壤温度（15cm）/℃	有效数据/条
2008-1	1.2	31	2009-7	28.7	31
2008-2	2.4	29	2009-8	26.7	31
2008-3	11.1	31	2009-9	22.2	30
2008-4	15.7	30	2009-10	18.2	31
2008-5	21.6	28	2009-11	8.2	30
2008-6	24.6	30	2009-12	4.2	31
2008-7	26.2	31	2010-1	1.6	29
2008-8	24.8	27	2010-2	4.8	28
2008-9	22.7	30	2010-3	8.5	28
2008-10	18.3	29	2010-4	13.7	30
2008-11	11.6	27	2010-5	21.0	31
2008-12	4.7	29	2010-6	25.3	29
2009-1	1.7	31	2010-7	28.5	28
2009-2	7.0	28	2010-8	27.9	28
2009-3	10.1	30	2010-9	22.8	30
2009-4	16.3	30	2010-10	17.3	31
2009-5	21.3	31	2010-11	11.6	28
2009-6	26.5	30	2010-12	5.6	30

（续）

时间（年-月）	土壤温度（15cm）/℃	有效数据/条	时间（年-月）	土壤温度（15cm）/℃	有效数据/条
2011-1	−0.1	31	2013-7	29.9	31
2011-2	4.0	28	2013-8	30.1	31
2011-3	9.0	31	2013-9	24.8	29
2011-4	16.6	30	2013-10	18.4	31
2011-5	21.4	31	2013-11	10.6	30
2011-6	26.7	25	2013-12	3.6	30
2011-7	29.4	31	2014-1	3.3	28
2011-8	26.4	31	2014-2	4.4	27
2011-9	21.8	30	2014-3	11.0	31
2011-10	17.2	31	2014-4	16.0	30
2011-11	11.8	28	2014-5	22.5	30
2011-12	4.1	28	2014-6	25.4	30
2012-1	0.7	31	2014-7	28.2	30
2012-2	3.9	28	2014-8	26.7	31
2012-3	8.3	31	2014-9	22.9	30
2012-4	16.2	28	2014-10	18.0	31
2012-5	23.5	31	2014-11	11.3	30
2012-6	26.5	30	2014-12	4.0	31
2012-7	28.5	31	2015-1	3.6	29
2012-8	27.1	30	2015-2	5.1	28
2012-9	23.5	30	2015-3	9.9	27
2012-10	18.1	31	2015-4	15.4	27
2012-11	9.5	30	2015-5	22.3	31
2012-12	2.8	31	2015-6	26.2	30
2013-1	1.3	31	2015-7	27.8	30
2013-2	4.3	28	2015-8	28.2	30
2013-3	10.4	31	2015-9	24.0	30
2013-4	16.3	30	2015-10	18.6	30
2013-5	23.0	31	2015-11	10.1	30
2013-6	26.4	29	2015-12	4.7	31

3.4.10 土壤温度（20 cm）数据集

3.4.10.1 概述

本数据集包含商丘站气象观测场（SQAQX01，115°35′32″E，34°31′12″N）2008—2015 年土壤温度（20 cm）数据，数据项目包括土壤温度（20 cm）、有效数据等。

3.4.10.2 数据采集和处理方法

数据通过 VAISALA Milos520 自动气象站 QMT110 地温传感器观测记录获得。每 10 s 采测 1 个温度值，每分钟采测 6 个地温值，对于每分钟的 6 个数据去除一个最大值和一个最小值后取平均值，作为每分钟的地温值存储。正点时采测的地温值作为正点数据存储，利用中国生态系统研究网络（CERN）大气分中心开发的"生态气象工作站"软件下载、处理数据。对质控后的日均值的合计值除以日数获得月平均值。日平均值缺测 6 次及其以上时，则不做月统计。

3.4.10.3 数据质量控制与评估

（1）超出气候学界限值域－50～50 ℃的数据为错误数据。

（2）1 min 内允许的最大变化值为 1 ℃，2 h 内变化幅度的最小值为 0.1 ℃。

（3）20 cm 地温 24 小时变化范围小于 30 ℃。

（4）某一定时土壤温度（20 cm）缺测时，采用该时刻前、后两个定时数据内插求得，按正常数据统计；连续两个或以上定时数据缺测时，不能内插，仍按缺测处理。

（5）一日中 24 次定时观测记录有缺测时，该日按照 02、08、14、20 时 4 次定时记录做日平均；4 次定时记录缺测 1 次或以上，但该日各定时记录缺测 5 次或以下时，按实有记录做日统计；缺测 6 次或以上时，由安装在气象场的土壤温湿度记录仪土壤温度（20 cm）数据统计日平均数据。

3.4.10.4 土壤温度（20 cm）数据

具体数据见表 3-54。

表 3-54 土壤温度（20 cm）数据

时间（年-月）	土壤温度（20cm）/℃	有效数据/条	时间（年-月）	土壤温度（20cm）/℃	有效数据/条
2008-1	1.6	31	2009-5	20.8	31
2008-2	2.7	29	2009-6	25.8	30
2008-3	10.9	31	2009-7	28.0	31
2008-4	15.4	30	2009-8	26.2	31
2008-5	21.2	28	2009-9	22.3	30
2008-6	24.2	30	2009-10	18.0	31
2008-7	25.8	31	2009-11	9.0	30
2008-8	24.7	27	2009-12	4.8	31
2008-9	22.7	30	2010-1	2.0	29
2008-10	18.4	29	2010-2	4.9	28
2008-11	12.0	27	2010-3	8.4	28
2008-12	5.3	29	2010-4	13.4	30
2009-1	2.1	31	2010-5	20.3	31
2009-2	7.0	28	2010-6	24.6	29
2009-3	10.0	30	2010-7	28.0	28
2009-4	15.8	30	2010-8	27.7	28

（续）

时间（年-月）	土壤温度（20cm）/℃	有效数据/条	时间（年-月）	土壤温度（20cm）/℃	有效数据/条
2010 - 9	22.4	30	2013 - 5	22.0	31
2010 - 10	17.2	31	2013 - 6	25.7	29
2010 - 11	12.0	28	2013 - 7	29.2	31
2010 - 12	6.3	30	2013 - 8	29.9	31
2011 - 1	0.3	31	2013 - 9	24.9	29
2011 - 2	4.1	28	2013 - 10	18.7	31
2011 - 3	8.8	31	2013 - 11	11.2	30
2011 - 4	16.0	30	2013 - 12	4.3	30
2011 - 5	20.8	31	2014 - 1	3.6	28
2011 - 6	26.0	25	2014 - 2	4.7	27
2011 - 7	28.8	31	2014 - 3	10.7	31
2011 - 8	26.2	31	2014 - 4	15.4	30
2011 - 9	21.9	30	2014 - 5	21.9	30
2011 - 10	17.4	31	2014 - 6	24.9	30
2011 - 11	12.3	28	2014 - 7	27.8	30
2011 - 12	4.7	28	2014 - 8	26.5	31
2012 - 1	1.0	31	2014 - 9	22.9	30
2012 - 2	4.0	28	2014 - 10	18.3	31
2012 - 3	8.2	31	2014 - 11	11.8	30
2012 - 4	15.7	28	2014 - 12	4.7	31
2012 - 5	22.8	31	2015 - 1	4.0	29
2012 - 6	25.9	30	2015 - 2	5.2	28
2012 - 7	27.9	31	2015 - 3	9.7	27
2012 - 8	26.9	30	2015 - 4	15.0	27
2012 - 9	23.5	30	2015 - 5	21.7	31
2012 - 10	18.4	31	2015 - 6	25.7	30
2012 - 11	10.2	30	2015 - 7	27.3	30
2012 - 12	3.6	31	2015 - 8	27.9	30
2013 - 1	1.7	31	2015 - 9	24.0	30
2013 - 2	4.5	28	2015 - 10	18.9	30
2013 - 3	10.0	31	2015 - 11	10.7	30
2013 - 4	15.8	30	2015 - 12	5.3	31

3.4.11 土壤温度（40 cm）数据集

3.4.11.1 概述

本数据集包含商丘站气象观测场（SQAQX01，115°35′32″E，34°31′12″N）2008—2015年土壤温度（40 cm）数据，数据项目包括土壤温度（40 cm）、有效数据等。

3.4.11.2 数据采集和处理方法

数据通过 VAISALA Milos520 自动气象站 QMT110 地温传感器观测记录获取。每 10 s 采测 1 个温度值，每分钟采测 6 个地温值，对于每分钟采测的 6 个数据去除一个最大值和一个最小值后取平均值，作为每分钟的地温值存储。正点时采测的地温值作为正点数据存储，使用中国生态系统研究网络（CERN）大气分中心开发的“生态气象工作站”软件下载、处理数据。对质控后的日均值的合计值除以日数获得月平均值。日平均值缺测 6 次及其以上时，则不做月统计。

3.4.11.3 数据质量控制与评估

（1）超出气候学界限值域－45～45 ℃的数据为错误数据。

（2）1 min 内允许的最大变化值为 0.5℃，2 h 内变化幅度的最小值为 0.1 ℃。

（3）40 cm 地温 24 小时变化范围小于 30 ℃。

（4）某一定时土壤温度（40 cm）缺测时，采用该时刻前、后两个定时数据内插求得，按正常数据统计；连续两个或以上定时数据缺测时，不能内插，仍按缺测处理。

（5）一日中 24 次定时观测记录有缺测时，该日按照 02、08、14、20 时 4 次定时记录做日平均；4 次定时记录缺测 1 次或以上，但该日各定时记录缺测 5 次或以下时，按实有记录做日统计；缺测 6 次或以上时，则由安装在气象场的土壤温湿度记录仪监测的土壤温度（40 cm）数据统计日平均数据。

3.4.11.4 土壤温度（40 cm）数据

具体数据见表 3-55。

表 3-55 土壤温度（40 cm）数据

时间（年-月）	土壤温度（40cm）/℃	有效数据/条	时间（年-月）	土壤温度（40cm）/℃	有效数据/条
2008-1	3.9	31	2009-7	26.3	31
2008-2	3.5	29	2009-8	25.8	31
2008-3	9.6	31	2009-9	22.4	30
2008-4	14.0	30	2009-10	18.6	31
2008-5	20.0	28	2009-11	11.0	30
2008-6	22.5	30	2009-12	6.4	31
2008-7	25.6	31	2010-1	3.3	29
2008-8	24.2	27	2010-2	5.2	28
2008-9	22.6	30	2010-3	8.2	28
2008-10	18.8	29	2010-4	12.1	30
2008-11	13.2	27	2010-5	18.0	31
2008-12	6.9	29	2010-6	22.9	29
2009-1	3.4	31	2010-7	26.5	28
2009-2	7.6	28	2010-8	27.0	28
2009-3	9.7	30	2010-9	23.8	30
2009-4	14.7	30	2010-10	18.4	31
2009-5	19.5	31	2010-11	13.2	28
2009-6	24.1	30	2010-12	7.9	30

(续)

时间（年-月）	土壤温度（40cm）/℃	有效数据/条	时间（年-月）	土壤温度（40cm）/℃	有效数据/条
2011-1	3.1	31	2013-7	28.0	31
2011-2	4.5	28	2013-8	29.0	31
2011-3	8.4	31	2013-9	24.9	29
2011-4	14.6	30	2013-10	19.5	31
2011-5	19.5	31	2013-11	12.8	30
2011-6	24.0	25	2013-12	6.2	30
2011-7	27.2	31	2014-1	4.5	28
2011-8	25.7	31	2014-2	5.3	27
2011-9	22.1	30	2014-3	9.8	31
2011-10	18.0	31	2014-4	14.5	30
2011-11	13.5	28	2014-5	20.5	30
2011-12	6.4	28	2014-6	23.8	30
2012-1	3.3	31	2014-7	26.5	30
2012-2	4.7	28	2014-8	25.9	31
2012-3	8.0	31	2014-9	22.9	30
2012-4	14.5	28	2014-10	19.1	31
2012-5	21.1	31	2014-11	13.1	30
2012-6	24.4	30	2014-12	6.5	31
2012-7	26.6	31	2015-1	5.2	29
2012-8	26.3	30	2015-2	5.7	28
2012-9	23.5	30	2015-3	9.3	27
2012-10	19.0	31	2015-4	14.1	27
2012-11	11.8	30	2015-5	20.2	31
2012-12	5.6	31	2015-6	24.3	30
2013-1	3.0	31	2015-7	25.8	30
2013-2	4.9	28	2015-8	27.0	30
2013-3	9.1	31	2015-9	23.9	30
2013-4	14.7	30	2015-10	19.5	30
2013-5	20.1	31	2015-11	12.4	30
2013-6	24.0	29	2015-12	6.7	31

3.4.12 土壤温度（100 cm）数据集

3.4.12.1 概述

本数据集包含商丘站气象观测场（SQAQX01，115°35′32″E，34°31′12″N）2008—2015年土壤温度（100 cm）数据，数据项目包括土壤温度（100 cm）、有效数据等。

3.4.12.2 数据采集和处理方法

数据通过VAISALA Milos520自动气象站QMT110地温传感器观测记录获取。每10 s采测1个温度值，每分钟采测6个地温值，对于每分钟采测的6个数据去除一个最大值和一个最小值后取平均值，作为每分钟的地温值存储。正点时采测的地温值作为正点数据存储，使用中国生态系统研究网络（CERN）大气分中心开发的“生态气象工作站”软件下载、处理数据。对于质控后的日均值合计值除以日数获得月平均值。

3.4.12.3 数据质量控制与评估

（1）超出气候学界限值域−40～40 ℃的数据为错误数据。

（2）1 min内允许的最大变化值为0.1 ℃，1 h内变化幅度的最小值为0.1 ℃。

（3）100 cm地温24小时变化范围小于20 ℃。

（4）某一定时土壤温度（100 cm）缺测时，采用该时刻前、后两定时数据内插求得，按正常数据统计；连续两个及其以上定时数据缺测时，不能内插，仍按缺测处理。

（5）一日中24次定时观测记录有缺测时，该日按照02、08、14、20时4次定时记录做日平均；4次定时记录缺测1次或以上，但该日各定时记录缺测5次或以下时，按实有记录做日统计；缺测6次或以上时，则由安装在气象场的土壤温湿度记录仪监测的土壤温度（100 cm）数据统计日平均数据。

3.4.12.4 土壤温度（100 cm）数据

具体数据见表3-56。

表3-56 土壤温度（100 cm）数据

时间（年-月）	土壤温度（100cm）/℃	有效数据/条	时间（年-月）	土壤温度（100cm）/℃	有效数据/条
2008-1	8.4	31	2009-2	9.1	28
2008-2	6.7	29	2009-3	9.7	30
2008-3	9.6	31	2009-4	12.7	30
2008-4	12.9	30	2009-5	16.5	31
2008-5	16.8	28	2009-6	20.0	30
2008-6	19.7	30	2009-7	23.2	31
2008-7	22.6	31	2009-8	23.9	31
2008-8	22.7	27	2009-9	22.6	30
2008-9	22.1	30	2009-10	19.6	31
2008-10	19.7	29	2009-11	15.7	30
2008-11	16.3	27	2009-12	10.8	31
2008-12	11.4	29	2010-1	7.5	29
2009-1	7.6	31	2010-2	7.2	28

（续）

时间（年-月）	土壤温度（100cm）/℃	有效数据/条	时间（年-月）	土壤温度（100cm）/℃	有效数据/条
2010 - 3	8.7	28	2012 - 12	10.8	31
2010 - 4	11.6	30	2013 - 1	7.2	31
2010 - 5	15.5	31	2013 - 2	7.1	28
2010 - 6	18.9	29	2013 - 3	8.4	31
2010 - 7	22.5	28	2013 - 4	13.3	30
2010 - 8	24.5	28	2013 - 5	16.8	31
2010 - 9	23.3	30	2013 - 6	20.0	29
2010 - 10	20.2	31	2013 - 7	23.7	31
2010 - 11	16.3	28	2013 - 8	25.9	31
2010 - 12	12.2	30	2013 - 9	24.5	29
2011 - 1	8.1	31	2013 - 10	21.2	31
2011 - 2	6.7	28	2013 - 11	16.6	30
2011 - 3	8.6	31	2013 - 12	11.4	30
2011 - 4	12.1	30	2014 - 1	8.2	28
2011 - 5	16.3	31	2014 - 2	7.8	27
2011 - 6	19.8	25	2014 - 3	9.7	31
2011 - 7	22.9	31	2014 - 4	12.4	30
2011 - 8	24.0	31	2014 - 5	17.1	30
2011 - 9	22.4	30	2014 - 6	20.5	30
2011 - 10	19.4	31	2014 - 7	23.1	30
2011 - 11	16.3	28	2014 - 8	24.2	31
2011 - 12	11.1	28	2014 - 9	22.9	30
2012 - 1	7.2	31	2014 - 10	19.7	31
2012 - 2	7.0	28	2014 - 11	16.6	30
2012 - 3	8.4	31	2014 - 12	11.4	31
2012 - 4	12.1	28	2015 - 1	8.7	29
2012 - 5	17.0	31	2015 - 2	8.0	28
2012 - 6	20.3	30	2015 - 3	9.4	27
2012 - 7	23.1	31	2015 - 4	12.6	27
2012 - 8	24.3	30	2015 - 5	16.8	31
2012 - 9	23.1	30	2015 - 6	20.7	30
2012 - 10	20.4	31	2015 - 7	22.6	30
2012 - 11	15.8	30	2015 - 8	24.6	30

（续）

时间（年-月）	土壤温度（100cm）/℃	有效数据/条	时间（年-月）	土壤温度（100cm）/℃	有效数据/条
2015-9	23.4	30	2015-11	16.4	30
2015-10	20.8	30	2015-12	11.1	31

3.4.13 太阳总辐射量数据集

3.4.13.1 概述

本数据集包含商丘站气象观测场（SQAQX01，115°35′32″E，34°31′12″N）2008—2015 年辐射数据，数据项目包括累计总辐射、日累计反射辐射、日累计净辐射、有效数据等。

3.4.13.2 数据采集和处理方法

数据通过 VAISALA Milos520 自动气象站 CMP11 总辐射传感器观测总辐射，QMN101 净辐射传感器观测净辐射，CM6B 反射辐射传感器观测反射辐射。每 10 s 采测 1 次，每分钟采测 6 次辐照度（瞬时值），对于每分钟采测的 6 个数据去除 1 个最大值和 1 个最小值后取平均值。正点（地方平均太阳时）采集存储辐照度，同时计存储曝辐量（累积值）。使用中国生态系统研究网络（CERN）大气分中心开发的“生态气象工作站”软件下载、处理数据。通过质控后的日累积值来统计月累积值。1 个月中辐射总量缺测 9 天或以下时，月平均日合计等于实有记录之和除以实有记录天数。

3.4.13.3 数据质量控制与评估

（1）总辐射最大值不能超过气候学界限值 2 000 W/m^2。

（2）当前瞬时值与前一次值的差异小于最大变幅 800 W/m^2。

（3）小时总辐射量大于等于小时净辐射、反射辐射和紫外辐射。

（4）除阴天、雨天和雪天外总辐射一般在中午前后出现极大值。

（5）小时总辐射累积值应小于同一地理位置大气层顶的辐射总量，小时总辐射累积值可以稍微大于同一地理位置在大气具有很大透过率和非常晴朗天空状态下的小时总辐射累积值，所有夜间观测的小时总辐射累积值小于 0 时用 0 代替。

（6）总辐射量缺测数小时但不是全天缺测时，按实有记录做日合计，全天缺测时，使用设施相邻的 Davis 自动气象站太阳辐射数据统计日累计值。

3.4.13.4 太阳总辐射量数据

具体数据见表 3-57。

表 3-57 太阳总辐射量

时间（年-月）	日累计总辐射/（MJ/m^2）	有效数据/条	时间（年-月）	日累计总辐射/（MJ/m^2）	有效数据/条
2008-1	274.818	31	2008-9	487.304	30
2008-2	414.826	29	2008-10	440.988	29
2008-3	524.679	31	2008-11	334.783	27
2008-4	603.003	30	2008-12	339.139	29
2008-5	778.162	28	2009-1	365.070	31
2008-6	621.030	30	2009-2	282.032	28
2008-7	510.921	31	2009-3	503.768	30
2008-8	598.258	27	2009-4	644.172	30

（续）

时间（年-月）	日累计总辐射/（MJ/m²）	有效数据/条	时间（年-月）	日累计总辐射/（MJ/m²）	有效数据/条
2009-5	699.968	31	2012-2	376.175	28
2009-6	716.513	30	2012-3	478.974	31
2009-7	571.383	31	2012-4	576.917	28
2009-8	510.769	31	2012-5	699.888	31
2009-9	365.517	30	2012-6	819.208	30
2009-10	479.233	31	2012-7	671.764	31
2009-11	336.880	30	2012-8	706.714	30
2009-12	310.833	31	2012-9	565.455	30
2010-1	320.469	29	2012-10	474.865	31
2010-2	318.841	28	2012-11	370.931	30
2010-3	466.800	28	2012-12	301.342	31
2010-4	653.917	30	2013-1	292.601	31
2010-5	692.489	31	2013-2	316.013	28
2010-6	665.617	29	2013-3	535.222	31
2010-7	631.757	28	2013-4	581.931	30
2010-8	598.504	28	2013-5	593.292	31
2010-9	365.576	30	2013-6	781.321	29
2010-10	493.951	31	2013-7	658.937	31
2010-11	400.956	28	2013-8	745.879	31
2010-12	362.180	30	2013-9	542.104	29
2011-1	455.199	31	2013-10	487.537	31
2011-2	324.345	28	2013-11	385.066	30
2011-3	600.663	31	2013-12	332.831	30
2011-4	704.440	30	2014-1	338.630	28
2011-5	684.574	31	2014-2	298.101	27
2011-6	601.080	25	2014-3	270.118	31
2011-7	662.790	31	2014-4	554.579	30
2011-8	507.916	31	2014-5	754.861	30
2011-9	398.282	30	2014-6	636.214	30
2011-10	447.063	31	2014-7	717.013	30
2011-11	282.248	28	2014-8	629.925	31
2011-12	322.885	28	2014-9	443.548	30
2012-1	364.064	31	2014-10	575.198	31

（续）

时间（年-月）	日累计总辐射/（MJ/m²）	有效数据/条	时间（年-月）	日累计总辐射/（MJ/m²）	有效数据/条
2014-11	336.102	30	2015-6	636.389	30
2014-12	386.381	31	2015-7	698.400	30
2015-1	319.104	29	2015-8	681.775	30
2015-2	374.119	28	2015-9	556.677	30
2015-3	470.549	28	2015-10	486.320	30
2015-4	585.618	27	2015-11	260.428	30
2015-5	699.714	31	2015-12	338.553	31

第4章

台站特色研究数据

4.1 玉米/大豆条带间作群体 PAR 和水分的传输与利用

4.1.1 引言

间作是在同一块土地上成行或成带状间隔种植两种或两种以上生长周期相同或相近的作物，在时间和空间上实现种植集约化的一种种植方式（Ofori & Stern，1987；Willey，1979）。间作能够充分利用多种农业资源，实现土地、劳动力、土壤养分和水热资源在时间和空间上的集约化利用（Azam-Ali，1995；Ong，1994；Willey，1990），具有提高土地产出量及可持续利用性的优势，主要是充分利用了实行间作的作物在资源利用上具有很好的互补性，即在时间和空间上能更有效地利用不同资源或同一资源（Rodrigo et al.，2001）。因此，间作这种传统的农业种植方式在现代农业发展中仍占有重要的地位（卢良恕和沈秋兴，1999）。

间作种植的优势主要体现在提高作物对多种资源的利用效率上，这方面的研究工作主要集中于间作种植的单位土地生产率与产量优势、资源利用效率、作物冠层对太阳辐射的截获与利用等方面，而对于间作系统内作物间对有限资源的竞争机理、间作群体的需水规律及数值模拟等方面的研究还相对较少，特别是对于间作群体内作物对水分资源的竞争、吸收与利用尚缺乏系统的研究，在很大程度上影响了间作种植的管理。因此，在我国水土资源短缺问题不断加剧的情况下，开展间作条件下作物对辐射和水分资源的竞争与利用方面的研究，对于提高间作模式对资源的利用效率及促进间作种植模式的发展都具有积极的意义。

4.1.2 数据采集和处理方法

4.1.2.1 试验设计方案与实施

试验设置4个处理，分别为单作玉米（SM）、单作大豆（SSB）、玉米/大豆1∶3种植（I13）和玉米/大豆2∶3种植（123）。其中单作玉米行距50 cm，株距30 cm；单作大豆行距30 cm，株距30 cm。间作模式的玉米行与大豆行相距30 cm，玉米行距30 cm、株距30 cm，大豆行距30 cm、株距30 cm。重复4次，2006—2008连续三年试验，小区面积6 m×10 m。

试验在商丘站作物试验场进行，试验点耕层土壤有机质9.8 g/ kg，全氮0.78 g/ kg，碱解氮56.4 mg/ kg，速效磷10.5 mg/ kg，速效钾52.6 mg/ kg。试验供试品种：玉米——"郑单958"，大豆——"豫豆22"。玉米和大豆同时播种，播种日期分别为2006年4月22日，2007年4月16日和2008年4月16日。玉米的收获日期为2006年8月20日，2007年8月18日和2008年8月20日。大豆的收获日期为2006年8月27日，2007年8月25日和2008年8月27日。底肥施用量为：N 125 kg/ hm^2，P 45 kg/ hm^2，K 65 kg/ hm^2。在玉米拔节期和抽雄期分别追施N肥，用量为60 kg / hm^2。播前均匀翻耕，人工除草，各处理的种植方向均为南北行向。试验在大田中进行，充分供水，田间管理措施按当地生产实践中常规模式进行，以充分保证满足作物生长发育需求。

4.1.2.2 取样与观测方法

茎流采用茎热平衡法观测玉米和大豆的茎流量，仪器为 DynaMax 公司 SGB-WS 传感器。由于茎流探头数量有限，只在 I23 小区内进行观测，在 I23 处理小区中间的条带内各选择 5 株玉米和 5 株大豆观测。茎流探头安装后，根据茎直径的变化更换传感器。

分别使用 LI-190SA 和 LI-191SA 光量子传感器（LI-COR Inc.）观测作物冠层上方的入射 PAR 和冠层底部的 PAR。每日的观测时间为 6：00—19：00，用 LI-1000 数据采集器记录数据，每 10 min 记录一次。每个生长季的观测时间为播后第 30 d 至收获，每隔 7～10 d 观测一次，均选择在晴天进行。

使用 LI-190SA 监测冠层内 PAR 空间分布。将 LI-190SA 传感器放置在 30 cm 长的水平臂上，用于观测冠层上方的入射 PAR；将 LI-191SA 传感器放置在 100 cm 长的水平臂上，用于观测冠层内部的 PAR。用 LI-1400 数据采集器记录数据，每 10 s 记录一次。样点设置：水平方向上，在行间垂直于行向上每隔 5 cm 设置 1 个采样点，距地面高度为 5 cm；垂直方向上，从距地面 5 cm 到冠层顶部每 20 cm 设置一个采样点。在位于间作小区中间的条带内设立观测点（I13 每个小区内有 5 个条带；I23 每个小区内有 3 个条带），每个采样点记录 10 个数据。观测选择在晴朗无风时进行。每次测定均在 12：00—14：30 进行，重复观测 2 次。观测时间分别为 2007 年 6 月 7 日和 2007 年 6 月 26 日。2007 年 6 月 7 日，玉米和大豆分别处于拔节期和分枝期，株高分别为 97.2 cm 和 27.3 cm；2007 年 6 月 26 日，玉米和大豆分别处于抽雄期和开花期，株高分别为 205.6 cm 和 72.0 cm。

LI-190SA 光量子传感器监测大豆条带上方日平均光量子通量密度（PPFD）。将观测架 100 cm 长水平臂水平放置在大豆冠层上方 10 cm 处，水平臂上自东向西放置 6 个 LI-190SA 光量子传感器，第 1 个传感器距相邻玉米行 15 cm。使用 LI-1000 数据采集器记录数据，每隔 1 min 采集 1 次，同时每隔 10 min 记录平均值。1 和 2 的平均值记为“东侧”，代表东侧大豆的边行；3 和 4 的平均值记为“内行”，代表大豆的中间行；5 和 6 的平均值记为“西侧”，代表西侧大豆的边行。2007 年的观测时间：I13 处理为 6 月 4—6 日、6 月 10—13 日、6 月 24—25 日；I23 处理为 6 月 8—9 日、6 月 14—17 日、6 月 28—29 日。2008 年的观测时间：I13 和 I23 处理均为 6 月 1 日至 8 月 10 日。

测定群体叶面积指数：每 7～10 d 用量测法观测作物的叶面积，单作玉米每个小区取 5 株作为样本，单作大豆每个小区取 10 株作为样本。对于间作小区，玉米条带内每行取 5 株作为样本，大豆条带内每行取 10 株作为样本，取样统一在间作小区中间的条带内进行。作物单个叶片面积的计算方法为：玉米叶片叶面积＝长×宽×0.70，大豆叶片叶面积＝长×宽×0.75。均以全田的面积计算单作和间作作物的叶面积指数（Leaf area index，LAI）。

茎流观测期间叶面积：I23 间作小区内，玉米条带选 20 株玉米作为样本，大豆条带选 20 株大豆作为样本，田间量测法测量叶面积。从玉米拔节开始，每隔 6 d 观测一次，到茎流观测截止时结束。

根长密度测量：在距离植株约 8 cm 处挖掘剖面。剖面包含一个完整的间作条带。间作小区内，剖面的长、宽和深度分别为 1.2 m，1.0 m 和 1.5 m。使用喷雾器制造微压细小水流冲洗剖面，均匀冲洗掉约 2 cm 厚的土体。冲洗完后，在剖面上放置固定 2 m×2 cm 的网格，根据冲洗出来的根系，记录每个网格内的根系信息，将 10 cm×5 cm×10 cm 的铁盒垂直于剖面压入土体中获取根样。铁盒垂直压入剖面 10 cm，所取的土样，水平宽度为 5 cm，垂向高度为 10 cm。取样位置从表层开始计算，垂直向下每隔 10 cm 设一个样点。在水平方向上，每隔 10 cm 设置一个样点。取样深度视根系的实际生长状况而定：最浅为 40 cm，最深为 90 cm。

取出的土样先放在清水中浸泡约 4 h，然后用 0.2 mm 土壤筛（直径 25 cm，高 8 cm）过滤挑拣。将玉米和大豆的根系分为粗根和细根，利用修正的 Newman 方法测定根长（Tennant，1975）。只有一部分根的根长是直接测定的，剩余根系的根长用根长与根重的回归关系计算。利用土样体积与根长计算根长密度。每次取样各有两次重复。

干物质积累与产量组成的测定：生育期内每7～10 d测定1次地上部生物量。玉米样本进一步分解为叶片、茎秆、穗部分别测定；大豆样本则分解为叶片、茎秆、豆荚分别测定。采集的鲜样品先在105 ℃下杀青1 h后，然后在80 ℃下烘72 h至恒重后称重。生物量的取样方法与叶面积测定的取样方法相同。

收获时测定产量，每个单作小区的取样面积为3 m×3 m；I13处理每个间作小区的取样面积为3 m×4 m，I23处理每个小区的取样面积为4 m×4 m。测量生物量和籽粒重，统计产量和产量组成。

蒸腾蒸发量测定，采用土钻取土烘干法分层测定土壤含水量（0～5 cm、5～10 cm、10～15 cm、15～20 cm、20～30 cm、30～40 cm、40～50 cm、50～60 cm、60～70 cm、70～80 cm、80～90 cm、90～100 cm），每7～10 d测定1次。单作小区内取样点设在作物行间，3次重复。间作小区内，垂直行方向每10 cm设一个取样点，以小区中间的玉米条带为起点；I13小区的取样点为7个，I23小区为10个，每个取样点3次重复。使用SWR－2型土壤水分传感器观测地表（0～5 cm）土壤含水量，每个小区内埋置4个土壤水分探头，埋置在小区内的不同位置处，含水量每2 d观测记录1次。用土壤水量平衡法计算蒸腾蒸发量。

水分利用效率（Water Use Efficiency，WUE）计算：

$$WUE=\frac{Y}{ET_c}$$

式中，Y为作物的籽粒产量（kg/ hm^2），ET_c为生育期内作物的蒸发蒸腾量（mm）。

土地当量比（Land Equivalent Ratio，LER）计算：

$$LER=\frac{Y_{SBI}}{Y_{SBS}}+\frac{Y_{MI}}{Y_{MS}}$$

式中，Y_{SBI}和Y_{SBS}分别为间作和单作条件下大豆的籽粒产量（kg/ hm^2）；Y_{MI}和Y_{MS}分别为间作和单作条件下玉米的籽粒产量（kg/ hm^2）。

4.1.3 数据质量控制与评估

（1）严格按照试验方案推进工作的开展；

（2）测试前，做好对所使用仪器、设备的保养与维护；

（3）专业人员开展选样与仪器操作；

（4）数据记录、填报及时，并根据处理规范进行统计分析；

（5）对于异常数据，及时进行核查、复测，保证数据的准确性，提高观测数据质量。

4.1.4 使用方法和建议（可行）

我国农业生产中开展间作种植具有悠久的历史，主要是为应对光热资源的不足以及在有限的土地面积上尽可能地提高复种指数，以满足人们对作物产量的需求。目前，随着我国经济和科技的长足进步，间作种植依然具有较多的优势，这主要表现为在农田生态系统内，进行间作的不同作物间的竞争关系促进了农业资源的高效利用。本数据集主要针对间作的玉米、大豆作物开展光、水资源利用的研究，适合于作物生态学、植物生理学、栽培耕作学、农艺等专业领域直接应用或参考。

4.1.5 玉米/大豆条带间作群体PAR和水分的传输与利用数据

具体数据见表4－1～表4－10。

表4－1 间作冠层内不同高度处的累计叶面积指数

观测日期（年-月-日）	处理	高度/cm	大豆叶面积指数	玉米叶面积指数	间作作物叶面积指数
2007－06－07	I13	0	0.41	0.60	1.01

（续）

观测日期（年-月-日）	处理	高度/cm	大豆叶面积指数	玉米叶面积指数	间作作物叶面积指数
2007-06-07	I13	10	0.41	0.60	1.00
2007-06-07	I13	20	0.39	0.58	0.97
2007-06-07	I13	30	0.25	0.56	0.80
2007-06-07	I13	40	0.00	0.52	0.52
2007-06-07	I13	60	0.00	0.41	0.41
2007-06-07	I13	80	0.00	0.14	0.14
2007-06-07	I13	100	0.00	0.00	0.00
2007-06-07	I23	0	0.29	1.20	1.48
2007-06-07	I23	10	0.29	1.19	1.48
2007-06-07	I23	20	0.24	1.17	1.41
2007-06-07	I23	30	0.18	1.12	1.30
2007-06-07	I23	40	0.00	1.04	1.04
2007-06-07	I23	60	0.00	0.82	0.82
2007-06-07	I23	80	0.00	0.29	0.29
2007-06-07	I23	100	0.00	0.00	0.00
2007-06-26	I13	0	2.69	1.75	4.45
2007-06-26	I13	20	2.69	1.75	4.45
2007-06-26	I13	40	2.53	1.72	4.25
2007-06-26	I13	60	0.78	1.56	2.34
2007-06-26	I13	80	0.00	1.27	1.27
2007-06-26	I13	100	0.00	1.01	1.01
2007-06-26	I13	120	0.00	0.65	0.65
2007-06-26	I13	140	0.00	0.39	0.39
2007-06-26	I13	160	0.00	0.16	0.16
2007-06-26	I13	180	0.00	0.03	0.03
2007-06-26	I13	200	0.00	0.00	0.00
2007-06-26	I23	0	1.65	3.88	5.53
2007-06-26	I23	20	1.65	3.88	5.53
2007-06-26	I23	40	1.53	3.84	5.37
2007-06-26	I23	60	0.55	3.57	4.12
2007-06-26	I23	80	0.00	3.18	3.18
2007-06-26	I23	100	0.00	2.47	2.47

（续）

观测日期（年-月-日）	处理	高度/cm	大豆叶面积指数	玉米叶面积指数	间作作物叶面积指数
2007-06-26	I23	120	0.00	1.92	1.92
2007-06-26	I23	140	0.00	1.25	1.25
2007-06-26	I23	160	0.00	0.67	0.67
2007-06-26	I23	180	0.00	0.16	0.16
2007-06-26	I23	200	0.00	0.00	0.00

表 4-2　不同种植方式作物叶面积指数

日期（年-月-日）	SM	SSB	I13 玉米	I13 大豆	I23 玉米	I23 大豆
2006-05-20	0.06	0.11	0.07	0.05	0.05	0.05
2006-05-30	0.24	0.30	0.12	0.12	0.26	0.15
2006-06-06	0.71	0.80	0.37	0.35	0.87	0.36
2006-06-13	1.15	1.52	0.55	0.74	1.46	0.56
2006-06-22	1.99	2.66	0.92	1.99	2.23	1.36
2006-07-02	2.85	4.34	1.32	2.54	3.10	1.87
2006-07-08	3.52	5.44	1.76	3.31	3.33	2.10
2006-07-16	3.76	5.90	1.69	3.45	3.51	2.23
2006-07-24	3.42	5.71	1.46	3.17	3.15	2.05
2006-08-02	2.55	5.10	1.25	2.87	2.26	1.67
2006-08-10	1.64	3.65	1.06	1.94	1.67	1.44
2006-08-18	1.21	2.32	0.79	1.27	0.97	1.03
2006-08-24		1.33		0.86		0.87
2007-05-16	0.09	0.15	0.05	0.07	0.05	0.05
2007-05-23	0.28	0.30	0.14	0.16	0.31	0.15
2007-05-30	0.76	0.88	0.39	0.31	0.85	0.24
2007-06-07	1.30	1.64	0.58	0.41	1.19	0.28
2007-06-12	1.92	2.85	0.90	1.23	2.00	0.56
2007-06-18	2.88	4.57	1.16	2.17	2.41	1.36
2007-06-26	3.39	5.86	1.75	2.69	3.88	1.64
2007-07-04	3.7	6.01	1.73	3.31	3.38	2.10
2007-07-13	3.52	5.90	1.57	3.45	3.15	2.23
2007-07-19	3.44	5.71	1.50	3.28	2.90	2.05
2007-07-29	3.24	5.14	1.41	3.17	2.26	1.67
2007-08-05	2.85	4.72	1.18	2.87	1.72	1.44
2007-08-09	1.77	3.12	1.04	1.97	1.28	1.03
2007-08-19	1.23	2.32	0.74	1.29	1.00	0.87

（续）

日期（年-月-日）	SM	SSB	I13 玉米	I13 大豆	I23 玉米	I23 大豆
2008-05-16	0.06	0.19	0.05	0.05	0.03	0.05
2008-05-24	0.28	0.27	0.09	0.16	0.31	0.15
2008-06-03	0.86	0.88	0.39	0.55	0.74	0.36
2008-06-10	1.34	2.21	0.76	0.90	1.72	0.56
2008-06-19	2.59	3.84	1.25	1.94	2.33	1.36
2008-06-27	3.29	4.95	1.46	2.84	2.85	1.87
2008-07-05	3.68	5.63	1.78	3.24	3.26	2.10
2008-07-13	3.59	6.01	1.55	3.33	3.51	2.23
2008-07-20	3.37	5.78	1.39	3.21	3.13	2.05
2008-07-28	3.14	5.36	1.27	3.03	2.46	1.67
2008-08-04	2.40	4.68	1.16	2.50	1.85	1.44
2008-08-12	1.64	3.50	0.95	1.62	1.87	1.03
2008-08-22	1.08	2.47	0.67	1.11	1.13	0.87
2008-08-28		1.29		0.83	0.82	

表 4-3　I23 处理间作作物茎流和太阳辐射日变化

天气	时间/h	玉米茎流/[g/（h·株）]	大豆茎流/[g/（h·株）]	太阳辐射/（W/m²）	天气	时间/h	玉米茎流/[g/（h·株）]	大豆茎流/[g/（h·株）]	太阳辐射/（W/m²）
晴天	6：00：00	2.14	0.00	30.8	晴天	14：00：00	367.52	70.51	635.9
晴天	6：30：00	12.82	10.68	58.1	晴天	14：30：00	322.65	70.51	536.8
晴天	7：00：00	23.50	12.82	92.3	晴天	15：00：00	303.42	64.10	468.4
晴天	7：30：00	51.28	17.09	150.4	晴天	15：30：00	247.86	57.69	417.1
晴天	8：00：00	87.61	19.23	201.7	晴天	16：00：00	211.54	49.15	338.5
晴天	8：30：00	102.56	27.78	273.5	晴天	16：30：00	149.57	40.60	311.1
晴天	9：00：00	138.89	36.32	348.7	晴天	17：00：00	123.93	34.19	239.3
晴天	9：30：00	166.67	44.87	420.5	晴天	17：30：00	98.29	21.37	177.8
晴天	10：00：00	209.40	49.15	512.8	晴天	18：00：00	68.38	14.96	102.6
晴天	10：30：00	294.87	57.69	553.8	晴天	18：30：00	40.60	10.68	51.3
晴天	11：00：00	309.83	66.24	656.4	晴天	19：00：00	0.00	2.14	20.5
晴天	11：30：00	369.66	74.79	683.8	晴天	19：30：00	0.00	0.00	3.4
晴天	12：00：00	435.90	70.51	694.0	晴天	20：00：00	0.00	0.00	3.4
晴天	12：30：00	446.58	74.79	680.3	阴天	6：00：00	0.00	0.00	2.4
晴天	13：00：00	420.94	72.65	680.3	阴天	6：30：00	1.00	0.00	9.8
晴天	13：30：00	386.75	72.65	659.8	阴天	7：00：00	22.09	10.04	12.7

（续）

天气	时间/h	玉米茎流/[g/（h·株）]	大豆茎流/[g/（h·株）]	太阳辐射/（W/m²）	天气	时间/h	玉米茎流/[g/（h·株）]	大豆茎流/[g/（h·株）]	太阳辐射/（W/m²）
阴天	7：30：00	49.20	13.05	28.1	阴天	14：00：00	115.46	54.22	147.6
阴天	8：00：00	80.32	20.08	45.0	阴天	14：30：00	134.54	38.15	81.5
阴天	8：30：00	90.36	16.06	56.2	阴天	15：00：00	95.38	34.14	63.3
阴天	9：00：00	84.34	35.14	64.7	阴天	15：30：00	95.38	27.11	47.8
阴天	9：30：00	134.54	57.23	56.2	阴天	16：00：00	80.32	35.14	36.5
阴天	10：00：00	152.61	68.27	70.3	阴天	16：30：00	90.36	22.09	52.0
阴天	10：30：00	173.70	53.21	119.5	阴天	17：00：00	52.21	14.06	67.5
阴天	11：00：00	162.65	48.19	146.2	阴天	17：30：00	35.14	11.04	35.1
阴天	11：30：00	121.49	55.22	97.0	阴天	18：00：00	18.07	6.02	16.9
阴天	12：00：00	157.63	68.27	154.6	阴天	18：30：00	0.00	0.00	14.1
阴天	12：30：00	221.89	55.22	217.9	阴天	19：00：00	0.00	0.00	12.7
阴天	13：00：00	148.59	59.24	295.2	阴天	19：30：00	0.00	0.00	5.6
阴天	13：30：00	162.65	45.18	222.1	阴天	20：00：00	0.00	0.00	1.4

注：2008 年 I23 处理。

表 4-4　I23 处理间作作物茎流和太阳辐射累计值

日期	玉米茎流/[g/（h·株）]	大豆茎流/[g/（h·株）]	太阳辐射/[（MJ/（m²/d）]	日期	玉米茎流/[g/（h·株）]	大豆茎流/[g/（h·株）]	太阳辐射/[（MJ/（m²/d）]
6 月 1 日	3 882.4	860.3	19.05	6 月 16 日	1 147.1	397.1	3.72
6 月 2 日	4 544.1	1 036.8	27.15	6 月 17 日	1 544.1	518.4	6.79
6 月 3 日	1 058.8	584.6	5.04	6 月 18 日	3 970.6	1 268.4	20.80
6 月 4 日	3 970.6	992.6	18.61	6 月 19 日	2 514.7	904.4	13.80
6 月 5 日	4 720.6	1 202.2	24.96	6 月 20 日	1 279.4	628.7	5.04
6 月 6 日	2 867.7	827.2	14.01	6 月 21 日	2 514.7	893.4	12.04
6 月 7 日	4 235.3	1 025.7	20.80	6 月 22 日	2 647.1	1 147.1	17.08
6 月 8 日	4 191.2	992.6	19.93	6 月 23 日	2 426.5	893.4	14.01
6 月 9 日	4 014.7	937.5	17.52	6 月 24 日	3 000.0	1 213.2	19.49
6 月 10 日	1 720.6	683.8	9.20	6 月 25 日	4 897.1	1 345.6	24.53
6 月 11 日	3 661.8	882.4	14.89	6 月 26 日	2 867.7	1 058.8	15.99
6 月 12 日	2 823.5	992.6	16.64	6 月 27 日	2 823.5	992.6	15.11
6 月 13 日	2 955.9	1 036.8	17.74	6 月 28 日	5 161.8	1 246.3	23.87
6 月 14 日	2 514.7	827.2	13.58	6 月 29 日	4 897.1	1 147.1	21.24
6 月 15 日	5 338.2	1 136.0	18.18	6 月 30 日	3 132.4	1 025.7	17.08

注：2008 年 I23 处理。

表 4-5 I23 处理玉米、大豆及间作群体的日蒸腾量

日期	玉米/(mm/d)	大豆/(mm/d)	I23 间作/(mm/d)	日期	玉米/(mm/d)	大豆/(mm/d)	I23 间作/(mm/d)
6月1日	1.73	0.72	2.45	6月16日	0.50	0.34	0.84
6月2日	2.04	0.86	2.90	6月17日	0.71	0.44	1.15
6月3日	0.46	0.50	0.96	6月18日	1.78	1.06	2.84
6月4日	1.79	0.83	2.62	6月19日	1.14	0.75	1.89
6月5日	2.12	1.02	3.14	6月20日	0.56	0.55	1.11
6月6日	1.29	0.69	1.98	6月21日	1.12	0.74	1.86
6月7日	1.88	0.86	2.74	6月22日	1.18	0.96	2.14
6月8日	1.86	0.83	2.69	6月23日	1.07	0.75	1.82
6月9日	1.79	0.79	2.58	6月24日	1.34	1.02	2.36
6月10日	0.74	0.58	1.32	6月25日	2.19	1.13	3.32
6月11日	1.62	0.74	2.36	6月26日	1.29	0.89	2.18
6月12日	1.24	0.83	2.07	6月27日	1.25	0.83	2.08
6月13日	1.31	0.86	2.17	6月28日	2.27	1.05	3.32
6月14日	1.11	0.69	1.80	6月29日	2.18	0.96	3.14
6月15日	2.38	0.95	3.33	6月30日	1.40	0.86	2.26

表 4-6 2007 年 I23 处理根长密度

取样日期	取样深度/cm	距玉米条带距离/cm	玉米根长密度/(cm/100cm³)	大豆根长密度/(cm/100cm³)	取样日期	取样深度/cm	距玉米条带距离/cm	玉米根长密度/(cm/100cm³)	大豆根长密度/(cm/100cm³)
5月25日	10	0	49.3	0.0	6月28日	50	0	10.1	0.0
5月25日	20	0	12.5	0.0	6月28日	60	0	7.8	0.0
5月25日	30	0	2.8	0.0	6月28日	70	0	2.7	0.0
6月5日	10	0	103.1	0.0	5月25日	10	10	6.9	0.0
6月5日	20	0	45.6	0.0	5月25日	20	10	2.2	0.0
6月5日	30	0	18.2	0.0	5月25日	30	10	0.0	0.0
6月5日	40	0	4.9	0.0	6月5日	10	10	11.3	0.0
6月5日	50	0	2.2	0.0	6月5日	20	10	9.2	0.0
6月17日	10	0	162.0	0.0	6月5日	30	10	2.1	0.0
6月17日	20	0	55.4	0.0	6月5日	40	10	0.0	0.0
6月17日	30	0	28.7	0.0	6月5日	50	10	0.0	0.0
6月17日	40	0	11.4	0.0	6月17日	10	10	25.4	2.1
6月17日	50	0	8.2	0.0	6月17日	20	10	21.3	8.8
6月17日	60	0	3.5	0.0	6月17日	30	10	10.0	3.5
6月17日	70	0	2.3	0.0	6月17日	40	10	3.2	0.0
6月28日	10	0	238.5	0.0	6月17日	50	10	2.4	0.0
6月28日	20	0	84.5	0.0	6月17日	60	10	0.0	0.0
6月28日	30	0	38.5	0.0	6月17日	70	10	0.0	0.0
6月28日	40	0	17.8	0.0	6月28日	10	10	34.5	3.2

（续）

取样日期	取样深度/cm	距玉米条带距离/cm	玉米根长密度/（cm/100cm³）	大豆根长密度/（cm/100cm³）	取样日期	取样深度/cm	距玉米条带距离/cm	玉米根长密度/（cm/100cm³）	大豆根长密度/（cm/100cm³）
6 月 28 日	20	10	32.4	9.8	6 月 28 日	50	20	0.0	2.9
6 月 28 日	30	10	12.2	7.7	6 月 28 日	60	20	0.0	1.2
6 月 28 日	40	10	8.8	0.0	6 月 28 日	70	20	0.0	0.0
6 月 28 日	50	10	4.6	0.0	5 月 25 日	10	30	0.0	13.9
6 月 28 日	60	10	1.2	0.0	5 月 25 日	20	30	0.0	3.5
6 月 28 日	70	10	0.0	0.0	5 月 25 日	30	30	0.0	0.0
5 月 25 日	10	20	0.0	2.8	6 月 5 日	10	30	0.0	86.3
5 月 25 日	20	20	0.0	0.0	6 月 5 日	20	30	0.0	33.7
5 月 25 日	30	20	0.0	0.0	6 月 5 日	30	30	0.0	6.1
6 月 5 日	10	20	0.0	5.2	6 月 5 日	40	30	0.0	2.6
6 月 5 日	20	20	3.2	4.8	6 月 5 日	50	30	0.0	1.2
6 月 5 日	30	20	0.0	2.7	6 月 17 日	10	30	0.0	157.3
6 月 5 日	40	20	0.0	0.0	6 月 17 日	20	30	4.4	52.0
6 月 5 日	50	20	0.0	0.0	6 月 17 日	30	30	3.2	28.5
6 月 17 日	10	20	7.6	22.6	6 月 17 日	40	30	0.0	17.6
6 月 17 日	20	20	8.8	17.4	6 月 17 日	50	30	0.0	2.0
6 月 17 日	30	20	2.3	3.9	6 月 17 日	60	30	0.0	0.0
6 月 17 日	40	20	1.1	2.3	6 月 17 日	70	30	0.0	0.0
6 月 17 日	50	20	0.0	0.0	6 月 28 日	10	30	0.0	156.5
6 月 17 日	60	20	0.0	0.0	6 月 28 日	20	30	7.4	86.4
6 月 17 日	70	20	0.0	0.0	6 月 28 日	30	30	6.5	42.6
6 月 28 日	10	20	8.1	25.0	6 月 28 日	40	30	0.0	29.1
6 月 28 日	20	20	9.9	19.2	6 月 28 日	50	30	0.0	13.5
6 月 28 日	30	20	7.9	10.8	6 月 28 日	60	30	0.0	2.7
6 月 28 日	40	20	2.5	5.5	6 月 28 日	70	30	0.0	0.0

表 4-7 地上部生物量

单位：g/株

日期（年-月-日）	SSB	I13B	I23B	SM	I13M	I23M
2006-05-20	0.41	0.83	0.83	3.10	3.10	3.10
2006-05-30	1.24	1.24	1.24	3.10	6.21	3.10
2006-06-6	4.14	3.31	2.90	15.52	18.62	15.52
2006-06-13	5.38	7.03	7.03	43.45	43.45	40.34
2006-06-21	12.00	13.24	13.66	74.48	83.79	77.59
2006-07-1	21.93	24.41	24.83	99.31	114.83	99.31
2006-07-8	27.31	30.62	32.28	130.35	176.90	155.17
2006-07-16	32.28	33.52	34.34	167.59	229.66	189.31

（续）

日期（年-月-日）	SSB	I13B	I23B	SM	I13M	I23M
2006-07-24	35.17	35.59	36.41	214.14	279.31	248.28
2006-08-2	40.55	39.31	41.38	238.97	316.55	273.10
2006-08-10	46.76	42.21	44.28	276.21	344.48	304.14
2006-08-17	43.86	38.48	42.62	307.24	387.93	341.38
2006-08-24	38.90	37.24	39.31			
2007-05-13	0.45	0.90	0.45	2.78	2.78	2.78
2007-05-22	1.80	2.26	1.80	11.11	11.11	11.11
2007-05-28	3.61	3.16	3.61	22.22	22.22	22.22
2007-06-4	6.32	7.67	6.32	41.67	38.89	41.67
2007-06-12	11.73	13.99	9.92	72.22	86.11	75.00
2007-06-18	18.95	22.11	18.50	91.67	113.89	94.44
2007-06-29	28.87	29.77	25.26	130.56	177.78	141.67
2007-07-11	32.48	34.29	32.48	172.22	238.89	197.22
2007-07-26	39.25	40.60	40.15	227.78	311.11	263.89
2007-08-6	44.21	46.02	47.37	277.78	350.00	319.44
2007-08-17	43.31	44.21	45.11	300.00	369.44	341.67
2007-08-24	40.60	42.86	41.50			
2008-05-16	0.83	0.41	0.83	3.10	3.10	3.10
2008-05-24	1.24	0.83	1.24	6.21	6.21	6.21
2008-06-3	4.97	5.38	4.97	21.72	34.14	21.72
2008-06-10	9.10	8.69	8.69	62.07	65.17	65.17
2008-06-19	13.66	13.66	13.66	96.21	99.31	99.31
2008-06-27	18.62	19.03	20.28	133.45	152.07	139.66
2008-07-5	22.34	24.41	23.17	155.17	186.21	176.90
2008-07-13	28.97	31.03	34.34	186.21	242.07	214.14
2008-07-20	35.59	35.17	36.41	238.97	288.62	263.79
2008-07-28	40.97	39.72	41.38	273.10	316.55	297.93
2008-08-4	46.76	44.69	44.28	297.93	344.48	316.55
2008-08-12	48.83	47.17	46.76	310.35	363.10	341.38
2008-08-21	45.52	43.03	42.62	328.97	394.14	350.69
2008-08-28	42.62	40.14	40.14			

表4-8 大豆产量结构

年份	处理	株高	结荚数	荚粒数	单株籽粒重	百粒重
2006	SSB	83.5	40.3	2.3	19.74	19.81
2006	I_{13}	84.6	35.3	2.1	15.30	18.75
2006	I_{23}	83.6	35.6	2.1	15.08	18.55
2007	SSB	84.9	39.2	2.5	19.86	19.45
2007	I_{13}	85.3	35.4	2.1	15.77	18.62
2007	I_{23}	85.7	35.0	2.2	15.38	18.07
2008	SSB	83.6	41.3	2.6	19.42	19.44
2008	I_{13}	84.3	38.1	2.4	18.11	18.75
2008	I_{23}	85.1	37.4	2.3	17.86	18.46

表4-9 玉米产量结构

试验期	处理	株高	穗长	穗行数	穗粒数	百粒重
2006	SM	218.9	20.8	15.2	453.9	30.88
2006	I_{13}	219.5	21.7	15.9	488.2	33.60
2006	I_{23}	222.8	21.3	15.5	467.2	32.43
2007	SM	216.4	20.0	15.2	467.7	30.50
2007	I_{13}	222.1	21.3	15.8	504.2	32.52
2007	I_{23}	224.8	21.0	15.5	482.9	31.79
2008	SM	234.2	20.7	15.2	457.8	31.24
2008	I_{13}	232.4	21.2	15.7	497.2	32.87
2008	I_{23}	239.7	21.1	15.5	485.6	32.11

表4-10 不同种植模式下玉米和大豆产量、水分利用效率和土地当量比

生长季	作物	处理	生物量/(kg/hm²)	籽粒产量/(kg/hm²)	蒸发蒸腾量/mm	收获指数	水分利用效率/[kg/(hm²·mm)]	土地当量比
2006	玉米	SM	23 173.5	9 733.4	432.51	0.42	22.50	—
2006	玉米	I_{13}	18 054.6	8 093.5	278.21	0.45	29.09	0.83
2006	玉米	I_{23}	21 533.5	9 259.3	315.45	0.43	29.35	0.95
2007	玉米	SM	23 476.2	9 860.6	423.51	0.42	23.28	—
2007	玉米	I_{13}	18 042.6	8 145.4	274.51	0.45	29.67	0.83
2007	玉米	I_{23}	21 226.4	9 339.5	320.12	0.44	29.17	0.95
2008	玉米	SM	23 365.5	9 813.7	441.51	0.42	22.23	—
2008	玉米	I_{13}	18 288.3	8 076.4	276.71	0.44	29.19	0.83

（续）

生长季	作物	处理	生物量/（kg/ hm²）	籽粒产量/（kg/ hm²）	蒸发蒸腾量/mm	收获指数	水分利用效率/［kg/（hm²·mm）］	土地当量比
2008	玉米	I_{23}	21 366.4	9 401.4	318.54	0.44	29.51	0.96
2006	大豆	SSB	5 255.7	2 207.4	465.47	0.42	4.74	—
2006	大豆	I_{13}	5 390.6	1 832.8	212.45	0.34	8.63	0.83
2006	大豆	I_{23}	4 873.3	1 754.4	194.54	0.36	9.02	0.79
2007	大豆	SSB	6 312.6	2 398.8	451.24	0.38	5.32	—
2007	大豆	I_{13}	5 896.4	1 945.8	221.84	0.33	8.77	0.81
2007	大豆	I_{23}	5 141.7	1 799.6	182.41	0.35	9.87	0.75
2008	大豆	SSB	6 069.0	2 488.3	482.54	0.41	5.16	—
2008	大豆	I_{3}	5 443.8	2 014.2	223.81	0.37	9.00	0.81
2008	大豆	I_{23}	5 035.3	1 812.7	187.41	0.36	9.67	0.73

4.2 小麦根尖与根毛超微结构及生理对不同梯度土壤水分的响应观测数据

4.2.1 引言

我国是一个水资源短缺、水旱灾害频繁的国家。水资源总量仅占世界的6%，人均不足世界平均水平的1/4。我国北方广大地区水资源尤其短缺，由此导致的供需矛盾突出一直是影响农业可持续发展的主要因素。为急缺的水资源寻求高效用水途径与措施是解决以上问题的根本出路。科学合理地配置水资源，实行科学的灌溉管理，使有限的水资源发挥最大的生产潜力，实现节水高效栽培是提高农田用水效率的关键。

节水高效栽培中各种灌溉措施对作物的直接作用位点便是根系，根系作为地下营养器官吸收水分和养分，并参与体内物质合成和转化，同地上部构成了一个完整的物质生产系统并与植株个体的生命活动密切相关（李扬汉，1990；Huang et al.，2013；邱新强 等，2013）。小麦根系的生长发育对水土环境十分敏感（Kramer et al.，1995），当土壤水分发生变化时，根系首先感受到胁迫（马元喜，1999），并迅速发出信号，使整个植株对水分环境做出反应，同时作物还以变化的根系形态和生理过程以适应水分逆境（Blum，1996；薛丽华 等，2010），故而土壤水分一直是影响小麦根系发育与功能的最重要的非生物胁迫因素之一（Jones & Ljung，2012），水分胁迫正是首先影响根系，进而才影响到植株地上部。

随着生产水平和研究技术手段的不断提高，以及栽培生理研究工作的不断深入，作物根系的研究在作物栽培生理生态研究领域取得了较大的进展。一方面人们对根系的生长动态及建成规律、根系与地上部的关系、根系对产量和品质的影响以及根系信号等方面进行了较为深入的研究；另一方面，根系作为小麦获取水分及养分的主要器官，其与水肥等环境条件的关系一直是相关科学研究的热点领域。

在已报道的文献资料中，前人也已明确水分胁迫条件下作物根系的形成和构型（分布）、形态结构、生理特性，以及根系调控技术等。在水分胁迫下，根系首先感受并传导胁迫信号，随后植株通过调整自身的生理机制来改变形态，进而影响内部的代谢过程，以完成在特定环境下的生命史。

就小麦根系与土壤水分的关系方面而言，研究认为，土壤水分胁迫对小麦根系产生的影响是多方面的：在根系发育方面，水分胁迫阻滞分化、抑制发生、减缓建成（Piro et al.，2003；薛丽华 等，2010；Bengough et al.，2011；Yamauchi et al.，2013）；在根系生长方面，水分逆境减少根数、缩短根长、减小根径、降低根量，缩小体积（Malik et al.，2001；Fan et al.，2008；Setter et al.，2009；Bengough et al.，2011；Wasson et al.，2012）；在根系分布构型方面，水分逆境束缚分布、限制构型（Acuña & Wade，2005；Whitmore & Whalley，2009；薛丽华 等，2010）；在根系形态结构方面，水分逆境变动组成、变更构成、改变形态（Zuo et al.，2006；薛丽华 等，2010；Shen et al.，2013）；在根系生理方面，水分胁迫增加膜透性、妨碍合成、制约转化、影响分泌、减弱吸收、降低活力（Malik et al.，2001；Selote & Khanna-Chopra，2010；Loutfy et al.，2012；Kohli et al.，2012；Yamauchi et al.，2013）；在根系分子生物学方面，土壤水分逆境干扰基因转录，紊乱蛋白表达（Fleury et al.，2010）。然而，亦有报道指出适度水分胁迫对根系的生长发育影响不大，甚至可以刺激根系生长、增大根量、促进下扎、扩大分布（Ergen & Budak，2009；Rahaie et al.，2010；Wasson et al.，2012；Comas et al.，2013），短暂加快呼吸、增强活力、提高产量（Comas et al.，2013）。文献研读结果表明，迄今在有关土壤水分胁迫对小麦根系生长发育、形态结构、分布构型、生理活性甚至分子行为的影响等方面业已进行了广泛研究，但是前人的研究结果并不一致，甚至互相矛盾。其中，尽管根系活力作为经典指标被广泛应用于衡量作物根系的生理功能（马元喜，1999），但小麦全生育期根系活力变化的研究鲜有涉及，水分胁迫下小麦全生育期根系活力变化的研究亦格外罕见，尤其是有关不同梯度土壤水分条件下小麦根群生理势变化的研究更未见报道。

在作物根毛的生长发育研究方面，有研究指出，作物根毛作为根系的重要组成部分，是作物根表皮细胞特化而成的向外突出、顶端密闭的平滑管状延伸，其功能主要是扩大根的有效吸收面积，增大根所利用的土壤体积。根毛的分化发生机制近年来得到广泛的关注，前人在作物根毛分化形成方面做了不少工作，并已取得一定成就，拟南芥植物属中已经筛选和积累的大量根毛突变体为开展相关研究打下了基础（Libault et al.，2010），尤其是近年来随着分子生物技术的发展，人们也已鉴定或克隆出不少与拟南芥属（*Arabidopsis* L.）植物根表皮细胞特化（Schiefelbein，2000）、根毛细胞分化（Schiefelbein，2000；Cho & Cosgrove，2002）、根毛初始伸长（Schiefelbein，2000）和顶端生长（Schiefelbein，2000）等相关的基因或基因产物。就小麦而言，初生根和次生根均可发生根毛，其密度约为每平方毫米数百条，1 株小麦所有根毛之总长可达 10 km 以上。前人对小麦根毛的分化与发生、形态结构、养分吸收及其调节、分子遗传控制等已有较多的报道，而由于诸多限制性因素的存在，在业已探讨的作物根毛相关领域，研究尚不够深入和系统，也不够实用。

试验从基础理论研究和生产实践的需要出发，选择黄淮麦区具有代表性的豫东潮土区，以小麦对水分逆境最先产生反应的原初部位之一根系作为切入点，开展小麦根系生理及根毛生长发育对不同梯度土壤水分的响应研究，明确不同梯度土壤水分条件下根系生理和根毛生长发育的基本规律，构建不同梯度土壤水分条件下小麦根毛生长发育模型，以丰富小麦生理生态理论，尤其是为生产中能动地调控根系的生长发育及生理功能，提高麦田用水效率，挖掘水分失调地区的生产潜力，实现高产高效栽培。

4.2.2 数据采集和处理方法

4.2.2.1 试验设计方案与实施

试验采用单因子随机区组设计。共设置 6 个水分处理，即：T1——特别干旱（土壤相对含水量上限控制为 45%）；T2——重旱（土壤相对含水量上限控制为 55%）；T3——轻旱（土壤相对含水量上限控制为 65%）；T4——对照（土壤相对含水量上限控制为 75%）；T5——微湿润（土壤相对含水量上限控制为 85%）；T6——湿润（土壤相对含水量上限控制为 95%）。重复 4 次。2010—2011 年度、2011—2012 年度连续 2 年试验。

试验在商丘站防雨测坑试验场进行，试验使用1组24个测坑，每个测坑面积6.67 m^2，供试小麦品种：“矮抗58”。底施纯N 150 kg/hm^2，P_2O_5 180 kg/hm^2，K_2O 180 kg/hm^2，拔节期追施纯N 150 kg/hm^2。2010年10月19日和2011年10月18日播种。播种量112.5 kg/hm^2。全生育期中，各处理除土壤水分控制不同外，其他管理同一般高产田。

测坑群设有土壤水分监测和控制地下室。每个测坑均配有专用精量控制灌溉管道，以实现精量实时补水，测坑下部与地下水位监测和控制器相连，可全天候观测并控制地下水位。测坑中央埋有TRIM-T3管，并配有TRIM-T3管式TDR时域反射仪等灌溉量控制仪器，可快速、准确、原位测定土壤水分，实现领先的控水技术——非扰动定位瞬时剖面水分监测与控制技术。此外，商丘站内蒸渗仪和气象观测场，为控水试验提供实时准确的水文、土壤和气象等动态变化资料。

试验从三叶期至成熟期对0～150 cm全层土壤水分进行全程控制，用TRIM土壤水分测定仪，结合烘干法对土壤水分进行测定，测定深度为0～150 cm，其中0～120 cm每20 cm为1层，而120～150 cm为1层。测定的时间间隔为拔节期前每10 d测定1次，拔节期后每5 d测量1次。根据土壤水分含量测定结果，通过精量控制灌溉系统对测坑土壤水分进行调节。每次的灌水量为：

$$W=\rho sHA\ (W_{req}-W_{act})$$

式中：ρs为容重（g/cm^3），H为土层深度（按1.5 m计算），A为测坑上表面面积（m^2），W_{req}为设计要求的土壤含水量上限（绝对含水量），W_{act}为灌前测定的实际土壤含水量（绝对含水量）。

4.2.2.2 取样与分析方法

根系取样与样品处理方法：

①取样时期：分别于冬前（12月中旬）、返青期（2月上旬）、拔节期（3月中旬）、挑旗期（4月中旬）、籽粒形成期（5月上旬）、籽粒灌浆中期（5月中旬）、蜡熟期（5月下旬）进行取样。

②根样获取方法：根样获取采用挖掘法。选择有代表性的样点，选取生长均匀一致的麦株作为待测对象，并从待测植株挖掘出长宽均为60 cm、深为60 cm的土体，其中20 cm为1层，共3层，分别装入80目网袋中，然后筛洗出每层的麦根，称鲜重。计算出0～20 cm、20～40 cm和40～60 cm土层中的根群质量（鲜重）密度。

③分析项目及方法：取样分析根重密度、根系活力和根群生理势。其中，根系活力采用改良TTC法测定（张志良和瞿伟菁，2003）。根群生理势是一定容积土壤中根群鲜重与根系活力的乘积[mg/（h·cm^3）]：

根群生理势=根系活力×根重密度

④根样保存方法：用湿纱布包裹根样，将其转移至实验室。根样冲洗干净后，仔细挑选20段左右具有代表性、长势均匀的根尖，在卡氏固定液中固定30 min然后浸泡于70%酒精保存，以备光学显微镜观察。另选取数百条有代表性的根样，一部分投入5%戊二醛溶液（pH7.4）中保存，以备扫描电子显微镜观察。另一部分则用刀片将根毛轻轻剥离在培养皿中，然后转入10 mL离心管，在−4 ℃低温下5 000 rpm离心10 min，然后收集、保存根毛于5%戊二醛溶液（pH7.4）中，以备透射电子显微镜观察。

⑤制片与观察方法

a. 光学显微镜观察：借助于XTL-2400解剖显微镜，观测根尖成熟部位直径、中柱直径、皮层厚度、后生木质部导管数目、直径和根先端（根冠+分生区+伸长区）长度、根毛发生密度、长度、直径。用刀片和解剖针，将根毛轻轻剥离在载玻片上，滴1～2滴卡宝品红染液，盖上盖玻片，用滤纸吸干多余根样上的染液，染色2～3 min。将制成的根毛样片置于光学显微镜下，观察其形态与结构。

b. 扫描电子显微镜观察：切取具有根毛的根段，立即投入4%戊二醛溶液中固定；用0.1 mol/L磷酸缓冲液（pH7.2）清洗3次，每次20 min；采用浓度为30%，50%，70%，90%，100%的乙醇脱水，每次 15 min；醋酸异戊酯置换 2 次，每次 15 min；临界点干燥；导电处理后，置于 FEI QUANTA200 扫描电子显微镜下观察、拍摄。

c. 透射电子显微镜观察：固定。将新鲜根毛样品立即投入 4%戊二醛溶液固定；静置 4 h 后，用 0.1 mol/L 磷酸缓冲液（pH7.2）清洗 3 次，每次 20 min；2%锇酸固定 2 h；脱水、浸透与包埋、聚合。分别用 30%、50%、70%、90%丙酮逐级脱水，然后用 100%丙酮脱水两次，每级每次 30 min；Epon812 包埋剂逐级渗透、包埋；恒温箱中于 37 ℃、45 ℃、60 ℃温度下分别过夜聚合；超薄切片、染色。用 LKB－V 型超薄切片机进行超薄切片，厚度为 50～70 nm；铀铅染色；置于日立 H－600 型透射电子显微镜下观察、拍摄。

产量测定方法：小麦成熟时，收取单位面积 3 次重复的小麦计产、考种。

4.2.3　数据质量控制与评估

试验所使用防雨测坑具有土壤水分监测和控制地下室，测坑均配有专用精量控制灌溉管道，以实现精量实时补水，测坑下部与地下水位监测和控制器相连，可全天候观测并控制地下水位。测坑中央埋有 TRIM－T3 管，并配有 TRIME－T3 管式 TDR 时域反射仪等灌溉量控制仪器，可快速、准确、原位测定土壤水分，实现领先的控水技术——非扰动定位瞬时剖面水分监测与控制技术。此外，商丘站内蒸渗仪和气象观测场，为控水试验提供实时准确的水文、土壤和气象等动态变化资料。

单因子随机区组设计，重复 4 次有利于试验数据的误差估算。连续 2 年试验，可检验试验数据一致性。

4.2.4　小麦根尖与根毛超微结构及生理对不同梯度土壤水分的响应数据

具体数据见表 4－11～表 4－15。

表 4－11　土壤水分

年份	时期	层次/cm	处理	水分（田持）/%	年份	时期	层次/cm	处理	水分（田持）/%
2010—2011	冬前	0～20	T1	42.0	2010—2011	挑旗期	40～60	T1	43.2
2010—2011	返青期	0～20	T1	38.3	2010—2011	籽粒形成期	40～60	T1	41.7
2010—2011	拔节期	0～20	T1	37.2	2010—2011	籽粒灌浆期	40～60	T1	41.5
2010—2011	挑旗期	0～20	T1	36.4	2010—2011	灌浆末期	40～60	T1	40.8
2010—2011	籽粒形成期	0～20	T1	36.4	2010—2011	冬前	0～20	T2	50.2
2010—2011	籽粒灌浆期	0～20	T1	35.7	2010—2011	返青期	0～20	T2	49.0
2010—2011	灌浆末期	0～20	T1	36.4	2010—2011	拔节期	0～20	T2	48.8
2010—2011	冬前	20～40	T1	43.0	2010—2011	挑旗期	0～20	T2	47.1
2010—2011	返青期	20～40	T1	42.2	2010—2011	籽粒形成期	0～20	T2	45.1
2010—2011	拔节期	20～40	T1	41.1	2010—2011	籽粒灌浆期	0～20	T2	46.4
2010—2011	挑旗期	20～40	T1	39.3	2010—2011	灌浆末期	0～20	T2	47.6
2010—2011	籽粒形成期	20～40	T1	37.9	2010—2011	冬前	20～40	T2	52.7
2010—2011	籽粒灌浆期	20～40	T1	37.7	2010—2011	返青期	20～40	T2	50.0
2010—2011	灌浆末期	20～40	T1	37.9	2010—2011	拔节期	20～40	T2	51.2
2010—2011	冬前	40～60	T1	44.0	2010—2011	挑旗期	20～40	T2	50.0
2010—2011	返青期	40～60	T1	42.7	2010—2011	籽粒形成期	20～40	T2	49.5
2010—2011	拔节期	40～60	T1	44.0	2010—2011	籽粒灌浆期	20～40	T2	47.3

（续）

年份	时期	层次/cm	处理	水分（田持）/%	年份	时期	层次/cm	处理	水分（田持）/%
2010—2011	灌浆末期	20～40	T2	47.6	2010—2011	籽粒形成期	0～20	T4	68.0
2010—2011	冬前	40～60	T2	54.1	2010—2011	籽粒灌浆期	0～20	T4	66.2
2010—2011	返青期	40～60	T2	53.9	2010—2011	灌浆末期	0～20	T4	68.0
2010—2011	拔节期	40～60	T2	52.7	2010—2011	冬前	20～40	T4	71.0
2010—2011	挑旗期	40～60	T2	51.5	2010—2011	返青期	20～40	T4	71.4
2010—2011	籽粒形成期	40～60	T2	51.0	2010—2011	拔节期	20～40	T4	72.0
2010—2011	籽粒灌浆期	40～60	T2	52.7	2010—2011	挑旗期	20～40	T4	71.8
2010—2011	灌浆末期	40～60	T2	51.0	2010—2011	籽粒形成期	20～40	T4	70.9
2010—2011	冬前	0～20	T3	60.9	2010—2011	籽粒灌浆期	20～40	T4	72.5
2010—2011	返青期	0～20	T3	58.3	2010—2011	灌浆末期	20～40	T4	73.8
2010—2011	拔节期	0～20	T3	59.4	2010—2011	冬前	40～60	T4	74.4
2010—2011	挑旗期	0～20	T3	58.7	2010—2011	返青期	40～60	T4	73.8
2010—2011	籽粒形成期	0～20	T3	56.3	2010—2011	拔节期	40～60	T4	73.9
2010—2011	籽粒灌浆期	0～20	T3	56.5	2010—2011	挑旗期	40～60	T4	74.3
2010—2011	灌浆末期	0～20	T3	57.3	2010—2011	籽粒形成期	40～60	T4	72.8
2010—2011	冬前	20～40	T3	63.3	2010—2011	籽粒灌浆期	40～60	T4	72.0
2010—2011	返青期	20～40	T3	61.7	2010—2011	灌浆末期	40～60	T4	73.3
2010—2011	拔节期	20～40	T3	62.8	2010—2011	冬前	0～20	T5	81.2
2010—2011	挑旗期	20～40	T3	62.1	2010—2011	返青期	0～20	T5	78.2
2010—2011	籽粒形成期	20～40	T3	61.2	2010—2011	拔节期	0～20	T5	76.8
2010—2011	籽粒灌浆期	20～40	T3	62.8	2010—2011	挑旗期	0～20	T5	77.7
2010—2011	灌浆末期	20～40	T3	59.7	2010—2011	籽粒形成期	0～20	T5	76.7
2010—2011	冬前	40～60	T3	64.3	2010—2011	籽粒灌浆期	0～20	T5	76.3
2010—2011	返青期	40～60	T3	64.1	2010—2011	灌浆末期	0～20	T5	78.6
2010—2011	拔节期	40～60	T3	63.8	2010—2011	冬前	20～40	T5	82.1
2010—2011	挑旗期	40～60	T3	64.1	2010—2011	返青期	20～40	T5	80.6
2010—2011	籽粒形成期	40～60	T3	63.1	2010—2011	拔节期	20～40	T5	80.7
2010—2011	籽粒灌浆期	40～60	T3	64.7	2010—2011	挑旗期	20～40	T5	84.0
2010—2011	灌浆末期	40～60	T3	63.1	2010—2011	籽粒形成期	20～40	T5	82.5
2010—2011	冬前	0～20	T4	70.5	2010—2011	籽粒灌浆期	20～40	T5	82.1
2010—2011	返青期	0～20	T4	68.4	2010—2011	灌浆末期	20～40	T5	84.0
2010—2011	拔节期	0～20	T4	67.6	2010—2011	冬前	40～60	T5	84.1
2010—2011	挑旗期	0～20	T4	67.0	2010—2011	返青期	40～60	T5	84.5

（续）

年份	时期	层次/cm	处理	水分（田持）/%	年份	时期	层次/cm	处理	水分（田持）/%
2010—2011	拔节期	40～60	T5	82.1	2011—2012	冬前	20～40	T1	41.1
2010—2011	挑旗期	40～60	T5	84.5	2011—2012	返青期	20～40	T1	42.2
2010—2011	籽粒形成期	40～60	T5	83.0	2011—2012	拔节期	20～40	T1	41.1
2010—2011	籽粒灌浆期	40～60	T5	83.1	2011—2012	挑旗期	20～40	T1	40.3
2010—2011	灌浆末期	40～60	T5	82.5	2011—2012	籽粒形成期	20～40	T1	40.3
2010—2011	冬前	0～20	T6	85.5	2011—2012	籽粒灌浆期	20～40	T1	42.5
2010—2011	返青期	0～20	T6	88.3	2011—2012	灌浆末期	20～40	T1	38.8
2010—2011	拔节期	0～20	T6	89.9	2011—2012	冬前	40～60	T1	43.5
2010—2011	挑旗期	0～20	T6	88.3	2011—2012	返青期	40～60	T1	44.2
2010—2011	籽粒形成期	0～20	T6	88.3	2011—2012	拔节期	40～60	T1	43.5
2010—2011	籽粒灌浆期	0～20	T6	85.5	2011—2012	挑旗期	40～60	T1	44.7
2010—2011	灌浆末期	0～20	T6	85.9	2011—2012	籽粒形成期	40～60	T1	43.7
2010—2011	冬前	20～40	T6	91.8	2011—2012	籽粒灌浆期	40～60	T1	44.9
2010—2011	返青期	20～40	T6	90.3	2011—2012	灌浆末期	40～60	T1	43.2
2010—2011	拔节期	20～40	T6	91.3	2011—2012	冬前	0～20	T2	45.9
2010—2011	挑旗期	20～40	T6	92.7	2011—2012	返青期	0～20	T2	46.1
2010—2011	籽粒形成期	20～40	T6	91.7	2011—2012	拔节期	0～20	T2	45.9
2010—2011	籽粒灌浆期	20～40	T6	91.8	2011—2012	挑旗期	0～20	T2	45.6
2010—2011	灌浆末期	20～40	T6	91.7	2011—2012	籽粒形成期	0～20	T2	44.7
2010—2011	冬前	40～60	T6	94.2	2011—2012	籽粒灌浆期	0～20	T2	47.3
2010—2011	返青期	40～60	T6	94.7	2011—2012	灌浆末期	0～20	T2	45.6
2010—2011	拔节期	40～60	T6	93.7	2011—2012	冬前	20～40	T2	49.3
2010—2011	挑旗期	40～60	T6	95.1	2011—2012	返青期	20～40	T2	50.0
2010—2011	籽粒形成期	40～60	T6	94.2	2011—2012	拔节期	20～40	T2	50.2
2010—2011	籽粒灌浆期	40～60	T6	93.2	2011—2012	挑旗期	20～40	T2	49.5
2010—2011	灌浆末期	40～60	T6	93.7	2011—2012	籽粒形成期	20～40	T2	49.5
2011—2012	冬前	0～20	T1	39.1	2011—2012	籽粒灌浆期	20～40	T2	49.3
2011—2012	返青期	0～20	T1	40.3	2011—2012	灌浆末期	20～40	T2	47.6
2011—2012	拔节期	0～20	T1	38.2	2011—2012	冬前	40～60	T2	52.7
2011—2012	挑旗期	0～20	T1	37.9	2011—2012	返青期	40～60	T2	54.4
2011—2012	籽粒形成期	0～20	T1	36.9	2011—2012	拔节期	40～60	T2	54.6
2011—2012	籽粒灌浆期	0～20	T1	36.2	2011—2012	挑旗期	40～60	T2	53.9
2011—2012	灌浆末期	0～20	T1	35.9	2011—2012	籽粒形成期	40～60	T2	53.9

（续）

年份	时期	层次/cm	处理	水分（田持）/%	年份	时期	层次/cm	处理	水分（田持）/%
2011—2012	籽粒灌浆期	40～60	T2	53.6	2011—2012	挑旗期	20～40	T4	69.4
2011—2012	灌浆末期	40～60	T2	52.4	2011—2012	籽粒形成期	20～40	T4	71.8
2011—2012	冬前	0～20	T3	57.5	2011—2012	籽粒灌浆期	20～40	T4	71.5
2011—2012	返青期	0～20	T3	56.3	2011—2012	灌浆末期	20～40	T4	71.8
2011—2012	拔节期	0～20	T3	56.0	2011—2012	冬前	40～60	T4	74.4
2011—2012	挑旗期	0～20	T3	55.8	2011—2012	返青期	40～60	T4	74.8
2011—2012	籽粒形成期	0～20	T3	57.3	2011—2012	拔节期	40～60	T4	73.9
2011—2012	籽粒灌浆期	0～20	T3	55.6	2011—2012	挑旗期	40～60	T4	74.3
2011—2012	灌浆末期	0～20	T3	56.8	2011—2012	籽粒形成期	40～60	T4	75.2
2011—2012	冬前	20～40	T3	59.9	2011—2012	籽粒灌浆期	40～60	T4	74.4
2011—2012	返青期	20～40	T3	59.2	2011—2012	灌浆末期	40～60	T4	74.8
2011—2012	拔节期	20～40	T3	59.4	2011—2012	冬前	0～20	T5	76.8
2011—2012	挑旗期	20～40	T3	60.2	2011—2012	返青期	0～20	T5	76.2
2011—2012	籽粒形成期	20～40	T3	61.2	2011—2012	拔节期	0～20	T5	76.3
2011—2012	籽粒灌浆期	20～40	T3	59.9	2011—2012	挑旗期	0～20	T5	76.2
2011—2012	灌浆末期	20～40	T3	59.2	2011—2012	籽粒形成期	0～20	T5	77.2
2011—2012	冬前	40～60	T3	64.3	2011—2012	籽粒灌浆期	0～20	T5	76.8
2011—2012	返青期	40～60	T3	63.6	2011—2012	灌浆末期	0～20	T5	77.2
2011—2012	拔节期	40～60	T3	63.8	2011—2012	冬前	20～40	T5	80.7
2011—2012	挑旗期	40～60	T3	63.1	2011—2012	返青期	20～40	T5	81.6
2011—2012	籽粒形成期	40～60	T3	64.1	2011—2012	拔节期	20～40	T5	79.7
2011—2012	籽粒灌浆期	40～60	T3	63.3	2011—2012	挑旗期	20～40	T5	81.1
2011—2012	灌浆末期	40～60	T3	64.6	2011—2012	籽粒形成期	20～40	T5	80.1
2011—2012	冬前	0～20	T4	66.2	2011—2012	籽粒灌浆期	20～40	T5	80.7
2011—2012	返青期	0～20	T4	65.5	2011—2012	灌浆末期	20～40	T5	80.1
2011—2012	拔节期	0～20	T4	66.2	2011—2012	冬前	40～60	T5	83.6
2011—2012	挑旗期	0～20	T4	65.0	2011—2012	返青期	40～60	T5	84.0
2011—2012	籽粒形成期	0～20	T4	68.4	2011—2012	拔节期	40～60	T5	83.6
2011—2012	籽粒灌浆期	0～20	T4	67.1	2011—2012	挑旗期	40～60	T5	85.0
2011—2012	灌浆末期	0～20	T4	66.5	2011—2012	籽粒形成期	40～60	T5	84.0
2011—2012	冬前	20～40	T4	71.0	2011—2012	籽粒灌浆期	40～60	T5	83.6
2011—2012	返青期	20～40	T4	68.4	2011—2012	灌浆末期	40～60	T5	84.0
2011—2012	拔节期	20～40	T4	68.6	2011—2012	冬前	0～20	T6	88.4

（续）

年份	时期	层次/cm	处理	水分（田持）/%	年份	时期	层次/cm	处理	水分（田持）/%
2011—2012	返青期	0～20	T6	87.9	2011—2012	籽粒形成期	20～40	T6	88.3
2011—2012	拔节期	0～20	T6	87.0	2011—2012	籽粒灌浆期	20～40	T6	88.4
2011—2012	挑旗期	0～20	T6	87.9	2011—2012	灌浆末期	20～40	T6	89.8
2011—2012	籽粒形成期	0～20	T6	85.0	2011—2012	冬前	40～60	T6	93.7
2011—2012	籽粒灌浆期	0～20	T6	86.0	2011—2012	返青期	40～60	T6	94.7
2011—2012	灌浆末期	0～20	T6	85.4	2011—2012	拔节期	40～60	T6	93.7
2011—2012	冬前	20～40	T6	91.3	2011—2012	挑旗期	40～60	T6	94.2
2011—2012	返青期	20～40	T6	90.3	2011—2012	籽粒形成期	40～60	T6	92.7
2011—2012	拔节期	20～40	T6	91.3	2011—2012	籽粒灌浆期	40～60	T6	94.2
2011—2012	挑旗期	20～40	T6	90.8	2011—2012	灌浆末期	40～60	T6	93.7

表4-12 根群生理势

年份	时期	层次/cm	处理	根群生理势/[mg/（h·cm³）]	年份	时期	层次/cm	处理	根群生理势/[mg/（h·cm³）]
2010—2011	冬前	0～20	T1	99.2	2010—2011	灌浆末期	40～60	T1	14.3
2010—2011	返青期	0～20	T1	209.7	2010—2011	冬前	0～20	T2	185.0
2010—2011	拔节期	0～20	T1	442.0	2010—2011	返青期	0～20	T2	295.6
2010—2011	挑旗期	0～20	T1	1196.3	2010—2011	拔节期	0～20	T2	623.1
2010—2011	籽粒形成期	0～20	T1	63.7	2010—2011	挑旗期	0～20	T2	2 015.0
2010—2011	籽粒灌浆期	0～20	T1	44.0	2010—2011	籽粒形成期	0～20	T2	132.8
2010—2011	灌浆末期	0～20	T1	29.7	2010—2011	籽粒灌浆期	0～20	T2	66.5
2010—2011	冬前	20～40	T1	70.8	2010—2011	灌浆末期	0～20	T2	58.9
2010—2011	返青期	20～40	T1	100.8	2010—2011	冬前	20～40	T2	85.4
2010—2011	拔节期	20～40	T1	300.9	2010—2011	返青期	20～40	T2	150.1
2010—2011	挑旗期	20～40	T1	663.8	2010—2011	拔节期	20～40	T2	381.1
2010—2011	籽粒形成期	20～40	T1	65.7	2010—2011	挑旗期	20～40	T2	845.5
2010—2011	籽粒灌浆期	20～40	T1	41.3	2010—2011	籽粒形成期	20～40	T2	202.3
2010—2011	灌浆末期	20～40	T1	37.9	2010—2011	籽粒灌浆期	20～40	T2	135.6
2010—2011	冬前	40～60	T1	21.8	2010—2011	灌浆末期	20～40	T2	93.2
2010—2011	返青期	40～60	T1	44.0	2010—2011	冬前	40～60	T2	23.2
2010—2011	拔节期	40～60	T1	114.0	2010—2011	返青期	40～60	T2	57.5
2010—2011	挑旗期	40～60	T1	187.9	2010—2011	拔节期	40～60	T2	135.0
2010—2011	籽粒形成期	40～60	T1	59.3	2010—2011	挑旗期	40～60	T2	217.1
2010—2011	籽粒灌浆期	40～60	T1	30.3	2010—2011	籽粒形成期	40～60	T2	85.1

（续）

年份	时期	层次/cm	处理	根群生理势/[mg/（h・cm^3）]	年份	时期	层次/cm	处理	根群生理势/[mg/（h・cm^3）]
2010—2011	籽粒灌浆期	40～60	T2	57.9	2010—2011	挑旗期	20～40	T4	981.1
2010—2011	灌浆末期	40～60	T2	23.5	2010—2011	籽粒形成期	20～40	T4	320.1
2010—2011	冬前	0～20	T3	233.6	2010—2011	籽粒灌浆期	20～40	T4	206.6
2010—2011	返青期	0～20	T3	369.4	2010—2011	灌浆末期	20～40	T4	114.2
2010—2011	拔节期	0～20	T3	1 031.5	2010—2011	冬前	40～60	T4	24.4
2010—2011	挑旗期	0～20	T3	2 725.9	2010—2011	返青期	40～60	T4	59.3
2010—2011	籽粒形成期	0～20	T3	664.4	2010—2011	拔节期	40～60	T4	166.2
2010—2011	籽粒灌浆期	0～20	T3	367.3	2010—2011	挑旗期	40～60	T4	299.6
2010—2011	灌浆末期	0～20	T3	249.6	2010—2011	籽粒形成期	40～60	T4	79.1
2010—2011	冬前	20～40	T3	126.2	2010—2011	籽粒灌浆期	40～60	T4	48.8
2010—2011	返青期	20～40	T3	225.6	2010—2011	灌浆末期	40～60	T4	27.7
2010—2011	拔节期	20～40	T3	543.6	2010—2011	冬前	0～20	T5	177.1
2010—2011	挑旗期	20～40	T3	955.9	2010—2011	返青期	0～20	T5	378.6
2010—2011	籽粒形成期	20～40	T3	284.7	2010—2011	拔节期	0～20	T5	1 130.1
2010—2011	籽粒灌浆期	20～40	T3	168.1	2010—2011	挑旗期	0～20	T5	2 837.8
2010—2011	灌浆末期	20～40	T3	128.6	2010—2011	籽粒形成期	0～20	T5	661.2
2010—2011	冬前	40～60	T3	30.6	2010—2011	籽粒灌浆期	0～20	T5	374.7
2010—2011	返青期	40～60	T3	76.6	2010—2011	灌浆末期	0～20	T5	218.7
2010—2011	拔节期	40～60	T3	199.3	2010—2011	冬前	20～40	T5	119.7
2010—2011	挑旗期	40～60	T3	305.1	2010—2011	返青期	20～40	T5	181.5
2010—2011	籽粒形成期	40～60	T3	100.4	2010—2011	拔节期	20～40	T5	380.6
2010—2011	籽粒灌浆期	40～60	T3	72.1	2010—2011	挑旗期	20～40	T5	897.3
2010—2011	灌浆末期	40～60	T3	35.7	2010—2011	籽粒形成期	20～40	T5	255.6
2010—2011	冬前	0～20	T4	247.1	2010—2011	籽粒灌浆期	20～40	T5	144.9
2010—2011	返青期	0～20	T4	408.3	2010—2011	灌浆末期	20～40	T5	104.8
2010—2011	拔节期	0～20	T4	1 356.0	2010—2011	冬前	40～60	T5	20.1
2010—2011	挑旗期	0～20	T4	3 028.1	2010—2011	返青期	40～60	T5	51.7
2010—2011	籽粒形成期	0～20	T4	915.4	2010—2011	拔节期	40～60	T5	125.0
2010—2011	籽粒灌浆期	0～20	T4	537.2	2010—2011	挑旗期	40～60	T5	196.5
2010—2011	灌浆末期	0～20	T4	273.0	2010—2011	籽粒形成期	40～60	T5	53.2
2010—2011	冬前	20～40	T4	140.9	2010—2011	籽粒灌浆期	40～60	T5	32.5
2010—2011	返青期	20～40	T4	221.1	2010—2011	灌浆末期	40～60	T5	16.5
2010—2011	拔节期	20～40	T4	539.1	2010—2011	冬前	0～20	T6	126.8

（续）

年份	时期	层次/cm	处理	根群生理势/[mgTTC/（h·cm³）]	年份	时期	层次/cm	处理	根群生理势/[mgTTC/（h·cm³）]
2010—2011	返青期	0～20	T6	304.0	2011—2012	灌浆末期	20～40	T1	25.7
2010—2011	拔节期	0～20	T6	989.3	2011—2012	冬前	40～60	T1	5.7
2010—2011	挑旗期	0～20	T6	2 397.2	2011—2012	返青期	40～60	T1	33.2
2010—2011	籽粒形成期	0～20	T6	450.3	2011—2012	拔节期	40～60	T1	67.8
2010—2011	籽粒灌浆期	0～20	T6	269.8	2011—2012	挑旗期	40～60	T1	87.6
2010—2011	灌浆末期	0～20	T6	145.1	2011—2012	籽粒形成期	40～60	T1	37.1
2010—2011	冬前	20～40	T6	70.4	2011—2012	籽粒灌浆期	40～60	T1	18.4
2010—2011	返青期	20～40	T6	135.9	2011—2012	灌浆末期	40～60	T1	6.0
2010—2011	拔节期	20～40	T6	304.9	2011—2012	冬前	0～20	T2	129.7
2010—2011	挑旗期	20～40	T6	682.3	2011—2012	返青期	0～20	T2	211.4
2010—2011	籽粒形成期	20～40	T6	176.4	2011—2012	拔节期	0～20	T2	512.0
2010—2011	籽粒灌浆期	20～40	T6	108.4	2011—2012	挑旗期	0～20	T2	1 848.6
2010—2011	灌浆末期	20～40	T6	75.6	2011—2012	籽粒形成期	0～20	T2	270.1
2010—2011	冬前	40～60	T6	7.5	2011—2012	籽粒灌浆期	0～20	T2	246.0
2010—2011	返青期	40～60	T6	26.7	2011—2012	灌浆末期	0～20	T2	97.0
2010—2011	拔节期	40～60	T6	68.3	2011—2012	冬前	20～40	T2	63.4
2010—2011	挑旗期	40～60	T6	115.8	2011—2012	返青期	20～40	T2	109.4
2010—2011	籽粒形成期	40～60	T6	25.6	2011—2012	拔节期	20～40	T2	279.6
2010—2011	籽粒灌浆期	40～60	T6	13.3	2011—2012	挑旗期	20～40	T2	667.7
2010—2011	灌浆末期	40～60	T6	7.6	2011—2012	籽粒形成期	20～40	T2	157.3
2011—2012	冬前	0～20	T1	75.5	2011—2012	籽粒灌浆期	20～40	T2	99.1
2011—2012	返青期	0～20	T1	138.8	2011—2012	灌浆末期	20～40	T2	39.2
2011—2012	拔节期	0～20	T1	349.2	2011—2012	冬前	40～60	T2	9.3
2011—2012	挑旗期	0～20	T1	1 000.4	2011—2012	返青期	40～60	T2	42.9
2011—2012	籽粒形成期	0～20	T1	119.4	2011—2012	拔节期	40～60	T2	87.6
2011—2012	籽粒灌浆期	0～20	T1	32.2	2011—2012	挑旗期	40～60	T2	115.4
2011—2012	灌浆末期	0～20	T1	42.1	2011—2012	籽粒形成期	40～60	T2	60.9
2011—2012	冬前	20～40	T1	46.1	2011—2012	籽粒灌浆期	40～60	T2	36.6
2011—2012	返青期	20～40	T1	91.1	2011—2012	灌浆末期	40～60	T2	17.7
2011—2012	拔节期	20～40	T1	205.1	2011—2012	冬前	0～20	T3	169.9
2011—2012	挑旗期	20～40	T1	485.7	2011—2012	返青期	0～20	T3	281.9
2011—2012	籽粒形成期	20～40	T1	42.2	2011—2012	拔节期	0～20	T3	619.2
2011—2012	籽粒灌浆期	20～40	T1	28.3	2011—2012	挑旗期	0～20	T3	2 244.4

（续）

年份	时期	层次/cm	处理	根群生理势/[mgTTC/（h·cm³）]	年份	时期	层次/cm	处理	根群生理势/[mgTTC/（h·cm³）]
2011—2012	籽粒形成期	0～20	T3	443.4	2011—2012	拔节期	40～60	T4	119.1
2011—2012	籽粒灌浆期	0～20	T3	307.2	2011—2012	挑旗期	40～60	T4	186.8
2011—2012	灌浆末期	0～20	T3	166.2	2011—2012	籽粒形成期	40～60	T4	72.2
2011—2012	冬前	20～40	T3	79.3	2011—2012	籽粒灌浆期	40～60	T4	41.4
2011—2012	返青期	20～40	T3	145.1	2011—2012	灌浆末期	40～60	T4	13.9
2011—2012	拔节期	20～40	T3	441.1	2011—2012	冬前	0～20	T5	165.5
2011—2012	挑旗期	20～40	T3	802.9	2011—2012	返青期	0～20	T5	285.8
2011—2012	籽粒形成期	20～40	T3	229.0	2011—2012	拔节期	0～20	T5	598.3
2011—2012	籽粒灌浆期	20～40	T3	155.6	2011—2012	挑旗期	0～20	T5	2243.0
2011—2012	灌浆末期	20～40	T3	104.5	2011—2012	籽粒形成期	0～20	T5	521.5
2011—2012	冬前	40～60	T3	14.1	2011—2012	籽粒灌浆期	0～20	T5	301.4
2011—2012	返青期	40～60	T3	57.0	2011—2012	灌浆末期	0～20	T5	133.0
2011—2012	拔节期	40～60	T3	118.1	2011—2012	冬前	20～40	T5	98.6
2011—2012	挑旗期	40～60	T3	187.0	2011—2012	返青期	20～40	T5	162.8
2011—2012	籽粒形成期	40～60	T3	76.1	2011—2012	拔节期	20～40	T5	314.8
2011—2012	籽粒灌浆期	40～60	T3	53.1	2011—2012	挑旗期	20～40	T5	692.4
2011—2012	灌浆末期	40～60	T3	23.3	2011—2012	籽粒形成期	20～40	T5	196.5
2011—2012	冬前	0～20	T4	214.8	2011—2012	籽粒灌浆期	20～40	T5	139.2
2011—2012	返青期	0～20	T4	342.6	2011—2012	灌浆末期	20～40	T5	60.3
2011—2012	拔节期	0～20	T4	715.8	2011—2012	冬前	40～60	T5	8.2
2011—2012	挑旗期	0～20	T4	2490.5	2011—2012	返青期	40～60	T5	38.3
2011—2012	籽粒形成期	0～20	T4	682.9	2011—2012	拔节期	40～60	T5	88.9
2011—2012	籽粒灌浆期	0～20	T4	428.4	2011—2012	挑旗期	40～60	T5	115.4
2011—2012	灌浆末期	0～20	T4	199.2	2011—2012	籽粒形成期	40～60	T5	38.5
2011—2012	冬前	20～40	T4	105.0	2011—2012	籽粒灌浆期	40～60	T5	19.6
2011—2012	返青期	20～40	T4	177.2	2011—2012	灌浆末期	40～60	T5	6.1
2011—2012	拔节期	20～40	T4	422.2	2011—2012	冬前	0～20	T6	115.2
2011—2012	挑旗期	20～40	T4	804.6	2011—2012	返青期	0～20	T6	210.6
2011—2012	籽粒形成期	20～40	T4	279.1	2011—2012	拔节期	0～20	T6	497.9
2011—2012	籽粒灌浆期	20～40	T4	184.4	2011—2012	挑旗期	0～20	T6	1771.3
2011—2012	灌浆末期	20～40	T4	106.0	2011—2012	籽粒形成期	0～20	T6	231.2
2011—2012	冬前	40～60	T4	13.1	2011—2012	籽粒灌浆期	0～20	T6	46.6
2011—2012	返青期	40～60	T4	46.0	2011—2012	灌浆末期	0～20	T6	64.4

（续）

年份	时期	层次/cm	处理	根群生理势/[mgTTC/（h·cm³）]	年份	时期	层次/cm	处理	根群生理势/[mgTTC/（h·cm³）]
2011—2012	冬前	20～40	T6	47.8	2011—2012	冬前	40～60	T6	2.3
2011—2012	返青期	20～40	T6	80.3	2011—2012	返青期	40～60	T6	26.8
2011—2012	拔节期	20～40	T6	224.8	2011—2012	拔节期	40～60	T6	51.1
2011—2012	挑旗期	20～40	T6	530.2	2011—2012	挑旗期	40～60	T6	66.2
2011—2012	籽粒形成期	20～40	T6	146.1	2011—2012	籽粒形成期	40～60	T6	12.8
2011—2012	籽粒灌浆期	20～40	T6	105.0	2011—2012	籽粒灌浆期	40～60	T6	7.3
2011—2012	灌浆末期	20～40	T6	42.1	2011—2012	灌浆末期	40～60	T6	2.1

表4-13 根尖性状

小麦生育期	处理	根尖成熟部位直径/mm	根尖成熟部位皮层厚度/μm	根尖成熟部位后生木质部导管数目/n
冬前	T1	0.41	18.17	2.93
冬前	T2	0.49	18.44	3.02
冬前	T3	0.65	19.64	3.12
冬前	T4	0.58	17.63	3.37
冬前	T5	0.58	17.30	3.60
冬前	T6	0.52	14.09	4.02
返青期	T1	0.72	23.71	3.82
返青期	T2	0.83	24.05	4.02
返青期	T3	0.91	24.45	4.09
返青期	T4	0.88	23.65	4.28
返青期	T5	0.86	21.57	4.46
返青期	T6	0.83	19.10	5.00
拔节期	T1	0.73	23.78	4.02
拔节期	T2	0.84	24.45	4.12
拔节期	T3	1.01	25.45	4.58
拔节期	T4	0.97	26.12	4.86
拔节期	T5	0.95	23.78	5.35
拔节期	T6	0.95	21.71	6.00
挑旗期	T1	0.88	26.78	4.07
挑旗期	T2	0.98	27.99	4.21
挑旗期	T3	1.04	28.45	5.6
挑旗期	T4	1.01	27.39	5.74
挑旗期	T5	0.98	24.51	6.81

（续）

小麦生育期	处理	根尖成熟部位直径/mm	根尖成熟部位皮层厚度/μm	根尖成熟部位后生木质部导管数目/n
挑旗期	T6	0.93	23.18	6.91
籽粒形成期	T1	0.92	27.65	4.11
籽粒形成期	T2	0.96	27.92	4.67
籽粒形成期	T3	1.03	28.86	5.75
籽粒形成期	T4	1.04	27.25	5.81
籽粒形成期	T5	0.96	23.91	7.25
籽粒形成期	T6	0.9	23.78	7.54
籽粒灌浆期	T1	0.9	25.72	4.09
籽粒灌浆期	T2	0.95	27.32	4.65
籽粒灌浆期	T3	0.99	27.32	5.84
籽粒灌浆期	T4	1.01	26.72	5.81
籽粒灌浆期	T5	0.96	23.98	7.12
籽粒灌浆期	T6	0.85	22.64	7.35
灌浆末期	T1	0.93	26.65	4.05
灌浆末期	T2	0.97	27.32	4.60
灌浆末期	T3	1.04	27.99	5.81
灌浆末期	T4	1.02	27.19	6.21
灌浆末期	T5	0.91	24.25	7.30
灌浆末期	T6	0.88	22.98	7.46

表 4-14 根毛性状

小麦生育期	处理	根先端长度/mm	根毛密度/（n/mm^2）	根毛长度/mm	根毛直径/μm
冬前	T1	0.43	21.71	0.16	3.24
冬前	T2	0.53	27.66	0.21	3.61
冬前	T3	0.62	38.52	0.28	4.34
冬前	T4	0.66	32.56	0.26	3.57
冬前	T5	0.62	28.36	0.20	2.84
冬前	T6	0.57	20.31	0.16	1.93
返青期	T1	0.40	35.36	0.18	3.57
返青期	T2	0.60	55.32	0.15	6.34
返青期	T3	0.74	65.13	0.45	8.35
返青期	T4	0.85	59.17	0.31	7.25

（续）

小麦生育期	处理	根先端长度/mm	根毛密度/（n/mm²）	根毛长度/mm	根毛直径/μm
返青期	T5	0.80	42.02	0.30	6.85
返青期	T6	0.68	22.06	0.21	5.32
拔节期	T1	0.50	68.28	0.21	4.81
拔节期	T2	0.80	98.39	0.53	12.10
拔节期	T3	1.36	118.35	0.68	16.22
拔节期	T4	1.52	102.59	0.59	14.50
拔节期	T5	1.48	83.33	0.48	11.26
拔节期	T6	1.20	75.63	0.35	6.96
挑旗期	T1	0.40	124.30	0.40	8.05
挑旗期	T2	0.90	171.92	1.08	17.35
挑旗期	T3	1.76	208.68	1.21	18.88
挑旗期	T4	2.15	182.77	1.15	18.33
挑旗期	T5	2.04	151.96	0.70	14.03
挑旗期	T6	1.60	142.51	0.50	10.02
籽粒形成期	T1	0.20	53.57	0.31	6.52
籽粒形成期	T2	0.50	79.48	0.73	14.32
籽粒形成期	T3	0.88	156.16	0.89	17.31
籽粒形成期	T4	1.10	130.95	0.76	15.01
籽粒形成期	T5	0.95	89.29	0.53	12.03
籽粒形成期	T6	0.64	69.33	0.32	8.53
籽粒灌浆期	T1	0.15	29.41	0.10	4.34
籽粒灌浆期	T2	0.24	39.22	0.25	13.23
籽粒灌浆期	T3	0.56	108.19	0.73	15.20
籽粒灌浆期	T4	0.70	89.29	0.38	12.50
籽粒灌浆期	T5	0.60	46.57	0.30	10.02

（续）

小麦生育期	处理	根先端长度/mm	根毛密度/（n/mm²）	根毛长度/mm	根毛直径/μm
籽粒灌浆期	T6	0.40	41.32	0.21	6.96
灌浆末期	T1	0.05	18.21	0.08	2.37
灌浆末期	T2	0.10	25.21	0.19	9.44
灌浆末期	T3	0.31	83.33	0.61	12.54
灌浆末期	T4	0.40	69.33	0.33	11.33
灌浆末期	T5	0.33	27.66	0.14	6.34
灌浆末期	T6	0.20	23.46	0.12	5.32

表 4-15　产量与产量结构

年份	处理	产量/（kg/hm²）	有效穗/（万头/hm²）	穗粒数/n	千粒重/g	理论产量/（kg/hm²）
2010—2011	T1	5 441.8	484.3	32.9	29.7	4 728.2
2010—2011	T2	7 189.4	495.1	34.7	31.8	5 462.7
2010—2011	T3	8 825.3	576.9	37.9	35.8	7 813.1
2010—2011	T4	9 368.3	588.3	38.6	36.8	8 343.8
2010—2011	T5	8 088.9	553.4	37.9	33.8	7 087.6
2010—2011	T6	6 238.8	500.7	35.8	33.3	5 970.5
2011—2012	T1	5 032.4	475.1	31.5	28.0	4 200.7
2011—2012	T2	6 574.1	481.7	34.0	30.2	4 940.0
2011—2012	T3	9 183.5	554.6	37.9	35.8	7 510.1
2011—2012	T4	9 892.4	562.1	38.9	36.7	8 033.7
2011—2012	T5	7 988.3	538.0	37.1	33.1	6 612.3
2011—2012	T6	5 971.8	514.1	34.1	32.8	5 758.2

4.2.5　小麦根尖与根毛超微结构图

小麦根尖与根毛超微结构图如图 4-1～图 4-3 所示。

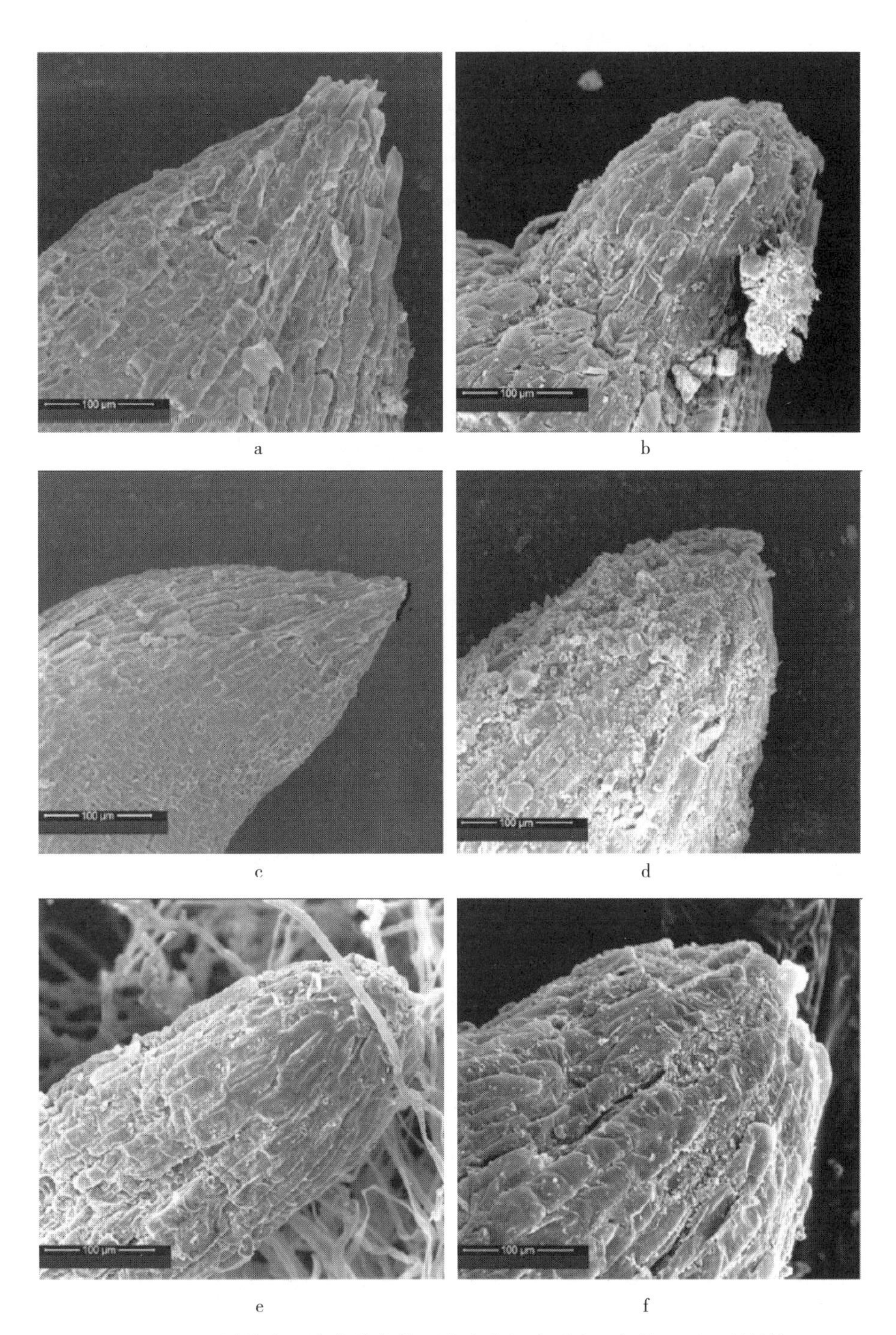

图4-1 不同梯度土壤水分条件下小麦的根尖形态（扫描电子显微结构）

注：a～f分别为T1-T6处理条件下的根尖形态。

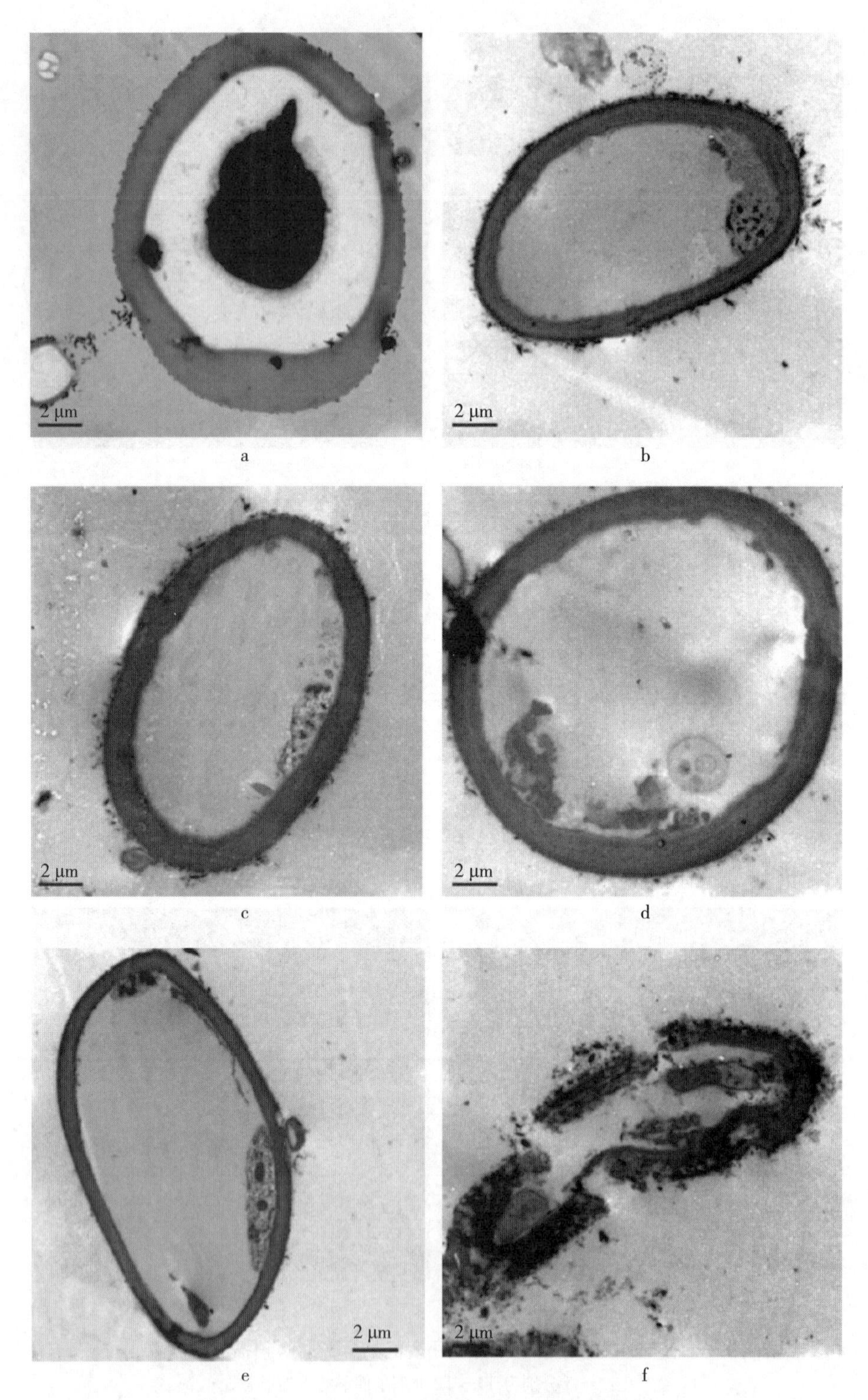

图 4-2 不同梯度土壤水分条件下的小麦根毛超微结构（透射电镜）

注：a～f 分别为 T1－T6 处理条件下的根毛形态。

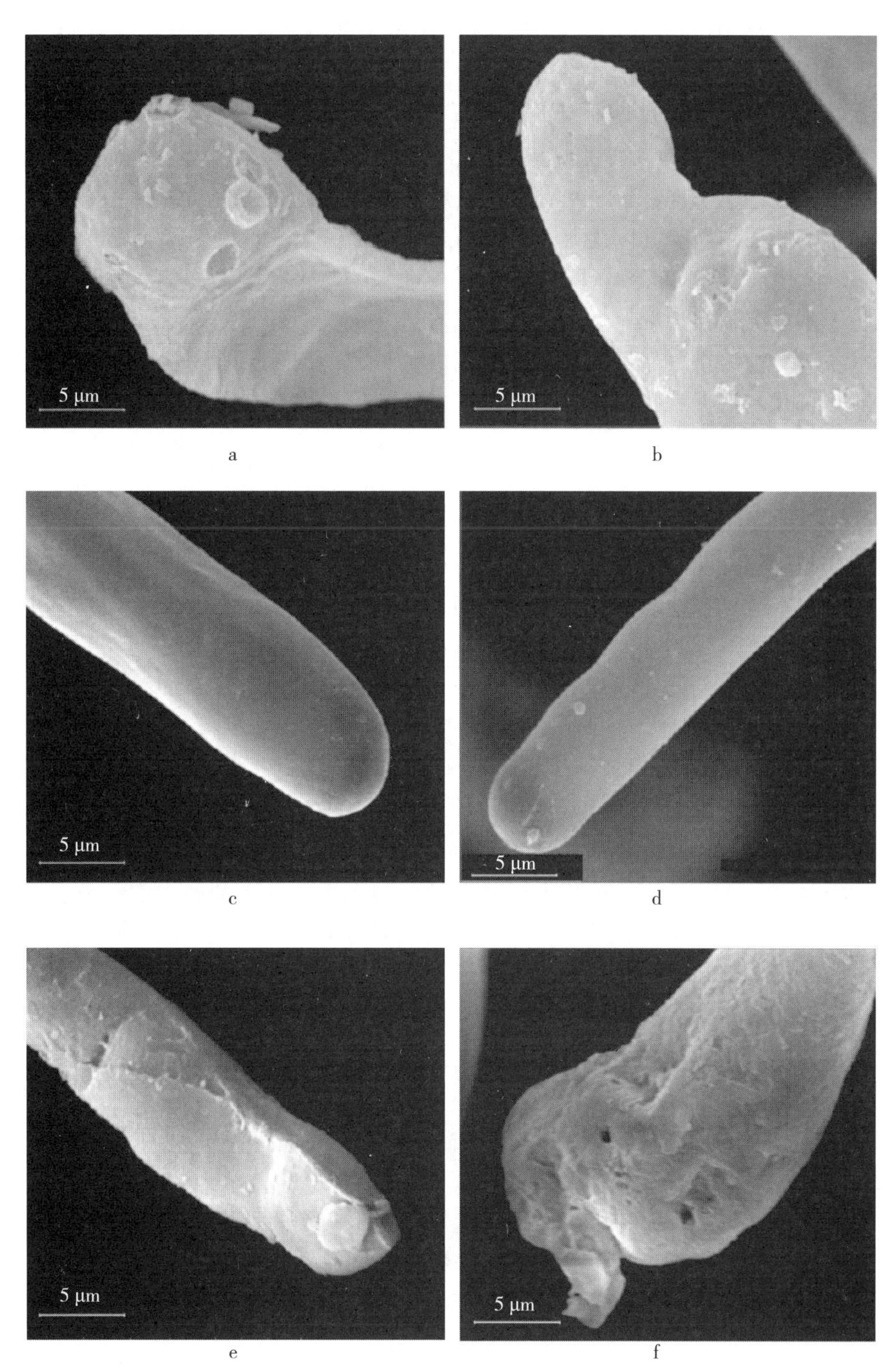

图 4-3　不同梯度土壤水分条件下的四分体期小麦根毛外部形态（扫描电镜）

注：a~f 分别为 T1-T6 处理条件下的根毛形态。

4.3　商丘引黄灌区水盐动态与地下水观测网络优化观测数据

4.3.1　引言

随着工农业生产和社会经济的快速发展，人类社会对水资源的需求呈刚性增加，有限的水资源已不能满足生活需求和社会发展的要求，在地下水超采区已经出现了严重的地下水降落漏斗。河南省位于黄河下游，引黄灌溉面积达到 247.51 hm^2，引黄缓解了部分地区水资源紧缺矛盾，改变了区域内地下水动态和下垫面条件，适时适量的引黄灌溉，可以改善农田土壤环境。引黄补源给灌区提供了重要的淡水资源，保证灌区水生态良性循环。但在黄河中下游地区，由于泥沙堆积，河道高程逐年抬高，河床高出背河洼地 5～8 m。受黄河测渗补给、降水、蒸发等多种因素影响，背河洼地类型区浅层地下水矿化度较高、地下水埋深较浅，存在涝涪和潜在次生盐碱化的威胁。

以黄河中下游的商丘引黄补源区为典型研究区，主要研究自 1994 年新三义寨商丘引黄灌区引水以来，分析近 20 年商丘地下水动态规律及地下水位空间变异性，为合理优化地下水观测网络提供理论依据；在现状引水情况下，选取典型区分析土壤含盐量及其季节变化规律；同时应用灰色关联分析法，分析地下水各离子与土壤含盐量的关系，研究引黄补源 20 年地下水位动态和商丘古黄河背河洼地土壤次生盐渍化现状，根据现状地下水位信息，优化商丘市地下水观测网络，提高水文信息监测的有效性和合理性。

4.3.2 数据采集和处理方法

（1）样品采样与分析方法

根据商丘引黄渠系分布、地形特点及土质类型，分别在全市 9 个县（市、区）选取 21 个地下水位观测井，同时在地下水位观测井的旁边选取地下水质观测井，在水位水质观测井附近选取具有代表性的地块，采集土壤盐分样品，用于分析土壤盐分动态和土壤水分动态。自 2013 年 4 月 15 日开始取样，10 月中旬结束，每个月一次，分别在古黄河高滩地（李庄乡史庄村）、背河洼地（李庄乡刘集、小吴楼）、微倾斜平地（李庄乡八里坡、沈集）每区选典型地块做三次重复取样，测定 1 m 土深土壤盐分。结合商丘引黄时间分配，2013 年 4 月 15 日、6 月 26 日、10 月 22 日在商丘地区选定的 21 个地下水观测点和土壤盐分观测点取样，测定地下水水质和 2 m 土深土壤含盐量。采集土样的同时，采集水样和测量地下水位。由于降雨淋洗和土壤蒸发的共同作用，土壤剖面中的盐分季节性变化很大，垂直变化较为明显。因此，采用分层采集土样，自地表起每隔 20 cm，整层均匀采集 20 cm、40 cm、60 cm、80 cm、100 cm、120 cm、140 cm、160 cm、180 cm、200 cm 深的土样，分析土壤盐分和水分动态。

盐分用电导法测定。地下水水质的测定主要包括八大离子和矿化度，八大离子按照鲍士旦主编的第三版《土壤农化分析》相应方法测定，Ca^{2+} 和 Mg^{2+} 用 EDTA 滴定，Na^+、K^+ 用火焰光度计发测定，Cl^- 用硝酸银滴定，CO_3^{2-} 和 HCO_3^- 用双指示剂-中和滴定，SO_4^{2-} 用 EDTA 间接络合滴定，矿化度用电导法测定。

（2）历史资料获取与处理，商丘市历史地下水位资料来源于商丘市水利局地下水位监测资料。根据有平均数据计算年平均值作为本数据产品的结果数据，同时标明样本数及标准差。

4.3.3 数据质量控制与评估

（1）根据引黄灌区渠系分布，科学、合理开展取样监测。

（2）样品采集与分析化验严格按照规程进行。

（3）对异常数据溯源，并及时开展复测工作。

在数据获取过程中，从人员、设备以及化验分析和数据记录等各个方面进行管控，以保证数据的真实准确。

4.3.4 使用方法和建议（可行）

商丘引黄灌区具有鲜明的农业生产特色，这一方面表现为所引用黄河水的 3 大功能，一是保证农业生产灌溉的需求；二是补充地下水源，维持区域生态的稳定；三是对农业和区域经济提供稳定的水资源支持。数据集包括多年的水位和水质数据，适宜于农田水利、农业生态、政府部门水资源管理直接引用，或在引黄过程中进行参考。

4.3.5 商丘引黄灌区水盐动态与地下水观测网络优化数据

具体数据见表 4-16～表 4-19。

表 4-16　商丘市历史地下水位

年份	测井编号	测井经度	测井纬度	测井高程/m	地下水埋深年平均/m	重复数	标准差
1993	民权 3	115°4′	34°39′	60.63	4.68	12	0.675 0
1993	民权 5	114°58′	34°37′	60.48	7.37	12	0.862 0
1993	民权 6	115°8′	34°38′	61.33	3.63	12	0.435 8
1993	民权 8	115°8′	34°46′	68.70	7.24	12	0.537 9
1993	民权 11	114°52′	34°43′	63.36	2.98	12	0.312 8
1993	民权 32	115°15′	34°43′	66.13	7.32	12	0.693 4
1993	民权 36	115°11′	34°42′	66.68	6.37	12	0.417 1
1993	民权 39	115°16′	34°39′	63.94	6.79	12	0.678 6
1993	民权 40	115°21′	34°39′	65.10	6.41	12	0.615 7
1993	民权 43	115°18′	34°51′	63.86	7.53	12	0.289 1
1993	民权 50	115°25′	34°41′	62.33	4.69	12	0.650 7
1993	民权 52	115°11′	34°47′	66.82	6.00	12	0.353 1
1993	民权 54	114°55′	34°42′	63.25	4.74	12	0.530 0
1993	宁陵 2	115°18′	34°34′	58.18	5.36	12	0.522 6
1993	宁陵 3	115°15′	34°25′	55.88	7.50	12	0.793 7
1993	宁陵 5	115°24′	34°33′	54.91	4.75	12	0.830 8
1993	宁陵 8	115°19′	34°22′	52.92	7.63	12	0.511 9
1993	宁陵 9	115°10′	34°33′	59.43	4.90	12	0.473 4
1993	宁陵 10	115°13′	34°18′	51.56	4.62	12	0.242 8
1993	宁陵 11	115°13′	34°36′	60.41	3.12	12	0.402 9
1993	宁陵 12	115°24′	34°35′	64.23	11.02	12	1.409 3
1993	宁陵 13	115°20′	34°32′	56.32	6.42	12	0.728 8
1993	宁陵 14	115°15′	34°32′	57.80	3.89	12	0.746 9
1993	宁陵 17	115°23′	34°30′	54.54	7.28	12	1.402 6
1993	宁陵 19	115°23′	34°24′	52.50	7.24	12	0.519 5
1993	虞城 3	115°54′	34°18′	44.53	4.92	12	0.472 8
1993	虞城 5	115°52′	34°28′	44.08	4.87	12	0.142 1
1993	虞城 6	115°53′	34°24′	46.25	4.99	12	0.541 6
1993	虞城 17	115°59′	34°32′	46.70	4.75	12	0.378 9
1993	虞城 18	116°4′	34°33′	46.61	3.27	12	0.490 8
1993	虞城 23	116°11′	34°30′	46.09	4.38	12	0.239 5

（续）

年份	测井编号	测井经度	测井纬度	测井高程/m	地下水埋深年平均/m	重复数	标准差
1993	虞城 24	115°46′	34°27′	48.00	5.59	12	0.212 6
1993	虞城 26	115°59′	34°27′	45.58	4.87	12	0.283 6
1993	虞城 27	116°4′	34°29′	45.35	5.20	12	0.307 0
1993	虞城 29	115°43′	34°21′	47.95	5.99	12	0.654 5
1993	虞城 31	115°58′	34°19′	44.46	5.18	12	0.478 9
1993	虞城 35	115°52′	34°13′	43.08	3.15	12	0.366 4
1993	虞城 36	115°55′	34°12′	42.65	4.20	12	0.373 1
1993	虞城 39	115°55′	34°6′	40.49	3.41	12	0.400 9
1993	虞城 41	115°54′	34°1′	38.45	3.10	12	0.452 8
1993	虞城 43	115°51′	34°6′	40.77	3.26	12	0.416 9
1993	虞城 44	115°54′	34°31′	46.43	4.22	12	0.550 7
1993	虞城 46	115°47′	34°16′	45.07	4.09	12	0.537 2
1993	夏邑 1	116°3′	34°3′	38.48	4.22	12	0.206 9
1993	夏邑 2	116°19′	34°13′	39.46	4.39	12	0.447 5
1993	永城 1	116°16′	34°3′	35.52	3.88	12	0.370 7
1993	永城 2	116°32′	33°56′	32.63	2.86	12	0.335 3
1993	永城 3	116°13′	33°48′	32.34	2.50	12	0.455 1
1993	永城 4	116°7′	33°58′	34.86	3.09	12	0.402 2
1993	永城 39	116°30′	34°1′	33.98	3.14	12	0.295 4
1993	永城 40	116°27′	33°58′	33.69	2.90	12	0.371 5
1993	永城 43	116°7′	33°47′	32.84	2.55	12	0.409 2
1993	永城 44	116°24′	34°5′	35.88	4.07	12	0.131 9
1994	民权 3	115°4′	34°39′	60.63	4.94	12	0.559 5
1994	民权 5	114°58′	34°37′	60.48	8.39	12	0.809 4
1994	民权 6	115°8′	34°38′	61.33	3.78	12	0.563 3
1994	民权 8	115°8′	34°46′	68.70	8.10	12	1.248 8
1994	民权 11	114°52′	34°43′	63.36	3.04	12	0.128 1
1994	民权 32	115°15′	34°43′	66.13	7.88	12	0.802 7
1994	民权 36	115°11′	34°42′	66.68	6.63	12	0.529 0
1994	民权 39	115°16′	34°39′	63.94	6.93	12	0.554 3
1994	民权 40	115°21′	34°39′	65.10	6.63	12	0.742 5
1994	民权 43	115°18′	34°51′	63.86	7.76	12	0.200 7
1994	民权 50	115°25′	34°41′	62.33	4.95	12	0.754 7

（续）

年份	测井编号	测井经度	测井纬度	测井高程/m	地下水埋深年平均/m	重复数	标准差
1994	民权 52	115°11′	34°47′	66.82	6.49	12	0.466 2
1994	民权 54	114°55′	34°42′	63.25	5.46	12	0.489 5
1994	宁陵 2	115°18′	34°34′	58.18	5.62	12	1.451 2
1994	宁陵 3	115°15′	34°25′	55.88	8.08	12	0.590 6
1994	宁陵 5	115°24′	34°33′	54.91	5.32	12	1.308 9
1994	宁陵 8	115°19′	34°22′	52.92	8.51	12	0.486 5
1994	宁陵 9	115°10′	34°33′	59.43	5.51	12	0.579 6
1994	宁陵 10	115°13′	34°18′	51.56	4.91	12	0.129 5
1994	宁陵 11	115°13′	34°36′	60.41	3.42	12	0.492 2
1994	宁陵 12	115°24′	34°35′	64.23	11.46	12	1.291 1
1994	宁陵 13	115°20′	34°32′	56.32	7.36	12	1.204 2
1994	宁陵 14	115°15′	34°32′	57.80	4.04	12	0.412 7
1994	宁陵 17	115°23′	34°30′	54.54	8.21	12	1.197 2
1994	宁陵 19	115°23′	34°24′	52.50	7.99	12	0.273 2
1994	虞城 3	115°54′	34°18′	44.53	5.34	12	0.270 0
1994	虞城 5	115°52′	34°28′	44.08	4.90	12	0.392 8
1994	虞城 6	115°53′	34°24′	46.25	5.51	12	0.433 6
1994	虞城 17	115°59′	34°32′	46.70	4.77	12	0.325 9
1994	虞城 18	116°4′	34°33′	46.61	3.60	12	0.423 2
1994	虞城 23	116°11′	34°30′	46.09	4.87	12	0.552 7
1994	虞城 24	115°46′	34°27′	48.00	5.66	12	0.323 4
1994	虞城 26	115°59′	34°27′	45.58	4.81	12	0.381 0
1994	虞城 27	116°4′	34°29′	45.35	5.49	12	0.517 5
1994	虞城 29	115°43′	34°21′	47.95	6.67	12	0.435 4
1994	虞城 31	115°58′	34°19′	44.46	5.82	12	0.176 2
1994	虞城 35	115°52′	34°13′	43.08	3.84	12	0.191 0
1994	虞城 36	115°55′	34°12′	42.65	4.85	12	0.247 3
1994	虞城 39	115°55′	34°6′	40.49	3.94	12	0.172 4
1994	虞城 41	115°54′	34°1′	38.45	3.60	12	0.205 7
1994	虞城 43	115°51′	34°6′	40.77	3.57	12	1.008 5
1994	虞城 44	115°54′	34°31′	46.43	3.98	12	0.663 7
1994	虞城 46	115°47′	34°16′	45.07	4.83	12	0.270 6
1994	夏邑 1	116°3′	34°3′	38.48	4.65	12	0.114 6

（续）

年份	测井编号	测井经度	测井纬度	测井高程/m	地下水埋深年平均/m	重复数	标准差
1994	夏邑 2	116°19′	34°13′	39.46	5.07	12	0.262 6
1994	永城 1	116°16′	34°3′	35.52	4.62	12	0.217 1
1994	永城 2	116°32′	33°56′	32.63	3.41	12	0.123 4
1994	永城 3	116°13′	33°48′	32.34	3.36	12	0.658 6
1994	永城 4	116°7′	33°58′	34.86	3.75	12	0.186 8
1994	永城 39	116°30′	34°1′	33.98	3.80	12	0.118 2
1994	永城 40	116°27′	33°58′	33.69	3.41	12	0.129 3
1994	永城 43	116°7′	33°47′	32.84	3.16	12	0.231 0
1994	永城 44	116°24′	34°5′	35.88	4.39	12	0.103 8
1995	民权 3	115°4′	34°39′	60.63	4.37	12	1.636 1
1995	民权 5	114°58′	34°37′	60.48	8.04	12	0.700 7
1995	民权 6	115°8′	34°38′	61.33	2.87	12	1.009 0
1995	民权 8	115°8′	34°46′	68.70	8.80	12	2.315 4
1995	民权 11	114°52′	34°43′	63.36	3.07	12	0.347 1
1995	民权 32	115°15′	34°43′	66.13	7.84	12	1.205 4
1995	民权 36	115°11′	34°42′	66.68	6.41	12	0.965 8
1995	民权 39	115°16′	34°39′	63.94	6.17	12	0.896 4
1995	民权 40	115°21′	34°39′	65.10	5.75	12	0.873 3
1995	民权 43	115°18′	34°51′	63.86	7.88	12	0.479 7
1995	民权 50	115°25′	34°41′	62.33	3.24	12	1.012 6
1995	民权 52	115°11′	34°47′	66.82	7.26	12	1.612 1
1995	民权 54	114°55′	34°42′	63.25	5.78	12	0.975 8
1995	宁陵 2	115°18′	34°34′	58.18	5.41	12	1.893 5
1995	宁陵 3	115°15′	34°25′	55.88	7.60	12	0.986 8
1995	宁陵 5	115°24′	34°33′	54.91	5.32	12	2.332 4
1995	宁陵 8	115°19′	34°22′	52.92	9.19	12	0.640 9
1995	宁陵 9	115°10′	34°33′	59.43	5.31	12	1.057 2
1995	宁陵 10	115°13′	34°18′	51.56	5.22	12	0.405 1
1995	宁陵 11	115°13′	34°36′	60.41	2.89	12	0.901 1
1995	宁陵 12	115°24′	34°35′	64.23	11.54	12	2.891 5
1995	宁陵 13	115°20′	34°32′	56.32	6.75	12	2.338 0
1995	宁陵 14	115°15′	34°32′	57.80	4.19	12	1.813 6
1995	宁陵 17	115°23′	34°30′	54.54	8.44	12	2.236 5

（续）

年份	测井编号	测井经度	测井纬度	测井高程/m	地下水埋深年平均/m	重复数	标准差
1995	宁陵 19	115°23′	34°24′	52.50	8.52	12	0.311 3
1995	虞城 3	115°54′	34°18′	44.53	5.66	12	0.545 7
1995	虞城 5	115°52′	34°28′	44.08	4.29	12	0.497 3
1995	虞城 6	115°53′	34°24′	46.25	5.47	12	0.673 4
1995	虞城 17	115°59′	34°32′	46.70	4.19	12	1.137 4
1995	虞城 18	116°4′	34°33′	46.61	3.21	12	1.215 8
1995	虞城 23	116°11′	34°30′	46.09	5.50	12	0.355 9
1995	虞城 24	115°46′	34°27′	48.00	5.24	12	0.409 0
1995	虞城 26	115°59′	34°27′	45.58	3.41	12	0.982 3
1995	虞城 27	116°4′	34°29′	45.35	5.13	12	0.679 3
1995	虞城 29	115°43′	34°21′	47.95	7.22	12	0.746 1
1995	虞城 31	115°58′	34°19′	44.46	6.00	12	0.235 1
1995	虞城 35	115°52′	34°13′	43.08	4.28	12	0.318 9
1995	虞城 36	115°55′	34°12′	42.65	5.02	12	0.246 5
1995	虞城 39	115°55′	34°6′	40.49	4.09	12	0.260 7
1995	虞城 41	115°54′	34°1′	38.45	3.65	12	0.460 7
1995	虞城 43	115°51′	34°6′	40.77	4.01	12	0.107 9
1995	虞城 44	115°54′	34°31′	46.43	2.90	12	0.729 4
1995	虞城 46	115°47′	34°16′	45.07	5.37	12	0.434 4
1995	夏邑 1	116°3′	34°3′	38.48	4.94	12	0.135 7
1995	夏邑 2	116°19′	34°13′	39.46	5.34	12	0.447 0
1995	永城 1	116°16′	34°3′	35.52	4.46	12	0.670 8
1995	永城 2	116°32′	33°56′	32.63	3.30	12	0.368 0
1995	永城 3	116°13′	33°48′	32.34	3.50	12	0.993 7
1995	永城 4	116°7′	33°58′	34.86	3.70	12	0.531 5
1995	永城 39	116°30′	34°1′	33.98	4.25	12	0.173 8
1995	永城 40	116°27′	33°58′	33.69	3.47	12	0.278 1
1995	永城 43	116°7′	33°47′	32.84	2.80	12	0.514 1
1995	永城 44	116°24′	34°5′	35.88	4.12	12	0.564 8
1996	民权 3	115°4′	34°39′	60.63	3.19	12	0.734 5
1996	民权 5	114°58′	34°37′	60.48	7.40	12	0.774 8
1996	民权 6	115°8′	34°38′	61.33	2.41	12	0.471 8
1996	民权 8	115°8′	34°46′	68.70	7.81	12	1.026 6

（续）

年份	测井编号	测井经度	测井纬度	测井高程/m	地下水埋深年平均/m	重复数	标准差
1996	民权 11	114°52′	34°43′	63.36	2.96	12	0.262 2
1996	民权 32	115°15′	34°43′	66.13	7.27	12	0.660 0
1996	民权 36	115°11′	34°42′	66.68	6.12	12	0.528 3
1996	民权 39	115°16′	34°39′	63.94	6.00	12	0.631 0
1996	民权 40	115°21′	34°39′	65.10	5.72	12	0.523 5
1996	民权 43	115°18′	34°51′	63.86	7.80	12	0.284 2
1996	民权 50	115°25′	34°41′	62.33	3.40	12	0.504 7
1996	民权 52	115°11′	34°47′	66.82	6.31	12	0.639 3
1996	民权 54	114°55′	34°42′	63.25	5.42	12	0.693 1
1996	宁陵 2	115°18′	34°34′	58.18	4.46	12	1.498 9
1996	宁陵 3	115°15′	34°25′	55.88	7.62	12	0.846 8
1996	宁陵 5	115°24′	34°33′	54.91	4.85	12	1.257 5
1996	宁陵 8	115°19′	34°22′	52.92	9.39	12	0.569 9
1996	宁陵 9	115°10′	34°33′	59.43	4.64	12	0.557 7
1996	宁陵 10	115°13′	34°18′	51.56	5.44	12	0.457 5
1996	宁陵 11	115°13′	34°36′	60.41	2.57	12	0.361 5
1996	宁陵 12	115°24′	34°35′	64.23	10.41	12	1.104 2
1996	宁陵 13	115°20′	34°32′	56.32	5.70	12	1.038 2
1996	宁陵 14	115°15′	34°32′	57.80	3.47	12	0.363 0
1996	宁陵 17	115°23′	34°30′	54.54	8.23	12	1.962 3
1996	宁陵 19	115°23′	34°24′	52.50	8.91	12	0.313 0
1996	虞城 3	115°54′	34°18′	44.53	6.04	12	0.612 6
1996	虞城 5	115°52′	34°28′	44.08	4.09	12	0.250 3
1996	虞城 6	115°53′	34°24′	46.25	5.40	12	0.609 3
1996	虞城 17	115°59′	34°32′	46.70	3.34	12	0.278 8
1996	虞城 18	116°4′	34°33′	46.61	3.50	12	0.560 3
1996	虞城 23	116°11′	34°30′	46.09	5.99	12	0.469 1
1996	虞城 24	115°46′	34°27′	48.00	5.34	12	0.615 5
1996	虞城 26	115°59′	34°27′	45.58	3.19	12	0.431 2
1996	虞城 27	116°4′	34°29′	45.35	4.44	12	0.347 7
1996	虞城 29	115°43′	34°21′	47.95	7.74	12	0.756 3
1996	虞城 31	115°58′	34°19′	44.46	6.36	12	0.298 0
1996	虞城 35	115°52′	34°13′	43.08	4.48	12	0.448 5

（续）

年份	测井编号	测井经度	测井纬度	测井高程/m	地下水埋深年平均/m	重复数	标准差
1996	虞城 36	115°55′	34°12′	42.65	5.07	12	0.326 8
1996	虞城 39	115°55′	34°6′	40.49	4.16	12	0.246 0
1996	虞城 41	115°54′	34°1′	38.45	3.34	12	0.399 0
1996	虞城 43	115°51′	34°6′	40.77	4.04	12	0.171 6
1996	虞城 44	115°54′	34°31′	46.43	3.09	12	0.430 7
1996	虞城 46	115°47′	34°16′	45.07	5.73	12	0.407 8
1996	夏邑 1	116°3′	34°3′	38.48	5.19	12	0.140 4
1996	夏邑 2	116°19′	34°13′	39.46	5.40	12	0.743 8
1996	永城 1	116°16′	34°3′	35.52	3.97	12	0.151 6
1996	永城 2	116°32′	33°56′	32.63	2.75	12	0.559 4
1996	永城 3	116°13′	33°48′	32.34	2.34	12	0.612 9
1996	永城 4	116°7′	33°58′	34.86	3.53	12	0.302 3
1996	永城 39	116°30′	34°1′	33.98	4.59	12	0.491 1
1996	永城 40	116°27′	33°58′	33.69	3.07	12	0.753 3
1996	永城 43	116°7′	33°47′	32.84	2.03	12	1.027 7
1996	永城 44	116°24′	34°5′	35.88	3.74	12	0.252 2
1997	民权 3	115°4′	34°39′	60.63	4.11	12	1.337 4
1997	民权 5	114°58′	34°37′	60.48	8.40	12	1.649 6
1997	民权 6	115°8′	34°38′	61.33	3.10	12	0.670 9
1997	民权 8	115°8′	34°46′	68.70	9.44	12	1.666 1
1997	民权 11	114°52′	34°43′	63.36	3.28	12	0.545 6
1997	民权 32	115°15′	34°43′	66.13	8.05	12	0.877 8
1997	民权 36	115°11′	34°42′	66.68	6.49	12	0.647 6
1997	民权 39	115°16′	34°39′	63.94	6.78	12	0.632 5
1997	民权 40	115°21′	34°39′	65.10	6.22	12	0.910 0
1997	民权 43	115°18′	34°51′	63.86	8.70	12	0.718 9
1997	民权 50	115°25′	34°41′	62.33	3.87	12	1.063 5
1997	民权 52	115°11′	34°47′	66.82	7.29	12	1.042 8
1997	民权 54	114°55′	34°42′	63.25	6.02	12	1.231 3
1997	宁陵 2	115°18′	34°34′	58.18	4.33	12	1.483 0
1997	宁陵 3	115°15′	34°25′	55.88	8.19	12	0.863 8
1997	宁陵 5	115°24′	34°33′	54.91	6.43	12	2.254 7
1997	宁陵 8	115°19′	34°22′	52.92	9.92	12	0.407 3

（续）

年份	测井编号	测井经度	测井纬度	测井高程/m	地下水埋深年平均/m	重复数	标准差
1997	宁陵 9	115°10′	34°33′	59.43	5.20	12	0.683 6
1997	宁陵 10	115°13′	34°18′	51.56	5.83	12	0.295 7
1997	宁陵 11	115°13′	34°36′	60.41	3.20	12	0.642 3
1997	宁陵 12	115°24′	34°35′	64.23	11.28	12	1.465 1
1997	宁陵 13	115°20′	34°32′	56.32	7.29	12	1.783 9
1997	宁陵 14	115°15′	34°32′	57.80	3.78	12	0.530 7
1997	宁陵 17	115°23′	34°30′	54.54	10.43	12	2.702 3
1997	宁陵 19	115°23′	34°24′	52.50	10.07	12	0.850 2
1997	虞城 3	115°54′	34°18′	44.53	6.56	12	0.730 6
1997	虞城 5	115°52′	34°28′	44.08	4.39	12	0.425 8
1997	虞城 6	115°53′	34°24′	46.25	6.09	12	0.502 4
1997	虞城 17	115°59′	34°32′	46.70	4.43	12	1.135 7
1997	虞城 18	116°4′	34°33′	46.61	4.59	12	1.075 5
1997	虞城 23	116°11′	34°30′	46.09	6.57	12	0.733 3
1997	虞城 24	115°46′	34°27′	48.00	6.23	12	0.705 3
1997	虞城 26	115°59′	34°27′	45.58	3.95	12	1.054 6
1997	虞城 27	116°4′	34°29′	45.35	5.00	12	0.717 6
1997	虞城 29	115°43′	34°21′	47.95	8.91	12	0.895 1
1997	虞城 31	115°58′	34°19′	44.46	7.08	12	0.495 8
1997	虞城 35	115°52′	34°13′	43.08	5.14	12	0.806 0
1997	虞城 36	115°55′	34°12′	42.65	5.29	12	0.398 1
1997	虞城 39	115°55′	34°6′	40.49	4.09	12	0.296 9
1997	虞城 41	115°54′	34°1′	38.45	3.28	12	0.263 1
1997	虞城 43	115°51′	34°6′	40.77	3.95	12	0.258 4
1997	虞城 44	115°54′	34°31′	46.43	3.80	12	0.854 6
1997	虞城 46	115°47′	34°16′	45.07	6.36	12	0.387 7
1997	夏邑 1	116°3′	34°3′	38.48	5.30	12	0.240 7
1997	夏邑 2	116°19′	34°13′	39.46	4.98	12	0.502 0
1997	永城 1	116°16′	34°3′	35.52	4.08	12	0.275 6
1997	永城 2	116°32′	33°56′	32.63	2.76	12	0.388 5
1997	永城 3	116°13′	33°48′	32.34	2.62	12	0.656 9
1997	永城 4	116°7′	33°58′	34.86	3.41	12	0.378 5
1997	永城 39	116°30′	34°1′	33.98	3.77	12	0.346 9

（续）

年份	测井编号	测井经度	测井纬度	测井高程/m	地下水埋深年平均/m	重复数	标准差
1997	永城 40	116°27′	33°58′	33.69	2.84	12	0.367 2
1997	永城 43	116°7′	33°47′	32.84	2.42	12	1.054 8
1997	永城 44	116°24′	34°5′	35.88	3.37	12	0.329 9
1998	民权 3	115°4′	34°39′	60.63	4.32	12	0.325 1
1998	民权 5	114°58′	34°37′	60.48	8.62	12	0.346 9
1998	民权 6	115°8′	34°38′	61.33	3.40	12	0.231 6
1998	民权 8	115°8′	34°46′	68.70	8.58	12	0.454 2
1998	民权 11	114°52′	34°43′	63.36	3.49	12	0.255 9
1998	民权 32	115°15′	34°43′	66.13	7.61	12	0.575 4
1998	民权 36	115°11′	34°42′	66.68	6.38	12	0.397 2
1998	民权 39	115°16′	34°39′	63.94	5.96	12	0.392 3
1998	民权 40	115°21′	34°39′	65.10	5.69	12	0.300 9
1998	民权 43	115°18′	34°51′	63.86	8.20	12	0.214 1
1998	民权 50	115°25′	34°41′	62.33	4.42	12	0.557 4
1998	民权 52	115°11′	34°47′	66.82	6.97	12	0.207 1
1998	民权 54	114°55′	34°42′	63.25	6.67	12	0.398 8
1998	宁陵 2	115°18′	34°34′	58.18	4.36	12	0.586 9
1998	宁陵 3	115°15′	34°25′	55.88	7.94	12	0.279 9
1998	宁陵 5	115°24′	34°33′	54.91	5.14	12	0.325 9
1998	宁陵 8	115°19′	34°22′	52.92	9.47	12	0.171 9
1998	宁陵 9	115°10′	34°33′	59.43	5.57	12	0.668 5
1998	宁陵 10	115°13′	34°18′	51.56	5.45	12	0.310 0
1998	宁陵 11	115°13′	34°36′	60.41	3.23	12	0.344 4
1998	宁陵 12	115°24′	34°35′	64.23	10.04	12	0.375 3
1998	宁陵 13	115°20′	34°32′	56.32	6.23	12	0.289 4
1998	宁陵 14	115°15′	34°32′	57.80	3.90	12	0.348 1
1998	宁陵 17	115°23′	34°30′	54.54	8.25	12	0.335 9
1998	宁陵 19	115°23′	34°24′	52.50	10.03	12	0.252 2
1998	虞城 3	115°54′	34°18′	44.53	6.05	12	0.156 3
1998	虞城 5	115°52′	34°28′	44.08	4.17	12	0.303 6
1998	虞城 6	115°53′	34°24′	46.25	5.59	12	0.487 7
1998	虞城 17	115°59′	34°32′	46.70	4.75	12	0.613 1
1998	虞城 18	116°4′	34°33′	46.61	4.53	12	0.363 8

（续）

年份	测井编号	测井经度	测井纬度	测井高程/m	地下水埋深年平均/m	重复数	标准差
1998	虞城 23	116°11′	34°30′	46.09	6.68	12	0.358 3
1998	虞城 24	115°46′	34°27′	48.00	6.32	12	0.157 8
1998	虞城 26	115°59′	34°27′	45.58	2.94	12	0.927 1
1998	虞城 27	116°4′	34°29′	45.35	5.23	12	0.334 4
1998	虞城 29	115°43′	34°21′	47.95	7.74	12	0.607 0
1998	虞城 31	115°58′	34°19′	44.46	1.36	12	0.881 8
1998	虞城 35	115°52′	34°13′	43.08	4.65	12	0.406 2
1998	虞城 36	115°55′	34°12′	42.65	5.24	12	0.151 8
1998	虞城 39	115°55′	34°6′	40.49	4.10	12	0.217 4
1998	虞城 41	115°54′	34°1′	38.45	2.87	12	0.621 8
1998	虞城 43	115°51′	34°6′	40.77	3.84	12	0.295 3
1998	虞城 44	115°54′	34°31′	46.43	2.96	12	0.510 2
1998	虞城 46	115°47′	34°16′	45.07	6.34	12	0.125 4
1998	夏邑 1	116°3′	34°3′	38.48	4.93	12	0.507 0
1998	夏邑 2	116°19′	34°13′	39.46	4.71	12	0.418 5
1998	永城 1	116°16′	34°3′	35.52	3.83	12	0.499 1
1998	永城 2	116°32′	33°56′	32.63	2.44	12	0.459 0
1998	永城 3	116°13′	33°48′	32.34	2.44	12	0.616 3
1998	永城 4	116°7′	33°58′	34.86	2.82	12	0.756 9
1998	永城 39	116°30′	34°1′	33.98	3.66	12	0.814 4
1998	永城 40	116°27′	33°58′	33.69	2.64	12	0.551 3
1998	永城 43	116°7′	33°47′	32.84	1.90	12	1.201 0
1998	永城 44	116°24′	34°5′	35.88	3.01	12	0.693 6
1999	民权 3	115°4′	34°39′	60.63	5.03	12	0.749 2
1999	民权 5	114°58′	34°37′	60.48	9.77	12	0.805 2
1999	民权 6	115°8′	34°38′	61.33	3.59	12	0.612 5
1999	民权 8	115°8′	34°46′	68.70	9.64	12	1.420 7
1999	民权 11	114°52′	34°43′	63.36	3.52	12	0.247 5
1999	民权 32	115°15′	34°43′	66.13	8.24	12	0.797 0
1999	民权 36	115°11′	34°42′	66.68	6.96	12	0.537 2
1999	民权 39	115°16′	34°39′	63.94	5.99	12	0.328 2
1999	民权 40	115°21′	34°39′	65.10	5.98	12	0.489 7
1999	民权 43	115°18′	34°51′	63.86	8.75	12	0.431 8

（续）

年份	测井编号	测井经度	测井纬度	测井高程/m	地下水埋深年平均/m	重复数	标准差
1999	民权 50	115°25′	34°41′	62.33	3.98	12	0.299 9
1999	民权 52	115°11′	34°47′	66.82	7.87	12	0.754 6
1999	民权 54	114°55′	34°42′	63.25	7.51	12	1.424 3
1999	宁陵 2	115°18′	34°34′	58.18	5.68	12	1.233 0
1999	宁陵 3	115°15′	34°25′	55.88	8.36	12	0.677 9
1999	宁陵 5	115°24′	34°33′	54.91	7.50	12	2.425 2
1999	宁陵 8	115°19′	34°22′	52.92	10.12	12	0.545 7
1999	宁陵 9	115°10′	34°33′	59.43	5.64	12	0.578 7
1999	宁陵 10	115°13′	34°18′	51.56	5.80	12	0.607 0
1999	宁陵 11	115°13′	34°36′	60.41	3.26	12	0.419 9
1999	宁陵 12	115°24′	34°35′	64.23	11.80	12	1.387 0
1999	宁陵 13	115°20′	34°32′	56.32	7.61	12	1.849 9
1999	宁陵 14	115°15′	34°32′	57.80	4.43	12	0.825 7
1999	宁陵 17	115°23′	34°30′	54.54	9.67	12	1.742 6
1999	宁陵 19	115°23′	34°24′	52.50	11.42	12	0.690 5
1999	虞城 3	115°54′	34°18′	44.53	6.82	12	0.724 2
1999	虞城 5	115°52′	34°28′	44.08	4.33	12	0.317 1
1999	虞城 6	115°53′	34°24′	46.25	5.49	12	0.424 2
1999	虞城 17	115°59′	34°32′	46.70	5.15	12	0.562 8
1999	虞城 18	116°4′	34°33′	46.61	5.20	12	0.544 5
1999	虞城 23	116°11′	34°30′	46.09	7.89	12	0.334 3
1999	虞城 24	115°46′	34°27′	48.00	6.95	12	0.388 7
1999	虞城 26	115°59′	34°27′	45.58	3.62	12	0.704 3
1999	虞城 27	116°4′	34°29′	45.35	6.27	12	0.649 3
1999	虞城 29	115°43′	34°21′	47.95	8.16	12	0.722 0
1999	虞城 31	115°58′	34°19′	44.46	7.37	12	0.389 7
1999	虞城 35	115°52′	34°13′	43.08	5.22	12	0.494 5
1999	虞城 36	115°55′	34°12′	42.65	5.62	12	0.288 2
1999	虞城 39	115°55′	34°6′	40.49	4.38	12	0.151 9
1999	虞城 41	115°54′	34°1′	38.45	3.49	12	0.210 7
1999	虞城 43	115°51′	34°6′	40.77	3.83	12	0.163 6
1999	虞城 44	115°54′	34°31′	46.43	3.56	12	0.429 5
1999	虞城 46	115°47′	34°16′	45.07	6.81	12	0.314 1

（续）

年份	测井编号	测井经度	测井纬度	测井高程/m	地下水埋深年平均/m	重复数	标准差
1999	夏邑 1	116°3′	34°3′	38.48	4.69	12	0.161 9
1999	夏邑 2	116°19′	34°13′	39.46	5.38	12	0.567 5
1999	永城 1	116°16′	34°3′	35.52	3.81	12	0.207 5
1999	永城 2	116°32′	33°56′	32.63	3.19	12	0.298 2
1999	永城 3	116°13′	33°48′	32.34	3.23	12	0.364 2
1999	永城 4	116°7′	33°58′	34.86	3.41	12	0.401 9
1999	永城 39	116°30′	34°1′	33.98	4.11	12	0.448 3
1999	永城 40	116°27′	33°58′	33.69	3.23	12	0.081 6
1999	永城 43	116°7′	33°47′	32.84	2.87	12	0.441 5
1999	永城 44	116°24′	34°5′	35.88	3.71	12	0.234 4
2000	民权 3	115°4′	34°39′	60.63	4.09	12	1.490 7
2000	民权 5	114°58′	34°37′	60.48	8.92	12	1.344 9
2000	民权 6	115°8′	34°38′	61.33	2.72	12	0.999 6
2000	民权 8	115°8′	34°46′	68.70	9.14	12	2.255 8
2000	民权 11	114°52′	34°43′	63.36	3.19	12	0.656 1
2000	民权 32	115°15′	34°43′	66.13	8.32	12	1.963 2
2000	民权 36	115°11′	34°42′	66.68	6.92	12	1.731 7
2000	民权 39	115°16′	34°39′	63.94	6.61	12	1.683 3
2000	民权 40	115°21′	34°39′	65.10	6.04	12	1.240 2
2000	民权 43	115°18′	34°51′	63.86	8.97	12	1.287 8
2000	民权 50	115°25′	34°41′	62.33	3.90	12	0.972 4
2000	民权 52	115°11′	34°47′	66.82	7.55	12	1.678 2
2000	民权 54	114°55′	34°42′	63.25	6.76	12	1.793 9
2000	宁陵 2	115°18′	34°34′	58.18	4.80	12	1.617 3
2000	宁陵 3	115°15′	34°25′	55.88	7.76	12	1.053 0
2000	宁陵 5	115°24′	34°33′	54.91	7.60	12	3.346 0
2000	宁陵 8	115°19′	34°22′	52.92	10.16	12	0.905 4
2000	宁陵 9	115°10′	34°33′	59.43	5.06	12	1.302 3
2000	宁陵 10	115°13′	34°18′	51.56	5.69	12	1.156 5
2000	宁陵 11	115°13′	34°36′	60.41	3.05	12	1.014 9
2000	宁陵 12	115°24′	34°35′	64.23	11.71	12	1.717 8
2000	宁陵 13	115°20′	34°32′	56.32	7.48	12	2.896 9
2000	宁陵 14	115°15′	34°32′	57.80	4.31	12	0.996 3

（续）

年份	测井编号	测井经度	测井纬度	测井高程/m	地下水埋深年平均/m	重复数	标准差
2000	宁陵 17	115°23′	34°30′	54.54	9.95	12	2.698 6
2000	宁陵 19	115°23′	34°24′	52.50	11.88	12	1.079 1
2000	虞城 3	115°54′	34°18′	44.53	6.93	12	1.515 6
2000	虞城 5	115°52′	34°28′	44.08	4.91	12	0.313 8
2000	虞城 6	115°53′	34°24′	46.25	6.05	12	0.560 7
2000	虞城 17	115°59′	34°32′	46.70	5.86	12	0.290 9
2000	虞城 18	116°4′	34°33′	46.61	5.85	12	1.025 4
2000	虞城 23	116°11′	34°30′	46.09	8.31	12	0.641 5
2000	虞城 24	115°46′	34°27′	48.00	7.38	12	0.479 8
2000	虞城 26	115°59′	34°27′	45.58	4.37	12	0.676 8
2000	虞城 27	116°4′	34°29′	45.35	6.34	12	1.103 2
2000	虞城 29	115°43′	34°21′	47.95	8.46	12	1.544 1
2000	虞城 31	115°58′	34°19′	44.46	7.49	12	0.654 8
2000	虞城 35	115°52′	34°13′	43.08	4.68	12	1.655 3
2000	虞城 36	115°55′	34°12′	42.65	5.07	12	1.112 0
2000	虞城 39	115°55′	34°6′	40.49	3.77	12	0.984 1
2000	虞城 41	115°54′	34°1′	38.45	2.59	12	1.563 9
2000	虞城 43	115°51′	34°6′	40.77	2.83	12	1.277 7
2000	虞城 44	115°54′	34°31′	46.43	3.93	12	0.391 5
2000	虞城 46	115°47′	34°16′	45.07	6.98	12	0.566 4
2000	夏邑 1	116°3′	34°3′	38.48	3.97	12	1.471 8
2000	夏邑 2	116°19′	34°13′	39.46	5.61	12	1.274 5
2000	永城 1	116°16′	34°3′	35.52	3.71	12	0.769 0
2000	永城 2	116°32′	33°56′	32.63	2.89	12	0.877 1
2000	永城 3	116°13′	33°48′	32.34	2.89	12	1.037 2
2000	永城 4	116°7′	33°58′	34.86	3.23	12	1.197 5
2000	永城 39	116°30′	34°1′	33.98	3.78	12	1.600 8
2000	永城 40	116°27′	33°58′	33.69	3.13	12	0.826 8
2000	永城 43	116°7′	33°47′	32.84	2.41	12	1.811 4
2000	永城 44	116°24′	34°5′	35.88	3.51	12	0.519 0
2001	民权 3	115°4′	34°39′	60.63	3.76	12	1.234 6
2001	民权 5	114°58′	34°37′	60.48	8.00	12	1.376 1
2001	民权 6	115°8′	34°38′	61.33	2.71	12	0.718 1

（续）

年份	测井编号	测井经度	测井纬度	测井高程/m	地下水埋深年平均/m	重复数	标准差
2001	民权 8	115°8′	34°46′	68.70	9.59	12	2.384 3
2001	民权 11	114°52′	34°43′	63.36	3.17	12	0.471 5
2001	民权 32	115°15′	34°43′	66.13	8.35	12	1.951 9
2001	民权 36	115°11′	34°42′	66.68	7.28	12	1.802 6
2001	民权 39	115°16′	34°39′	63.94	6.23	12	0.825 8
2001	民权 40	115°21′	34°39′	65.10	6.69	12	1.498 8
2001	民权 43	115°18′	34°51′	63.86	8.33	12	0.823 1
2001	民权 50	115°25′	34°41′	62.33	4.16	12	1.219 1
2001	民权 52	115°11′	34°47′	66.82	8.01	12	2.169 2
2001	民权 54	114°55′	34°42′	63.25	6.25	12	1.581 0
2001	宁陵 2	115°18′	34°34′	58.18	5.49	12	2.060 9
2001	宁陵 3	115°15′	34°25′	55.88	9.20	12	2.314 9
2001	宁陵 5	115°24′	34°33′	54.91	9.14	12	3.202 8
2001	宁陵 8	115°19′	34°22′	52.92	9.84	12	0.822 0
2001	宁陵 9	115°10′	34°33′	59.43	4.63	12	0.816 4
2001	宁陵 10	115°13′	34°18′	51.56	6.08	12	1.148 8
2001	宁陵 11	115°13′	34°36′	60.41	3.37	12	1.010 9
2001	宁陵 12	115°24′	34°35′	64.23	12.68	12	1.940 6
2001	宁陵 13	115°20′	34°32′	56.32	8.66	12	2.713 1
2001	宁陵 14	115°15′	34°32′	57.80	4.92	12	1.205 9
2001	宁陵 17	115°23′	34°30′	54.54	11.47	12	3.251 9
2001	宁陵 19	115°23′	34°24′	52.50	12.25	12	1.299 2
2001	虞城 3	115°54′	34°18′	44.53	6.15	12	0.954 0
2001	虞城 5	115°52′	34°28′	44.08	4.71	12	0.295 6
2001	虞城 6	115°53′	34°24′	46.25	5.82	12	0.536 9
2001	虞城 17	115°59′	34°32′	46.70	6.03	12	0.368 3
2001	虞城 18	116°4′	34°33′	46.61	5.52	12	0.954 2
2001	虞城 23	116°11′	34°30′	46.09	7.93	12	0.493 1
2001	虞城 24	115°46′	34°27′	48.00	7.22	12	0.392 5
2001	虞城 26	115°59′	34°27′	45.58	3.94	12	0.583 8
2001	虞城 27	116°4′	34°29′	45.35	6.17	12	0.918 0
2001	虞城 29	115°43′	34°21′	47.95	8.44	12	1.438 4
2001	虞城 31	115°58′	34°19′	44.46	7.49	12	0.873 3

（续）

年份	测井编号	测井经度	测井纬度	测井高程/m	地下水埋深年平均/m	重复数	标准差
2001	虞城 35	115°52′	34°13′	43.08	3.89	12	0.877 9
2001	虞城 36	115°55′	34°12′	42.65	4.79	12	0.715 5
2001	虞城 39	115°55′	34°6′	40.49	3.12	12	0.549 8
2001	虞城 41	115°54′	34°1′	38.45	2.75	12	1.150 0
2001	虞城 43	115°51′	34°6′	40.77	2.91	12	0.778 1
2001	虞城 44	115°54′	34°31′	46.43	3.75	12	0.532 1
2001	虞城 46	115°47′	34°16′	45.07	6.53	12	0.447 0
2001	夏邑 1	116°3′	34°3′	38.48	3.26	12	0.633 1
2001	夏邑 2	116°19′	34°13′	39.46	4.64	12	0.648 6
2001	永城 1	116°16′	34°3′	35.52	3.49	12	0.534 9
2001	永城 2	116°32′	33°56′	32.63	2.75	12	0.662 1
2001	永城 3	116°13′	33°48′	32.34	3.26	12	0.939 5
2001	永城 4	116°7′	33°58′	34.86	2.89	12	0.853 1
2001	永城 39	116°30′	34°1′	33.98	3.36	12	0.765 2
2001	永城 40	116°27′	33°58′	33.69	2.88	12	0.527 5
2001	永城 43	116°7′	33°47′	32.84	2.32	12	1.270 3
2001	永城 44	116°24′	34°5′	35.88	3.39	12	0.657 9
2002	民权 3	115°4′	34°39′	60.63	4.78	12	0.925 8
2002	民权 5	114°58′	34°37′	60.48	8.04	12	0.834 7
2002	民权 6	115°8′	34°38′	61.33	3.69	12	0.513 6
2002	民权 8	115°8′	34°46′	68.70	10.36	12	1.451 9
2002	民权 11	114°52′	34°43′	63.36	3.85	12	0.360 0
2002	民权 32	115°15′	34°43′	66.13	8.59	12	1.113 1
2002	民权 36	115°11′	34°42′	66.68	7.63	12	1.107 9
2002	民权 39	115°16′	34°39′	63.94	7.05	12	0.658 6
2002	民权 40	115°21′	34°39′	65.10	6.82	12	0.900 4
2002	民权 43	115°18′	34°51′	63.86	9.46	12	0.693 6
2002	民权 50	115°25′	34°41′	62.33	5.18	12	0.349 1
2002	民权 52	115°11′	34°47′	66.82	8.49	12	0.984 7
2002	民权 54	114°55′	34°42′	63.25	6.99	12	0.906 6
2002	宁陵 2	115°18′	34°34′	58.18	6.49	12	1.452 0
2002	宁陵 3	115°15′	34°25′	55.88	9.95	12	0.805 1
2002	宁陵 5	115°24′	34°33′	54.91	8.36	12	1.759 9

（续）

年份	测井编号	测井经度	测井纬度	测井高程/m	地下水埋深年平均/m	重复数	标准差
2002	宁陵 8	115°19′	34°22′	52.92	10.50	12	0.448 2
2002	宁陵 9	115°10′	34°33′	59.43	5.55	12	0.370 7
2002	宁陵 10	115°13′	34°18′	51.56	7.01	12	0.714 1
2002	宁陵 11	115°13′	34°36′	60.41	3.90	12	0.453 0
2002	宁陵 12	115°24′	34°35′	64.23	12.62	12	0.974 3
2002	宁陵 13	115°20′	34°32′	56.32	9.08	12	1.545 6
2002	宁陵 14	115°15′	34°32′	57.80	5.88	12	0.626 1
2002	宁陵 17	115°23′	34°30′	54.54	12.61	12	2.301 1
2002	宁陵 19	115°23′	34°24′	52.50	12.95	12	0.538 1
2002	虞城 3	115°54′	34°18′	44.53	6.78	12	0.543 4
2002	虞城 5	115°52′	34°28′	44.08	4.58	12	0.152 4
2002	虞城 6	115°53′	34°24′	46.25	6.27	12	0.377 0
2002	虞城 17	115°59′	34°32′	46.70	6.23	12	0.262 5
2002	虞城 18	116°4′	34°33′	46.61	5.92	12	0.564 7
2002	虞城 23	116°11′	34°30′	46.09	8.28	12	0.440 5
2002	虞城 24	115°46′	34°27′	48.00	7.31	12	0.144 3
2002	虞城 26	115°59′	34°27′	45.58	4.25	12	0.530 0
2002	虞城 27	116°4′	34°29′	45.35	6.34	12	0.349 1
2002	虞城 29	115°43′	34°21′	47.95	9.92	12	0.886 9
2002	虞城 31	115°58′	34°19′	44.46	8.01	12	0.283 9
2002	虞城 35	115°52′	34°13′	43.08	5.38	12	0.448 5
2002	虞城 36	115°55′	34°12′	42.65	5.74	12	0.219 2
2002	虞城 39	115°55′	34°6′	40.49	3.89	12	0.236 5
2002	虞城 41	115°54′	34°1′	38.45	3.87	12	0.193 0
2002	虞城 43	115°51′	34°6′	40.77	3.60	12	0.181 2
2002	虞城 44	115°54′	34°31′	46.43	3.66	12	0.278 3
2002	虞城 46	115°47′	34°16′	45.07	7.19	12	0.407 8
2002	夏邑 1	116°3′	34°3′	38.48	4.05	12	0.109 7
2002	夏邑 2	116°19′	34°13′	39.46	5.66	12	0.379 0
2002	永城 1	116°16′	34°3′	35.52	4.52	12	0.243 4
2002	永城 2	116°32′	33°56′	32.63	3.73	12	0.286 6
2002	永城 3	116°13′	33°48′	32.34	4.08	12	0.414 4
2002	永城 4	116°7′	33°58′	34.86	4.60	12	0.483 2

（续）

年份	测井编号	测井经度	测井纬度	测井高程/m	地下水埋深年平均/m	重复数	标准差
2002	永城 39	116°30′	34°1′	33.98	5.44	12	0.478 8
2002	永城 40	116°27′	33°58′	33.69	3.87	12	0.423 3
2002	永城 43	116°7′	33°47′	32.84	3.30	12	0.629 2
2002	永城 44	116°24′	34°5′	35.88	4.37	12	0.225 2
2003	民权 3	115°4′	34°39′	60.63	4.07	12	1.814 1
2003	民权 5	114°58′	34°37′	60.48	7.50	12	1.578 5
2003	民权 6	115°8′	34°38′	61.33	3.56	12	1.366 1
2003	民权 8	115°8′	34°46′	68.70	9.31	12	2.097 5
2003	民权 11	114°52′	34°43′	63.36	3.60	12	0.906 2
2003	民权 32	115°15′	34°43′	66.13	7.86	12	1.605 7
2003	民权 36	115°11′	34°42′	66.68	6.71	12	1.755 8
2003	民权 39	115°16′	34°39′	63.94	5.87	12	1.491 5
2003	民权 40	115°21′	34°39′	65.10	5.91	12	2.215 7
2003	民权 43	115°18′	34°51′	63.86	8.93	12	0.718 9
2003	民权 50	115°25′	34°41′	62.33	3.79	12	1.795 3
2003	民权 52	115°11′	34°47′	66.82	7.99	12	1.665 1
2003	民权 54	114°55′	34°42′	63.25	6.39	12	1.291 9
2003	宁陵 2	115°18′	34°34′	58.18	5.55	12	1.601 1
2003	宁陵 3	115°15′	34°25′	55.88	8.08	12	1.758 2
2003	宁陵 5	115°24′	34°33′	54.91	5.98	12	2.707 4
2003	宁陵 8	115°19′	34°22′	52.92	9.12	12	1.564 8
2003	宁陵 9	115°10′	34°33′	59.43	5.20	12	1.321 9
2003	宁陵 10	115°13′	34°18′	51.56	5.04	12	1.508 7
2003	宁陵 11	115°13′	34°36′	60.41	3.24	12	1.198 1
2003	宁陵 12	115°24′	34°35′	64.23	11.66	12	1.554 1
2003	宁陵 13	115°20′	34°32′	56.32	7.40	12	2.547 5
2003	宁陵 14	115°15′	34°32′	57.80	4.95	12	1.379 6
2003	宁陵 17	115°23′	34°30′	54.54	8.20	12	2.345 9
2003	宁陵 19	115°23′	34°24′	52.50	11.69	12	1.328 1
2003	虞城 3	115°54′	34°18′	44.53	5.48	12	0.951 4
2003	虞城 5	115°52′	34°28′	44.08	3.44	12	1.072 5
2003	虞城 6	115°53′	34°24′	46.25	4.71	12	1.894 0
2003	虞城 17	115°59′	34°32′	46.70	4.32	12	2.289 4

（续）

年份	测井编号	测井经度	测井纬度	测井高程/m	地下水埋深年平均/m	重复数	标准差
2003	虞城 18	116°4′	34°33′	46.61	3.95	12	2.056 3
2003	虞城 23	116°11′	34°30′	46.09	6.78	12	1.481 0
2003	虞城 24	115°46′	34°27′	48.00	6.73	12	0.869 5
2003	虞城 26	115°59′	34°27′	45.58	2.37	12	1.691 2
2003	虞城 27	116°4′	34°29′	45.35	4.52	12	1.767 4
2003	虞城 29	115°43′	34°21′	47.95	7.53	12	1.702 9
2003	虞城 31	115°58′	34°19′	44.46	6.96	12	1.024 7
2003	虞城 35	115°52′	34°13′	43.08	4.10	12	1.399 9
2003	虞城 36	115°55′	34°12′	42.65	4.83	12	1.156 0
2003	虞城 39	115°55′	34°6′	40.49	2.88	12	1.547 3
2003	虞城 41	115°54′	34°1′	38.45	2.73	12	1.638 7
2003	虞城 43	115°51′	34°6′	40.77	2.43	12	1.405 5
2003	虞城 44	115°54′	34°31′	46.43	2.22	12	1.233 1
2003	虞城 46	115°47′	34°16′	45.07	6.22	12	1.453 8
2003	夏邑 1	116°3′	34°3′	38.48	3.19	12	1.446 8
2003	夏邑 2	116°19′	34°13′	39.46	5.11	12	1.199 0
2003	永城 1	116°16′	34°3′	35.52	3.83	12	1.394 5
2003	永城 2	116°32′	33°56′	32.63	3.02	12	1.335 2
2003	永城 3	116°13′	33°48′	32.34	2.76	12	1.324 3
2003	永城 4	116°7′	33°58′	34.86	3.43	12	1.992 6
2003	永城 39	116°30′	34°1′	33.98	5.01	12	1.998 8
2003	永城 40	116°27′	33°58′	33.69	3.46	12	1.649 9
2003	永城 43	116°7′	33°47′	32.84	2.11	12	1.622 9
2003	永城 44	116°24′	34°5′	35.88	3.46	12	1.697 3
2004	民权 3	115°4′	34°39′	60.63	2.47	12	1.100 1
2004	民权 5	114°58′	34°37′	60.48	4.56	12	1.813 7
2004	民权 6	115°8′	34°38′	61.33	2.33	12	0.868 6
2004	民权 8	115°8′	34°46′	68.70	7.69	12	2.365 1
2004	民权 11	114°52′	34°43′	63.36	2.43	12	0.783 8
2004	民权 32	115°15′	34°43′	66.13	7.52	12	2.573 0
2004	民权 36	115°11′	34°42′	66.68	5.62	12	1.311 4
2004	民权县 39	115°16′	34°39′	63.94	4.65	12	1.212 7
2004	民权县 40	115°21′	34°39′	65.10	5.12	12	1.961 7

（续）

年份	测井编号	测井经度	测井纬度	测井高程/m	地下水埋深年平均/m	重复数	标准差
2004	民权县43	115°18′	34°51′	63.86	7.94	12	0.980 8
2004	民权县50	115°25′	34°41′	62.33	2.08	12	1.269 9
2004	民权县52	115°11′	34°47′	66.82	6.04	12	2.163 9
2004	民权54	114°55′	34°42′	63.25	4.28	12	1.631 3
2004	宁陵县2	115°18′	34°34′	58.18	3.05	12	0.999 3
2004	宁陵县3	115°15′	34°25′	55.88	5.16	12	1.595 4
2004	宁陵县5	115°24′	34°33′	54.91	3.52	12	1.931 9
2004	宁陵县8	115°19′	34°22′	52.92	5.81	12	1.899 9
2004	宁陵县9	115°10′	34°33′	59.43	3.26	12	0.924 4
2004	宁陵县10	115°13′	34°18′	51.56	2.74	12	1.464 2
2004	宁陵县11	115°13′	34°36′	60.41	2.26	12	0.933 4
2004	宁陵县12	115°24′	34°35′	64.23	10.58	12	1.603 5
2004	宁陵县13	115°20′	34°32′	56.32	4.42	12	1.119 0
2004	宁陵县14	115°15′	34°32′	57.80	2.85	12	0.933 7
2004	宁陵县17	115°23′	34°30′	54.54	4.68	12	1.820 2
2004	宁陵县19	115°23′	34°24′	52.50	8.71	12	1.245 5
2004	虞城3	115°54′	34°18′	44.53	2.92	12	1.540 8
2004	虞城5	115°52′	34°28′	44.08	2.25	12	0.826 3
2004	虞城6	115°53′	34°24′	46.25	2.44	12	1.198 7
2004	虞城17	115°59′	34°32′	46.70	1.95	12	0.649 5
2004	虞城18	116°4′	34°33′	46.61	2.37	12	0.866 8
2004	虞城23	116°11′	34°30′	46.09	4.00	12	0.907 5
2004	虞城24	115°46′	34°27′	48.00	4.01	12	1.339 3
2004	虞城26	115°59′	34°27′	45.58	1.20	12	0.919 7
2004	虞城27	116°4′	34°29′	45.35	3.02	12	0.837 8
2004	虞城29	115°43′	34°21′	47.95	4.47	12	1.292 3
2004	虞城31	115°58′	34°19′	44.46	4.27	12	1.551 8
2004	虞城35	115°52′	34°13′	43.08	1.94	12	0.914 2
2004	虞城36	115°55′	34°12′	42.65	3.59	12	0.569 5
2004	虞城39	115°55′	34°6′	40.49	1.66	12	0.690 8
2004	虞城41	115°54′	34°1′	38.45	1.85	12	0.848 5
2004	虞城43	115°51′	34°6′	40.77	2.28	12	0.633 3
2004	虞城44	115°54′	34°31′	46.43	1.67	12	0.771 7

（续）

年份	测井编号	测井经度	测井纬度	测井高程/m	地下水埋深年平均/m	重复数	标准差
2004	虞城 46	115°47′	34°16′	45.07	3.12	12	1.572 3
2004	夏邑 1	116°3′	34°3′	38.48	2.76	12	0.412 2
2004	夏邑 2	116°19′	34°13′	39.46	2.63	12	0.984 7
2004	永城 1	116°16′	34°3′	35.52	3.15	12	0.264 5
2004	永城 2	116°32′	33°56′	32.63	2.71	12	0.429 7
2004	永城 3	116°13′	33°48′	32.34	2.47	12	0.147 9
2004	永城 4	116°7′	33°58′	34.86	2.27	12	0.423 9
2004	永城 39	116°30′	34°1′	33.98	4.33	12	1.081 1
2004	永城 40	116°27′	33°58′	33.69	3.36	12	0.525 8
2004	永城 43	116°7′	33°47′	32.84	2.18	12	0.505 6
2004	永城 44	116°24′	34°5′	35.88	3.27	12	0.501 7
2005	民权 3	115°4′	34°39′	60.63	2.23	12	0.855 1
2005	民权 5	114°58′	34°37′	60.48	3.67	12	1.062 8
2005	民权 6	115°8′	34°38′	61.33	2.20	12	0.693 6
2005	民权 8	115°8′	34°46′	68.70	6.57	12	2.254 2
2005	民权 11	114°52′	34°43′	63.36	2.53	12	0.420 3
2005	民权 32	115°15′	34°43′	66.13	7.02	12	3.380 6
2005	民权 36	115°11′	34°42′	66.68	5.13	12	1.107 8
2005	民权 39	115°16′	34°39′	63.94	4.68	12	1.008 4
2005	民权 40	115°21′	34°39′	65.10	4.25	12	1.100 0
2005	民权 43	115°18′	34°51′	63.86	6.87	12	0.915 8
2005	民权 50	115°25′	34°41′	62.33	1.79	12	1.098 7
2005	民权 52	115°11′	34°47′	66.82	4.51	12	1.170 5
2005	民权 54	114°55′	34°42′	63.25	3.19	12	0.847 0
2005	宁陵 2	115°18′	34°34′	58.18	2.10	12	0.451 7
2005	宁陵 3	115°15′	34°25′	55.88	4.04	12	1.036 7
2005	宁陵 5	115°24′	34°33′	54.91	2.58	12	1.227 3
2005	宁陵 8	115°19′	34°22′	52.92	3.97	12	1.049 6
2005	宁陵 9	115°10′	34°33′	59.43	2.49	12	0.426 0
2005	宁陵 10	115°13′	34°18′	51.56	1.69	12	1.002 6
2005	宁陵 11	115°13′	34°36′	60.41	2.08	12	0.703 4
2005	宁陵 12	115°24′	34°35′	64.23	10.44	12	1.727 0
2005	宁陵 13	115°20′	34°32′	56.32	3.91	12	1.052 3

（续）

年份	测井编号	测井经度	测井纬度	测井高程/m	地下水埋深年平均/m	重复数	标准差
2005	宁陵 14	115°15′	34°32′	57.80	2.29	12	0.574 7
2005	宁陵 17	115°23′	34°30′	54.54	3.35	12	1.070 5
2005	宁陵 19	115°23′	34°24′	52.50	6.49	12	0.923 9
2005	虞城 3	115°54′	34°18′	44.53	2.15	12	0.720 5
2005	虞城 5	115°52′	34°28′	44.08	2.05	12	0.796 3
2005	虞城 6	115°53′	34°24′	46.25	1.82	12	0.860 2
2005	虞城 17	115°59′	34°32′	46.70	2.00	12	0.842 0
2005	虞城 18	116°4′	34°33′	46.61	2.25	12	1.055 0
2005	虞城 23	116°11′	34°30′	46.09	2.69	12	1.116 8
2005	虞城 24	115°46′	34°27′	48.00	2.69	12	1.050 0
2005	虞城 26	115°59′	34°27′	45.58	1.40	12	1.044 5
2005	虞城 27	116°4′	34°29′	45.35	2.83	12	1.069 8
2005	虞城 29	115°43′	34°21′	47.95	3.68	12	0.605 2
2005	虞城 31	115°58′	34°19′	44.46	2.81	12	0.817 7
2005	虞城 35	115°52′	34°13′	43.08	2.07	12	0.447 5
2005	虞城 36	115°55′	34°12′	42.65	3.62	12	0.241 0
2005	虞城 39	115°55′	34°6′	40.49	2.33	12	0.546 3
2005	虞城 41	115°54′	34°1′	38.45	2.56	12	0.437 4
2005	虞城 43	115°51′	34°6′	40.77	2.98	12	0.336 7
2005	虞城 44	115°54′	34°31′	46.43	1.92	12	0.830 0
2005	虞城 46	115°47′	34°16′	45.07	2.28	12	0.747 6
2005	夏邑 1	116°3′	34°3′	38.48	3.25	12	0.304 5
2005	夏邑 2	116°19′	34°13′	39.46	2.99	12	0.550 8
2005	永城 1	116°16′	34°3′	35.52	3.51	12	0.261 4
2005	永城 2	116°32′	33°56′	32.63	2.51	12	0.632 8
2005	永城 3	116°13′	33°48′	32.34	2.33	12	0.560 6
2005	永城 4	116°7′	33°58′	34.86	2.65	12	0.400 1
2005	永城 39	116°30′	34°1′	33.98	5.96	12	0.801 0
2005	永城 40	116°27′	33°58′	33.69	3.85	12	1.060 9
2005	永城 43	116°7′	33°47′	32.84	1.86	12	1.077 2
2005	永城 44	116°24′	34°5′	35.88	3.51	12	0.589 9
2006	民权县 3	115°4′	34°39′	60.63	2.71	12	0.643 6
2006	民权县 5	114°58′	34°37′	60.48	3.94	12	0.541 2

（续）

年份	测井编号	测井经度	测井纬度	测井高程/m	地下水埋深年平均/m	重复数	标准差
2006	民权县 6	115°8′	34°38′	61.33	2.99	12	0.516 1
2006	民权县 8	115°8′	34°46′	68.70	6.24	12	1.539 4
2006	民权县 11	114°52′	34°43′	63.36	2.71	12	0.244 4
2006	民权县 32	115°15′	34°43′	66.13	5.82	12	1.586 8
2006	民权县 36	115°11′	34°42′	66.68	5.44	12	1.445 3
2006	民权县 39	115°16′	34°39′	63.94	5.31	12	0.712 3
2006	民权县 40	115°21′	34°39′	65.10	4.62	12	0.834 0
2006	民权县 43	115°18′	34°51′	63.86	6.96	12	0.997 3
2006	民权县 50	115°25′	34°41′	62.33	2.04	12	0.805 6
2006	民权县 52	115°11′	34°47′	66.82	4.36	12	0.720 3
2006	民权县 54	114°55′	34°42′	63.25	3.30	12	0.562 5
2006	宁陵县 2	115°18′	34°34′	58.18	3.04	12	0.818 4
2006	宁陵县 3	115°15′	34°25′	55.88	4.61	12	0.807 1
2006	宁陵县 5	115°24′	34°33′	54.91	2.77	12	0.865 6
2006	宁陵县 8	115°19′	34°22′	52.92	4.34	12	0.738 7
2006	宁陵县 9	115°10′	34°33′	59.43	3.21	12	0.609 7
2006	宁陵县 10	115°13′	34°18′	51.56	2.49	12	0.993 0
2006	宁陵县 11	115°13′	34°36′	60.41	2.79	12	0.634 7
2006	宁陵县 12	115°24′	34°35′	64.23	9.64	12	1.513 9
2006	宁陵县 13	115°20′	34°32′	56.32	4.15	12	0.708 6
2006	宁陵县 14	115°15′	34°32′	57.80	2.91	12	0.533 9
2006	宁陵县 17	115°23′	34°30′	54.54	3.71	12	0.989 3
2006	宁陵县 19	115°23′	34°24′	52.50	5.05	12	0.534 2
2006	虞城县 3	115°54′	34°18′	44.53	2.29	12	0.575 3
2006	虞城县 5	115°52′	34°28′	44.08	2.57	12	0.428 5
2006	虞城县 6	115°53′	34°24′	46.25	2.34	12	0.645 2
2006	虞城县 17	115°59′	34°32′	46.70	2.52	12	0.632 7
2006	虞城县 18	116°4′	34°33′	46.61	2.20	12	0.391 9
2006	虞城县 23	116°11′	34°30′	46.09	3.00	12	3.132 0
2006	虞城县 24	115°46′	34°27′	48.00	3.23	12	1.088 6
2006	虞城县 26	115°59′	34°27′	45.58	2.17	12	0.823 0
2006	虞城县 27	116°4′	34°29′	45.35	8.64	12	20.286 5
2006	虞城县 29	115°43′	34°21′	47.95	3.97	12	0.461 4

（续）

年份	测井编号	测井经度	测井纬度	测井高程/m	地下水埋深年平均/m	重复数	标准差
2006	虞城县 31	115°58′	34°19′	44.46	2.55	12	0.403 5
2006	虞城县 35	115°52′	34°13′	43.08	2.02	12	0.309 6
2006	虞城县 36	115°55′	34°12′	42.65	3.70	12	0.302 0
2006	虞城县 39	115°55′	34°6′	40.49	2.35	12	0.610 6
2006	虞城县 41	115°54′	34°1′	38.45	2.59	12	0.455 6
2006	虞城县 43	115°51′	34°6′	40.77	2.55	12	0.790 0
2006	虞城县 44	115°54′	34°31′	46.43	2.43	12	0.523 7
2006	虞城县 46	115°47′	34°16′	45.07	2.12	12	0.412 7
2006	夏邑县 1	116°3′	34°3′	38.48	3.40	12	0.206 9
2006	夏邑县 2	116°19′	34°13′	39.46	2.66	12	0.290 5
2006	永城市 1	116°16′	34°3′	35.52	3.29	12	0.153 9
2006	永城市 2	116°32′	33°56′	32.63	2.48	12	0.262 6
2006	永城市 3	116°13′	33°48′	32.34	2.41	12	0.260 1
2006	永城市 4	116°7′	33°58′	34.86	2.78	12	0.302 7
2006	永城市 39	116°30′	34°1′	33.98	5.52	12	0.321 9
2006	永城市 40	116°27′	33°58′	33.69	3.20	12	0.364 1
2006	永城市 43	116°7′	33°47′	32.84	1.74	12	0.500 7
2006	永城市 44	116°24′	34°5′	35.88	3.31	12	0.244 1
2007	民权 3	115°4′	34°39′	60.63	3.16	12	0.511 7
2007	民权 5	114°58′	34°37′	60.48	4.94	12	1.053 1
2007	民权 6	115°8′	34°38′	61.33	3.05	12	0.370 1
2007	民权 8	115°8′	34°46′	68.70	5.59	12	0.825 2
2007	民权 11	114°52′	34°43′	63.36	2.84	12	0.275 0
2007	民权 32	115°15′	34°43′	66.13	5.40	12	1.169 6
2007	民权 36	115°11′	34°42′	66.68	5.62	12	1.597 5
2007	民权 39	115°16′	34°39′	63.94	5.91	12	0.575 4
2007	民权 40	115°21′	34°39′	65.10	4.95	12	0.784 4
2007	民权 43	115°18′	34°51′	63.86	6.89	12	0.381 7
2007	民权 50	115°25′	34°41′	62.33	2.52	12	0.860 8
2007	民权 52	115°11′	34°47′	66.82	4.38	12	0.539 9
2007	民权 54	114°55′	34°42′	63.25	3.65	12	0.697 1
2007	宁陵 2	115°18′	34°34′	58.18	3.47	12	0.454 3
2007	宁陵 3	115°15′	34°25′	55.88	5.27	12	2.088 2

（续）

年份	测井编号	测井经度	测井纬度	测井高程/m	地下水埋深年平均/m	重复数	标准差
2007	宁陵 5	115°24′	34°33′	54.91	3.03	12	1.247 7
2007	宁陵 8	115°19′	34°22′	52.92	4.58	12	1.357 9
2007	宁陵 9	115°10′	34°33′	59.43	3.95	12	0.514 2
2007	宁陵 10	115°13′	34°18′	51.56	2.50	12	1.044 7
2007	宁陵 11	115°13′	34°36′	60.41	3.32	12	0.719 3
2007	宁陵 12	115°24′	34°35′	64.23	9.41	12	1.714 6
2007	宁陵 13	115°20′	34°32′	56.32	4.93	12	1.726 4
2007	宁陵 14	115°15′	34°32′	57.80	3.45	12	0.588 6
2007	宁陵 17	115°23′	34°30′	54.54	3.41	12	1.520 9
2007	宁陵 19	115°23′	34°24′	52.50	3.81	12	1.168 5
2007	虞城 3	115°54′	34°18′	44.53	2.47	12	0.592 7
2007	虞城 5	115°52′	34°28′	44.08	2.81	12	0.400 8
2007	虞城 6	115°53′	34°24′	46.25	2.61	12	0.502 4
2007	虞城 17	115°59′	34°32′	46.70	3.13	12	0.431 6
2007	虞城 18	116°4′	34°33′	46.61	2.90	12	0.511 0
2007	虞城 23	116°11′	34°30′	46.09	2.04	12	0.477 7
2007	虞城 24	115°46′	34°27′	48.00	3.98	12	0.707 8
2007	虞城 26	115°59′	34°27′	45.58	2.43	12	0.899 5
2007	虞城 27	116°4′	34°29′	45.35	3.18	12	0.725 9
2007	虞城 29	115°43′	34°21′	47.95	3.98	12	0.789 7
2007	虞城 31	115°58′	34°19′	44.46	2.58	12	0.432 4
2007	虞城 35	115°52′	34°13′	43.08	2.37	12	0.542 2
2007	虞城 36	115°55′	34°12′	42.65	3.42	12	0.355 4
2007	虞城 39	115°55′	34°6′	40.49	1.92	12	0.720 5
2007	虞城 41	115°54′	34°1′	38.45	2.19	12	0.621 9
2007	虞城 43	115°51′	34°6′	40.77	2.13	12	0.786 8
2007	虞城 44	115°54′	34°31′	46.43	2.60	12	0.806 5
2007	虞城 46	115°47′	34°16′	45.07	2.45	12	0.545 1
2007	夏邑 1	116°3′	34°3′	38.48	2.98	12	0.721 2
2007	夏邑 2	116°19′	34°13′	39.46	2.23	12	0.652 6
2007	永城 1	116°16′	34°3′	35.52	2.84	12	0.708 5
2007	永城 2	116°32′	33°56′	32.63	2.09	12	0.658 9
2007	永城 3	116°13′	33°48′	32.34	2.17	12	0.534 8

（续）

年份	测井编号	测井经度	测井纬度	测井高程/m	地下水埋深年平均/m	重复数	标准差
2007	永城4	116°7′	33°58′	34.86	2.28	12	1.021 1
2007	永城39	116°30′	34°1′	33.98	4.94	12	1.664 1
2007	永城40	116°27′	33°58′	33.69	2.47	12	0.999 3
2007	永城43	116°7′	33°47′	32.84	1.34	12	0.715 4
2007	永城44	116°24′	34°5′	35.88	2.87	12	0.800 0
2008	民权3	115°4′	34°39′	60.63	3.49	12	0.435 6
2008	民权5	114°58′	34°37′	60.48	5.44	12	0.699 0
2008	民权6	115°8′	34°38′	61.33	2.85	12	0.332 4
2008	民权8	115°8′	34°46′	68.70	6.11	12	0.660 7
2008	民权11	114°52′	34°43′	63.36	3.06	12	0.129 5
2008	民权32	115°15′	34°43′	66.13	5.64	12	0.595 5
2008	民权36	115°11′	34°42′	66.68	5.22	12	0.326 6
2008	民权39	115°16′	34°39′	63.94	5.91	12	0.384 5
2008	民权40	115°21′	34°39′	65.10	5.09	12	0.503 4
2008	民权43	115°18′	34°51′	63.86	7.01	12	0.354 5
2008	民权50	115°25′	34°41′	62.33	2.85	12	1.156 2
2008	民权52	115°11′	34°47′	66.82	4.73	12	0.553 4
2008	民权54	114°55′	34°42′	63.25	3.95	12	0.273 2
2008	宁陵2	115°18′	34°34′	58.18	3.22	12	0.084 5
2008	宁陵3	115°15′	34°25′	55.88	4.32	12	0.423 8
2008	宁陵5	115°24′	34°33′	54.91	2.57	12	0.493 9
2008	宁陵8	115°19′	34°22′	52.92	3.79	12	0.380 2
2008	宁陵9	115°10′	34°33′	59.43	4.20	12	0.351 5
2008	宁陵10	115°13′	34°18′	51.56	2.35	12	0.746 3
2008	宁陵11	115°13′	34°36′	60.41	3.48	12	0.416 9
2008	宁陵12	115°24′	34°35′	64.23	8.41	12	0.837 6
2008	宁陵13	115°20′	34°32′	56.32	4.26	12	0.431 7
2008	宁陵14	115°15′	34°32′	57.80	3.46	12	0.291 9
2008	宁陵17	115°23′	34°30′	54.54	2.45	12	0.515 0
2008	宁陵19	115°23′	34°24′	52.50	2.94	12	0.252 2
2008	虞城3	115°54′	34°18′	44.53	2.31	12	0.700 1
2008	虞城5	115°52′	34°28′	44.08	2.59	12	0.487 1
2008	虞城6	115°53′	34°24′	46.25	2.61	12	0.450 4

（续）

年份	测井编号	测井经度	测井纬度	测井高程/m	地下水埋深年平均/m	重复数	标准差
2008	虞城 17	115°59′	34°32′	46.70	3.44	12	0.306 9
2008	虞城 18	116°4′	34°33′	46.61	2.91	12	0.514 3
2008	虞城 23	116°11′	34°30′	46.09	2.25	12	0.573 3
2008	虞城 24	115°46′	34°27′	48.00	3.36	12	0.706 8
2008	虞城 26	115°59′	34°27′	45.58	2.09	12	0.869 7
2008	虞城 27	116°4′	34°29′	45.35	3.64	12	0.690 2
2008	虞城 29	115°43′	34°21′	47.95	3.43	12	0.687 4
2008	虞城 31	115°58′	34°19′	44.46	2.48	12	0.638 5
2008	虞城 35	115°52′	34°13′	43.08	2.46	12	0.490 7
2008	虞城 36	115°55′	34°12′	42.65	3.39	12	0.298 5
2008	虞城 39	115°55′	34°6′	40.49	2.03	12	0.489 0
2008	虞城 41	115°54′	34°1′	38.45	2.16	12	0.550 5
2008	虞城 43	115°51′	34°6′	40.77	2.32	12	0.658 8
2008	虞城 44	115°54′	34°31′	46.43	2.26	12	0.570 4
2008	虞城 46	115°47′	34°16′	45.07	2.33	12	0.535 3
2008	夏邑 1	116°3′	34°3′	38.48	2.99	12	0.261 8
2008	夏邑 2	116°19′	34°13′	39.46	1.86	12	0.705 1
2008	永城 1	116°16′	34°3′	35.52	2.69	12	0.574 8
2008	永城 2	116°32′	33°56′	32.63	1.99	12	0.306 8
2008	永城 3	116°13′	33°48′	32.34	2.48	12	0.403 3
2008	永城 4	116°7′	33°58′	34.86	1.98	12	0.418 6
2008	永城 39	116°30′	34°1′	33.98	3.39	12	0.887 0
2008	永城 40	116°27′	33°58′	33.69	2.71	12	0.350 2
2008	永城 43	116°7′	33°47′	32.84	1.48	12	0.521 3
2008	永城 44	116°24′	34°5′	35.88	2.80	12	0.458 2
2009	民权 3	115°4′	34°39′	60.63	3.60	12	0.665 8
2009	民权 5	114°58′	34°37′	60.48	6.07	12	0.894 5
2009	民权 6	115°8′	34°38′	61.33	3.63	12	0.385 8
2009	民权 8	115°8′	34°46′	68.70	7.78	12	0.636 0
2009	民权 11	114°52′	34°43′	63.36	3.36	12	0.169 7
2009	民权 32	115°15′	34°43′	66.13	6.89	12	1.473 4
2009	民权 36	115°11′	34°42′	66.68	5.63	12	0.367 3
2009	民权 39	115°16′	34°39′	63.94	5.56	12	1.171 5

（续）

年份	测井编号	测井经度	测井纬度	测井高程/m	地下水埋深年平均/m	重复数	标准差
2009	民权 40	115°21′	34°39′	65.10	5.06	12	1.214 4
2009	民权 43	115°18′	34°51′	63.86	7.90	12	0.323 3
2009	民权 50	115°25′	34°41′	62.33	1.67	12	0.832 7
2009	民权 52	115°11′	34°47′	66.82	6.17	12	0.453 7
2009	民权 54	114°55′	34°42′	63.25	4.85	12	0.733 6
2009	宁陵 2	115°18′	34°34′	58.18	3.83	12	0.486 6
2009	宁陵 3	115°15′	34°25′	55.88	4.86	12	1.345 7
2009	宁陵 5	115°24′	34°33′	54.91	2.49	12	0.715 7
2009	宁陵 8	115°19′	34°22′	52.92	4.15	12	0.422 0
2009	宁陵 9	115°10′	34°33′	59.43	4.30	12	0.565 6
2009	宁陵 10	115°13′	34°18′	51.56	2.38	12	0.568 6
2009	宁陵 11	115°13′	34°36′	60.41	3.46	12	0.389 1
2009	宁陵 12	115°24′	34°35′	64.23	8.49	12	2.451 5
2009	宁陵 13	115°20′	34°32′	56.32	4.17	12	0.734 7
2009	宁陵 14	115°15′	34°32′	57.80	3.65	12	0.493 9
2009	宁陵 17	115°23′	34°30′	54.54	2.39	12	0.886 5
2009	宁陵 19	115°23′	34°24′	52.50	3.18	12	0.459 0
2009	虞城 3	115°54′	34°18′	44.53	2.85	12	0.359 5
2009	虞城 5	115°52′	34°28′	44.08	2.88	12	0.152 9
2009	虞城 6	115°53′	34°24′	46.25	3.02	12	0.261 8
2009	虞城 17	115°59′	34°32′	46.70	3.43	12	0.273 9
2009	虞城 18	116°4′	34°33′	46.61	3.28	12	0.229 4
2009	虞城 23	116°11′	34°30′	46.09	2.75	12	0.430 1
2009	虞城 24	115°46′	34°27′	48.00	3.81	12	0.243 3
2009	虞城 26	115°59′	34°27′	45.58	2.19	12	0.528 7
2009	虞城 27	116°4′	34°29′	45.35	4.22	12	0.379 1
2009	虞城 29	115°43′	34°21′	47.95	3.62	12	0.223 6
2009	虞城 31	115°58′	34°19′	44.46	2.95	12	0.250 2
2009	虞城 35	115°52′	34°13′	43.08	2.75	12	0.298 8
2009	虞城 36	115°55′	34°12′	42.65	3.61	12	0.121 7
2009	虞城 39	115°55′	34°6′	40.49	2.62	12	0.136 1
2009	虞城 41	115°54′	34°1′	38.45	2.86	12	0.140 3
2009	虞城 43	115°51′	34°6′	40.77	2.83	12	0.139 3

（续）

年份	测井编号	测井经度	测井纬度	测井高程/m	地下水埋深年平均/m	重复数	标准差
2009	虞城 44	115°54′	34°31′	46.43	2.43	12	0.307 1
2009	虞城 46	115°47′	34°16′	45.07	2.78	12	0.320 4
2009	夏邑 1	116°3′	34°3′	38.48	3.51	12	0.156 7
2009	夏邑 2	116°19′	34°13′	39.46	2.32	12	0.224 8
2009	永城 1	116°16′	34°3′	35.52	3.35	12	0.123 6
2009	永城 2	116°32′	33°56′	32.63	2.05	12	0.132 8
2009	永城 3	116°13′	33°48′	32.34	3.61	12	0.159 0
2009	永城 4	116°7′	33°58′	34.86	2.64	12	0.192 7
2009	永城 39	116°30′	34°1′	33.98	4.99	12	0.599 7
2009	永城 40	116°27′	33°58′	33.69	3.51	12	0.182 8
2009	永城 43	116°7′	33°47′	32.84	2.24	12	0.378 2
2009	永城 44	116°24′	34°5′	35.88	3.54	12	0.187 7
2010	民权 3	115°4′	34°39′	60.63	3.06	12	0.787 3
2010	民权 5	114°58′	34°37′	60.48	6.23	12	1.372 6
2010	民权 6	115°8′	34°38′	61.33	3.52	12	0.393 5
2010	民权 8	115°8′	34°46′	68.70	7.84	12	1.175 7
2010	民权 11	114°52′	34°43′	63.36	3.44	12	0.434 8
2010	民权 32	115°15′	34°43′	66.13	6.37	12	0.997 8
2010	民权 36	115°11′	34°42′	66.68	5.97	12	0.678 8
2010	民权 39	115°16′	34°39′	63.94	5.35	12	0.464 6
2010	民权 40	115°21′	34°39′	65.10	4.82	12	0.516 4
2010	民权 43	115°18′	34°51′	63.86	7.89	12	0.464 5
2010	民权 50	115°25′	34°41′	62.33	2.03	12	0.821 3
2010	民权 52	115°11′	34°47′	66.82	5.73	12	0.646 8
2010	民权 54	114°55′	34°42′	63.25	5.65	12	1.273 4
2010	宁陵 2	115°18′	34°34′	58.18	3.45	12	0.709 6
2010	宁陵 3	115°15′	34°25′	55.88	3.94	12	0.713 9
2010	宁陵 5	115°24′	34°33′	54.91	1.93	12	0.440 6
2010	宁陵 8	115°19′	34°22′	52.92	3.86	12	0.525 1
2010	宁陵 9	115°10′	34°33′	59.43	3.89	12	0.610 4
2010	宁陵 10	115°13′	34°18′	51.56	1.93	12	0.794 8
2010	宁陵 11	115°13′	34°36′	60.41	3.44	12	0.555 1
2010	宁陵 12	115°24′	34°35′	64.23	7.39	12	0.223 0

（续）

年份	测井编号	测井经度	测井纬度	测井高程/m	地下水埋深年平均/m	重复数	标准差
2010	宁陵 13	115°20′	34°32′	56.32	3.65	12	0.497 1
2010	宁陵 14	115°15′	34°32′	57.80	3.28	12	0.281 8
2010	宁陵 17	115°23′	34°30′	54.54	2.03	12	0.594 3
2010	宁陵 19	115°23′	34°24′	52.50	2.71	12	0.397 1
2010	虞城 3	115°54′	34°18′	44.53	3.03	12	0.677 5
2010	虞城 5	115°52′	34°28′	44.08	2.39	12	0.753 2
2010	虞城 6	115°53′	34°24′	46.25	3.10	12	0.477 1
2010	虞城 17	115°59′	34°32′	46.70	3.53	12	0.153 2
2010	虞城 18	116°4′	34°33′	46.61	3.48	12	0.498 2
2010	虞城 23	116°11′	34°30′	46.09	3.23	12	0.428 0
2010	虞城 24	115°46′	34°27′	48.00	3.90	12	0.319 4
2010	虞城 26	115°59′	34°27′	45.58	2.11	12	1.021 6
2010	虞城 27	116°4′	34°29′	45.35	4.49	12	0.290 8
2010	虞城 29	115°43′	34°21′	47.95	3.84	12	0.493 0
2010	虞城 31	115°58′	34°19′	44.46	3.01	12	0.735 5
2010	虞城 35	115°52′	34°13′	43.08	2.64	12	0.510 6
2010	虞城 36	115°55′	34°12′	42.65	3.65	12	0.301 2
2010	虞城 39	115°55′	34°6′	40.49	2.71	12	0.374 4
2010	虞城 41	115°54′	34°1′	38.45	2.95	12	0.292 1
2010	虞城 43	115°51′	34°6′	40.77	2.84	12	0.347 4
2010	虞城 44	115°54′	34°31′	46.43	2.13	12	0.579 7
2010	虞城 46	115°47′	34°16′	45.07	3.03	12	0.433 1
2010	夏邑 1	116°3′	34°3′	38.48	3.61	12	0.234 6
2010	夏邑 2	116°19′	34°13′	39.46	2.47	12	0.408 3
2010	永城 1	116°16′	34°3′	35.52	3.47	12	0.162 6
2010	永城 2	116°32′	33°56′	32.63	2.06	12	0.361 1
2010	永城 3	116°13′	33°48′	32.34	2.89	12	0.341 8
2010	永城 4	116°7′	33°58′	34.86	2.94	12	0.454 7
2010	永城 39	116°30′	34°1′	33.98	6.16	12	0.174 6
2010	永城 40	116°27′	33°58′	33.69	3.92	12	0.270 5
2010	永城 43	116°7′	33°47′	32.84	1.84	12	0.309 0
2010	永城 44	116°24′	34°5′	35.88	3.84	12	0.221 0

表 4-17 土壤含盐量

地点	取样日期	土壤含盐量/%					
		0～10cm	10～20cm	20～40cm	40～60cm	60～80cm	80～100cm
八里坡	04-15	0.880	0.661	0.664	0.530	0.640	0.560
八里坡	05-16	0.208	0.153	0.155	0.205	0.179	0.225
八里坡	05-31	0.147	0.183	0.181	0.253	0.293	0.306
八里坡	06-15	0.163	0.161	0.159	0.205	0.230	0.252
八里坡	06-26	0.266	0.238	0.246	0.297	0.333	0.329
八里坡	07-17	0.248	0.202	0.202	0.235	0.282	0.331
八里坡	08-09	0.117	0.118	0.106	0.154	0.171	0.185
八里坡	09-13	0.255	0.215	0.200	0.290	0.321	0.329
八里坡	10-20	0.656	0.517	0.295	0.355	0.296	0.334
史庄	05-16	0.171	0.141	0.144	0.154	0.165	0.159
史庄	05-31	0.146	0.137	0.127	0.151	0.209	0.216
史庄	06-15	0.109	0.146	0.089	0.125	0.127	0.129
史庄	06-26	0.217	0.182	0.172	0.171	0.253	0.280
史庄	07-17	0.181	0.171	0.113	0.225	0.253	0.234
史庄	08-09	0.177	0.187	0.164	0.233	0.228	0.285
史庄	09-13	0.180	0.160	0.118	0.126	0.161	0.216
史庄	10-20	0.391	0.240	0.164	0.179	0.212	0.294
刘集	04-15	0.713	1.165	0.881	0.758	0.844	0.714
刘集	05-16	0.227	0.201	0.202	0.233	0.179	0.181
刘集	05-31	0.143	0.147	0.176	0.215	0.201	0.185
刘集	06-15	0.190	0.129	0.141	0.153	0.132	0.134
刘集	06-26	0.252	0.213	0.238	0.237	0.218	0.228
刘集	07-17	0.273	0.238	0.255	0.176	0.213	0.212
刘集	08-09	0.196	0.196	0.219	0.231	0.251	0.251
刘集	09-13	0.311	0.273	0.217	0.222	0.177	0.146
刘集	10-20	0.353	0.266	0.267	0.281	0.219	0.214
小吴楼	05-16	0.330	0.298	0.252	0.339	0.311	0.242
小吴楼	05-31	0.135	0.203	0.412	0.515	0.557	0.553
小吴楼	06-15	0.340	0.231	0.305	0.368	0.364	0.410
小吴楼	06-26	0.620	0.600	0.664	0.555	0.656	0.717
小吴楼	07-17	0.666	0.596	0.556	0.671	0.682	0.593
小吴楼	08-09	0.566	0.536	0.557	0.664	0.657	0.619
小吴楼	09-13	0.440	0.536	0.557	0.664	0.657	0.619
小吴楼	10-20	0.486	0.383	0.393	0.501	0.541	0.422
沈集	05-16	0.134	0.198	0.249	0.260	0.235	0.297
沈集	05-31	0.160	0.157	0.179	0.258	0.338	0.370
沈集	06-15	0.167	0.183	0.246	0.419	0.611	0.422
沈集	06-26	0.348	0.328	0.280	0.245	0.247	0.273

（续）

地点	取样日期	土壤含盐量/%					
		0～10cm	10～20cm	20～40cm	40～60cm	60～80cm	80～100cm
沈集	07 - 17	0.249	0.260	0.272	0.357	0.518	0.367
沈集	08 - 09	0.237	0.276	0.331	0.379	0.462	0.418
沈集	09 - 13	0.237	0.276	0.331	0.379	0.462	0.418
沈集	10 - 20	0.492	0.349	0.344	0.438	0.540	0.418

表 4 - 18　商丘地下水水质与土壤盐分

取样地点	地下水水质									土壤盐分/%	
	Ca^{2+}/(mg/L)	Mg^{2+}/(mg/L)	CO_3^{2-}/(mg/L)	HCO_3^-/(mg/L)	Cl^-/(mg/L)	SO_4^{2-}/(mg/L)	K^+/(mg/L)	Na^+/(mg/L)	矿化度(g/L)	0～20cm	20～40cm
谢集	94.8	84.8	12.2	771	95.2	452.4	2.2	31.9	1.5	0.09	0.07
花园	89.9	74.4	12.2	696	139.3	410.5	1.3	32.0	1.5	0.06	0.07
张阁	71.9	77.8	0.0	659	156.4	378.8	0.0	41.7	1.4	0.00	0.09
赵庄	76.0	96.7	7.3	560	170.6	457.1	3.9	35.4	1.4	0.09	0.07
黄城寨	121.0	125.0	11.0	696	348.3	609.1	0.0	31.1	1.9	0.09	0.08
林场	59.7	25.8	0.0	510	21.3	186.0	0.0	16.3	0.8	0.04	0.04
三里河	76.0	84.3	6.1	672	127.9	417.7	2.0	38.7	1.4	0.07	0.05
林七	170.1	156.0	24.5	821	362.5	833.1	0.4	269.0	2.6	0.10	0.07
吴楼	84.2	43.1	6.1	597	56.9	296.1	1.3	24.6	1.1	0.12	0.12
孟庄	92.4	65.4	12.2	696	83.9	378.4	0.4	33.0	1.4	0.07	0.07
花坟	44.1	81.3	6.1	547	66.8	352.5	0.4	24.2	1.1	0.11	0.04
赵堂	253.5	320.0	12.2	659	1 400.0	1 504.0	0.0	496.0	4.6	0.18	0.18
关庄	51.5	90.2	24.5	1 318	170.6	383.5	2.5	309.0	2.3	0.17	0.11
周庄	104.7	103.0	6.1	846	170.6	537.8	0.8	35.1	1.8	0.10	0.06
任楼	91.6	19.3	18.3	796	96.7	246.8	5.4	326.0	1.6	0.06	0.07
柳河	88.3	87.8	6.1	647	88.1	456.3	15.3	29.4	1.4	0.07	0.05
北皇台	49.9	88.8	24.5	771	78.2	374.8	3.6	41.1	1.4	0.16	0.10
聂洼	51.5	65.4	6.1	647	186.2	322.0	1.0	287.0	1.6	0.15	0.07
陈楼	94.8	90.2	18.3	776	305.6	473.1	0.0	348.0	2.1	0.12	0.11
杜集	76.0	35.2	0.0	522	35.5	252.6	1.3	24.3	0.9	0.06	0.09
香山庙	55.6	88.8	0.0	535	75.3	385.0	0.5	27.5	1.2	0.08	0.14

注：分别在 2013 年 4 月份、6 月份、10 月份取样，3 次平均。

表 4-19 地下水离子含量季节变化

地点	地形地貌	取样日期	Ca^{2+}/(mg/L)	Mg^{2+}/(mg/L)	$CO_3^{2-}+HCO_3^-$/(mg/L)	Cl^-(mg/L)	SO_4^{2-}/(mg/L)	K^++Na^+/(mg/L)	矿化度/(g/L)
刘集	背河洼地	04-15	0.01	0.09	1.01	0.19	0.58	0.18	2.05
小吴楼	背河洼地	04-15	0.03	0.13	1.17	0.14	0.43	0.29	2.19
沈集	微倾斜平地	04-15	0.00	0.04	0.70	0.16	0.00	0.00	0.90
八里坡	微倾斜平地	04-15	0.02	0.12	1.12	0.27	0.38	0.25	2.16
史庄	高滩地	04-15	0.01	0.00	0.80	0.00	0.00	0.14	0.95
刘集	背河洼地	05-15	0.02	0.06	1.25	0.13	0.10	0.13	1.69
小吴楼	背河洼地	05-15	0.01	0.17	1.36	0.12	0.05	0.23	1.95
沈集	微倾斜平地	05-15	0.02	0.15	1.31	0.19	0.20	0.02	1.89
八里坡	微倾斜平地	05-15	0.02	0.17	1.63	0.27	0.65	0.24	2.99
史庄	高滩地	05-15	0.02	0.02	1.29	0.03	0.05	0.16	1.57
刘集	背河洼地	05-31	0.02	0.07	0.95	0.14	0.07	0.12	1.38
小吴楼	背河洼地	05-31	0.04	0.02	1.26	0.13	0.11	0.24	1.81
沈集	微倾斜平地	05-31	0.04	0.06	1.00	0.18	0.14	0.01	1.43
八里坡	微倾斜平地	05-31	0.04	0.12	1.28	0.27	0.32	0.24	2.26
史庄	高滩地	05-31	0.05	0.01	0.90	0.01	0.20	0.16	1.33
刘集	背河洼地	06-15	0.05	0.07	1.12	0.12	0.09	0.13	1.57
小吴楼	背河洼地	06-15	0.04	0.04	1.33	0.12	0.15	0.24	1.91
沈集	微倾斜平地	06-15	0.03	0.11	1.20	0.18	0.17	0.00	1.68
八里坡	微倾斜平地	06-15	0.04	0.14	1.42	0.27	0.36	0.25	2.48
史庄	高滩地	06-15	0.04	0.00	1.00	0.00	0.08	0.19	1.32
刘集	背河洼地	06-26	0.06	0.08	1.06	0.13	0.08	0.14	1.55
小吴楼	背河洼地	06-26	0.05	0.04	1.32	0.12	0.16	0.25	1.93
沈集	微倾斜平地	06-26	0.05	0.08	0.90	0.15	0.30	0.07	1.55
八里坡	微倾斜平地	06-26	0.05	0.07	1.30	0.22	0.42	0.35	2.41
史庄	高滩地	06-26	0.06	0.05	1.02	0.02	0.01	0.19	1.35
刘集	背河洼地	07-17	0.08	0.09	1.22	0.13	0.10	0.14	1.75
小吴楼	背河洼地	07-17	0.07	0.06	1.53	0.13	0.14	0.24	2.18
沈集	微倾斜平地	07-17	0.10	0.02	1.10	0.13	0.19	0.09	1.64
八里坡	微倾斜平地	07-17	0.08	0.05	1.37	0.19	0.40	0.33	2.42
史庄	高滩地	07-17	0.11	0.11	1.39	0.03	0.08	0.15	1.87

（续）

地点	地形地貌	取样日期	Ca^{2+}/(mg/L)	Mg^{2+}/(mg/L)	$CO_3^{2-}+HCO_3^-$/(mg/L)	Cl^-/(mg/L)	SO_4^{2-}/(mg/L)	K^++Na^+/(mg/L)	矿化度/(g/L)
刘集	背河洼地	08-09	0.05	0.07	0.43	0.07	0.14	0.10	0.86
小吴楼	背河洼地	08-09	0.02	0.07	0.68	0.12	0.13	0.29	1.31
沈集	微倾斜平地	08-09	0.09	0.04	0.38	0.11	0.22	0.09	0.93
八里坡	微倾斜平地	08-09	0.02	0.09	0.68	0.20	0.36	0.44	1.78
史庄	高滩地	08-09	0.06	0.14	0.65	0.04	0.06	0.17	1.11

4.4 黄河故道沙地不同灌溉方式刺槐人工林幼树生长特性数据

4.4.1 引言

黄河故道刺槐（*Robinia pseudoacacia*）人工林建设具有较长的历史，刺槐树种本身具有生长迅速、耐旱性强和氮库增容的特性（Burner et al.，2005；Wei et al.，2009；Dini-Papanastasi O.，2008），更具生态意义的是其强大的碳汇作用（Zheng et al.，2011）。但是，干旱却一直是人工林建设成败的关键因素，并影响着后期的生长质量。随着水资源短缺问题日益严重，节水灌溉势在必行。

河南省民权县黄河故道北侧高滩沙地申甘林带（115°06′34″E，34°42′46″N），在刺槐人工林建设中具有典型的代表性。当地海拔 68 m，属暖温带季风气候。年平均气温 14.1 ℃，无霜期 213 d，全年太阳辐射量为 4 727.92～5 104.18 MJ/m²，有效辐射量为 2 301.20～2 510.40 MJ/m²，年平均降水量为 652～874 mm，雨日 27～34 d，年平均蒸发量 1 800 mm 左右，干旱指数 1.43。土壤类型为沙土，0～120 cm 土壤容重 1.88 g/cm³，田间持水量 22.5%。2011 年 4 月开展 400 亩窄冠刺槐人工林建设，造林过程中传统灌溉方式为沟灌，同时选择软管喷灌和滴灌作为节水灌溉方式。

前人的研究多停留于自然降水或苗木灌溉的蒸散量与树木生理变化方面，缺少数据的连续性，同时未曾考虑区域水资源的承载力。本数据集针对 1～5 年生树龄的株高、地径和胸径，以比较不同灌溉方式下刺槐的生长特性。数据对其他相邻或生态环境相似地区刺槐人工林的建设具有较强的借鉴意义，同时对黄河故道林管部门开展新林建设和老林更新的设计与规划具有指导作用。

4.4.2 数据采集和处理方法

本数据集的构建主要包括：不同灌溉方式的刺槐人工林样地标定、数据采集和处理过程、数据分析以及数据集的形成。

（1）样地标定

2011 年 4 月中旬，对前期杨树林采伐更新后休地 3 年的 400 亩沙地开展窄冠刺槐的立地造林工作。苗木为 2 年生，采用截干定植的方式，留干高度为 20 cm。南北行向，株行距为 3 m×6 m，同时设置 3 种灌溉方式，即常规沟灌、软管喷灌和滴灌。其中滴灌采用滴灌管地表滴灌的方式，滴头间距 1 m，滴头出水量定额为 7 L/h，滴灌管外径 2 cm，置于每行树的根部，首部通过变径与地埋管出水口连接；沟灌为沿树行距树基部 50 cm 开一条宽 30 cm、深 15～20 cm 左右的沟，灌溉时水分直接从地埋管出水口引入；软管喷灌为白色多孔出流软管，灌溉时软管置于每两行树的中间，首部由地埋管出水口连接。分别在常规沟灌区、软管喷灌区和滴灌区选择 12 行，每行 10 株树，即 30 m×72 m 面积内的 120 株树木作为调查对象。

（2）数据采集和处理过程

人工林的灌溉指示标准，采用株间 0～60 cm 土层土壤平均含水率 35%～45%（相对含水量）为灌溉下限，当土壤含水率达到此标准时，即及时着手开展灌溉工作。

造林后于每年的10月下旬，开展树木生长数据调查。调查前，对每个调查树木进行编号，包括处理小区号、树行号和行株号。调查指标包括：树木株高、地径和胸径，调查范围包括每个灌溉方式区的120株树木，3个灌溉方式区共360株。株高采用折尺测量，地径和胸径采用卡尺测量。调查数据记录采用试验特制表格，用铅笔实地填写，并加注日期、时间以及当时的天气条件，调查小组成员全部签名后送报课题组进行电子化处理。

4.4.3 数据质量控制与评估

本数据集采用调查前人员培训、调查中核对监督和调查数据报送后专家复审检验的方式进行质量控制。首先在调查前，设置好调查项目并制作好调查表格，安排每组调查人员6人，其中1人为专业科研人员。根据调查内容对调查组进行培训并进行任务分工。其中1人进行测定操作，1人辅助；2人分别读数并互相校验，1人记录的同时由专业科研人员确认记录的数据。调查完成后，全部调查组人员签字确认后报送课题组进行电子化处理。

数据真实，原创性较好，数据处理控制严格。电子化过程中，采用2人组录入的方式。电子化后经过中国林科院相关专家审核并返回入库；对于疑惑数据，反向寻踪，查找出现问题的环节，通过重新调查测量的方式进行修正。

4.4.4 使用方法和建议（可行）

刺槐人工林建设是黄河故道多年来在环境生态治理方面的特色工程，在水资源日益短缺的情况下，如何通过节水灌溉技术实现资源节约、快速成林、环境友好，同时又兼顾经济效益就显得非常重要。数据集项目包括年份、灌溉方式、株高（cm）、地径（cm）、胸径（cm）特指标，适合于林学、农田水利、林业工程和生态学等方向领域在研究过程或项目实施中直接应用或进行参考。

4.4.5 黄河故道沙地不同灌溉方式刺槐人工林幼树生长特性数据

具体数据见表4-20。

表4-20 年黄河故道沙地不同灌溉方式刺槐人工林幼树生长

单位：cm

年份	灌溉方式	株高	地径	胸径	年份	灌溉方式	株高	地径	胸径
2011	滴灌	193.3	2.79	1.48	2013	沟灌	439.2	7.64	5.74
2011	软管喷灌	169.9	2.52	1.34	2014	滴灌	635.2	15.82	9.80
2011	沟灌	111.4	1.57	1.03	2014	软管喷灌	595.7	15.66	9.10
2012	滴灌	474.3	7.93	5.26	2014	沟灌	544.8	13.82	8.01
2012	软管喷灌	420.6	7.32	4.72	2015	滴灌	804.3	18.22	10.76
2012	沟灌	342.1	4.25	2.13	2015	软管喷灌	756.8	17.35	10.00
2013	滴灌	537.8	11.75	9.45	2015	沟灌	773.6	16.64	9.91
2013	软管喷灌	472.3	9.87	8.32					

4.5 模拟淹水夏玉米叶面积指数观测数据

4.5.1 引言

近年来，随着全球气候变暖，极端气象条件时有出现，玉米生长季的涝灾频繁发生，这给作物的正常生长造成困难。生产实践中涝灾后，通过排水减轻涝害的影响是首选补救措施，但是对于作物已经造成的危害，只有通过适宜的农田管理措施来进行恢复。淹水胁迫对作物生理（周新国 等，2014)、形态（梁哲军 等，2009)、产量（冯跃华 等，2011）和品质（任佰朝 等，2013）以及土壤营养元素的淋失（周新国 等，2012）都会产生不利影响。因此，通过试验数据集的分析，可以明确淹水对夏玉米作物的危害程度，并以此指导灾后恢复工作，减少由于淹水形成的涝害所产生的经济或产量损失。

通过系统全面的分析，选择叶面积指数作为考察指标并进行数据采集工作，模拟淹水和数据采集的时间主要在 2015 年夏玉米生长季。本数据集可以为夏玉米涝灾频发及其他相似气象条件地区作物的灾后恢复，以及针对灾害所需要采取的农田管理措施提供更为精准的指导。

4.5.2 数据采集和处理方法

数据集的构建主要包括夏玉米模拟淹水试验的设置、数据采集方法及其过程和数据集的形成。

4.5.2.1 模拟淹水试验的设置与开展

试验设置了 5 个淹水时长，即：淹水 1 d、3 d、5 d、7 d、9 d，表示不同的涝灾程度，单因素随机区组排列，每个测坑为一个小区，重复 3 次。于夏玉米大口期开展模拟淹水操作，通过持续灌水的方式，使测坑内土表保持 5 cm 左右深度的明水。模拟淹水操作开始后，根据所设置的淹水时长，按照顺序停止淹水，并在停止淹水后的翌日进行排水工作。

于 2015 年在商丘站蒸渗测坑试验场测坑区开展夏玉米模拟淹水试验。水泥测坑为有底测坑，深 2.0 m，长 3.3 m，宽 2.0 m，底部水泥层上垫衬 20 cm 厚的碎砂石，四周为经过特殊防水材料处理的砖砌墙，墙面采用水泥处理并打磨平整。测坑内的土壤为根据大田土壤层次，按照顺序进行的回填土。测坑组成方式为每 5 个测坑 1 组，南北向排列；每两组测坑间隔 2.0 m，间隔下建有地下廊道。在廊道两侧的测坑墙壁上，垂向每 20 cm 设置 1 个排水管，以便于通过排水管控制测坑内土壤的水位。淹水试验开始前，测得不同测坑 0～40 cm 土层土壤体积质量分数平均为 1.41 g/cm^3，耕层有机质质量分数平均为 14.7 g/kg，全氮质量分数 1.27 g/kg，碱解氮、速效磷、速效钾的质量分数分别为 382.6 mg/kg、41.2 mg/kg、99.4 mg/kg。

玉米试验品种为“郑单 958”，于前茬作物冬小麦收获后，采用人工播种的方式进行贴茬穴播，每穴 2 粒，并于出苗后 3 叶期定苗 1 株，定苗后株距约 28 cm，行距约 50 cm。由于播种期土壤干旱，极易导致出苗困难，于播后第 2 天灌“蒙头水”，即出苗水，灌水量为 30 m^3/667 m^2。播种期为 6 月 10 日，由于夏玉米的播种方式采用贴茬穴播，因此，施肥采用“两追”的方法，即在三叶期定苗后和抽雄-吐丝期各进行 1 次追肥，氮肥（纯氮）施用量为 225 kg/hm^2，平均每次分别追施 50%，灌浆期不再追肥。磷肥和钾肥均在三叶期第 1 次追肥时 1 次施入，磷肥（P_2O_5）施用量为 150 kg/ hm^2，钾肥（K_2O）施量为 225 kg/hm^2。2 次追肥，均采用人工穴施的方式进行。

4.5.2.2 数据采集方法及过程

叶面积指数的测定于灌浆开始后进行，采用 TOP－1300 型植物冠层分析仪（浙江托普云农科技股份有限公司生产），在每个测坑按照对角线的方法随机测定 3 次夏玉米冠层结构，通过植物冠层图像分析软件解析求得叶面积指数，以 3 次的平均值作为该小区的玉米叶面积指数。灌溉开始后，每 5 d 测定一次，3 次的平均值作为最终的数据结果。

4.5.3 数据质量控制与评估

模拟淹水的实施由 4 人组进行，其中 2 人为课题组专业科研人员，严格按照试验规程和实施方案进行。在数据采集阶段，由于植物冠层分析仪所采集到的为图像数据，因此采集过程主要由 2 位专业科研人员进行，其中 1 人负责选点，并同时记录场景条件，另 1 人负责仪器的操作。为了保证人的因素不会对场景造成影响，设备设置为间隔 1 min 自动拍摄并存贮的方式，设定好时间后，人员保持离开仪器 3 m 以上。

图像数据采集完成后，及时进行室内数据转换，由图像数据转化出具体数值。数据转换过程和数据调查为同一组人员。其中一人进行图像筛选，一人进行数据转化并及时保存。数据转化后连同共同签名的打印纸质档数据材料交由课题组，课题组人员共同对数据进行检查审定，数据合格后存档保存。

4.5.4 使用方法和建议（可行）

随着全球气候日益变暖，灾害天气频发，对农业生产形成了严重威胁，尤其是黄淮平原玉米季，近年来涝渍灾害的发生越来越频繁，如何通过模拟淹水天数对作物主要生长指标的监测，明确不同淹水程度的夏玉米受害状况，并由此制定适宜的排水减灾措施就显得非常重要。数据集数据项目包括淹水天数、叶面积指数和标准差，适合于农学、农田水利、作物生态、植物生理等领域直接应用，也可为政府相关农业减灾部门提供参考。

4.5.5 模拟淹水夏玉米叶面积指数数据

具体数据见表 4－21。

表 4－21 模拟淹水夏玉米叶面积指数

淹水天数/d	叶面积指数	
	平均值	标准差
1	4.29	0.31
3	4.18	0.38
5	3.91	0.33
7	2.23	0.17
9	1.74	0.26

4.6 不同灌溉策略夏玉米耗水量观测数据

4.6.1 引言

在我国小麦-玉米连作两熟区，虽然玉米季正值雨季，但是由于降雨在时间上的分布不均，经常会造成干旱。根据夏玉米的耗水特征，开展节水灌溉，制定适宜的灌水策略，在保证获得较高产量的同时，提高作物的水分利用效率，对于粮食高产稳产和水资源高效利用具有重要的意义。一般情况下，夏玉米苗期灌水是获得高产的关键，且随着灌水量的增加，水分利用效率有所下降（邵立威 等，2009）。不同生育期灌水对夏玉米的生长、产量和水分利用效率具有显著的影响，其中灌苗期水和拔节水、苗期水和抽穗水、拔节水和抽穗水等灌水组合方案更有利于维持夏玉米产量，提高作物水分利用效率（陈静静 等，2011）。节水灌溉条件下，通过控制不同的生育时期灌水，把土壤调控成干湿交替的状况，利用作物自身的补偿生长特性可以实现高产的目的（梁宗锁 等，2000）。近年来，大量的节水灌溉研究成果，对于我国夏玉米能够实现多年连续增产起到了重要的促进作用。

2013—2014 年连续 2 个不同的水文年份，在黄淮海平原夏玉米主产区开展了节水灌溉夏玉米耗水量和产量数据采集和整理工作，目的是基于此数据集制定适宜的节水灌溉方案。2013 年和 2014 年 6—9 月，在商丘站作物试验场进行节水灌溉试验和数据的采集工作。试验田海拔 52 m，属于半干旱、半湿润暖温带季风气候类型。土壤类型主要为黄河沉积物发育的潮土，土壤质地为黏质壤土，有机质含量为 13.6 g/kg，0～100 cm 土层平均土壤容重为 1.45 g/cm^3，田间持水量为 24.7%（质量含水率），地下水位变化幅度在 6～12 m。表层 30 cm 土壤全氮质量分数为 1.24 g/kg，碱解氮为 374.9 mg/kg，速效磷为 35.8 mg/kg，速效钾为 94.1 mg/kg。

本数据集包括连续两个水文年份的数据，对于夏玉米主产区节水灌溉方案的制定具有较高的参考价值。

4.6.2 数据采集和处理方法

本数据集的构建主要包括：节水灌溉方案试验田建设、数据采集和处理方法、数据集的形成。

（1）节水灌溉试验田建设

夏玉米供试品种为“浚单 26”，播种方式采用播施机械进行播种，即播种和施基肥同步完成。播前将机播耧调整为行距 60 cm，株距 25 cm，等行距播种。2013 年和 2014 年的播种日期均为 6 月 10 日。

灌水采用软管输水地面灌溉的方式，根据夏玉米苗期、拔节期、灌浆期和成熟期 4 个主要生长发育阶段，设定 5 个灌水处理方案。方案一：苗期水 45 mm＋拔节水 60 mm＋灌浆水 60 mm＋成熟期水 45 mm；方案二：苗期水 45 mm＋拔节水 60 mm＋灌浆水 60 mm；方案三：拔节水 60 mm＋灌浆水 60 mm；方案四：拔节水 60 mm；方案五：灌浆水 60 mm。随机区组设计，重复 3 次。小区面积 66.7 m^2，小区间设置宽 60 cm、高 20 cm 的垄，避免灌水时小区之间的相互影响。播种前 2～3 d，根据田间土壤水分监测数据，以确定是否需要进行播种前补墒，以保证能够适墒播种，出苗齐全。

施肥采用“一基两追”的方案，即夏玉米生育期，除播种时同步完成的施基肥外，于拔节期和灌浆期分别进行 1 次追肥。在播施前，调整施肥带与玉米行的距离为 20 cm，以排除肥料对作物出苗质量的影响。追肥采用随行丢施的方式，于灌水或雨前进行。氮肥（纯氮）施量为 300 kg/hm^2，其中 50%作为基肥，拔节期和灌浆期再分别追施 25%。磷肥和钾肥均在播种时一次施用，磷肥（P_2O_5）施量为 150 kg/hm^2，钾肥（K_2O）施量为 225 kg/hm^2。

（2）数据采集和处理方法

土壤含水率的测定采用人工土钻取土、105 ℃烘干的方法。苗期取土测水深度为 60 cm，其他各生育期的取土测水深度均为 100 cm。夏玉米生育期每隔 10～15 d 测定 1 次，并于播种前、收获后、灌水和降雨前后进行加测。在苗期、拔节期、灌浆期和收获期等主要生长发育阶段结束时，每个试验小区进行多点取土测定，这时的土壤含水率也同时作为下一个生长发育阶段的初始土壤含水率。

夏玉米不同生长发育阶段耗水量以根区水量平衡法确定，其计算式为：$ET = P + I + G - \Delta W - R - D$。式中，ET 为某一生长发育阶段内的作物耗水量，单位为 mm；P 为某一生长发育阶段内的降水量，单位为 mm；I 为某一生长发育阶段内的灌水量，单位为 mm；G 为某一生长发育阶段内的地下水补给量，单位为 mm；ΔW 为某一生长发育阶段内根区土体贮水量的变化，单位为 mm；R 为某一生长发育阶段内地表径流量，单位为 mm；D 为某一生长发育阶段内深层渗漏量，单位为 mm。

土壤贮水量的计算式为：$W = 10 \times r \times v \times h$。式中，W 为所要计算的土层土壤贮水量，单位为 mm；r 为田间取土实测的土壤质量含水率，单位为%；v 为所要计算的土层土壤平均干容重，单位为 g/cm^3；h 为所要计算的土层深度，单位为 cm；10 为单位换算系数。

收获时，统计每个小区的实际收获株数，并随机采摘 15 穗，晒干后进行产量构成要素分析，主要考察分析指标包括：穗粒数、百粒重、穗行数、行粒数等。每个小区单打实收的产量，加上考种时所采摘的 15 穗的产量，作为最终的小区产量。

4.6.3 数据质量控制与评估

土壤水分取土前，首先做好准备工作，包括取样计划、人员安排、铝盒标定，同时准备好烘箱设备的使用时间。人员安排主要包括取样人员组成、土钻取土的操作规程培训等。土钻取土测水按照农业试验规范采用 5 点取样的方法，土样称量采用 0.1 g 精度的电子天平。取样后湿土样称重和烘干后干土样称重为同一组人员，以减少操作人员个体间对数据造成的差异。称重和记录工作由 3 人工作组完成，其中 1 人操作电子天平，1 人记录，1 人进行读数和记录间的核对。土样在烘箱内 105 ℃烘至设定时间（8～12 h）后调至室温，使土样在烘箱内降温后并取出称量，以防止高温土样在备称期间由于吸潮造成的测量误差。烘干土样质量恒重后，作为本次结果进行记录。

纸质数据表完成后，由打钻取土人员、测量称重人员签名后，补充取样时间和天气条件，报送纸质数据到时课题组进行电子化。电子化后的数据由课题组专业人员根据农田不同层次的土壤容重，采用土壤水分平衡方程的方法，计算不同生育时期的耗水量。产量结构组成指标则根据传统的考种方法，每个小区单元以 15 穗为标准进行考种。

数据集形成过程包括操作人员核检、填报人员核检、电子化人员核检，并最后由课题组专家验收后整理归档。

4.6.4 使用方法和建议（可行）

适宜的灌溉策略不但可以实现资源节约，提高水分利用效率，也在一定程度上提高了产量，节约劳动力成本。数据集包括年份、灌溉方案、阶段耗水量等，适合农学、农业水土工程、农业生态学等领域直接应用，或为政府农技指导部门提供参考。

4.6.5 不同灌溉策略夏玉米耗水量数据

具体数据见表 4 - 22。

表 4 - 22 不同灌溉方案夏玉米阶段耗水量

年份	灌溉方案	不同生育期耗水量				年份	灌溉方案	不同生育期耗水量			
		苗期	拔节期	灌浆期	成熟期			苗期	拔节期	灌浆期	成熟期
2013	方案一	90.5	173.1	128.9	37.4	2014	方案一	105.2	156.4	134.8	35.5
2013	方案二	93.2	164.7	132.4	19.8	2014	方案二	103.7	158.2	125.7	16.9
2013	方案三	81.7	165.6	112.8	17.3	2014	方案三	94.1	162.6	123.8	11.2
2013	方案四	83.6	158.3	101.5	18.4	2014	方案四	93.3	151.9	93.2	15.5
2013	方案五	85.4	123.8	130.1	18.0	2014	方案五	90.6	115.3	128.0	12.7

4.7 不同播期和土壤水分条件下冬小麦分蘖数和叶片 SPAD 观测数据

4.7.1 引言

由于在特定的地理环境下，每年的同一时间段气候和气象条件是相对稳定的，因此形成了物候期特征明显的区域特色物种分布，和相同区域稳定的作物栽培制度。然而随着全球气候变暖，区域气象条件变化显著，灾害天气时有发生；同时随着社会和区域经济的发展，也对栽培制度或栽培方式的更新与优化提出需求。作物的播期与土壤水分条件会严重影响生长发育与经济产量，一方面是由于营养生长期各器官的形态建成差异，另一方面是因为作物对土壤水分利用的难度不同。农田土壤底墒是冬小麦全生育期总需水量的重要来源（毛飞 等，2003），多年来北方冬小麦区发生干旱的频率较高（黄

荣辉 等，2002），基本源于底墒水的不足、灌溉条件差和降雨量偏少，其中底墒水不足是大部分地区发生麦田干旱的主要因素。

小麦分蘖数目的变化是农田诸多因素的综合体现，而 SPAD 值的大小则是对苗期水肥尤其是水氮营养水平的充分响应，是叶片叶绿素含量或叶片含 N 量的指示性指标，更多条件下直接表征为叶绿素含量。小麦分蘖数目与最终产量关系显著，也是预测区域冬小麦产量水平的重要指标。本数据集与英国洛桑研究所张孝先博士合作，为区域小麦产量预测模型的检验提供基础数据支持，也可为我国广大冬小麦区播期的调整和水分管理提供参考。

4.7.2　数据采集和处理方法

数据集的构建主要包括冬小麦播期的设置、不同播期土壤水分的控制、数据采集过程与方法、数据集的形成等。

（1）播期和水分控制

试验在商丘站蒸渗测坑试验场大田区进行，土壤类型为潮土，质地为壤土，0～40 cm 平均容重 1.41 g/cm³，平均田间持水量 24.2%。耕层营养条件为土壤有机质含量 22.1 g/kg，碱解氮 56.67 mg/kg，有效磷 13.05 mg/kg，速效钾 168.78 mg/kg。试验田前茬为夏玉米，收获后采用旋耕的方法进行耕作，耕深 10～15 cm。耕前 3 d 通过软管喷灌的方式进行水分控制，控制深度 0～30 cm，以免因播种时表层太湿而影响操作。设置 3 个播期，分别为 10 月 5 日、10 月 10 日和 10 月 15 日，同时每个播期设置 3 个土壤含水率水平，并以播种时的实测含水率作为水分处理标准。小麦品种选择“矮抗 58”，不重复裂区试验，主处理为播期，副处理为土壤含水率。小区长 10 m，宽 5 m，共 9 个小区。数据采集时，按照农业大田试验规范，采取 3 点取样的方法进行调查和测试，平均值作为小区的测试值。

（2）数据采集方法和过程

于冬小麦完全出苗后，采用对角线选点的方法，在每个试验小区均匀选择三个点，每点用米尺分别测出一个 1 m 行的小麦，插牌标记并详细调查 1 m 长度每行的小麦基本苗数或称株数，分蘖期调查 1 m 长度每行的小麦茎数，判断标准为目测蘖长>1cm 则计为 1 个茎，不及 1 cm 则忽略不计。以分蘖期调查所获得的每米行冬小麦茎数减去每米行冬小麦基本苗数，计算得到每米行分蘖数，再以每米行分蘖数除以每米行基本苗数便得到每株分蘖数。

叶片 SPAD 值的测定采用 TYS-4N 型植物营养测定仪（浙江托谱云农科技股份有限公司生产）进行，选择冬小麦心叶以下全展叶的中间部位。每个小区每个测定位测量 3 株，平均值作为本测定位的 SPAD 值。

4.7.3　数据质量控制与评估

为了提升数据的精度和准确性，在每个播种日进行播种的同时，开展土壤水分测定，并以此数据作为水分控制的处理标准。每米行基本苗数和茎数的调查保持为同一个调查组，数据调查组由 3 人组成，其中 1 人进行数据记录，1 人进行每米行长测量与标牌标示，1 人进行调查。调查前对数据调查组成员进行培训和表格内容解读，并对调查控制标准进行解释说明。SPAD 测定前对手持仪器进行充电和校准，并备好充电设备。测定小组由 2 人进行，1 人进行测定叶片的选择和仪器操作，另 1 人进行数据记录，当出现过大或过小的异常数据时，立即进行仪器校准并重新选择叶片进行测量。叶片选择的标准包括叶位、叶向等必须保持一致。

数据调查和测量工作完成后，分别由参与工作人员进行表格内容完善，包括工作日期、天气状况等，并最后由全体参与工作人员签字后报送课题组进行数据电子化和计算加工，整理后的数据由课题组负责人审核通过并验收存档。

本数据集质量可靠，并通过了近两年的检验，对冬小麦播种期和水分的管理与优化具有较好的指导作用。

4.7.4 使用方法和建议（可行）

不同播期条件下，作物对自然资源中的水热利用产生明显差异，因此播期对作物幼苗的生长质量影响很大。近提来，随着农业科技的发展，通过苗期作物叶片 SPAD 值和分蘖数可以预测或估算作物后期的长势和产量形成，也可为后期的生产管理提供依据。观测数据项目主要包括播期、播期含水量（%）、分蘖数、SPAD 值、标准差等，适宜于农学、耕作与栽培、作物生理、农田生态等学科领域直接应用。

4.7.5 不同播期和土壤水分条件下冬小麦分蘖数和叶片 SPAD 数据

具体数据见表 4 - 23。

表 4 - 23 不同播期和土壤水分的冬小麦分蘖数和叶片 SPAD 值数据集

播种日期	实测土壤水分（相对含水量）/%	分蘖数		SPAD	
		平均值	标准差	平均值	标准差
10 月 5 日	78.2	2.47	0.15	43.17	1.95
10 月 5 日	69.7	2.27	0.28	42.36	1.91
10 月 5 日	57.3	1.95	0.11	37.69	2.71
10 月 10 日	75.8	2.18	0.19	43.12	2.03
10 月 10 日	67.1	1.84	0.11	42.27	1.88
10 月 10 日	58.7	1.81	0.18	36.73	1.01
10 月 15 日	76.5	1.82	0.16	42.74	0.55
10 月 15 日	65.6	1.23	0.24	40.06	1.39
10 月 15 日	55.9	1.07	0.33	35.21	0.58

注：数据测定日期为 2015 年 11 月 20 日。

4.8 调亏灌溉与营养调节对小麦产量和品质影响观测数据

4.8.1 引言

中国是水资源贫乏的国家，人均水资源占有量仅相当于世界人均水资源占有量的 1/4。如何合理利用有限的水资源，减少灌溉用水，提高水分利用效率（WUE），对于缓解中国水资源供需矛盾和保持农业的持续发展具有重要意义。

调亏灌溉是一种基于植物对干旱的适应性反应特性发展起来的灌溉技术，其显著的节水效果和增产效应都较传统灌溉技术更上了一个台阶，调亏灌溉成为国内农田灌溉研究领域的热点之一。在调亏灌溉应用方面，调亏灌溉与合理施肥结合，有同时提高作物水分利用效率和作物产量，是调亏灌溉研究的热点之一。

调亏灌溉最初应用于果树，这一时期的大量文献显示，调亏灌溉可以有效地控制果树的营养生长，而增加或不减少果实生长和产量；增加可溶性固体浓度和果实生长前期的淀粉含量，增加果实硬度，改善果实品。引入大田作物之后，主要节水和增量效应研究较多，对大田作物品质影响研究较少。

通过对小麦不同施肥水平和水分调亏处理，研究不同水、肥条件对小麦生长发育的影响，分析水、肥对产量、WUE、小麦品质的影响。建立了小麦产量、WUE、蛋白质、氨基酸水肥模型，并对模型进行多目标联合仿真，获得不同决策目标的优化方案。

4.8.2 数据采集和处理方法

（1）试验设计方案与实施

试验采用四因子五水平二次回归旋转组合设计，设置四因子为：X1——返青-拔节期和抽穗-成熟期水分调亏度（占田间持水量%）；X2——氮肥（N kg/hm^2）；X3——磷肥（P_2O_5 kg/hm^2）；X4——钾肥（K_2O kg/hm^2）。四因子编码水平及实际值见表4-24。

表4-24 四因子编码水平及实际值

处理	编码水平及实际值					
	△i	−2	−1	0	1	2
水分调亏度（%FC）	10	50	60	70	80	90
N（kg/hm^2）	60	60	120	180	240	300
P_2O_5（kg/hm^2）	45	30	75	120	165	210
K_2O（kg/hm^2）	60	60	120	180	240	300

四因子五水平二次回归旋转组合设计共36个小区，试验编号TKT1～TKT36号，各小区随机排列。为了更加方便了解各因子的主效应对小麦生长发育的影响，每因子增设处理水平为−1和1，其他因子水平为0的小区2个，4因子共8个辅助小区，试验编号TKT37～TKT44号。试验共计44个小区，各小区处理见表4-25。

表4-25 小区处理

	试验号	水分调亏度（X1）	N（X2）	P_2O_5（X3）	K_2O（X4）
旋转组合设计处理	TKT1	−1	−1	−1	−1
	TKT2	−1	−1	−1	1
	TKT3	−1	−1	1	−1
	TKT4	−1	−1	1	1
	TKT5	−1	1	−1	−1
	TKT6	−1	1	−1	1
	TKT7	−1	1	1	−1
	TKT8	−1	1	1	1
	TKT9	1	−1	−1	−1
	TKT10	1	−1	−1	1
	TKT11	1	−1	1	−1
	TKT12	1	−1	1	1
	TKT13	1	1	−1	−1
	TKT14	1	1	−1	1
	TKT15	1	1	1	−1
	TKT16	1	1	1	1
	TKT17	−2	0	0	0
	TKT18	2	0	0	0
	TKT19	0	−2	0	0
	TKT20	0	2	0	0
	TKT21	0	0	−2	0
	TKT22	0	0	2	0
	TKT23	0	0	0	−2
	TKT24	0	0	0	2
	TKT25	0	0	0	0
	TKT26	0	0	0	0

（续）

	试验号	水分调亏度（X1）	N（X2）	P_2O_5（X3）	K_2O（X4）
旋转组合设计处理	TKT27	0	0	0	0
	TKT28	0	0	0	0
	TKT29	0	0	0	0
	TKT30	0	0	0	0
	TKT31	0	0	0	0
	TKT32	0	0	0	0
	TKT33	0	0	0	0
	TKT34	0	0	0	0
	TKT35	0	0	0	0
	TKT36	0	0	0	0
辅助处理	TKT37	−1	0	0	0
	TKT38	1	0	0	0
	TKT39	0	−1	0	0
	TKT40	0	1	0	0
	TKT41	0	0	−1	0
	TKT42	0	0	1	0
	TKT43	0	0	0	−1
	TKT44	0	0	0	1

试验于2012年10月至2013年6月在商丘站防雨测坑进行。小麦供试品种为强筋小麦："新麦26号"。试验小区面积6.67 m^2（2 m×3.33 m），每小区种10行，行距0.20 m。TRIM和取土烘干法监测土壤水分，管道灌溉系统供水，水表计量灌水。磷肥为$(NH_4)_2HPO_4$；钾肥为K_2SO_4。磷肥、钾肥均作基肥施入。氮肥为CH_4N_2O和$(NH_4)_2HPO_4$，先计算小区磷肥中氮肥量，尿素补齐氮肥量。管理与常规小麦种植相同。

在小麦生长期间，选择其他因子水平为0，主因子水平分别为−2，−1，1，2的处理调查小麦生长发育状况。每因子4个处理，4因子16个处理小区（TKT17～TKT24，TKT37～TKT44），再选择一个每因子水平都为0的对照小区（TKT 28），共计17个小区为小麦生长发育调查小区。

（2）数据采集方法和过程

群体动态调查：小麦出苗后，在调查小区设置1行1 m长的调查点，每个生育期调查一次小麦茎数。叶面积和干物质调查：在调查小区取20株小麦，室内用叶面积仪法测叶面积，烘干称重法测小麦干物质重量。小麦产量和产量结构：收获前取调查小区1行1 m长的调查点小麦，非调查小区选取有代表性1行1 m长的小麦，带回室内晾干考种，获取产量结构数据；取样后的小区小麦收获，收获面积除去1行1 m长的小麦取样面积，小麦脱粒，晒干，称籽粒重，折算成产量数据。小麦氨基酸与蛋白质检测：将收获的小麦，送至河南省农科院农业质量标准与检测技术研究中心检测氨基酸与蛋白质含量。

4.8.3 数据质量控制与评估

（1）根据试验研究方案，按照商丘站取样规范，科学、合理开展取样工作。

（2）样品采集与分析化验严格按照规程进行。

（3）对异常数据溯源，并及时开展复测工作。

在数据获取过程中，从人员、设备以及化验分析和数据记录等各个方面进行管控，以保证数据的真实准确。

4.8.4 使用方法和建议（可行）

调亏灌溉是一种行之有效的节水灌溉方法，是有目的地在作物生长的适宜阶段，进行亏缺灌溉，在达到节水的同时，保持产量不下降或者略有增产，并提高农产品的品质。数据集主要包括群体生长动态数据、产量数据和氨基酸含量数据，适宜于农学、耕作栽培、农田水利、农业生态、食品健康等领域参考应用。

4.8.5 调亏灌溉与营养调节对小麦产量和品质影响数据

具体数据见表 4-26～表 4-29。

表 4-26 小麦群体动态变化

处理	10 月 28 日 基本苗	11 月 24 日 分蘖期	2 月 15 日 越冬期	3 月 11 日 返青期	4 月 8 日 拔节期	5 月 8 日 灌浆期	6 月 6 日 成熟期
TKT17	343.8	718.8	1 543.8	1 475.0	468.8	387.5	387.5
TKT37	325.0	650.0	1 775.0	1 650.0	550.0	550.0	550.0
TKT38	293.8	543.8	1 481.3	1 506.3	650.0	631.3	625.0
TKT18	268.8	537.5	1 443.8	1 587.5	656.3	625.0	650.0
TKT19	306.3	650.0	1 650.0	1 612.5	487.5	456.3	437.5
TKT39	343.8	531.3	1 543.8	1 481.3	537.5	525.0	518.8
TKT40	300.0	506.3	1 450.0	1 518.8	662.5	637.5	637.5
TKT20	268.8	587.5	1 950.0	1 843.8	787.5	718.8	706.3
TKT21	312.5	537.5	1 400.0	1 475.0	581.3	562.5	562.5
TKT41	306.3	675.0	1 625.0	1 631.3	612.5	612.5	600.0
TKT42	287.5	700.0	1 637.5	1 518.8	637.5	618.8	612.5
TKT22	281.3	662.5	1 381.3	1 475.0	662.5	662.5	656.3
TKT23	287.5	693.8	1 525.0	1 456.3	568.8	550.0	543.8
TKT43	318.8	762.5	1 787.5	1 750.0	606.3	593.8	593.8
TKT44	318.8	743.8	1 612.5	1 637.5	600.0	575.0	575.0
TKT24	350.0	812.5	1 737.5	1 712.5	643.8	631.3	631.3
TKT28 (CK)	300.0	618.8	1 568.8	1 537.5	618.8	606.3	606.3

表 4-27 小麦叶面积和干物质

试验编号	叶面积指数	干物质/(g/m²)	试验编号	叶面积指数	干物质/(g/m²)	试验编号	叶面积指数	干物质/(g/m²)
TKT17	3.38	1 032.8	TKT40	6.21	1 361.1	TKT23	3.90	1 151.3
TKT37	4.11	1 155.4	TKT20	8.27	1 457.6	TKT43	4.15	1 171.8
TKT38	6.25	1 245.1	TKT21	3.82	1 065.0	TKT44	5.99	1 291.8
TKT18	7.23	1 411.5	TKT41	4.26	1 141.9	TKT24	6.84	1 421.9
TKT19	3.01	959.3	TKT42	5.15	1 264.1	TKT28	4.30	1 194.9
TKT39	3.73	1 148.4	TKT22	7.11	1 373.5			

表 4-28 小麦产量和产量结构

试验编号	有效穗/（万穗/hm²）	每穗粒数	千粒重/g	产量/（kg/hm²）	试验编号	有效穗/（万穗/hm²）	每穗粒数	千粒重/g	产量/（kg/hm²）
TKT01	422.5	37.1	41.8	6 300.0	TKT23	543.8	36.8	46.5	6 319.7
TKT02	446.3	36.1	44.2	6 496.2	TKT24	631.3	34.8	44.4	7 058.8
TKT03	433.8	35.3	43.6	6 397.4	TKT25	605.0	34.9	37.2	6 804.1
TKT04	418.8	37.6	43.2	5 916.7	TKT26	556.3	38.7	43.2	7 007.9
TKT05	493.8	37.3	42.5	6 782.4	TKT27	581.3	32.7	44.2	7 222.4
TKT06	422.5	43.7	43.5	7 226.3	TKT28	606.3	35.3	42.2	7 391.9
TKT07	525.0	34.4	45.6	7 535.0	TKT29	481.3	35.8	45.1	6 956.8
TKT08	542.5	34.5	44.9	7 656.2	TKT30	543.8	35.4	42.6	6 808.7
TKT09	462.5	34.6	43.2	7 135.1	TKT31	612.5	33.2	42.6	8 062.2
TKT10	543.8	35.3	43.8	8 113.5	TKT32	556.3	35.3	41.2	6 783.1
TKT11	493.8	35.5	45.2	7 182.5	TKT33	643.8	33.1	40.6	8 039.4
TKT12	543.8	33.2	45.0	7 190.9	TKT34	587.5	34.0	40.3	6 894.0
TKT13	493.8	43.7	42.0	7 665.0	TKT35	586.3	35.8	41.3	6 813.8
TKT14	538.8	36.1	41.5	7 473.3	TKT36	568.8	31.2	44.4	7 202.9
TKT15	550.0	32.5	44.5	6 902.6	TKT37	550.0	32.8	41.9	5 815.9
TKT16	570.0	41.8	42.8	9 001.3	TKT38	625.0	31.6	37.4	5 844.3
TKT17	387.5	36.7	46.2	4 758.7	TKT39	518.8	33.3	42.7	6 540.0
TKT18	650.0	40.2	41.2	7 282.5	TKT40	637.5	36.5	40.7	6 820.7
TKT19	437.5	35.4	45.9	6 267.6	TKT41	600.0	33.7	42.0	6 384.8
TKT20	706.3	36.9	38.0	6 955.4	TKT42	612.5	31.8	43.6	7 071.8
TKT21	562.5	36.7	40.9	5 948.1	TKT43	593.8	30.4	44.0	6 520.2
TKT22	656.3	38.4	40.6	7 358.1	TKT44	575.0	31.9	40.8	6 606.9

表4-29　小麦氨基酸含量

单位：%

试验号	天冬氨酸	苏氨酸	丝氨酸	谷氨酸	甘氨酸	丙氨酸	胱氨酸	缬氨酸	蛋氨酸	异亮氨酸	亮氨酸	酪氨酸	苯丙氨酸	赖氨酸	组氨酸	精氨酸	脯氨酸	氨基酸总和	蛋白质
TKT01	0.73	0.40	0.66	5.22	0.64	0.53	0.14	0.66	0.14	0.54	0.99	0.20	0.74	0.43	0.40	0.68	1.68	14.78	15.48
TKT02	0.71	0.40	0.63	5.00	0.60	0.51	0.14	0.64	0.14	0.52	0.97	0.21	0.72	0.42	0.38	0.66	1.63	14.28	15.13
TKT03	0.66	0.37	0.59	4.66	0.56	0.48	0.14	0.61	0.13	0.49	0.92	0.21	0.68	0.40	0.36	0.62	1.52	13.40	14.09
TKT04	0.68	0.38	0.60	4.76	0.57	0.50	0.15	0.64	0.16	0.51	0.94	0.26	0.70	0.42	0.37	0.66	1.54	13.84	13.84
TKT05	0.70	0.40	0.62	4.98	0.60	0.52	0.15	0.66	0.15	0.54	0.98	0.22	0.72	0.42	0.39	0.68	1.61	14.34	14.80
TKT06	0.70	0.38	0.60	4.70	0.58	0.50	0.14	0.64	0.12	0.50	0.92	0.16	0.68	0.42	0.37	0.62	1.51	13.54	14.46
TKT07	0.70	0.38	0.60	4.83	0.58	0.50	0.14	0.62	0.15	0.51	0.96	0.23	0.70	0.41	0.37	0.64	1.57	13.89	14.77
TKT08	0.69	0.38	0.60	4.79	0.58	0.50	0.14	0.64	0.13	0.50	0.93	0.16	0.69	0.40	0.36	0.62	1.54	13.65	14.52
TKT09	0.72	0.40	0.64	5.00	0.61	0.52	0.14	0.65	0.15	0.52	0.97	0.20	0.72	0.42	0.38	0.66	1.59	14.29	14.58
TKT10	0.72	0.39	0.62	4.76	0.60	0.52	0.14	0.64	0.14	0.50	0.94	0.22	0.69	0.42	0.38	0.67	1.52	13.87	14.32
TKT11	0.58	0.32	0.49	3.71	0.50	0.43	0.13	0.53	0.11	0.41	0.77	0.18	0.57	0.36	0.30	0.54	1.20	11.13	11.78
TKT12	0.66	0.37	0.57	4.46	0.56	0.46	0.14	0.59	0.12	0.44	0.87	0.16	0.65	0.40	0.35	0.60	1.42	12.82	13.62
TKT13	0.75	0.43	0.66	5.21	0.64	0.54	0.05	0.68	0.19	0.55	1.02	0.19	0.75	0.45	0.42	0.76	1.70	15.15	15.82
TKT14	0.72	0.40	0.63	4.98	0.60	0.51	0.14	0.64	0.14	0.52	0.97	0.21	0.71	0.42	0.38	0.65	1.63	14.25	14.90
TKT15	0.72	0.40	0.64	5.10	0.62	0.51	0.14	0.65	0.14	0.52	0.98	0.20	0.72	0.42	0.38	0.66	1.64	14.44	15.28
TKT16	0.80	0.42	0.66	5.39	0.66	0.56	0.15	0.70	0.15	0.56	1.06	0.26	0.76	0.46	0.42	0.72	1.74	15.47	15.59
TKT17	0.78	0.45	0.73	5.65	0.68	0.58	0.17	0.73	0.18	0.60	1.13	0.27	0.88	0.46	0.44	0.73	1.93	16.56	17.20
TKT18	0.84	0.46	0.70	5.63	0.70	0.57	0.09	0.72	0.19	0.58	1.10	0.23	0.83	0.49	0.46	0.79	1.85	16.40	16.89
TKT19	0.71	0.41	0.64	4.80	0.62	0.52	0.17	0.64	0.16	0.51	0.98	0.29	0.76	0.42	0.39	0.66	1.59	14.43	14.95
TKT20	0.83	0.46	0.70	5.58	0.68	0.56	0.14	0.71	0.20	0.58	1.09	0.28	0.84	0.48	0.45	0.77	1.82	16.34	16.84
TKT21	0.83	0.46	0.70	5.44	0.68	0.57	0.15	0.71	0.19	0.58	1.09	0.31	0.82	0.47	0.43	0.77	1.81	16.18	16.68
TKT22	0.82	0.45	0.69	5.61	0.69	0.58	0.05	0.72	0.20	0.59	1.09	0.19	0.80	0.48	0.45	0.79	1.84	16.21	16.47
TKT23	0.68	0.39	0.61	4.60	0.59	0.50	0.16	0.63	0.15	0.50	0.95	0.24	0.74	0.41	0.37	0.63	1.57	13.86	14.39
TKT24	0.76	0.42	0.68	5.19	0.65	0.54	0.17	0.68	0.18	0.55	1.05	0.29	0.82	0.45	0.41	0.71	1.77	15.48	15.80
TKT25	0.78	0.42	0.66	5.44	0.64	0.52	0.14	0.67	0.14	0.53	1.02	0.20	0.76	0.44	0.41	0.69	1.74	15.20	16.08

（续）

试验号	天冬氨酸	苏氨酸	丝氨酸	谷氨酸	甘氨酸	丙氨酸	胱氨酸	缬氨酸	蛋氨酸	异亮氨酸	亮氨酸	酪氨酸	苯丙氨酸	赖氨酸	组氨酸	精氨酸	脯氨酸	氨基酸总和	蛋白质
TKT26	0.72	0.39	0.61	4.90	0.58	0.50	0.14	0.64	0.12	0.52	0.96	0.18	0.70	0.42	0.38	0.64	1.58	13.98	14.57
TKT27	0.71	0.39	0.61	4.89	0.59	0.50	0.15	0.63	0.15	0.52	0.97	0.25	0.71	0.42	0.38	0.66	1.59	14.12	14.15
TKT28	0.79	0.44	0.68	5.42	0.66	0.56	0.13	0.70	0.20	0.57	1.05	0.21	0.78	0.47	0.43	0.78	1.77	15.81	16.28
TKT29	0.68	0.38	0.58	4.66	0.56	0.48	0.14	0.62	0.14	0.50	0.93	0.24	0.68	0.40	0.36	0.64	1.50	13.49	13.98
TKT30	0.72	0.39	0.60	4.79	0.58	0.50	0.14	0.64	0.14	0.50	0.96	0.23	0.70	0.42	0.38	0.64	1.54	13.87	14.16
TKT31	0.72	0.39	0.60	4.82	0.59	0.52	0.14	0.65	0.14	0.52	0.96	0.22	0.70	0.42	0.38	0.66	1.56	13.99	14.34
TKT32	0.68	0.37	0.59	4.66	0.57	0.48	0.14	0.61	0.14	0.49	0.92	0.21	0.68	0.40	0.36	0.62	1.52	13.44	13.99
TKT33	0.70	0.40	0.62	4.81	0.60	0.50	0.14	0.64	0.15	0.52	0.95	0.23	0.70	0.42	0.38	0.67	1.56	13.99	14.18
TKT34	0.74	0.40	0.62	5.02	0.61	0.52	0.14	0.66	0.14	0.53	1.00	0.23	0.72	0.44	0.40	0.66	1.62	14.45	14.92
TKT35	0.74	0.40	0.63	5.04	0.61	0.52	0.14	0.66	0.14	0.52	0.99	0.25	0.72	0.42	0.40	0.68	1.64	14.50	15.14
TKT36	0.72	0.40	0.62	4.93	0.60	0.49	0.14	0.64	0.13	0.50	0.96	0.21	0.70	0.42	0.38	0.67	1.58	14.09	14.64
TKT37	0.74	0.42	0.66	4.99	0.63	0.54	0.17	0.68	0.17	0.54	1.03	0.27	0.80	0.45	0.40	0.70	1.72	15.07	15.58
TKT38	0.86	0.46	0.71	5.89	0.71	0.58	0.15	0.73	0.20	0.60	1.13	0.31	0.86	0.49	0.46	0.80	1.87	16.99	17.20
TKT39	0.83	0.45	0.71	5.40	0.69	0.59	0.17	0.72	0.18	0.58	1.10	0.31	0.82	0.47	0.42	0.75	1.83	16.19	16.44
TKT40	0.79	0.43	0.69	5.25	0.66	0.56	0.17	0.69	0.17	0.55	1.06	0.26	0.82	0.45	0.41	0.70	1.75	15.58	16.37
TKT41	0.84	0.46	0.71	5.65	0.69	0.58	0.05	0.72	0.20	0.59	1.09	0.21	0.80	0.48	0.45	0.80	1.84	16.33	16.86
TKT42	0.80	0.42	0.63	5.30	0.68	0.58	0.17	0.73	0.19	0.59	1.09	0.33	0.84	0.47	0.44	0.78	1.82	16.03	16.22
TKT43	0.75	0.41	0.65	4.91	0.63	0.54	0.16	0.67	0.18	0.54	1.01	0.26	0.79	0.44	0.40	0.69	1.67	14.86	15.45
TKT44	0.84	0.47	0.73	5.68	0.70	0.58	0.15	0.73	0.19	0.60	1.12	0.30	0.84	0.48	0.45	0.77	1.87	16.67	17.12

参 考 文 献

白芳芳，樊向阳，陈金平，等，2014. 河南商丘引黄补源区地下水位时空变异研究 [J]. 灌溉排水学报，33 (2)：64-68.

陈金平，兰再平，杨慎骄，等，2014. 黄河故道不同灌水方式刺槐人工林幼树水分利用效率和生长特性 [J]. 生态学报，35 (8)：2529-2535.

陈金平，王和洲，刘安能，等，2017. 不同灌水策略对夏玉米水分利用效率和产量构成要素的影响 [J]. 灌溉排水学报，36 (7)：7-13.

陈静静，张富仓，周罕觅，等，2011. 不同生育期灌水和施氮对夏玉米生长、产量和水分利用效率的影响 [J]. 西北农林科技大学学报（自然科学版），39 (1)：89-95.

冯跃华，姜云鹭，肖俊夫，2011. 豫东平原夏玉米耐淹试验研究 [J]. 灌溉排水学报，30 (6)：120-122.

高阳，段爱旺，刘战东，等，2009. 玉米/大豆间作条件下的作物根系生长及水分吸收 [J]. 应用生态学报，20 (2)：307-313.

高阳，段爱旺，刘祖贵，等，2008. 玉米/大豆不同间作模式下土面蒸发规律试验研究 [J]. 农业工程学报 (7)：44-48.

高阳，段爱旺，刘祖贵，等，2008. 玉米和大豆条带间作模式下的光环境特性 [J]. 应用生态学报 (6)：1248-1254.

高阳，段爱旺，刘祖贵，等，2009. 单作和间作对玉米和大豆群体辐射利用率及产量的影响 [J]. 中国生态农业学报，17 (1)：7-12.

高阳，段爱旺，刘祖贵，等，2009. 间作种植模式对玉米和大豆干物质积累与产量组成的影响 [J]. 中国农学通报，25 (2)：214-221.

高阳，段爱旺，邱新强，等，2010. 玉米/大豆间作条件下作物生物量积累模型 [J]. 中国生态农业学报，18 (5)：965-968.

高阳，段爱旺，孙景生，等，2009. 玉米大豆条带间作根系分布模式 [J]. 干旱地区农业研究，27 (2)：92-98.

黄荣辉，周连童，2002. 我国重大气候灾害特征、形成机理和预测研究 [J]. 自然灾害学报 (1)：1-9.

李扬汉，1990. 植物学：下册 [M]. 北京：高等教育出版社.

梁哲军，陶洪斌，王璞，2009. 淹水解除后玉米幼苗形态及光合生理特征恢复 [J]. 生态学报，29 (7)：3977-3986.

梁宗锁，康绍忠，邵明安，等，2000. 土壤干湿交替对玉米生长速度及其耗水量的影响 [J]. 农业工程学报 (5)：38-40.

卢良恕，沈秋兴，1999. 中国立体农业概论 [M]. 四川科学技术出版社.

马元喜，1999. 小麦的根 [M]. 中国农业出版社.

毛飞，霍治国，李世奎，等，2003. 中国北方冬小麦播种期底墒干旱模型 [J]. 自然灾害学报 (2)：85-91.

邱新强，高阳，黄玲，等，2013. 冬小麦根系形态性状及分布 [J]. 中国农业科学，46 (11)：2211-2219.

任佰朝，张吉旺，李霞，等，2013. 淹水胁迫对夏玉米籽粒灌浆特性和品质的影响 [J]. 中国农业科学，46 (21)：4435-4445.

邵立威，张喜英，陈素英，等，2009. 降水、灌溉和品种对玉米产量和水分利用效率的影响 [J]. 灌溉排水学报，28 (1)：48-51.

薛丽华，段俊杰，王志敏，等，2010. 不同水分条件对冬小麦根系时空分布、土壤水利用和产量的影响 [J]. 生态学报，30 (19)：5296-5305.

薛丽华，张英华，段俊杰，等，2010. 调亏灌溉下冬小麦根系分布与耗水的关系 [J]. 麦类作物学报，30 (4)：

693 - 697.

周新国，韩会玲，李彩霞，等，2012. 玉米灌浆期渍水对产量及氮磷淋失量的影响 [J]. 农业工程学报，28 (14)：99 - 103.

周新国，韩会玲，李彩霞，等，2014. 拔节期淹水玉米的生理性状和产量形成 [J]. 农业工程学报，30 (9)：119 - 125.

Acuña T L B，Wade L J. 2005. Root penetration ability of wheat through thin wax-layers under drought and well-watered conditions [J]. Australian Journal of Agricultural Research，2005，56 (11)：1235 - 1244.

Azam-Ali S，1995. Assessing the efficiency of radiation use by intercrops [A]. In：Sinoquet H，Cruz P，Ecophysiology of Tropical Intercropping [C]. Paris：INRA.

Bengough A G，McKenzie B M，Hallett P D，et al，2011. Root elongation，water stress，and mechanical impedance：a review of limiting stresses and beneficial root tip traits [J]. Journal of Experimental Botany，62 (1)：59 - 68.

Blum A，1996. Crop responses to drought and the interpretation of adaptation [J]. Plant Growth Regulation，20 (2)：135 - 148.

Burner D M，Pote D H，Ares A，2005. Management Effects on Biomass and Foliar Nutritive Value of Robinia pseudoacacia and Gleditsia triacanthos f. inermis in Arkansas，USA [J]. Agroforestry systems，65 (3)：207 - 214.

Cho H-T，Cosgrove D J，2002. Regulation of root hair initiation and expansin gene expression in Arabidopsis [J]. The Plant Cell，14 (12)：3237 - 3253.

Comas L H，Becker S R，Cruz V，et al.，2013. Root traits contributing to plant productivity under drought [J]. Frontiers in Plant ence，4 (442)：442.

Dini-Papanastasi O，2008. Effects of clonal selection on biomass production and quality in Robinia pseudoacacia var. monophylla Carr [J]. Forest Ecology & Management，256 (4)：849 - 854.

Ergen N Z，Budak H，2009. Sequencing over 13 000 expressed sequence tags from six subtractive cDNA libraries of wild and modern wheats following slow drought stress [J]. Plant Cell and Environment，32 (3)：220 - 236.

Fan X W，Li F M，Xiong Y C，et al，2008. The cooperative relation between non-hydraulic root signals and osmotic adjustment under water stress improves grain formation for spring wheat varieties [J]. Physiologia Plantarum，132 (3)：283 - 292.

Fleury D，Jefferies S，Kuchel H，et al.，2010. Genetic and genomic tools to improve drought tolerance in wheat [J]. Journal of Experimental Botany，61 (12)：3211 - 3222.

Huang C Y，Kuchel H，Edwards J，et al.，2013. A dna-based method for studying root responses to drought in field-grown wheat genotypes. Scientific Reports，3 (3194)，3194.

Jones B，Ljung K，2012. Subterranean space exploration：the development of root system architecture [J]. Current Opinion in Plant Biology，15 (1)：97 - 102.

Kohli A，Narciso J O，Miro B，et al.，2012. Root proteases：reinforced links between nitrogen uptake and mobilization and drought tolerance [J]. Physiologia Plantarum，145 (1)：165 - 179.

Kramer P，Boyer J，1995. Water relations of plants and soils [M]. Academic Press，Inc.

Libault M，Brechenmacher L，et al.，2010. Root hair systems biology [J]. Trends in Plant Science，15 (11)：641 - 650.

Loutfy N，El-Tayeb M A，Hassanen A M，et al.，2012. Changes in the water status and osmotic solute contents in response to drought and salicylic acid treatments in four different cultivars of wheat (Triticum aestivum) [J]. Journal of Plant Research，125 (1)：173 - 184.

Malik A I，Colmer T D，Lambers H，et al.，2001. Changes in physiological and morphological traits of roots and shoots of wheat in response to different depths of waterlogging [J]. Functional Plant Biology，28 (11)：1121 - 1131.

Ofori F，Stern W R，1987. Cereal-legume intercropping systems [J]. Advances in Agronomy，41：41 - 90.

Ong C K，1994. Alley cropping-ecological pie in the sky [J]. Agroforestry Today，6 (3)：8 - 10.

Piro G，Leucci M R，Waldron K，et al.，2003. Exposure to water stress causes changes in the biosynthesis of cell wall polysaccharides in roots of wheat cultivars varying in drought tolerance [J]. Plant Science，165 (3)：559 - 569.

Rahaie M, Xue G-P, Naghavi M R, et al., 2010. A MYB gene from wheat (Triticum aestivum L.) is up-regulated during salt and drought stresses and differentially regulated between salt-tolerant and sensitive genotypes [J]. Plant Cell Reports, 29 (8): 835 - 844.

Rodrigo V H L, Stirling C M, Teklehaimanont Z, 2001. Intercropping with banana to improve fractional interception and radiation-use efficiency of immature rubber plantations [J]. Field Crops Research, 69: 237 - 249.

Schiefelbein J W, 2000. Constructing a plant cell. The genetic control of root hair development [J]. Plant Physiology, 124 (4): 1525 - 1531.

Selote D S, Khanna-Chopra R, 2010. Antioxidant response of wheat roots to drought acclimation [J]. Protoplasma, 245 (1 - 4): 153 - 163.

Setter T L, Waters I, Sharma S K, et al, 2009. Review of wheat improvement for waterlogging tolerance in Australia and India: the importance of anaerobiosis and element toxicities associated with different soils [J]. Annals of Botany, 103 (2): 221 - 235.

Wasson A P, Richards R A, Chatrath R, et al., 2012. Traits and selection strategies to improve root systems and water uptake in water-limited wheat crops [J]. Journal of Experimental Botany, 63 (9): 3485 - 3498.

Wei G H, Chen W M, Zhu W F, et al., 2009. Invasive *Robinia pseudoacacia* in China is nodulated by *Mesorhizobium* and *Sinorhizobium* species that share similar nodulation genes with native American symbionts [J]. FEMS Microbiology Ecology, 68 (3): 320 - 328.

Whitmore A P, Whalley W R. 2009. Physical effects of soil drying on roots and crop growth [J]. Journal of Experimental Botany, 60 (10): 2845 - 2857.

Willey R W, 1979. Intercropping-its importance and research needs. Part Ⅰ. Competition and yield advantages [J]. Field Crops Abstract, 32: 1 - 10.

Willey R W, 1990. Resource use in intercropping systems [J]. Agricultural Water Management, 1990, 17: 215 - 231.

Yamauchi T, Shimamura S, Nakazono M, et al., 2013. Aerenchyma formation in crop species: A review [J]. Field Crops Research, 152: 8 - 16.

Zheng Y, Zhao Z, Zhou J J, et al., 2011. The importance of slope aspect and stand age on the photosynthetic carbon fixation capacity of forest: a case study with black locust (Robinia pseudoacacia) plantations on the Loess Plateau [J]. Acta Physiologiae Plantarum, 33 (2): 419 - 429.

Zuo Q A, Shi J C, Li Y L, et al, 2006. Root length density and water uptake distributions of winter wheat under subirrigation [J]. Plant and Soil, 285 (1 - 2): 45 - 55.

图书在版编目（CIP）数据

中国生态系统定位观测与研究数据集. 农田生态系统卷. 河南商丘站：2008-2015 / 陈宜瑜总主编；李中阳，陈金平，刘安能主编. —北京：中国农业出版社，2022.12

ISBN 978-7-109-30376-8

Ⅰ. ①中… Ⅱ. ①陈… ②李… ③陈… ④刘… Ⅲ. ①生态系－统计数据－中国②农田－生态系－统计数据－商丘－2008-2015 Ⅳ. ①Q147②S181

中国国家版本馆 CIP 数据核字（2023）第 017168 号

ZHONGGUO SHENGTAI XITONG DINGWEI GUANCE YU YANJIU SHUJUJI

中国农业出版社出版

地址：北京市朝阳区麦子店街 18 号楼

邮编：100125

责任编辑：李昕昱　　文字编辑：吴沁茹

版式设计：李　文　　责任校对：刘丽香

印刷：中农印务有限公司

版次：2022 年 12 月第 1 版

印次：2022 年 12 月北京第 1 次印刷

发行：新华书店北京发行所

开本：889mm×1194mm　1/16

印张：21.75

字数：640 千字

定价：128.00 元